建筑安装工程制图

（第2版）

莫章金　黄声武　马克忠　编

重庆大学出版社

内容简介

本书主要内容包括制图基本知识与基本技能、正投影基础，立体及其交线、展开图、轴测图、组合体视图、机件形状的表达方法、零件图与装配图、建筑施工图、结构施工图、给水排水工程图、采暖与通风空调工程图、建筑电气工程图、焊接图等。

本书采用现行国家制图新标准，在编写上体现专科教育培养应用型人才这一特点，针对建筑安装类专业精选内容，例图典型，因此具有较强的针对性和实用性。

为配合教学需要，另编有《建筑安装工程制图习题集》同时出版，与本书配套使用。

本书既可作为高等工程专科学校建筑安装类各专业的教科书，亦可供其他类型学校相近专业选用及有关工程技术人员参考。

建筑安装工程制图

（第2版）

莫章金　黄声武　马克忠　编

责任编辑：曾令维　韩　洁　　版式设计：曾令维

责任校对：任卓惠　　　　　责任印制：赵　晟

*

重庆大学出版社出版发行

出版人：饶帮华

社址：重庆市沙坪坝区大学城西路21号

邮编：401331

电话：(023)88617190　88617185(中小学)

传真：(023)88617186　88617166

网址：http://www.cqup.com.cn

邮箱：fxk@cqup.com.cn（营销中心）

全国新华书店经销

POD：重庆新生代彩印技术有限公司

*

开本：787mm×1092mm　1/16　印张：16.5　字数：412千

2018年7月第2版　　2019年7月第9次印刷

ISBN 978-7-5624-1457-5　定价：48.00元

前　言

根据投影原理、标准或有关规定，表示工程对象并有必要的技术说明的图，称为工程图样，简称图样。工程图样是机器制造、工程施工的主要依据，是表达和交流技术思想的重要工具，是工程界的技术语言。因此，工程技术人员必须具备阅读和绘制工程图样的能力。

工程制图是高等工程专科学校培养高等工程技术应用性人才的一门必修的技术基础课。本课程的主要任务是：

1.学习投影（正投影、轴测投影）的基本理论及其应用。

2.培养阅读和绘制工程图样的初步能力。

3.培养空间想象能力和分析表达能力。

4.培养认真负责的工作态度和严谨细致的工作作风。

本书是根据普通高等工程专科基础课程教学委员会制图课程组新修订的《工程制图课程教学基本要求》，为适应建筑安装类专业的需要而编写的。既可作为建筑设备安装工程、供热与通风空调工程、给水排水工程、建筑电气工程等专业工程制图课程的教科书，也可供房屋建筑工程和其他相近专业使用和参考。本书内容可分为制图基础和专业图两大部分。制图基础部分介绍制图的基础知识，绘图的基本方法，用投影图表达物体内外形状、大小以及根据投影图想象出物体内外形状等；专业图部分包括机械图、房屋建筑图、给水排水工程图、采暖与通风空调工程图、建筑电气工程图、焊接图等。教学时，可根据各专业的需要对内容作不同的取舍。

本书主要采用的国家制图标准是：《机械制图》GB 4457.4～4460—84、GB/T 131—93、GB/T 4459.1—1995，《技术制图》GB/T 14689～14692—93，《房屋建筑制图统一标准》GBJ 1—86，《总图制图标准》GBJ 103—87，《建筑制图标准》GBJ 104—87，《建筑结构制图标准》GBJ 105—87，《给水排水制图标准》GBJ 106—87，《采暖通风与空气调节制图标准》GBJ 114—88，《电气制图》GB 6988，《电气图用图形符号》GB 4728 等。

本书编写分工是：黄声武编写第一、二、七、十四章；莫章金编写第三、四、五、六、八、九、十、十五章；马克忠编写第十一、十二、十三章。在本书的编写过程中，杨光臣给予热情支持和关心，并提出了宝贵的建设性意见。在此表示诚挚的谢意。

由于编者水平有限，书中难免存在缺点和错误，敬请读者批评指正。

编　者

目　录

第一章　制图基本知识与基本技能

1-1　有关制图的国家标准简介

图样是现代工业生产中重要技术文件之一。为了便于生产和技术交流，国家对图样的内容如表达方法、尺寸标注以及图纸幅面、格式等作出了统一的规定。

我国于 1959 年颁布了国家标准《机械制图》，对图样作了统一的技术规定。为了适应科学技术的发展和国际技术交流的需要，于 1970 年、1974 年、1984 年作了修改，近几年国家又颁布了《技术制图》等有关标准。

国家标准简称国标，其代号为“GB”。本节仅介绍国家标准《技术制图》和《机械制图》中部分内容如图幅、比例、字体、图线、尺寸注法等，其余有关内容将在以后各章中分别叙述。

一、图纸幅面及格式（GB/T 14689—93）

1. 图纸幅面

绘制技术图样时，应优先采用表 1-1 所规定的五种基本幅面，必要时可以沿长边加长。具体加长量见 GB/T 14689—93 中的规定。

表 1-1　图纸幅面尺寸

幅面代号	A0	A1	A2	A3	A4
$B \times L$	841 × 1 189	594 × 841	420 × 594	297 × 420	210 × 297
e	20		10		
c	10			5	
a	25				

各号基本图纸幅面的尺寸关系如图 1-1 所示，沿某一号幅面的长边对裁，即为某号的下一号幅面大小。例如沿 A1 幅面长边对裁，即为 A2 的幅面，以此类推。

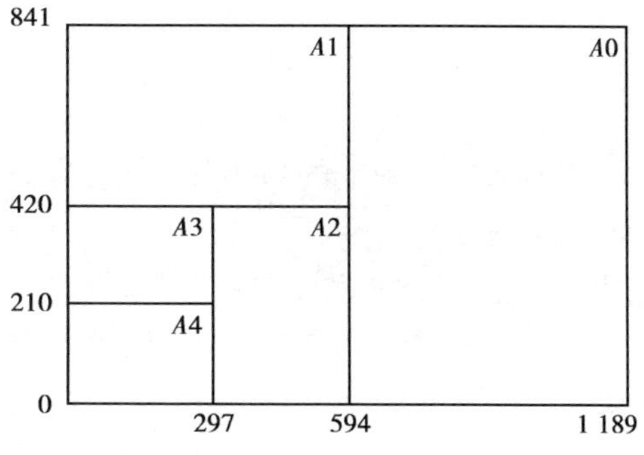

图 1-1　图纸幅面尺寸关系

2. 图框格式

无论图样是否装订，均应用粗实线画出图框线，其图框格式如图 1-2 所示，周边尺寸按表 1-1 中规定。装订时，一般采用 A4 幅面竖装或 A3 幅面横装。不需要装订的图样，其格式如图 1-3 所示。

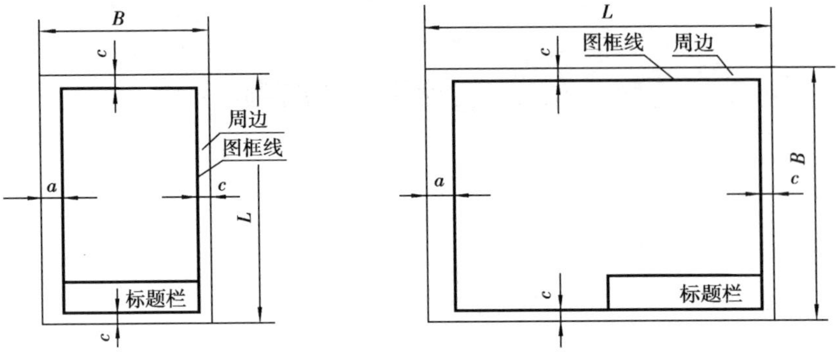

(a)　　(b)

图 1-2　图框格式

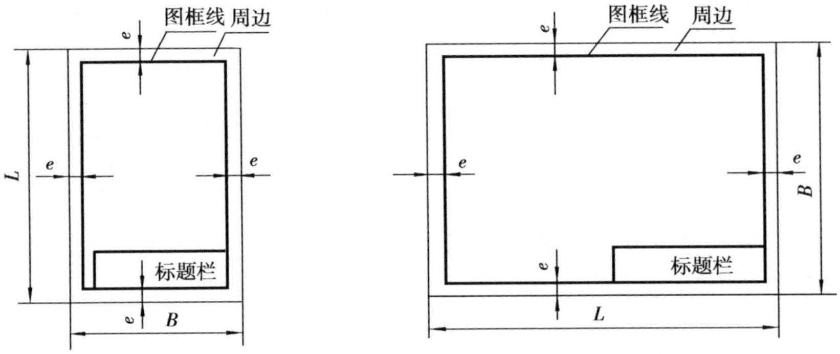

(a)　　(b)

图 1-3　图框格式

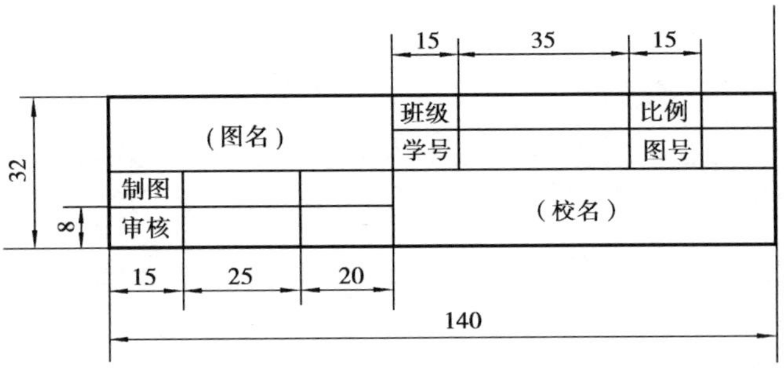

图 1-4　标题栏的格式和尺寸

3. 标题栏

每张图纸在其图框的右下角必须画出标题栏,其位置一般如图 1-2 所示。标题栏中的文字方向为看图方向。

国家标准《技术制图》对标题栏的格式作了统一规定(见图 8-3)。学校的制图作业建议采用图 1-4 所示格式。标题栏外是粗实线,内格是细实线。文字除图名,校名用 10 号字,其余皆用 5 号字。

二、比例(GB/T 14690—93)

图样上的比例是指图样中的图形与其实物相应要素的线性尺寸之比。

绘图时图样一般应采用表 1-2 中规定的比例。

表 1-2　比例

原值比例	1∶1					
放大比例	5∶1	2∶1	5×10^n∶1	2×10^n∶1	1×10^n∶1	
缩小比例	1∶2	1∶5	1∶10	1∶2×10^n	1∶5×10^n	1∶1×10^n

注:n 为正整数

绘制同一机件的各个视图应采用相同的比例,并在标题栏中填写,当某一个视图需采用不同的比例时,必须另行标注。

为了能从图样上得到实物大小的真实概念,应尽量采用 1∶1的比例画图。当机件不宜用 1∶1画图时,可用放大或缩小的比例画出,不论缩小或放大,图样中标注的尺寸必须是机件的实际尺寸,与图样的准确程度、比例大小无关。图 1-5 表示同一机件采用不同比例时画出的图形。

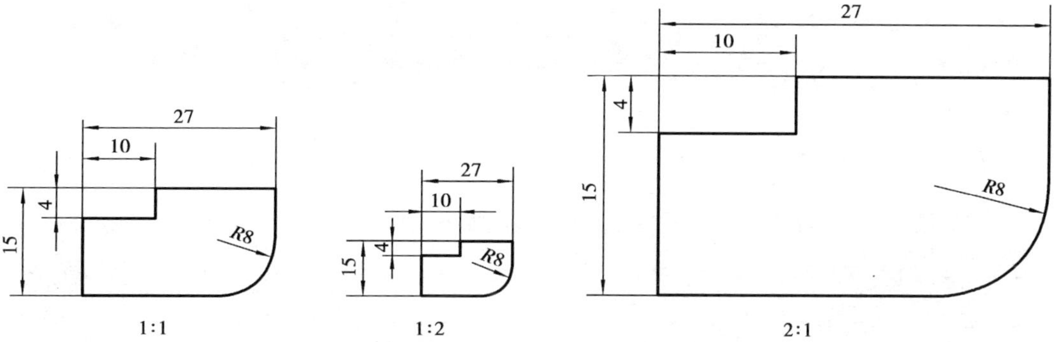

图 1-5　机件用不同比例画出的图形

三、字体(GB/T 14691—93)

1. 一般规定

图样中书写的字体必须做到:字体工整、笔画清楚、间隔均匀、排列整齐。汉字应写成长仿宋字体,并应采用国家正式公布推行的简化字。

字体的高度(用 h 表示)代表字体的号数,其公称尺寸系列为 1.8 mm、2.5 mm、3.5 mm、5 mm、7 mm、10 mm、14 mm、20 mm 八种。如需要书写更大的字,其字体高度应按$\sqrt{2}$的比率递增。

汉字的高度不应小于3.5 mm,其字宽一般为$h/\sqrt{2}$。字母和数字分为 A 型和 B 型。A 型字体的笔画宽度(d)为字高(h)的 1/14,B 型字体的笔画宽度(d)为字高(h)的 1/10,在同一图样上,只允许选用一种型式的字体。字母和数字可写成斜体和直体。斜体字向右倾斜,与水平基准线成 75°。用作指数、分数、极限偏差、注脚等的数字及字母,一般应采用小一号的字体。

2. 字体示例

(1)汉字——长仿宋体示例

10 号字

字体工整 笔画清楚 间隔均匀 排列整齐

7 号字

横平竖直注意起落结构均匀填满方格

5 号字

技术制图机械电子汽车航空船舶土木建筑矿山井坑港口纺织服装

(2)拉丁字母示例

大写斜体

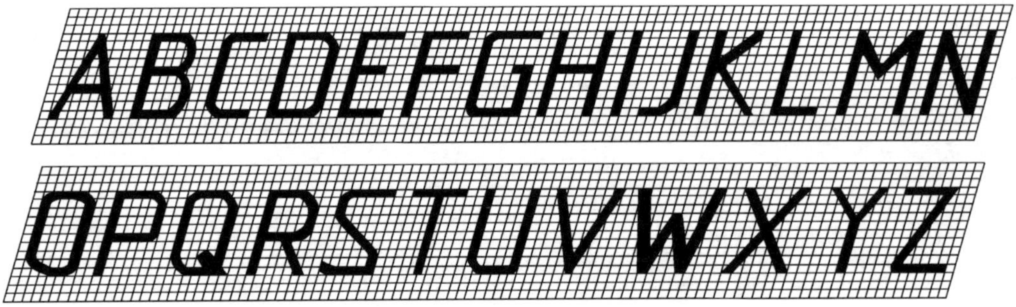

小写斜体

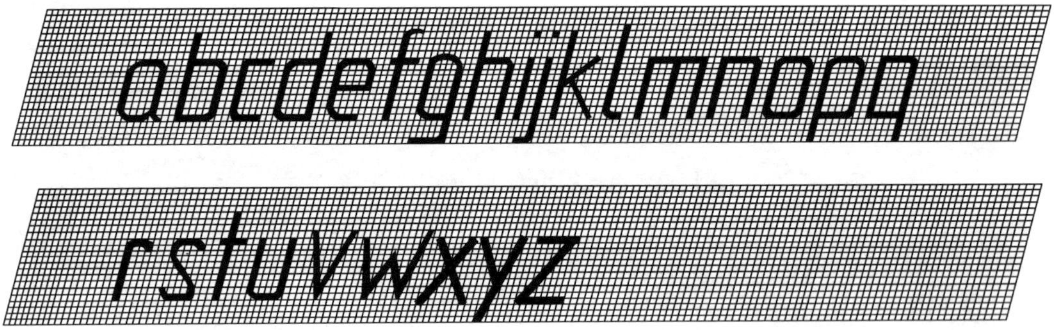

(3)罗马数字示例

斜体

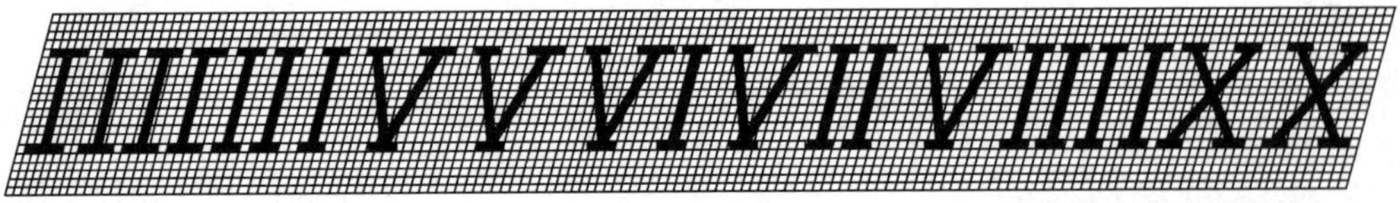

直体

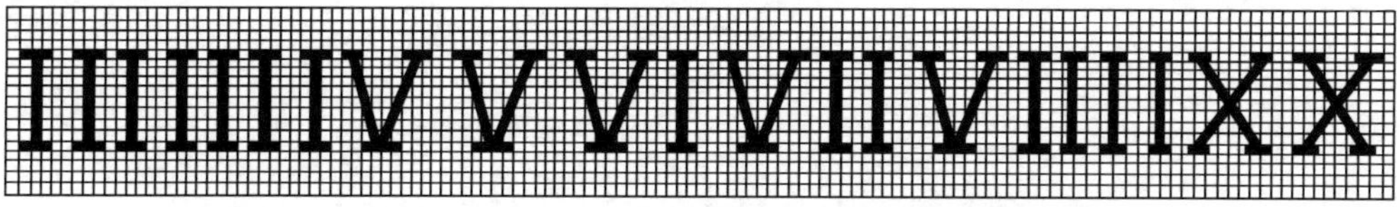

(4)阿拉伯数字示例

斜体

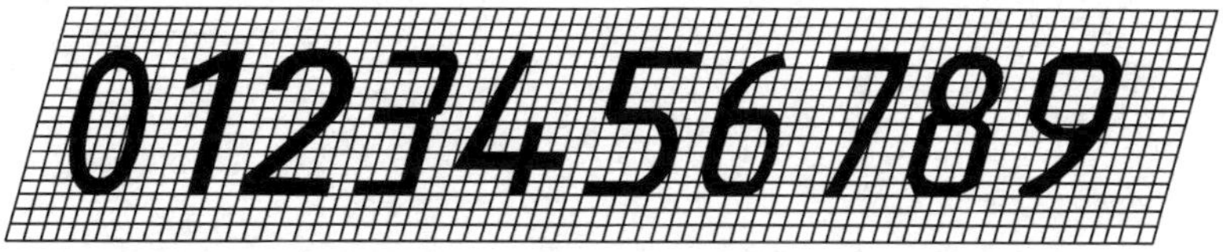

直体

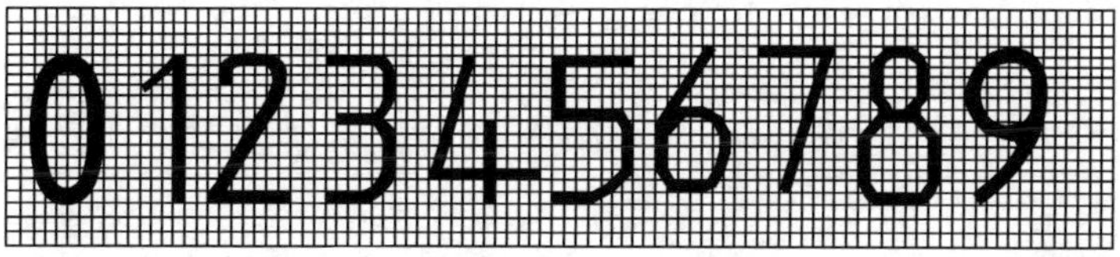

(5)综合应用示例

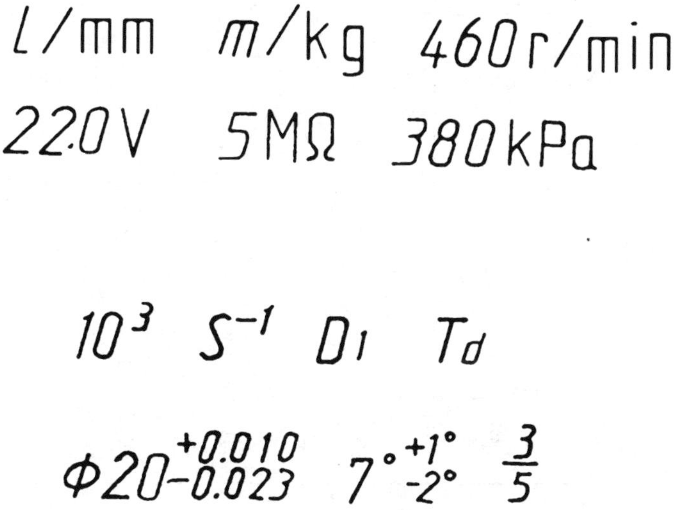

(6)其他应用示例

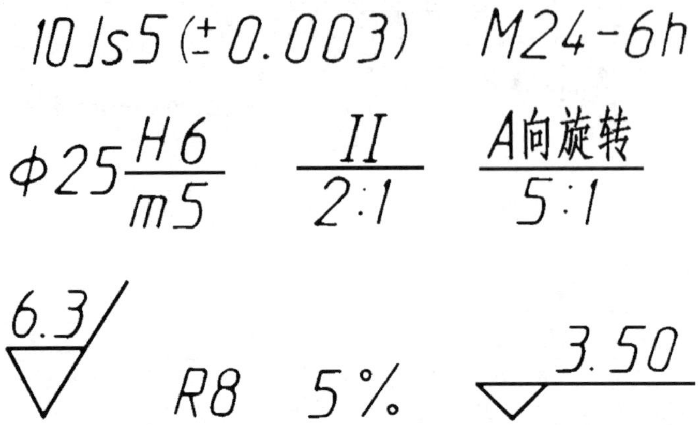

3. 几点说明

长仿宋字体的书写要领是:横平竖直,注意起落,结构匀称,填满方格。

为了保证字体大小一致和整齐,书写时可先打格子,然后书写。

表 1-3　长仿宋体字的基本笔画

名称		点	横	竖	撇	捺	挑	折	勾
基本笔画	运笔要领	起笔有锋,形似尖三角	起笔有锋,向右上微斜运笔收笔呈棱角	起笔有锋,笔画垂直向下,收笔成三角形末端	起笔露锋,向下斜运笔,渐成尖端	起笔有锋,向右下渐粗运笔,斜捺脚要平,平捺脚略向右上	起笔有锋,微向右运笔,而渐细呈尖端	起笔有锋,平划与竖划相逢处有锋	竖勾向左上方画勾,可倒勾笔。竖弯勾,勾尖垂直向上
	书法示例								
字例		清线	平面	料单	位库	绘连	结地	习弹	比例

练习长仿宋字时,首先学习它的基本笔画。其基本笔画的运笔方法可参考表 1-3。

在掌握了基本笔画后,还应分析整个汉字的结构形式,使所写的汉字结构匀称,书写时应恰当地各配各成部分上下、左右的比例,如图 1-6 所示。

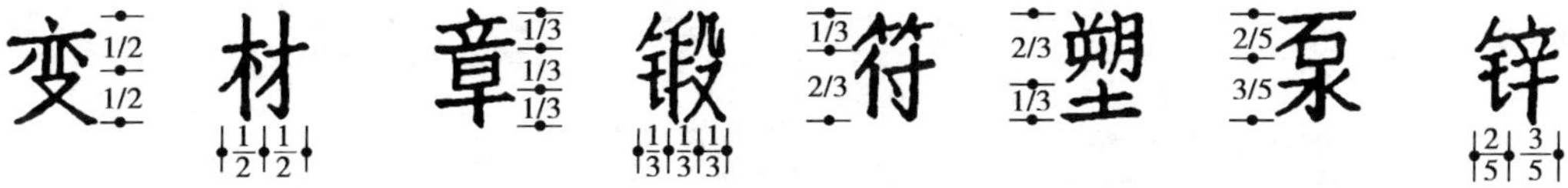

图 1-6　汉字的结构分析示例

四、图线(GB 4457.4—84)

1. 图线的型式及应用

表 1-4　图线的型式及应用

图线名称	图线型式	图线宽度	一般应用
粗　实　线		*b*	*A*1　可见轮廓线 *A*2　可见过渡线
细　实　线		约 *b*/3	*B*1　尺寸线及尺寸界线 *B*2　剖面线 *B*3　重合剖面的轮廓线 *B*4　螺纹牙底线 *B*5　引出线
波　浪　线		约 *b*/3 (徒手绘制)	*C*1　断裂处的边界线 *C*2　视图和剖视的分界线
双　折　线		约 *b*/3	*D*　断裂处的边界线
虚　　　线	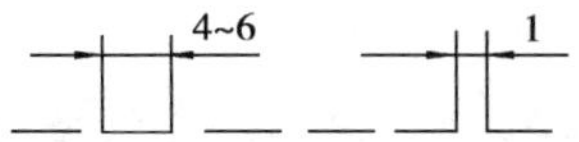	约 *b*/3	*F*1　不可见轮廓线 *F*2　不可见过渡线
细 点 划 线	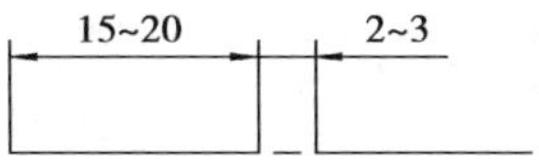	约 *b*/3	*G*1　轴线 *G*2　对称中心线 *G*3　轨迹线
粗点划线		*b*	*J*1　有特殊要求的线或表面的表示线
双 点 划 线	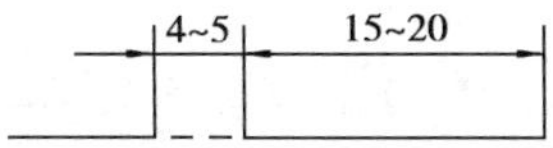	约 *b*/3	*K*1　相邻辅助零件的轮廓线 *K*2　极限位置的轮廓线

(1)图样中的图形是由多种图线组成,因此在绘制图样时应采用表1-4 所规定的图线。图1-7 所示为各种线型的一部分应用情况。图中的字母 *A*、*B*…表示线型种类,字母后面的数字1、2……指线型的几种用法。

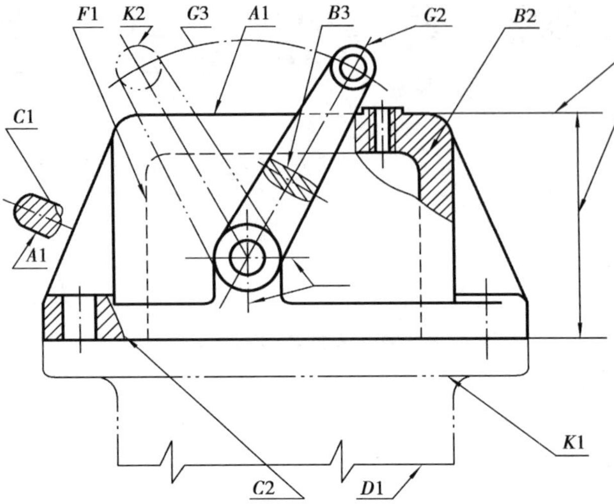

图 1-7　图线应用示例

(2)图线分为粗、细两种,粗线的宽度 b 应按图样的大小和复杂程度在 0.5 mm ~ 2 mm 之间选择,细线宽度约为 $b/3$。图线宽度的推荐系列为:0.18 mm、0.25 mm、0.35 mm、0.5 mm、0.7 mm、1 mm、1.4 mm、2 mm。制图中一般选用的 b 为 0.7 左右。

2. 图线的画法

(1)同一图样中同类图线的宽度应基本一致。虚线、细点划线及双点划线的线段长度和间隔应各自大致相等。具体长短间隔建议按表 1-4 的规定画出。

(2)两条平行线(包括剖面线)之间的距离应不小于粗实线的两倍宽度,其最小距离不得小于 0.7 mm。

(3)绘制圆时,应画出对称中心线,其圆心应为线段的交点,且对称中心线的两端应超出圆弧 2 mm ~ 5 mm,不应大于 5 mm。

(4)在较小的图形上绘制点划线或双点划线有困难时,可用细实线代替。

(5)当图线相交时(虚线与实线相交,虚线与虚线相交等),必须是线段相交。当虚线成为粗实线的延长线时,在虚、实线的连接处,虚线应留出空隙。

图 1-8 所示为图线正确画法的图例。

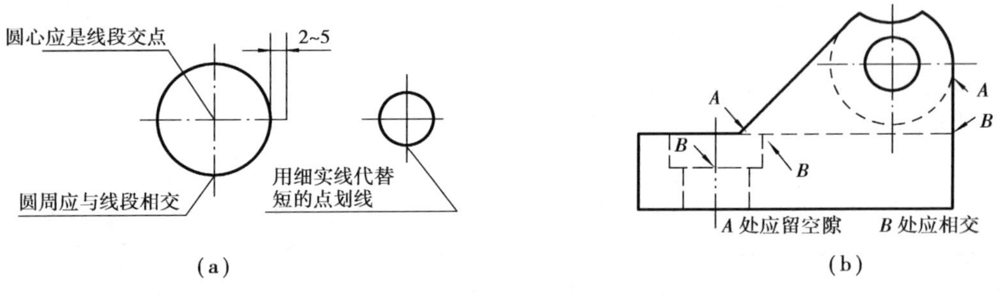

图 1-8　图线画法举例

(a)圆的对称中心线画法;(b)虚线连接处的画法

五、尺寸注法(GB 4458. 4—84)

图样只能表达机件的形状,而机件的大小还必须通过标注尺寸才能确定。图样上的尺寸标注必须符合 GB 4458. 4—84 的基本规则和有关规定。

1. 基本规则

(1)机件的真实大小应以图样上所注的尺寸数值为依据,与图形的大小及绘图的准确程度无关。

(2)图样中的尺寸以毫米为单位时,不需要标注计量单位的代号或名称,如采用其他单位时,则必须注明计量单位的代号或名称。

(3)图样中所标注的尺寸,为该图样所示机件的最后完工尺寸,否则应另加说明。

(4)机件的每一尺寸,一般只标注一次,并应标注在反映该结构最明显的视图上。

2. 尺寸的组成

如图 1-9 所示,一个完整的尺寸,一般应由尺寸界线、尺寸线及终端、尺寸数字三部分组成。

(1)尺寸界线

尺寸界线表示尺寸的度量范围,用细实线绘制,由图形的轮廓线、轴线或对称中心线引出。也可以利用轮廓线、轴线或对称中心线作尺寸界线,如图 1-9 所示。

尺寸界线一般应与尺寸线垂直,并超出尺寸线约 2 ~ 3 mm,必要时才允许倾斜,如图 1-10 所示。

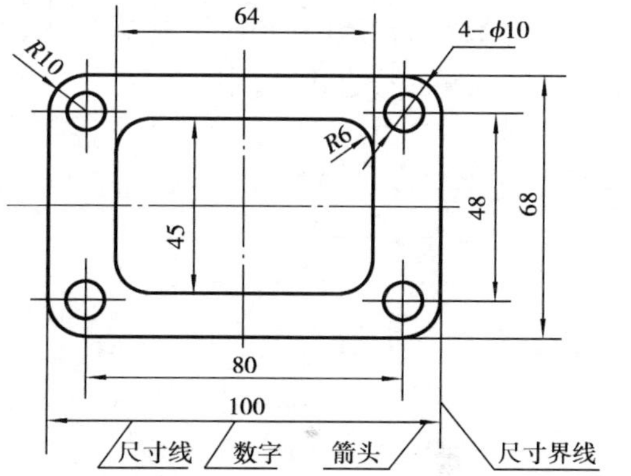

图 1-9 尺寸的组成及标注示例

(2)尺寸线及尺寸终端

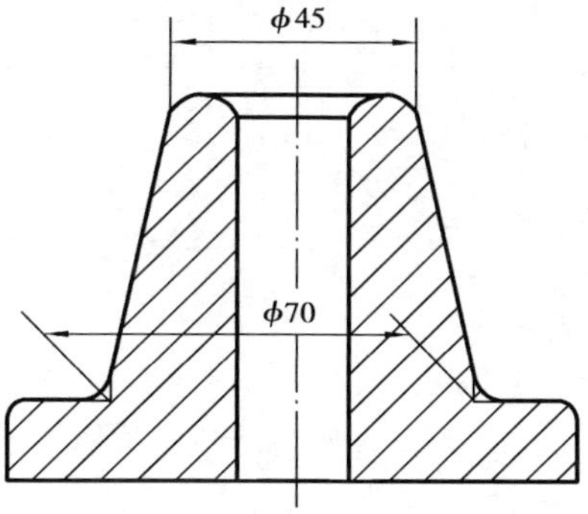

图 1-10 倾斜尺寸界线

尺寸线表示所注尺寸的度量方向和长度。它不能用其他图线代替,也不得与其他图线重合或画在其延长线上。标注线性尺寸时,尺寸线必须与所标注的线段平行,当有数条尺寸线相互平行时,大尺寸要放在小尺寸外面,两尺寸线之间的距离一般为 6 ~ 8 mm,如图 1-11 所示。

箭头:多用于机械图样,也可用于其他各种类型的图样。其形式如图 1-12(a)所示。箭头的尖端应指到尺寸界线。同一张图样中的所有箭头的大小应基本相同。

斜线:主要用于房屋建筑图和金属结构图等,其形式如图 1-12(b)所示,但标注圆的直径、圆弧半径和角度的尺寸线时,其终端应该用箭头。

同一张图样中,除圆、圆弧、角度外,应采用一种尺寸终端形式。

(3)尺寸数字

尺寸数字表示尺寸的大小。

线性尺寸的数字的填写方向应与尺寸线平行,一般应填写在尺寸线的上方,也允许注写在

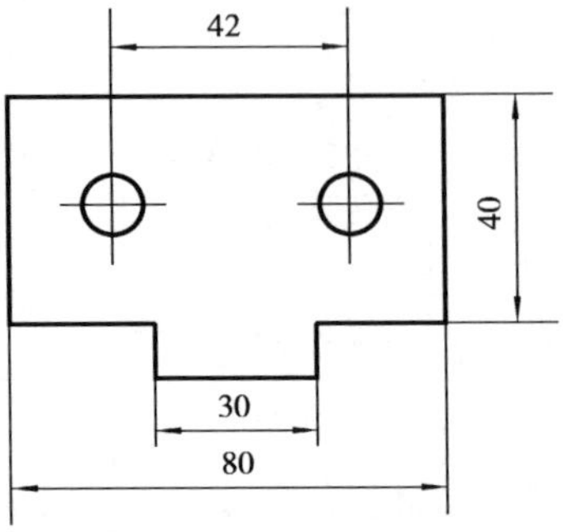

图 1-11　尺寸线

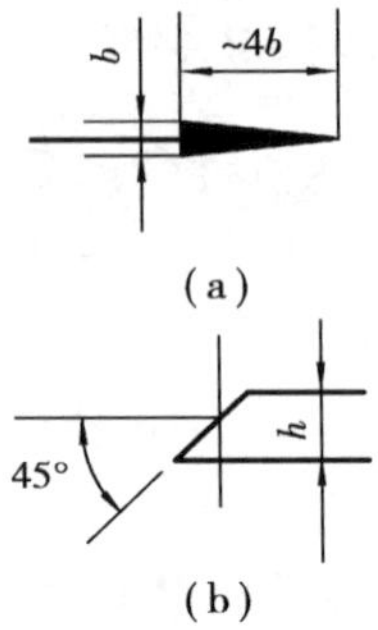

图 1-12　尺寸终端形式

尺寸线的中断处，如图 1-13(a)所示。但尺寸数字不允许被任何图线穿过，当无法避免时，必须将图线断开，如图 1-13(b)所示。

尺寸数字的书写方向应以标题栏内的文字书写方向为准，水平方向的尺寸数字，字头朝上；垂直方向的尺寸数字，字头朝左，如图 1-13(c)所示；倾斜方向的尺寸数字，应使字头有朝上的趋势，如图 1-13(d)所示的方向注写，并应尽量避免在图示 30°范围内标注尺寸，当无法避免时，可按图 1-13(e)标注。

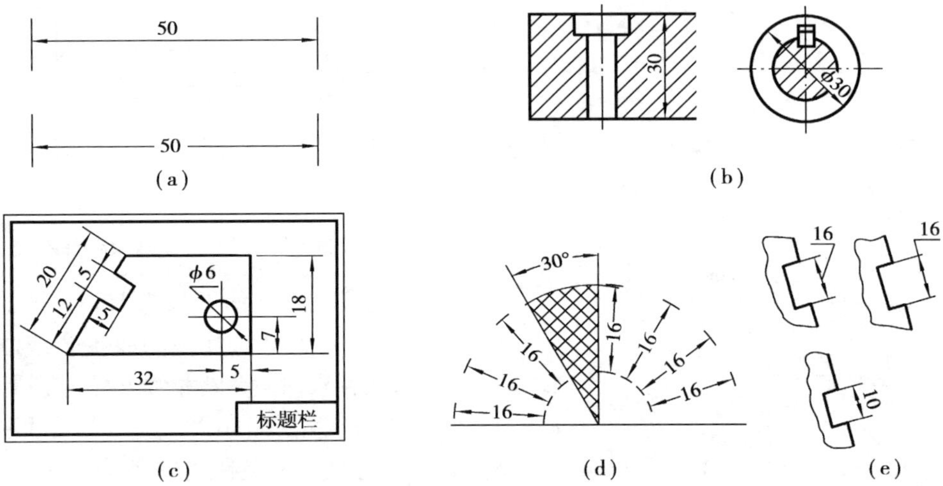

图 1-13　注写尺寸数字的方向及规定

一般应按上述方法标注尺寸数字，在不引起误解时，也允许采用“尺寸数字水平注写法”标注。对于非水平方向的尺寸，其数字可以水平地注写在尺寸线的中断处，如图 1-14 所示。

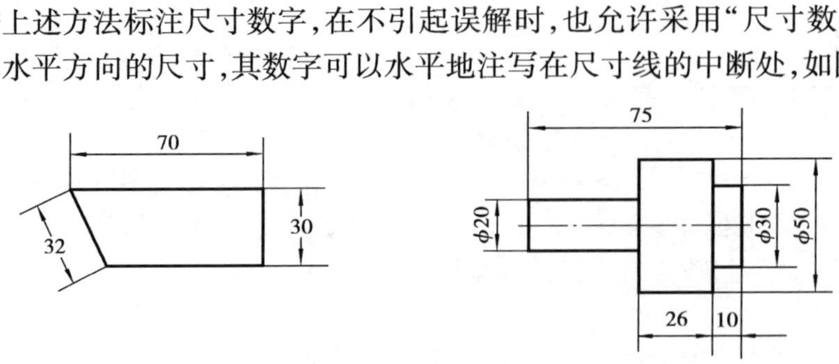

图 1-14　尺寸数字水平注法

3. 角度尺寸的注法

标注角度尺寸的尺寸线是以角顶为圆心的一段圆弧；角度数字应水平填写在尺寸线的中断处，必要时允许写在外面，或引出标注，如图 1-15 所示。

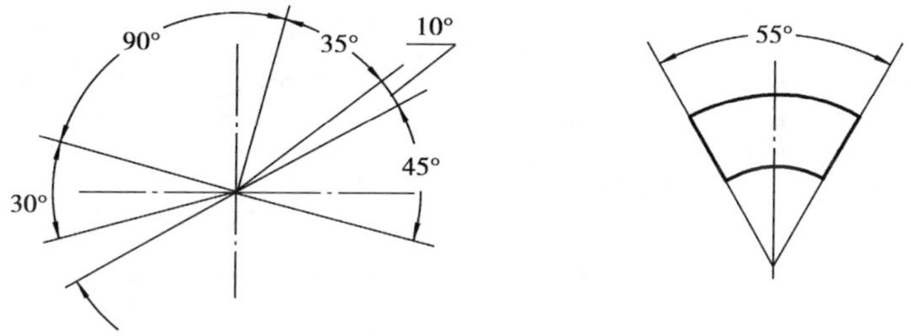

图 1-15　角度尺寸的注法

4. 常用尺寸的注法

常见的尺寸注法如表 1-5 所示。

表 1-5　常见尺寸的注法

项目	图　　例	说　　明
圆的直径	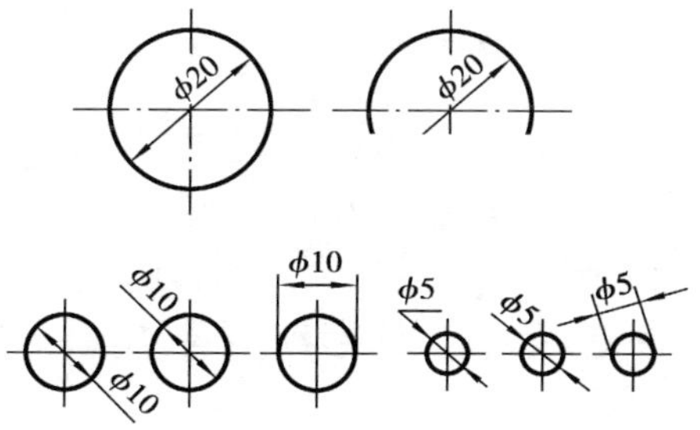	1. 圆或大于半圆的弧应标注直径。 2. 标注直径尺寸时，在数字前加注符号“ϕ”。 3. 尺寸线应通过圆心，并在接触圆周的终端画箭头。 4. 标注小圆尺寸时，箭头和数字可分别或同时注在外面。
圆弧半径	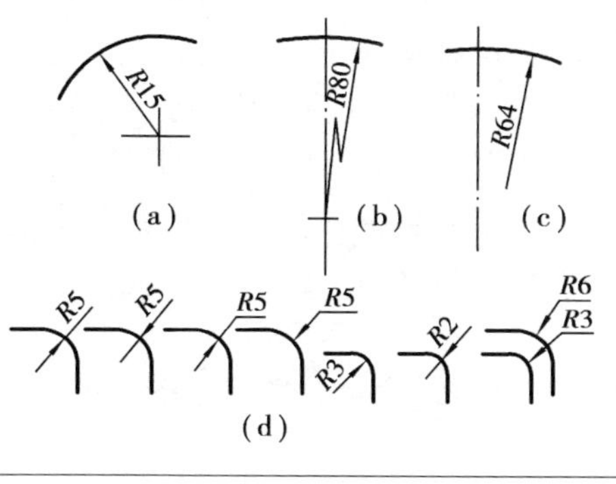	1. 小于半圆的圆弧应标注半径（图 a）。 2. 标注半径时，应在数字前加注符号“*R*”。 3. 尺寸线应通过圆心，带箭头的一端应与圆弧接触。 4. 半径过大或图纸范围内无法标其圆心位置时，可按图(b)标注，若不需标出其圆心位置时，可按图(c)形式标注。 5. 标注小半径时，可将箭头和数字注在外面（图 d）。
球的直径或半径	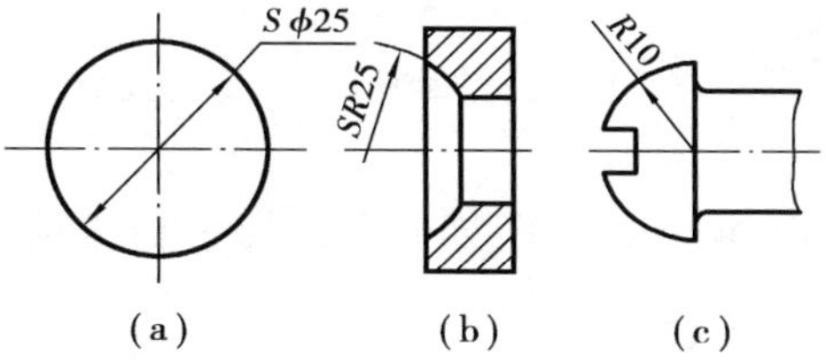	1. 标注球的直径或半径时，应在符号“ϕ”或“*R*”前再加符号“*S*”。 2. 在不致误解时，如螺钉的头部，可省略“*S*”，如图(c)。

续表

项目	图　　例	说　　明
小部位的直线尺寸	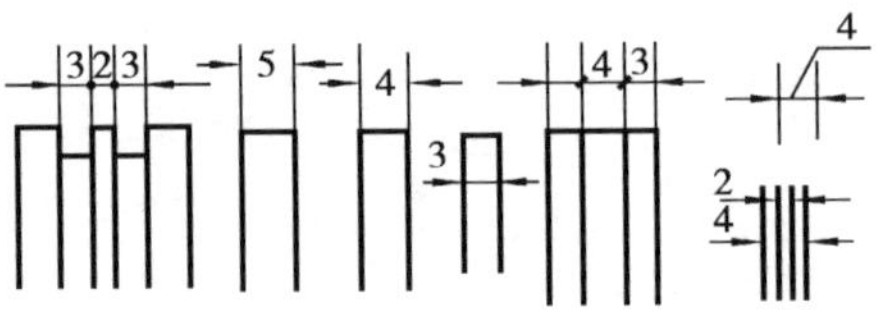	1. 小尺寸串联时，箭头画在尺寸界线的外侧，其中间可用小圆点或斜线代替箭头。 2. 数字标注在中间、尺寸线上方、外侧或引出标注。

1-2　绘图工具和仪器的使用方法

正确掌握绘图工具和仪器的使用是保证绘图质量、提高绘图速度的一个重要方面，因此，必须养成良好的作图习惯。本节简要介绍一些常用的绘图工具及它们的使用方法。

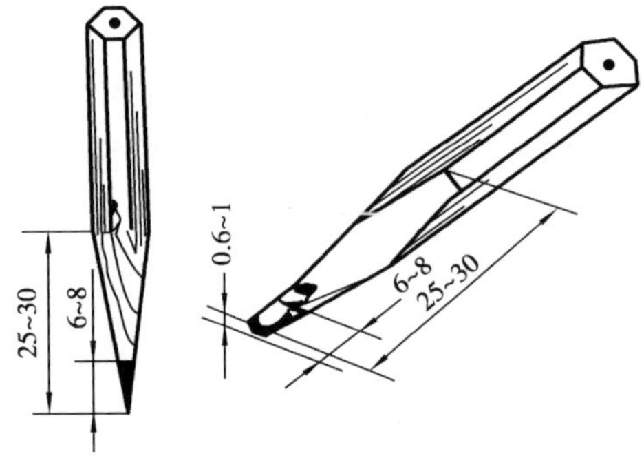

(a)　　(b)

图 1-16　铅笔及其削法

一、铅笔

铅笔的铅芯是按它的软硬程度来区分的，“B”表示软铅，“H”表示硬铅，“HB”表示中软铅，其符号前的数字越大，则表示该铅芯越软或越硬。根据图线粗细不同，使用铅笔的软硬也不同。

粗实线用 B(或 2B)铅笔，铅芯削(磨)成圆锥形或扁形，如图 1-16 所示。

细实线、虚线、细点划线等和写字用 HB 铅笔，铅芯削成圆锥形，(图 1-16(a))。

画底稿用 H(或 2H)，铅芯也削成圆锥形。

二、图板、丁字尺、三角板

图板是绘图时用来固定图纸的木质胶合板，其板面必须光滑平整。图板的侧边称为导边，它与丁字尺配合使用，要求平直。

丁字尺有木质和有机玻璃两种，它由相互垂直的尺头和尺身组成。

三角板一般由有机玻璃制成，两块组成一副。其中一块是 45°等腰直角三角形，另一块是 30°、60°直角三角形。

图板、丁字尺、三角板之间的相互配合使用，可画出水平线、铅垂线、$n\times45°$的斜线。此外，还可用两个三角板作已知直线的平行线和垂直线等，如图 1-17 所示。

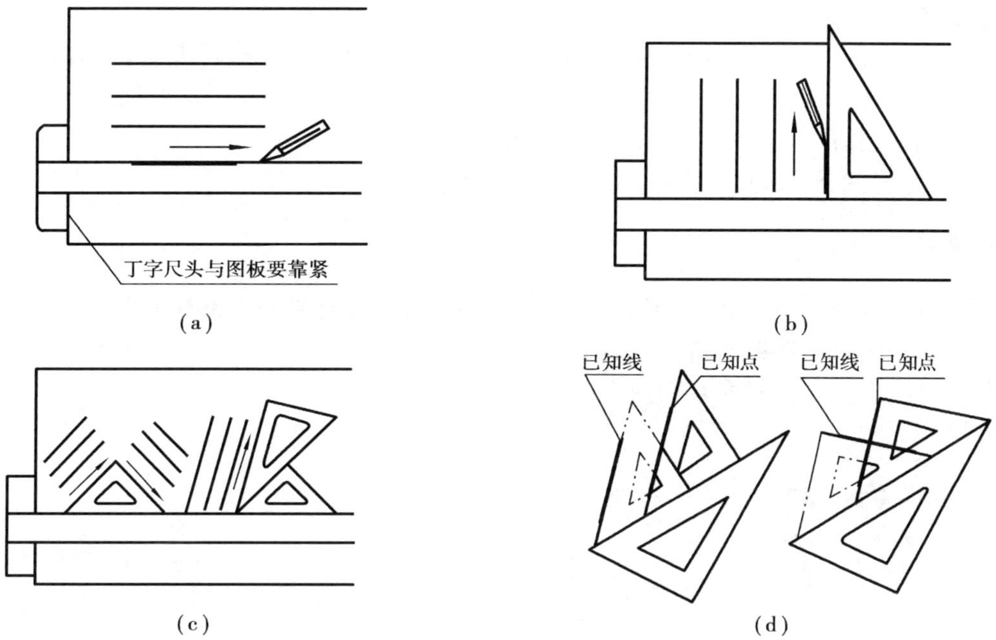

图 1-17　图板、丁字尺、三角板的用法

(a)用丁字尺画水平线；(b)用丁字尺、三角板配合画铅垂线；

(c)用丁字尺、三角板配合画 15°整倍数的斜线；

(d)用两块三角板配合作已知直线的平行线或垂直线

三、比例尺

比例尺主要用来量取不同比例的尺寸，不宜用于画直线。尺寸可用比例尺在图上量取，还可用分规从比例尺上量取尺寸后移到图纸上，如图 1-18 所示。

最常见的比例尺是“三棱尺”，它的三个棱面上刻有六种不同比例的刻度，常用的有 1∶100、1∶200、1∶300、1∶400、1∶500、1∶600。

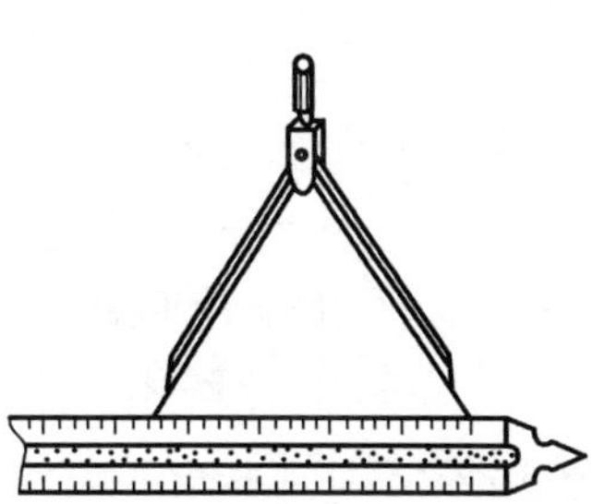

图 1-18　用分规从比例尺上量取尺寸

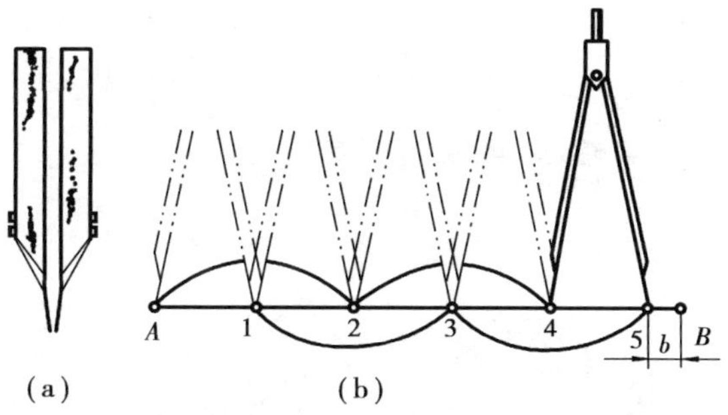

图 1-19　分规的用法

(a)针尖应对齐；(b)用试分法等分直线段

四、分规

分规是用来量取尺寸(图 1-18)或等分线段和圆弧的。分规两脚的针尖在并拢后，应能对

齐,如图 1-19(a)所示。

图 1-19(b)是用分规五等分直线段 *AB* 时的试分法:先目测估计,使两针尖间的距离大致为 *AB* 的 1/5,然后在线段 *AB* 上试分。如果第五个试分点 5 在线段 *AB* 内,距离 *B* 的距离为 *b*,则说明两针尖间的距离小于 *AB* 的 1/5,应将两针尖间的距离增加约 *b*/5(反之则反),再进行试分。经过几次试分,即可较准确地五等分线段 *AB*。

五、圆规

圆规是用来画圆或圆弧的。画圆时,圆规斜腿上采用带台阶的小钢针来定圆心,并使钢针及铅芯都垂直于纸面,钢针台阶与铅芯尖应平齐,如图 1-20(a)、(b)所示。画圆时,圆规应按顺时针方向旋转并稍向前倾斜,如图 1-20(c)所示。

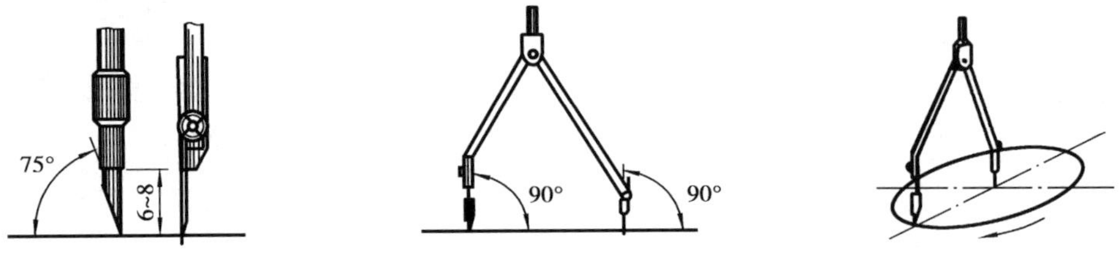

图 1-20　圆规的使用方法

画细实线圆、虚线圆、细点划线圆,一般用 HB 铅芯,磨成圆锥形或铲形,画粗实线圆,用 2B 铅芯,一般磨成扁形。圆规铅芯的用法如图 1-21 所示。

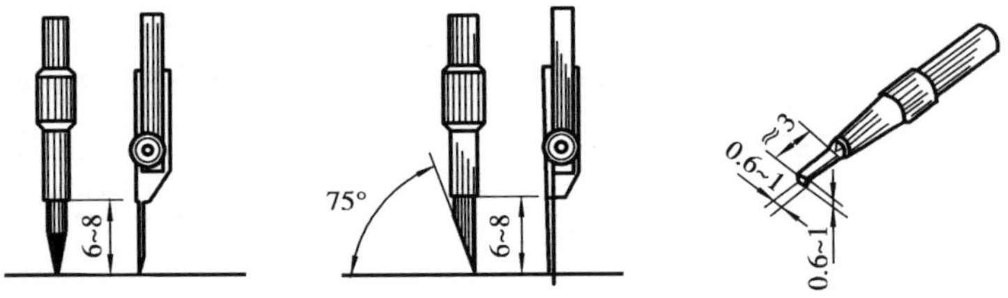

图 1-21　圆规铅芯的用法

六、直线笔(或称鸭嘴笔)

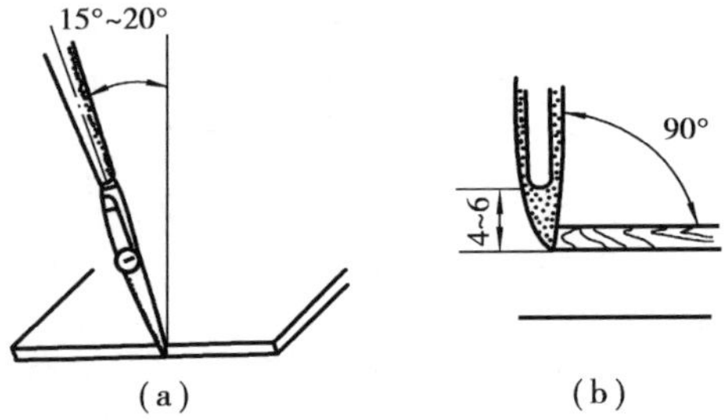

图 1-22　直线笔的用法

直线笔主要是在上墨时用来描绘直线。画线时,笔要向画线前进的方向稍微倾斜 15°~20°,如图 1-20(a)所示,直线笔在画线时其线型的宽度由调节螺钉调定,直线笔的两片同时要与纸面接触,才能保证所画的图线两边光滑。直线笔的用法如图 1-22 所示。

七、曲线板

曲线板是用来画非圆曲线,其使用方法如图

1-23 所示。

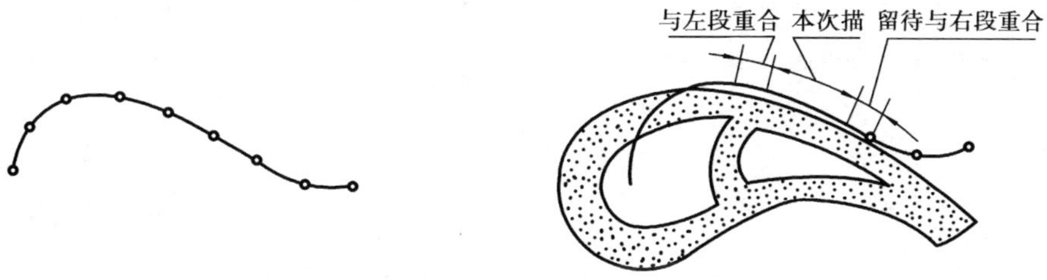

图 1-23　曲线板的使用方法

八、其他绘图用品及工具

绘图时，还需要橡皮、小刀、擦图片、量角器、胶带纸、小毛刷和修磨铅芯的细砂纸等用品，除了上述常用的绘图工具外，还有可代替直线笔的绘图墨水笔、一字尺、多孔板、绘图机等。

1-3　几何作图

工程图样中，其图形都是由直线、圆弧和其他一些曲线所组成。下面介绍一些常用的几何作图方法。

一、任意等分线段

1. 试分法

对已知线段可凭目测用分规进行等分，见图 1-19。

2. 比例法

已知线段 AB，求作任意等分（如五等分），其作图方法如图 1-24 所示。

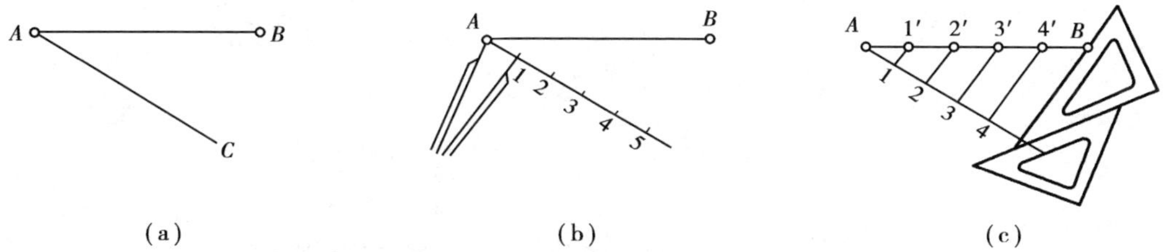

图 1-24　比例法等分线段

（a）作辅助线 AC；（b）在 AC 上截取 5 等分；（c）作 $5B$ 的平行线得 1′、2′、3′、4′

二、正多边形

1. 正五边形

正五边形的作图步骤如图 1-25 所示。

2. 正六边形

已知正六边形的外接圆，将该圆六等分有用半径六等分圆周和用丁字尺与三角板配合来

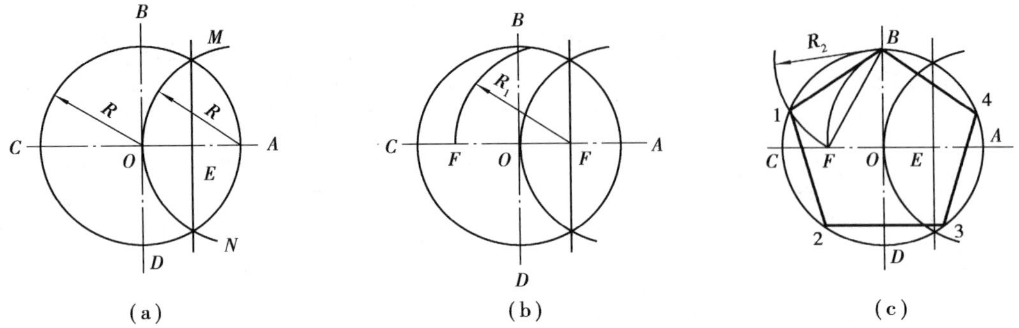

图 1-25　正五边形的画法

(a)以 A 点为圆心,OA 为半径画弧,得点 M、N,连 MN 与 OA 交点 E;

(b)以 EB 为半径,点 E 为圆心画弧,在 OC 上交点 F;

(c)以 B 为起点,BF 弦长将圆周五等分得点 1、2、3、4,依次连各点得圆的内接正五边形

六等分圆周两种方法,下面介绍用半径等分圆周法,作图步骤见图 1-26。

3. 圆内接正 n 边形

已知正 n 边形的外接圆直径 D,用查表的方法等分圆周。

等分边长的计算公式为:

$$L = K \cdot D$$

式中　L——等分边长;

K——等分圆周的系数;

D——圆的直径。

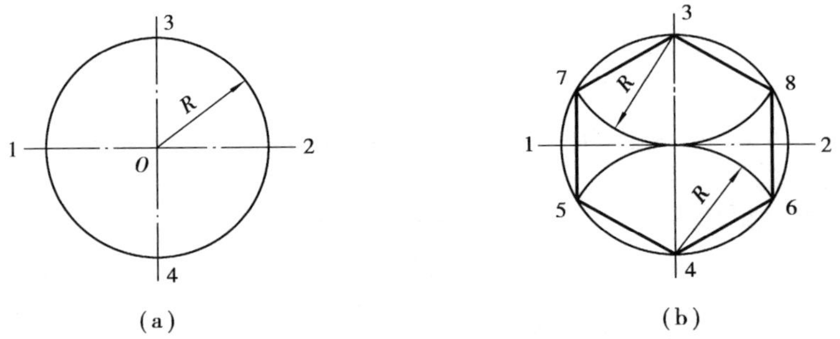

图 1-26　用半径六等分圆周

(a)已知半径为 R、O 为圆心的圆周和互相垂直的直径 12、34;

(b)分别以 3、4 点为圆心,R 为半径画弧,交圆周于 7、8、5、6 点,则 3、7、5、4、6、8 点将圆周六等分,连各点得圆的内接正六边形

在求得等分边长 L 后,用分规将圆周试分,待试分准确后,即为所求。

等分圆周的系数见表 1-6。

表 1-6　等分圆周的系数

等分数 n	5	7	9	10	11	13	14	15	17
等分系数 K	0.588	0.434	0.342	0.309	0.282	0.239	0.223	0.208	0.184

三、斜度与锥度

1. 斜度

斜度是指一直线对另一直线、一直线对一平面或一平面对另一平面的倾斜程度。其大小用它们之间的夹角的正切值表示。如图1-27(a)所示的三角形中，AB 边对 AC 边的斜度用 BC 边与 AC 边的比值表示，即为：

$$\tan\alpha = \frac{BC}{AC} = 1:n$$

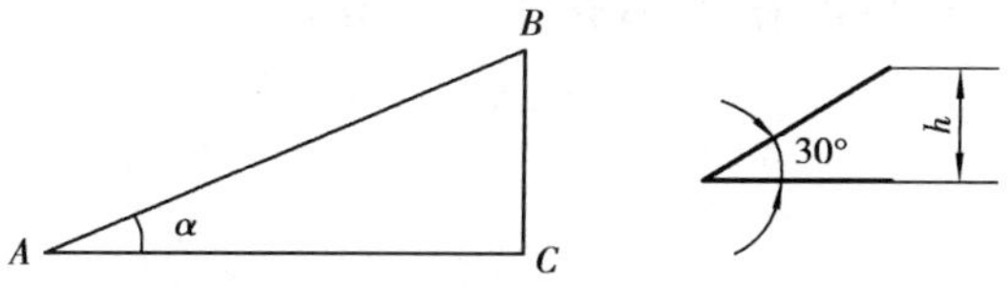

图 1-27　斜度及其符号标记

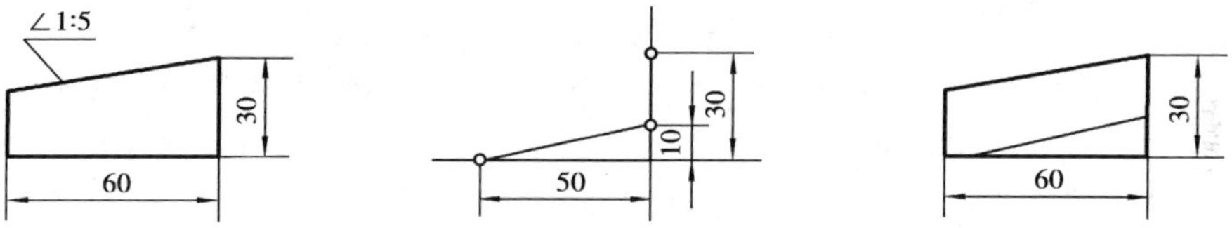

(a)　(b)　(c)

图1-28　斜度的作图方法

(a)绘出图形；(b)作斜度 1∶5的辅助线；(c)完成作图

斜度的符号按图 1-27(b)绘制，h 为字体的高度，符号的线宽为 $h/10$，符号的斜线方向应与斜度的方向一致。斜度的标注形式如图 1-28(a)所示。

斜度的画法及作图步骤如图 1-27(b)、(c)所示。

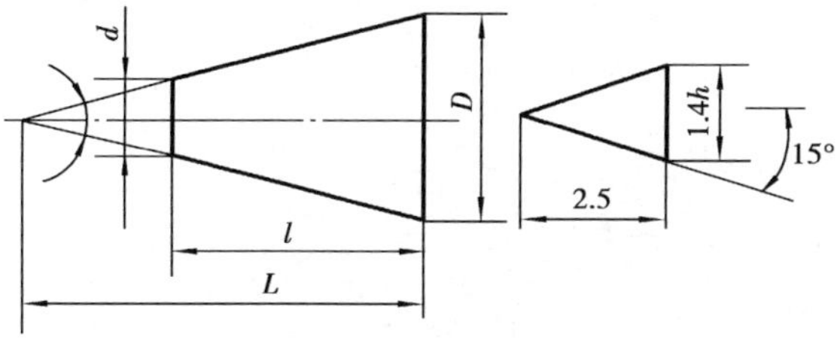

(a)　(b)

图 1-29　锥度及其符号标记

2. 锥度

锥度是指正圆锥底圆直径与锥高之比。若是圆锥台，则为两底圆直径之差与锥台高之比，在图 1-29(a)中：

$$锥度(C) = \frac{D}{L} = \frac{D-d}{l} = 1:n$$

锥度用字母“C”表示，其锥度符号按图 1-29(b)绘制，h 为字体高度，符号的线宽为 $h/10$。符号方向以锥度方向一致。锥度的标注形式如图 1-30(a)所示。

锥度的画法及作图步骤如图 1-30(b)、(c)所示。

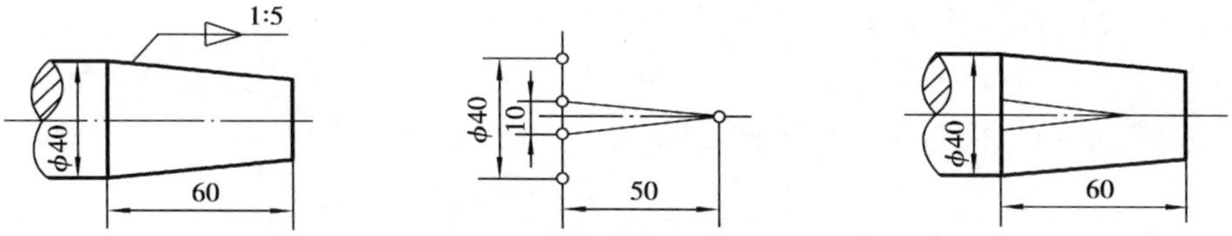

(a)　(b)　(c)

图 1-30　锥度的作图

(a)绘出图形；(b)作锥度 1∶5的辅助线；(c)完成作图

四、圆弧连接

圆弧连接是指用已知半径的圆弧，光滑地连接相邻两线段。圆弧连接的实质就是要求出连接弧的圆心，使其连接弧与相邻线段相切，以达到光滑连接的目的。

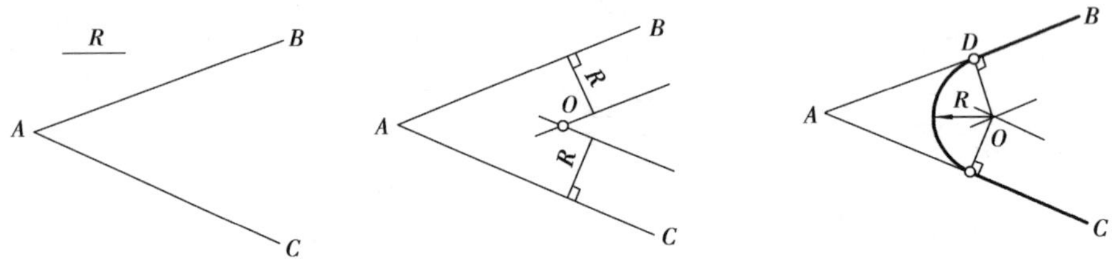

图 1-31　用圆弧连接任意相交两直线

(a)已知 R 与斜线 AB、AC；(b)分别作与 AB、AC 相距为 R 的平行线，其交点 O 即为所求的圆心；
(c)过 O 点分别作 AB、AC 的垂线，得垂足 E、D(连接点)，以 O 为圆心，R 为半径画弧，即为所求

圆弧连接的形式有三种：①用圆弧连接两已知直线；②用圆弧连接两已知圆弧；③用圆弧连一已知直线与一已知圆弧。

圆弧连接的基本步骤可归纳为：①求作连接弧圆心；②找出连接点即切点，③在两连接点之间画出连接圆弧。

1. 用圆弧连接两已知直线(图 1-31)

2. 用圆弧连接已知两圆弧

(1)连接弧 R 外切两圆弧 R_1、R_2(图 1-32)。

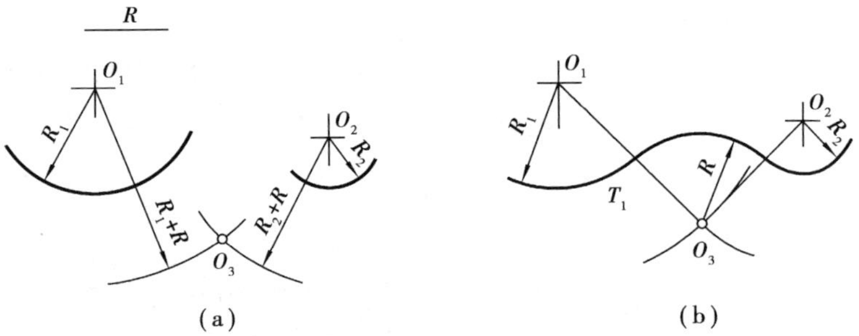

图 1-32　连接弧外切两圆弧

(a)以 R_1+R 和 R_2+R 为半径，以 O_1、O_2 为圆心分别画弧交于 O_3；
(b)连 O_1O_3、O_2O_3，分别与已知弧交 T_1、T_2(切点)，以 O_3 为圆心，R 为半径画$\overset{\frown}{T_1T_2}$，即为所求

(2)连接弧 R 内切两圆弧 R_1、R_2(图 1-33)。

(3)连接弧 R 内切一圆弧 R_1 外切另一圆弧 R_2(图 1-34)。

3. 用圆弧连接一圆弧和一直线(图 1-35)

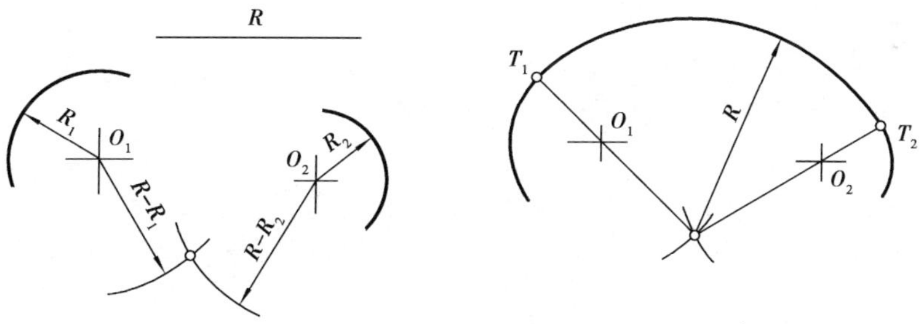

图 1-33　连接弧内切两圆弧

(a)分别以 $R-R_1$、$R-R_2$ 为半径，O_1、O_2 为圆心画弧交于 O_3；

(b)连 O_3O_1、O_3O_2 并延长交已知弧于 T_1、T_2(切点)，以 O_3 为圆心，R 为半径画弧，则$\overset{\frown}{T_1T_2}$为所求

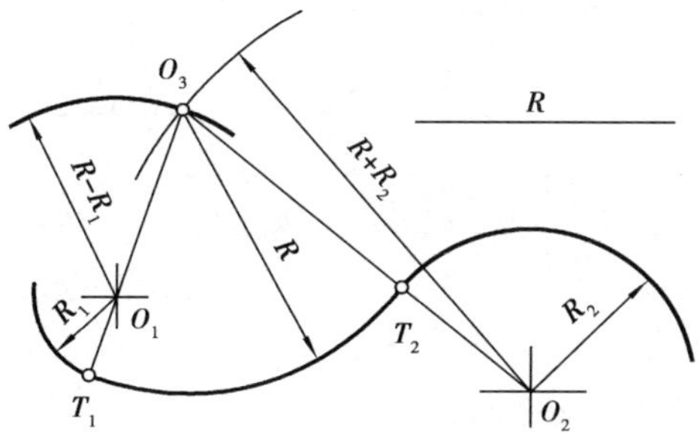

图 1-34　连接弧内切一圆弧外切另一圆弧

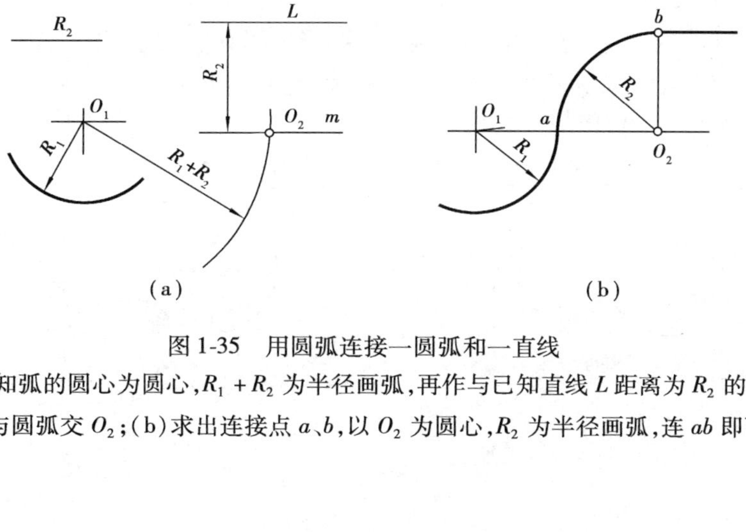

(a)　　　　　　　　　　　　(b)

图 1-35　用圆弧连接一圆弧和一直线

(a)以已知弧的圆心为圆心，R_1+R_2 为半径画弧，再作与已知直线 L 距离为 R_2 的平行线 m，与圆弧交 O_2；(b)求出连接点 a、b，以 O_2 为圆心，R_2 为半径画弧，连 ab 即可

1-4　平面图形的尺寸注法及线段分析

一个平面图形常由一个或多个封闭图形所组成，而每一个封闭图形一般又由若干线段——直线、圆弧所组成，相邻线段彼此相交或相切连接。分析平面图形是根据图形及尺寸标注，分析几何图形和线段的形状及它们之间的相对位置，从而正确、快速地绘制出一个平面图形。

一、尺寸分析

平面图形中所注的尺寸，按其作用可分为以下两类。

1. 定形尺寸

定形尺寸是指确定平面图形各组成部分的形状。例如圆的直径、圆弧的半径、角度大小、线段的长度等，图 1-36 中的 ϕ12、*R*13、*R*26、10 等。

2. 定位尺寸

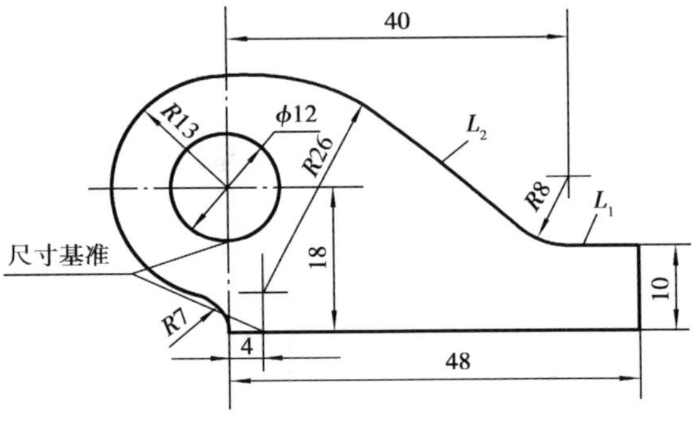

图 1-36　平面图形

定位尺寸是指确定平面图形中各组成部分之间的相对位置的尺寸。例如图 1-36 中的 18 是 ϕ12 圆的定位尺寸。

对平面图形来说，一般需要两个方向的定位尺寸。

在标注定位尺寸时，必须与尺寸基准相关。所谓尺寸基准就是标注定位尺寸的出发点。在平面图形中一般要有水平(*X*)方向和铅直(*Y*)方向的尺寸基准。通常选取图形的对称中心线，较大圆的中心线和主要轮廓线作为尺寸基准，如图 1-36 所示。

二、尺寸注法

平面图形中标注的尺寸，必须能惟一地确定图形的形状和大小，即不遗漏也不多余地标注出确定各线段的相对位置及大小的尺寸，做到正确、完整、清晰。标注尺寸的方法和步骤如图 1-37 所示。示例如图 1-38 所示。

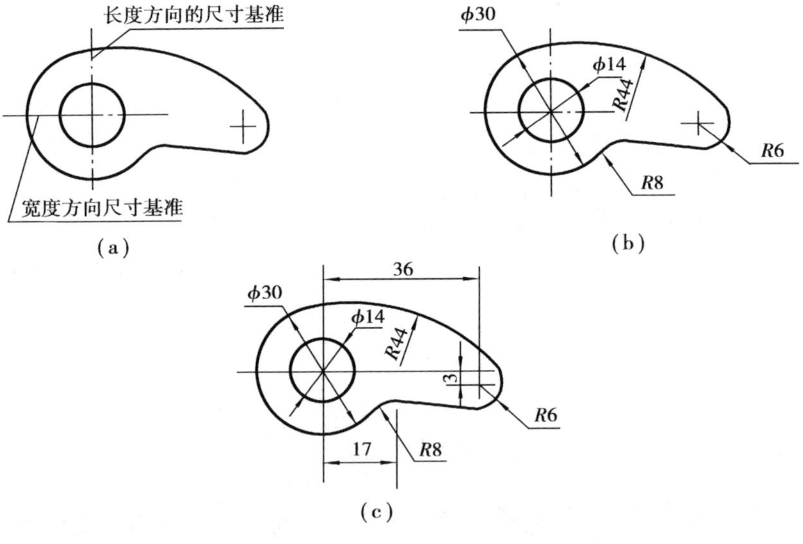

图 1-37　平面图形尺寸注法步骤

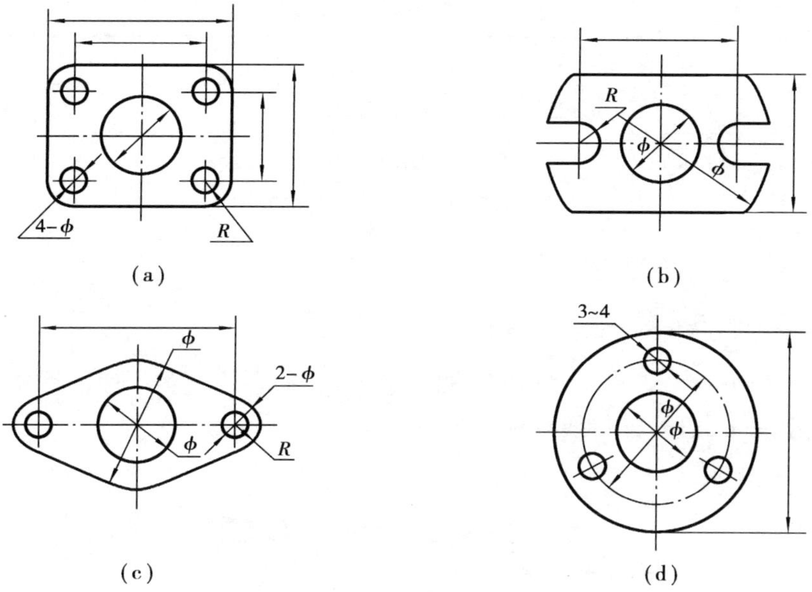

图 1-38　常见平面图形尺寸注法示例

三、线段分析

平面图形的线段，根据其尺寸的完整程度可分为表 1-7 所示三种。

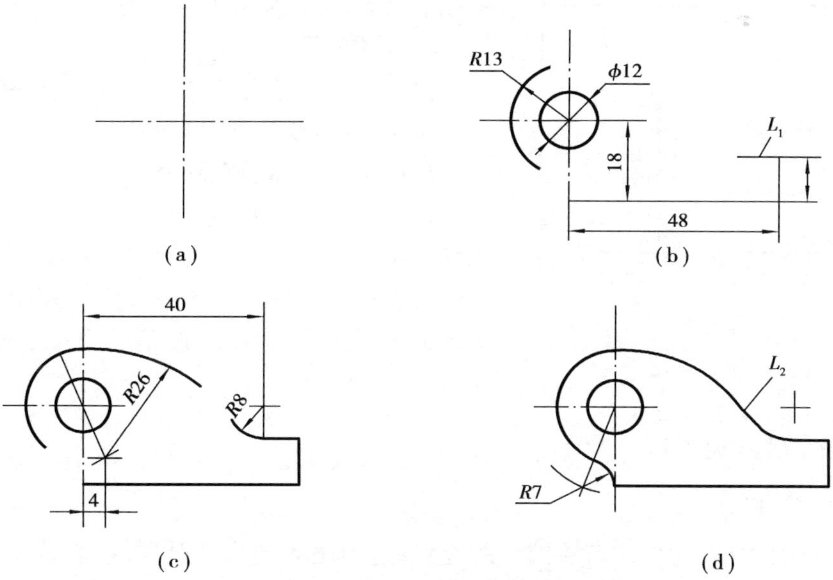

图 1-39　平面图形的画法步骤
(a)画出图形的两条基线；(b)画出各已知线段；
(c)画出各中间线段；(d)画出各连接线段

表 1-7　平面图形的线段

种　类	已　知　条　件	举例(图 1-35)
已知线段	圆弧或直线的定形尺寸和两个方向的定位尺寸	$\phi12$、$R13$、48、10、L_1
中间线段	线段的定形尺寸和一个方向的定位尺寸	$R26$、$R8$
连接线段	线段的定形尺寸	$R7$、L_2

四、平面图形的画法步骤

在着手画平面图形时，首先是对该图形进行全面的分析，确定各线段的性质，选定基准然后根据已知线段、中间线段、连接线段依次画出，如图 1-39 所示。

1-5　绘图的方法和步骤

一、绘图前的准备工作

1. 熟悉图样

画图前应熟悉所绘图样，了解其内容与要求，对图上有圆弧连接之处，如不太熟悉，应在草稿纸上试画一次，做到心中有数。

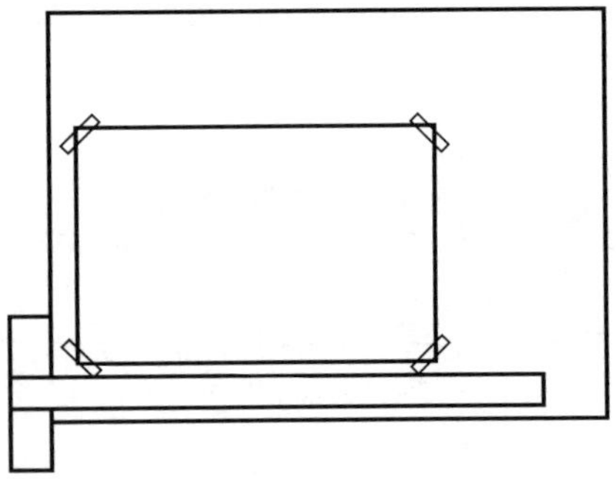

图 1-40　固定图纸

2. 准备工具

擦干净全部绘图仪器和工具，削好铅笔及圆规上的铅芯，同时要注意手上的清洁。

3. 选定图幅和固定图纸

根据图形大小和复杂程度选定比例，确定图纸幅面。将其选定的图纸铺平在图板的左下方，使其下方留有放置丁字尺的地方为准，并用丁字尺检查图纸的水平边是否放正，放正后用胶带纸固定，如图 1-40 所示。

二、画底图(用 H 铅笔)

1. 画出图框和标题栏。

2. 估计图形的大小，匀称地布置图形的位置；先画出各图形的基准线、轴线、对称中心线，然后再画轮廓线，并遵循先主体后细部的原则。注意底稿线要细、轻、准。

3. 画尺寸界线、尺寸线。

三、加深

底稿经校核无误后，擦去不必要的作图线，按线型要求用 B 铅笔加深粗实线，HB 铅笔加深 $b/3$ 细实线。加深后的线型应符合国标、均匀、整齐、深浅一致，切点准确，连接光滑，图面干净。

加深的先后顺序应做到：

1. 先曲后直、先小后大，先加深曲线、圆弧和圆，然后加深直线。加深圆和圆弧时，一般先从半径最小的开始，依次再加深大圆或大圆弧。

2. 先水平后垂直再倾斜：先用丁字尺自上而下加深全部水平粗实线，然后用三角板与丁字尺配合从左向右加深全部铅垂粗实线、再加深全部倾斜实线。

3. 按以上同样的顺序加深虚线、点划线和细实线。

4. 最后加深图框线及标题栏的边框线，用 HB 铅笔画出尺寸线的箭头，填写尺寸数字和标题栏。

描图步骤与加深步骤相同。注意在上墨时要防止掉墨汁，以保证平面的质量。

第二章　正投影基础

2-1　投影法的基本知识

一、投影法的概念

什么是投影法呢？我们知道，空间物体在灯光或阳光的照射下，墙壁或地面上就会出现物体的影子，这种现象就是投影。把这种投影的自然现象用几何的方法加以总结和提高，就创造了投影法。如图2-1所示，这里我们把光源称为投影中心，用点S表示，光线如SA、SB、SC称为投射线，地面（平面P）称为投影面，空间三角形ABC在投影面上的图像$\triangle abc$称为投影，这种使几何形体在平面上产生图像的方法称为投影法。

二、投影法的分类

投影法可分为中心投影法和平行投影法两类

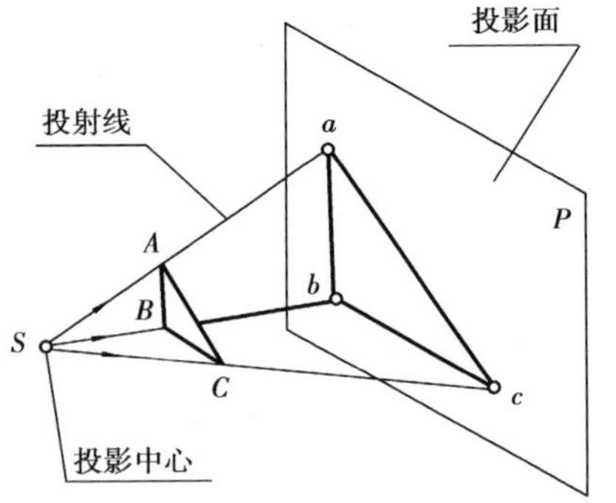

图2-1　中心投影法

1. 中心投影法

如图2-1所示，所有投影线都从一点S投射出，这种投影法称为中心投影法。

2. 平行投影法

若将投影中心S移至无穷远时，则所有的投影线都相互平行，如图2-2所示。这种投影线都相互平行的投影法，称为平行投影法。

根据投影线是否垂直于投影面，平行投影法又分为斜投影法和正投影法两种。

（1）相互平行的投影线倾斜于投影面，如图2-2（a）所示。用斜投影法所得的投影称为斜投影。

（2）相互平行的投影线垂直于投影面，如图2-2（b）所示。用正投影法所得的投影称为正投影。

正投影法能准确地表达物体的形状和大小，而且作图也比较简便，度量性好，因此在工程制图中得到广泛的应用。本书就是以正投影法来绘制物体的投影图，今后如没有其他说明，所讲述的投影均为正投影。

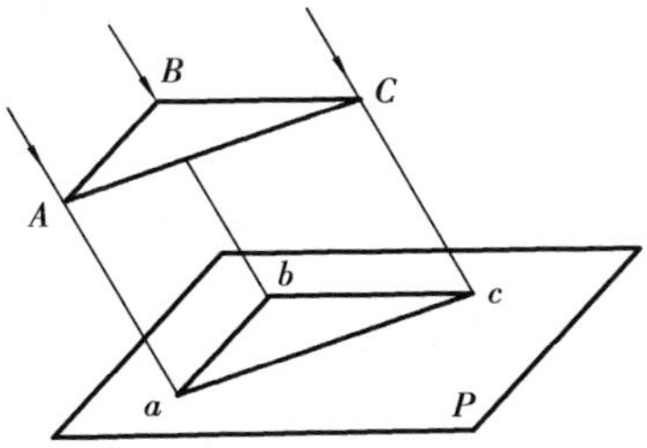

(a)

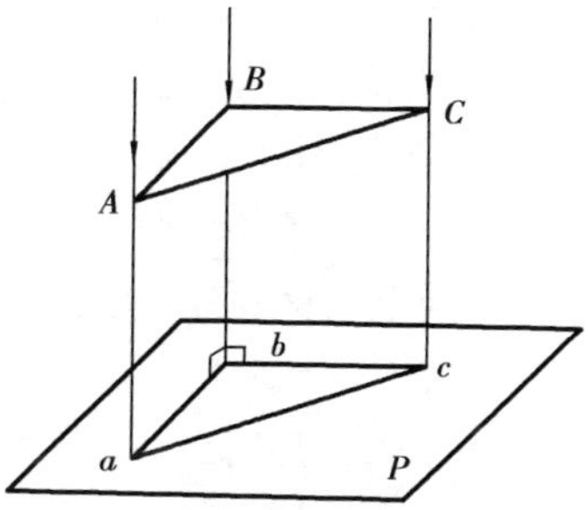

(b)

图 2-2 平行投影法

2-2 三视图的形成及投影规律

什么叫视图？上节讲到了用正投影法得到的投影称为正投影，在实际绘图中，假想把视线当作平行的投射线，用正投影法画出物体的正投影图，即为物体的视图。

一、三视图的形成

图 2-3 表示了两个不同形状的物体，但在同一投影面上的投影都是相同的，这说明仅有一个投影是不能准确地表达物体的形状，需要在另外的方向再进行投影。在实际绘图中，常采用的是将物体向三个方向进行投影，从而得到三个方向的图形，即三视图。

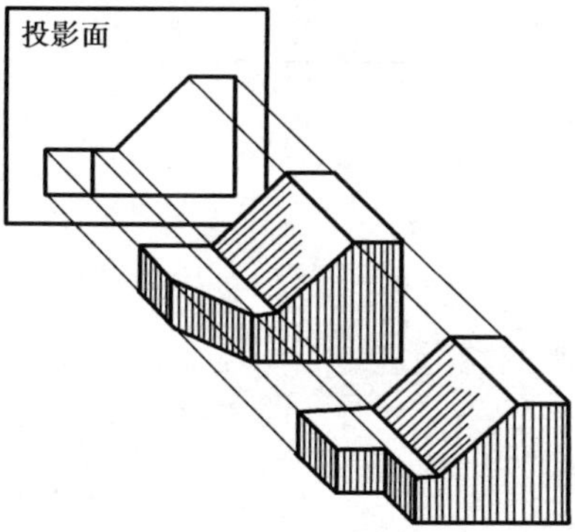

图 2-3 不同物体在同一投影面上的投影

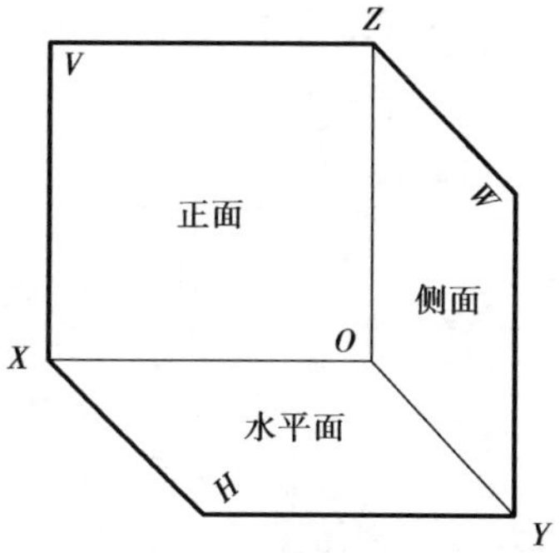

图 2-4 三投影面体系

1. 三投影面体系的建立

为了表达物体的形状，通常采用互相垂直的三个投影面，建立一个三投影面体系，如图2-4所示，其名称如下：

正立投影面简称正面，用 V 表示；

水平投影面简称水平面，用 H 表示；

侧立投影面简称侧面，用 W 表示。

两投影面的交线称为投影轴，其名称是：

OX 轴——正面与水平面的交线，它代表长度方向；

OY 轴——水平面与侧面的交线，它代表宽度方向；

OZ 轴——正面与侧面的交线，它代表高度方向；

原点 O——OX、OY、OZ 三轴之交点。

2. 物体在三投影面体系中的投影

为了获得三视图，把物体放置在所建立的三投影面体系中，使物体的各主要平面分别平行于各投影面，投影时使物体处于观察者与投影面之间，按正投影法分别向各投影面投影，如图 2-5(a)所示，由此得到三个视图，名称如下：

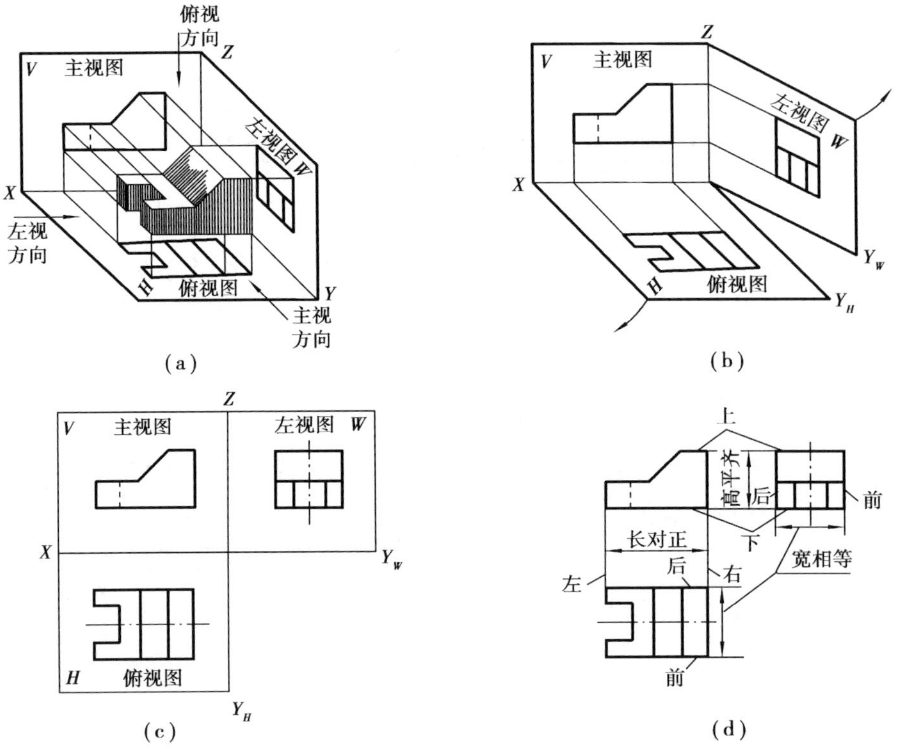

图 2-5 三视图的形成过程

(a)物体在三投影面体系中的投影；(b)三投影面的展开方法；

(c)展开后的三视图；(d)三视图之间的投影规律

主视图——物体由前向正投影面投影所得的图形；

俯视图——物体由上向水平投影面投影所得的图形；

左视图——物体由左向右侧投影面投影所得的图形。

3. 三投影面的展开

为了把三个视图画在一张图纸上，必须把互相垂直的三个投影面展成一个平面。如图 2-5(b)所示，先将空间的物体移去，并规定：正面 V 保持不动，将水平面向下旋转 90°，将侧面向右旋转 90°。这样，就得到在同一平面上的三视图，如图 2-5(c)所示。为了简化作图，在三视图中不画投影面的边框线，视图之间的距离可根据具体情况确定，视图的名称也不必标出，如图 2-5(d)所示。

二、三视图的投影规律

1. 视图与物体的方位关系

所谓方位关系，是指观察者面对正面 V 来观察物体为准，看物体的上、下、左、右、前、后六个方位在三视图中的对应关系，如图 2-5(d)所示，从该图可知：

主视图反映物体上、下和左、右；

俯视图反映物体左、右和前、后；

左视图反映物体上、下和前、后。

2. 投影规律

如图 2-5(d)所示，主视图反映物体的长和高；俯视图反映物体的长和宽；左视图反映物体的高和宽，表明了每个视图反映了物体两个方向的尺寸。因此总结出三视图的投影规律，即

主、俯视图长对正；

主、左视图高平齐；

俯、左视图宽相等。

简称"长对正、高平齐、宽相等"。

不仅整个物体的三视图符合上述投影规律，而且物体上的每一组成部分的三个投影也符合上述投影规律。

2-3　点的投影

任何物体都可看成是点、线、面等几何元素所构成的，如果要正确而迅速地画出较为复杂的物体，仅知道三视图的投影规律的知识还远远不够，因此，学习和熟练掌握几何元素的投影规律和特征，才能从理论上透彻理解三视图所表示物体的具体结构形状。

一、点的投影规律

1. 空间点及其投影符号的规定

空间点用大写字母如 A、B……表示，其投影点用相应的小写字母表示，如水平投影用 a、b……表示；正面投影用 a'、b'……表示；侧面投影用 a''、b''……表示。

2. 点的三面投影规律

将点 A 置于三面投影体系中，如图 2-6(a)所示，自点 A 分别向三个投影面作投影线，则得点 A 的三面投影 a、a'、a''，由于三个投影面是相互垂直的，因此由点 A 向三个投影面所作的投影线也必然是相互垂直的(见图 2-6(a))，每两条投影线决定一个平面，这些平面与三条投影轴分别垂直并交于 a_X、a_Y、a_Z，同时构成了三个相互垂直的平面，即 $Aa'a_Xa$、$Aa''a_Ya$ 和 $Aa'a_Za''$，而这三个平面与三个投影面又正好构成一个长方体。先移去空间点 A 后，将三个投影面以 V 面不动而展开摊平在同一平面上，便得到 A 点的三面投影图，如图 2-6(b)、(c)所示。由此，根据长方体的几何性质，可得到点的投影规律：

(1)点的投影连线垂直于相应的投影轴，即：$aa' \perp OX$，$a'a'' \perp OZ$；

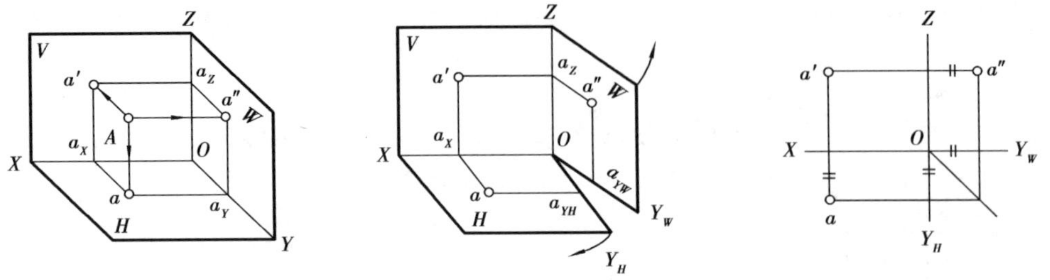

(a)　　(b)　　(c)

图 2-6　点的三面投影

(2)点的投影到投影轴的距离,等于该点与相应投影面的距离,如 $aa_x = a''a_z = A$ 点到 V 面的距离。

根据点投影规律,由已知点的任意两面投影,可求出第三面投影。

例　已知点 B、C 的两面投影 b'、c'和 b''、c,求出其第三面投影 b、c''(图 2-7)。

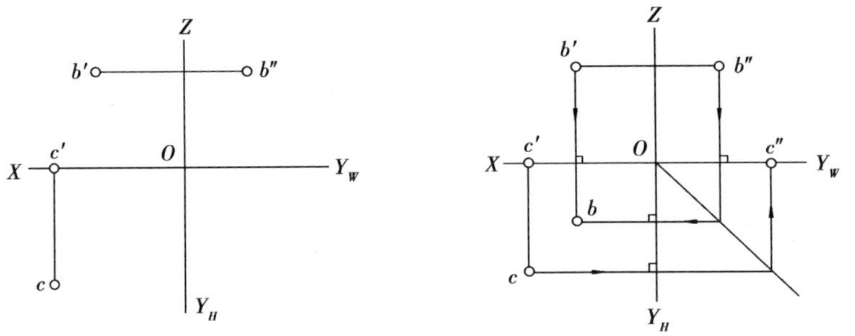

(a)　　(b)

图 2-7　求作点的第三面投影

3. 点的三面投影与直角坐标的关系

若把三投影面体系看作空间直角坐标系,则投影轴、投影面、原点 O 分别是坐标轴、坐标面、坐标原点。由图 2-8 可得出点的投影与坐标的关系:

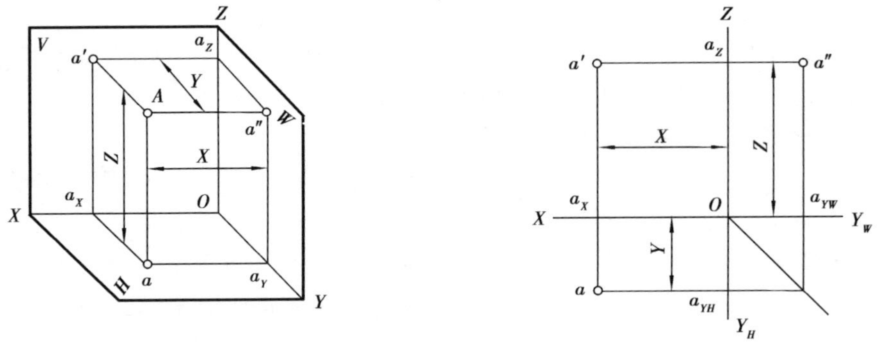

(a)　　(b)

图 2-8　点的投影与坐标的关系

$X = a'a_Z = aa_Y = Aa'' = A \to W$(点 A 到 W 面的距离);

$Y = aa_X = a''a_Z = Aa' = A \to V$(点 A 到 V 面的距离);

$Z = a'a_X = a''a_Y = Aa = A \to H$（点 A 到 H 面的距离）。

例　已知空间点 B 到三投影面 W、V、H 的距离分别为 20、10、15，求作点 B 的三面投影。

分析：已知条件中，知 B 点到三投影面的距离，实际上就间接知道点 B 的坐标，即 B(20、10、15)，在投影轴上分别找到其坐标值。根据点的投影规律，就可求出点 B 的三面投影，如图 2-9 所示。

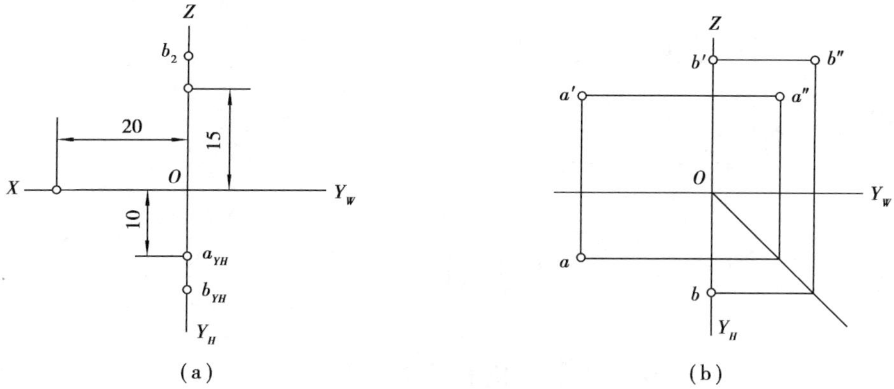

图 2-9　已知点到投影面的距离作点的投影

(a)量取坐标值；(b)作投影

二、两点的相对位置和重影点

1. 两点的相对位置

所谓两点的相对位置即是空间两点之间左右、前后、上下的相对位置。欲判别其相对位置，应利用两点的各个同面投影坐标差来确定，如图 2-10 所示。显然可知，点 A 在点 B 的左前下方，因为 $X_A > X_B$、$Y_A > Y_B$、$Z_A < Z_B$。

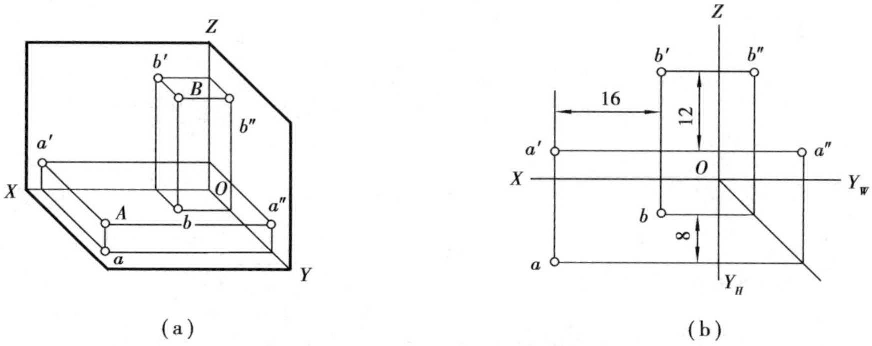

图 2-10　两点的相对位置

2. 重影点

位于同一投射线上的空间两点，在同一投影面上的投影重合于一点，则称为对该投影面的重影点。

两点重影，必有可见不可见之分，如图 2-11 所示，因点 A 在点 B 的正前方（$Y_A > Y_B$），它们在 V 面上重影时，点 A 的投影 a' 为可见，点 B 的投影 b' 为不可见，并加括号以示不可见。同理对 C，D 两点在 H 面的投影来说，点 D 的投影 d 为不可见。总之，如果空间两个点在某投影面上的投影重影时，则与该投影面的距离大者的投影为可见，小者则为不可见，即前遮后、左遮右、上遮下。

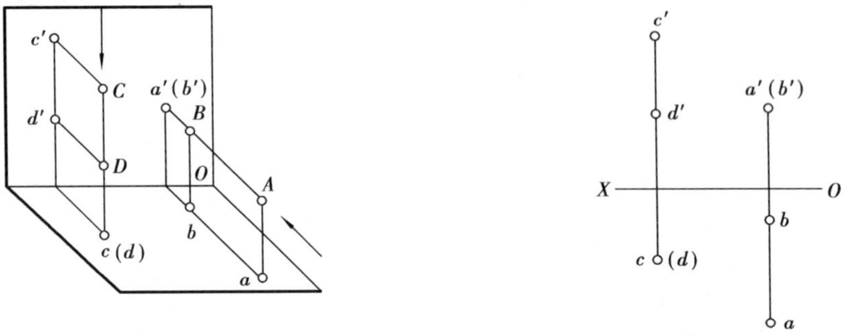

(a)　　(b)

图 2-11　重影点

2-4　直线的投影

一、直线的投影

直线的投影一般仍为直线，两点就能确定一直线，因此空间一直线的投影可由直线上的两点的同面投影来确定（通常取直线段的两个端点）。如图 2-12 所示，直线 AB 与三个投影面都不垂直，分别作出两端点的投影（a、a'、a''），（b、b'、b''），然后将其同面投影 ab、$a'b'$、$a''b''$连接起来，即为直线 AB 的三面投影。

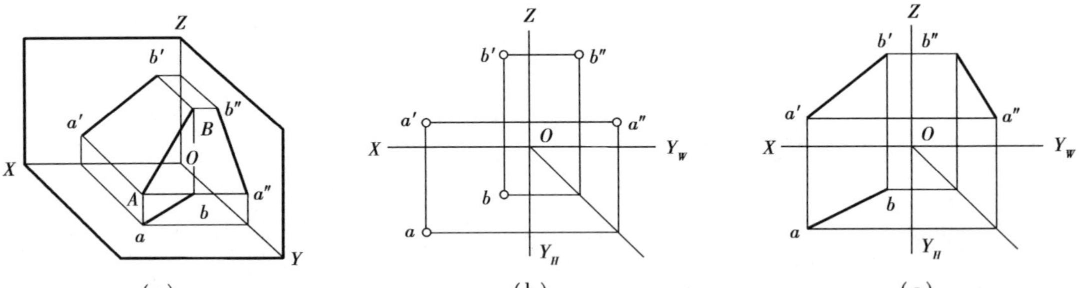

(a)　　(b)　　(c)

图 2-12　直线的投影

(a)轴测图；(b)作两端点的投影；(c)连两点的同面投影

二、直线对投影面的各种相对位置

空间直线在三面投影体系中，对投影面的相对位置有三类：(1)一般位置直线；(2)投影面平行线，(3)投影面垂直线。后两类直线又称为特殊位置直线。

空间直线与投影面之间的夹角称为倾角，并规定直线与 H、V、W 面的倾角分别用 α、β、γ 表示。

由于直线对投影面的相对位置不同，其投影特性也不同，现分述如下。

1. 一般位置直线

(1)空间特征　如图 2-13(a)所示,直线对三个投影面都倾斜。

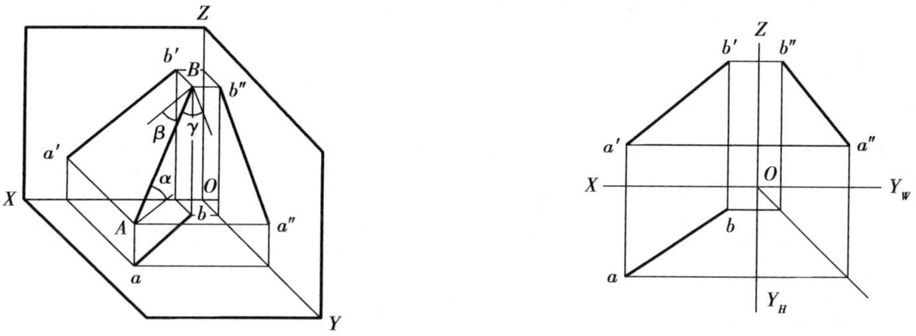

(a)　　(b)

图 2-13　一般位置直线

(2)投影特性　如图 2-13(b)所示。

①三投影都倾斜于投影轴,且它们与各自投影轴的夹角都不反映直线对投影面的真实倾角;

②三投影的长度都小于直线实长,因为 $ab = AB\cos\alpha$、$a'b' = AB\cos\beta$、$a''b'' = AB\cos\gamma$。

2. 投影面平行线

投影面平行线分为水平线、正平线、侧平线(见表 2-1)。

表 2-1　投影面平行线

名称	水平线(//H,对 V、W 倾斜)	正平线(//V,对 H、W 倾斜)	侧平线(//W,对 H、V 倾斜)
轴测图	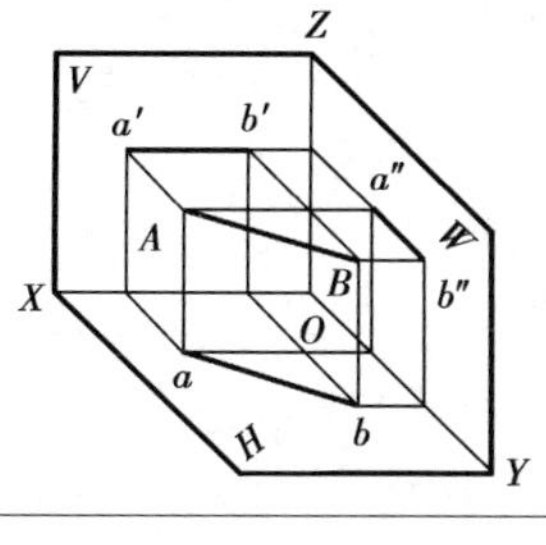	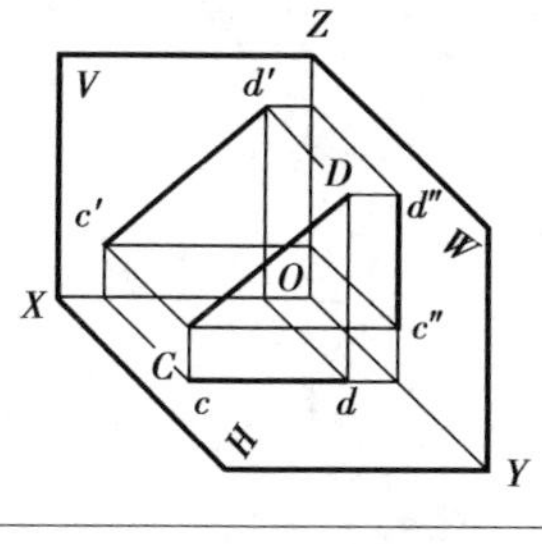	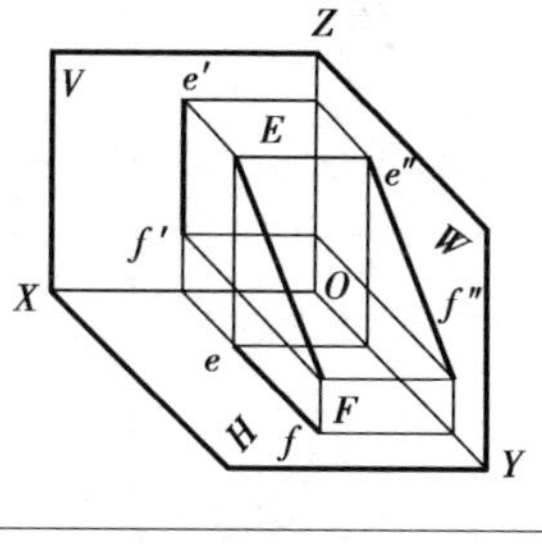
投影图	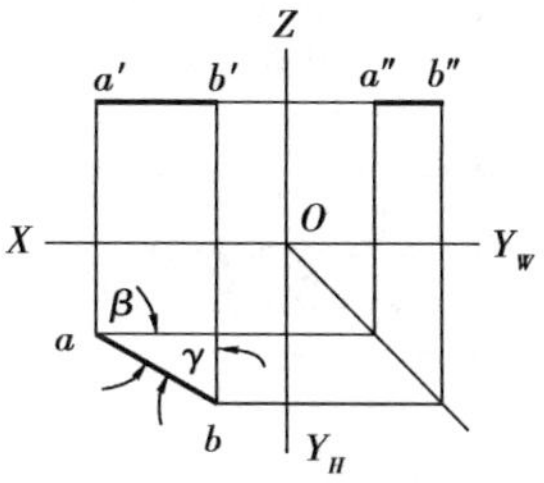	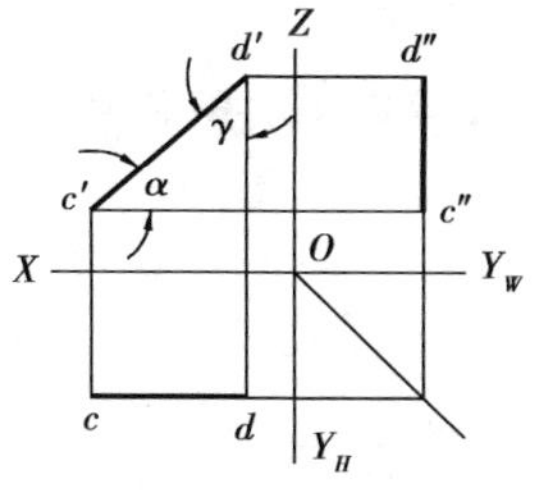	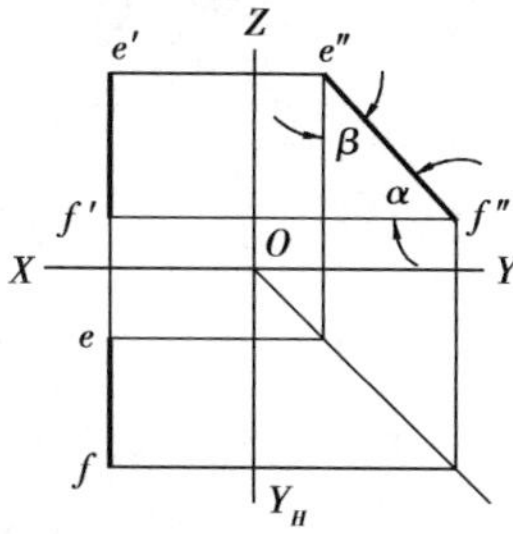
投影特性	1. 水平投影 $ab = AB$; 2. 正面投影 $a'b' // OX$,侧面投影 $a''b'' // OY_W$; 3. ab 与 OX、OY_H 的夹角 β、γ 等于 AB 对 V、W 面的倾角。	1. 正面投影 $c'd' = CD$; 2. 水平投影 $cd // OX$,侧面投影 $c''d'' // OZ$; 3. $c'd'$ 与 OX、OZ 的夹角 α、γ 等于 CD 对 H、W 面的倾角。	1. 侧面投影 $e''f'' = EF$; 2. 水平投影 $ef // OY_H$,正面投影 $e'f' // OZ$; 3. $e''f''$ 与 OY_W、OZ 的夹角 α、β 等于 EF 对 H、V 面的倾角。

(1)空间特征　如表 2-1 中直观图所示,直线平行于某一投影面,而倾斜于另两个投影面。

(2)投影特性　见表 2-1 中各投影图。

①直线在所平行的投影面上的投影反映实长,且它与投影轴的夹角,分别反映直线对另两个投影面的真实倾角。

②其余两投影平行于相应的投影轴,且长度缩短。

3. 投影面垂直线

投影面垂直线分为铅垂线,正垂线和侧垂线(见表 2-2)。

(1)空间特征　如表 2-2 中直观图所示,直线垂直于某一投影面、而平行于另两个投影面。

(2)投影特性　见表 2-2 中各投影图。

①直线在所垂直的投影面上的投影积聚为一点,这种特性称为积聚性。

②其余两投影的长度反映实长,且平行于相应的投影轴。

表 2-2　投影面垂直线

名称	铅垂线($\perp H$, $/\!/ V$ 和 W)	正垂线($\perp V$, $/\!/ H$ 和 W)	侧垂线($\perp W$, $/\!/ H$ 和 V)
轴测图	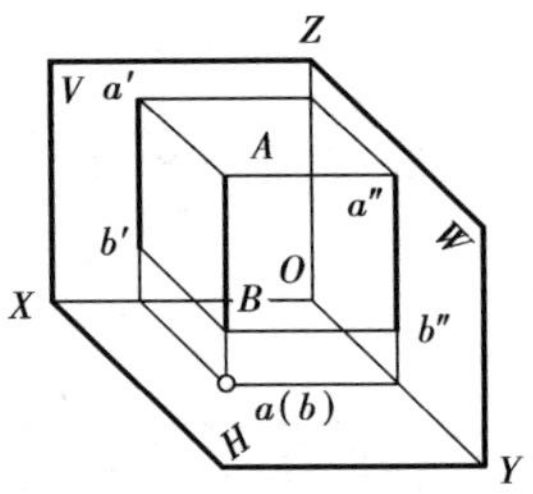	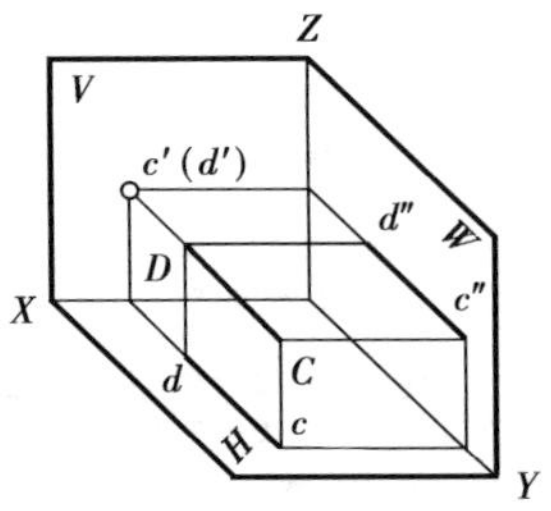	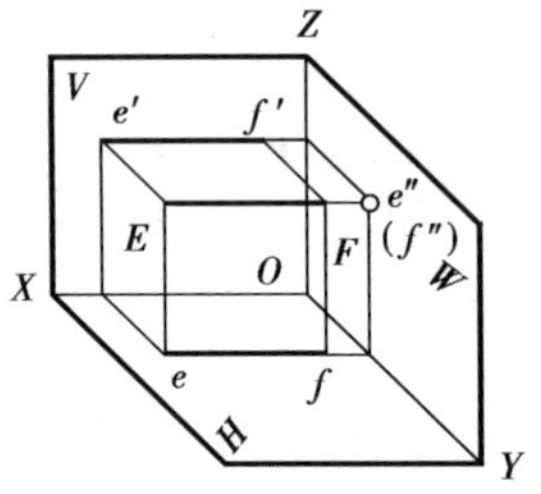
投影图	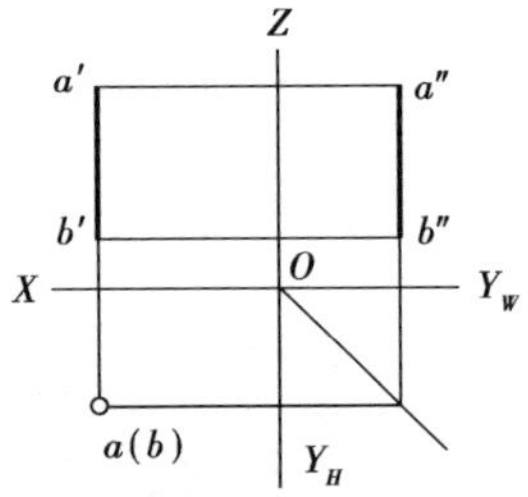	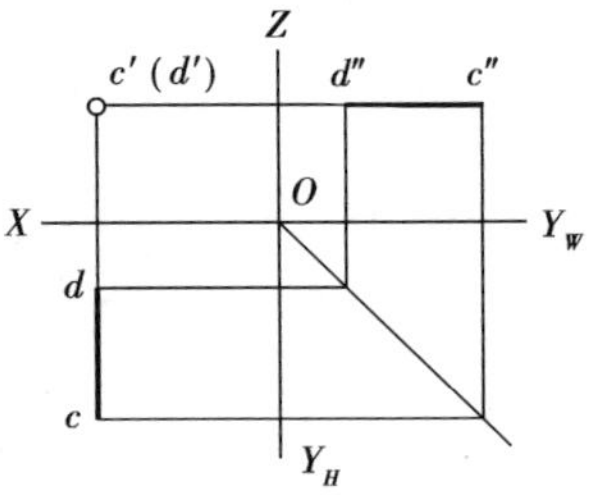	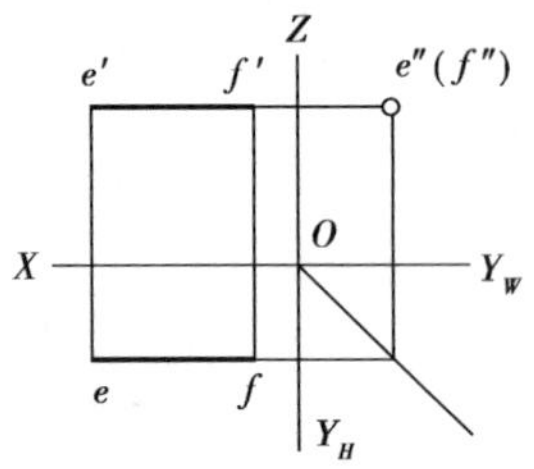
投影特性	1. 水平投影 $a(b)$ 积聚为一点; 2. $a'b' = a''b'' = AB$; 3. $a'b' \perp OX$, $a''b'' \perp OY_W$。	1. 正面投影 $c'(d')$ 积聚为一点; 2. $cd = c''d'' = CD$; 3. $cd \perp OX$, $c''d'' \perp OZ$。	1. 侧面投影 $e''(f'')$ 积聚为一点; 2. $ef = e'f' = EF$; 3. $ef \perp OY_H$, $e'f' \perp OZ$

三、线段的实长及对投影面的倾角

由上可知,一般位置直线段的投影不反映线段的实长以及对投影面的倾角,但根据线段的空间位置和投影条件,可以用直角三角形法求一般位置直线段的实长及投影面的倾角。

1. 线段的空间情况

线段的空间位置如图 2-14(a)所示,在过一般位置直线 AB 上 A、B 两点的投影 a、b 所形成

的平面 $ABab$ 内(见图 2-14b)作 $AK // ab$,与 Bb 交于 K,得直角三角形 ABK,其中 $AK = ab$,$BK = Bb - Kb = Bb - Aa$,即 A、B 两点的 Z 坐标差,斜边 AB 即为实长,AB 与 AK 的夹角,就是 AB 对 H 面的倾角 α。

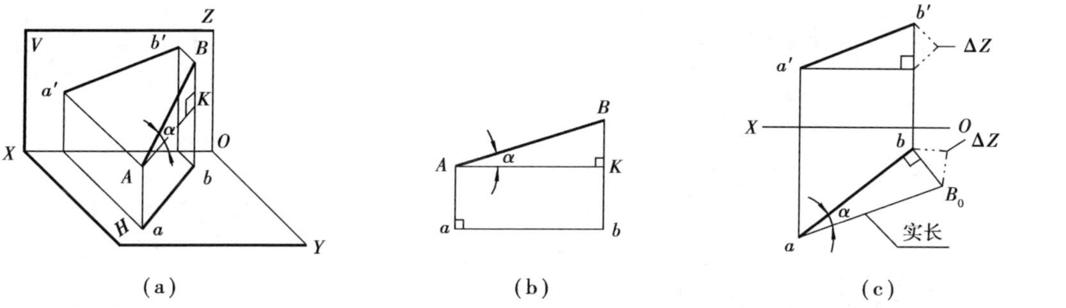

图 2-14 用直角三角形法求作 AB 实长和倾角 α

2. 建立数学模型

从图 2-14(b)可知,只要作出直角三角形 ABK 的实形,就能确定 AB 的实长和倾角,而在直角三角形 ABK 中,即实长(AB)、倾角(α)、坐标差(ΔZ_{AB})投影长度(ab)之间有如下关系

$$\tan \alpha = \frac{\Delta Z_{AB}}{ab} \tag{2-1}$$

显然,只要是一般位置直线,就能借助公式(2-1)记忆并通过作图的方法求出实长(AB)及倾角(α),同理还可得到:

$$\tan \beta = \frac{\Delta Y_{AB}}{a'b'} \qquad \tan \gamma = \frac{\Delta X_{AB}}{a''b''}$$

这样借助以上两式还可求出 β、γ。

3. 举例

已知一般位置直线 AB 的投影,求其实长及倾角 α。

解:借助公式 $\tan \alpha = \frac{\Delta Z_{AB}}{ab}$ 的作图过程为:(图 2-14(c))。

①以 ab 为一直角边,由 b(或 a 均可)作 ab 的垂线。

②在 V 面上量取 A、B 两端点的坐标差 ΔZ_{AB},并以 ΔZ_{AB}($\Delta Z_{AB} = bB_0$)为另一直角边;

③连接 aB_0,则 aB_0 即为直线 AB 的实长,$\angle baB_0$ 即为 AB 的真实倾角 α。

用相同的原理与作图方法,也可求出倾角 β 和 γ。

已知实长和倾角,求其投影长度和坐标差的方法,请读者自行考虑。

用直角三角形求实长的方法在后面将要讲述的体表面的展开求作过程中,有很实用的价值。

四、直线上的点

1. 直线上的点

点在直线上,则点的各个投影必在该直线的同面投影上,且符合点的投影规律。如图 2-15 所示,点 K 在直线 AB 上,则 K 点的三面投影 k、k'、k'' 必在 AB 的三面投影 ab、$a'b'$、$a''b''$ 上,反之,点的各个投影在直线的同面投影上,则该点一定在此直线上。

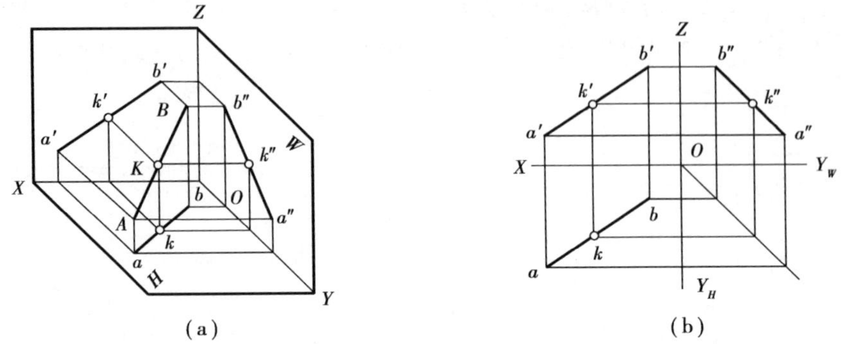

图 2-15　直线上的点

2. 点分割线段成定比(定比性)

直线 AB 上的点 K,把直线分成一定比例的两段,在投影后其比值保持不变,即$\frac{AK}{KB}=\frac{ak}{kb}=\frac{a'k'}{k'b'}=\frac{a''k''}{k''b''}$。

例 1　在已知直线 AB 上求出点 C 的投影,使 $AC:CB=2:3$(图 2-16(a))。

解:因为点 c 的投影必在直线 AB 的同面投影上,且有$\frac{ac}{cb}=\frac{a'c'}{c'b'}=\frac{2}{3}$,可用比例作图法解之(图 2-16(b))。

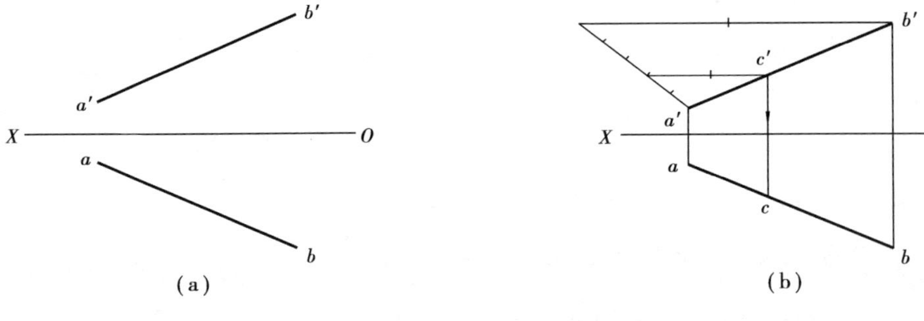

图 2-16　分线段成定比

例 2　已知侧平线 AB 的两面投影点 c 的正面投影 c',求其水平投影 c(图 2-17(a))。

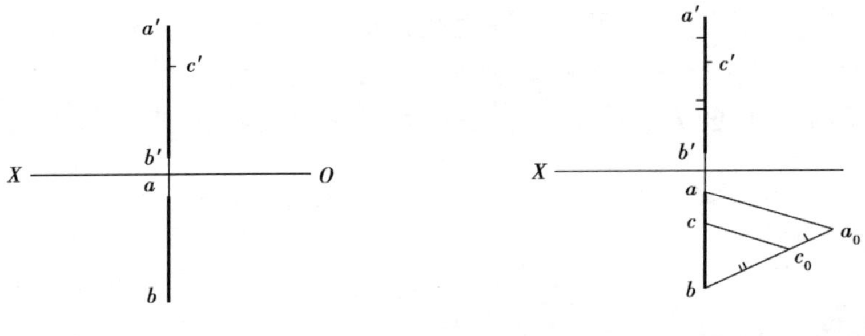

图 2-17　定比性的应用

解:由于 AB 是侧平线,所以不能由 c' 直接求出水平投影 c,要求出水平投影 c,有两种方法:

(1)作出直线 AB 及点 C 的 W 面投影,通过 W 投影,完成点 C 的水平投影 c;

(2)不作 W 面投影,用定比性求其水平投影 c,即$\frac{AC}{CB}=\frac{a'c'}{c'b'}=\frac{ac}{cb}$,见图 2-17(b)。

作图方法:

①自 b 作任意辅助线 ba_0,在 ba_0 上取 $bc_0=b'c'$,$c_0a_0=a'c'$

②连接 aa_0,作 $c_0c /\!/ aa_0$ 交 ab 于 c,c 即为所求。

五、两直线的相对位置

空间两直线的相对位置有三种情况:即两直线平行、相交和交叉。前两种为共面直线,后一种为异面直线,它们的投影特性如下:

1. 平行两直线

若空间两直线平行,除了重影和积聚而外,它们的同面投影必定相互平行。

如图 2-18(a)所示,由于 $AB /\!/ CD$,则必有 $AabB /\!/ CcdD$,从而可得 $ab /\!/ cd$;同理可得:$a'b' /\!/ c'd'$;$a''b'' /\!/ c''d''$(图 2-18(b))。

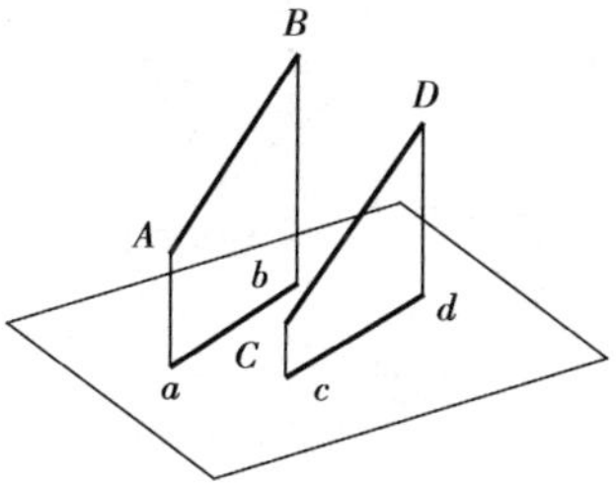

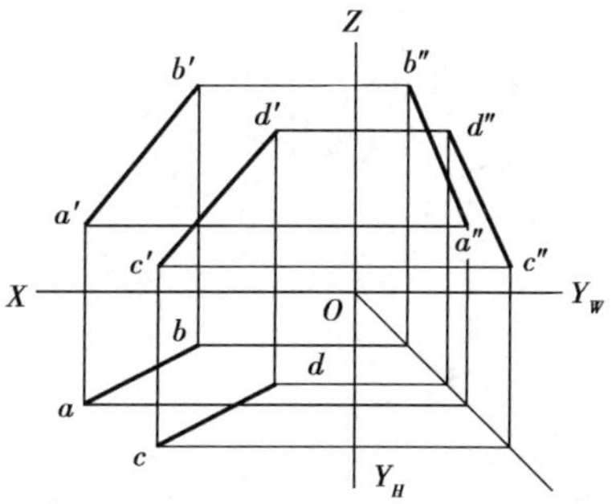

图 2-18 平行两直线

反之,若两直线的各组同面投影都相互平行,则此两直线在空间必定相互平行。

2. 相交两直线

若空间两直线相交,除了重影和积聚而外,它们的同面投影必定相交,且交点符合点的投影规律。

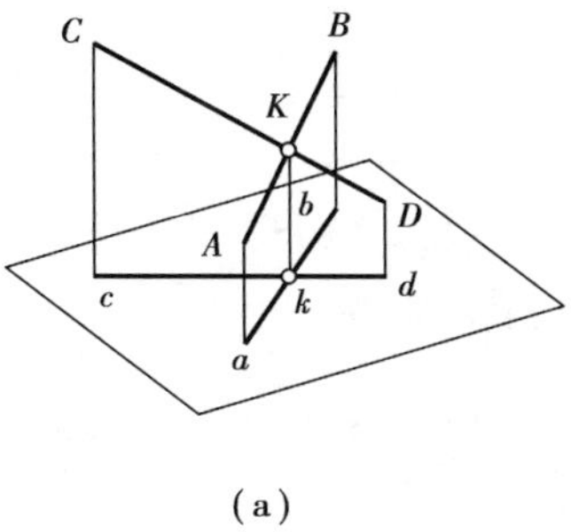

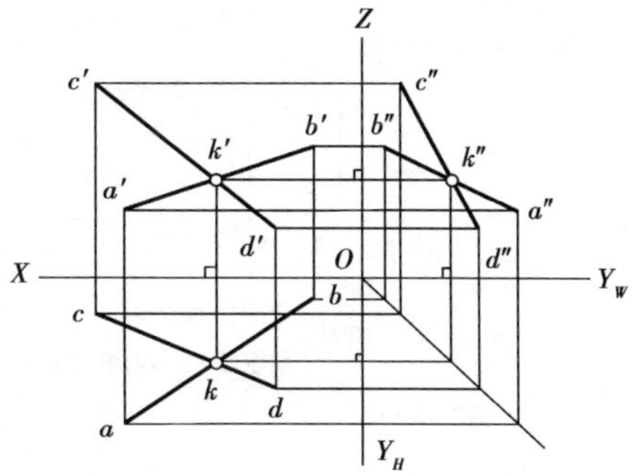

图 2-19 相交两直线

如图 2-19(a)所示,空间两直线 AB 与 CD 相交于点 K,则 ab 与 cd、$a'b'$ 与 $c'd'$、$a''b''$ 与 $c''d''$ 必相交于 k、k'、k'',且符合点的投影规律。

反之,若空间两直线的各组同面投影都相交,且交点符合点的投影规律,则此两直线在空间必定相交。

3. 交叉两直线

若空间两直线即不平行又不相交,则称为交叉两直线,如图 2-20 所示。因此,它们的三面投影不具备有平行或者相交两直线的投影特性。但在交叉两直线的三面投影中,可能会出现在一面或两面投影相互平行,如图 2-20(a),或在两个投影面都有交点,如图 2-20(b)。在这种情况下,只要作出它的 W 面投影就显而易见。

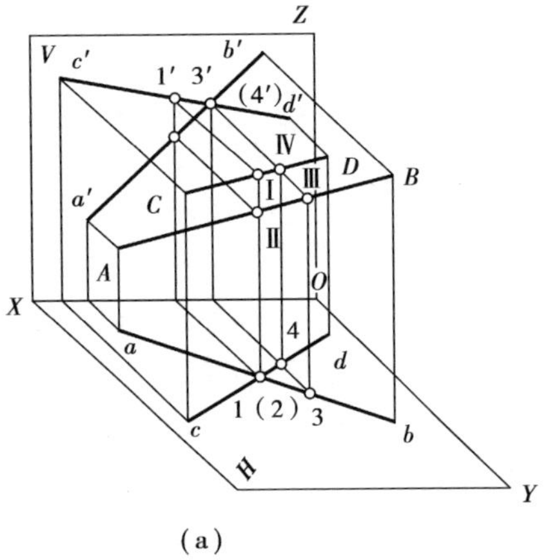

图 2-20　交叉两直线

两直线在两面投影中的特殊情况下的判别也可不作它的 W 面投影。

例　判别如图 2-21 中所示 AB 和 CD 两直线是何种相对位置。

分析　在图 2-21(a)中,若 AB 和 CD 是平行两直线,则两平行线段长度之比等于其投影长度之比,也即 V 面投影长度之比等于 H 面投影长度之比。

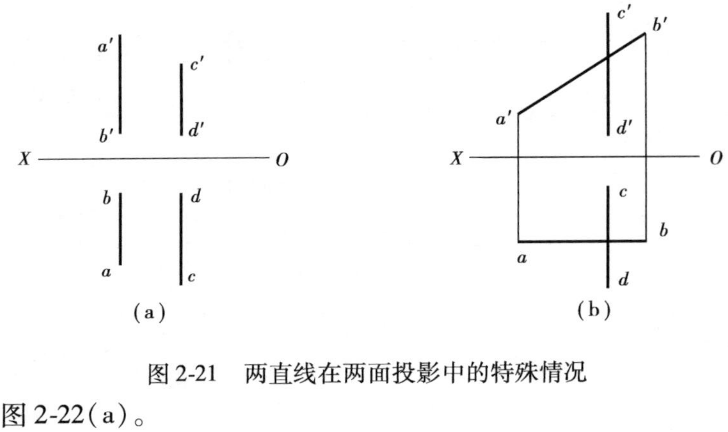

图 2-21　两直线在两面投影中的特殊情况

作图过程见图 2-22(a)。

①连接 ac 和 $a'c'$;

②过 d 和 d' 分别作直线 $dk /\!/ ac$;$d'k /\!/ a'c'$,得交点 k 和 k':

显然$\frac{ak}{kb} \neq \frac{a'b'}{k'b'}$,所以,$AB$ 不平行 CD,为交叉两直线。

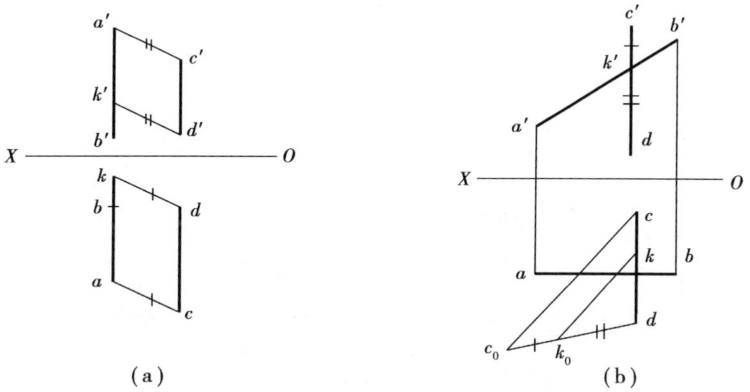

图 2-22 判别两直线是何种相对位置

分析 在图 2-21(b)中,假设 AB 与 CD 相交于 K,则有 $a'b'$与 $c'd'$相交于 k',按直线上点的定比性原理,其水平投影的交点 k 应在 ab 与 cd 的交点上,通过图 2-22(b)的求作过程,显然图中 k 不在 ab 与 cd 的交点上,可判定为 AB 与 CD 是交叉两直线。

六、一边平行于投影面的直角的投影

若空间两直线垂直相交,则其中有一直角边平行于某投影面,则在该投影面上的投影仍是直角。此投影特性称为直角投影定理。

如图 2-23 所示,因 $AB \perp BC$,$AB /\!/ H$,则有 $AB \perp Bb$,又因 $AB \perp Bb$,$AB \perp BC$,所以 $AB \perp BbcC$,又因 $ab /\!/ AB$,所以 $ab \perp BbcC$ 平面,因此,必有 $ab \perp bc$。

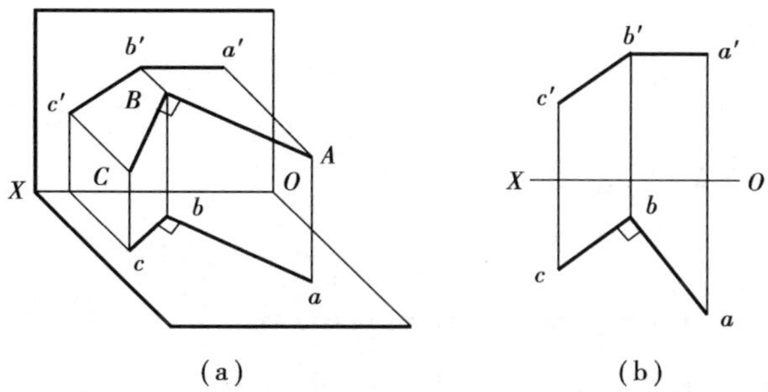

图 2-23 直角的投影特性

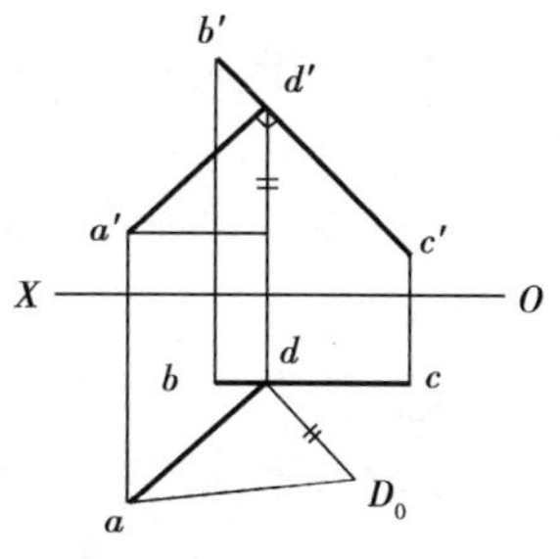

图 2-24 求点 A 到正平线 BC 的距离

例 知 $BC /\!/ V$ 面,求点 A 到直线 BC 的距离(图 2-24)。

解:所求距离为点 A 向 BC 作垂线 AD 的长度。因为 $BC /\!/ V$ 面,根据直角投影定理,可知所作垂线 AD 的正面投影 $a'd'$与 $b'c'$垂直。作图步骤如下:

①作 $a'd' \perp b'c'$交 $b'c'$于 d';

②在 bc 上找到 d;

③连接 ad,并用直角三角形法求 AD 实长,aD_0 即为所求。

2-5　平面的投影

一、平面的表示法

1. 几何元素表示法

根据初等几何学可知，不在同一直线上的三点可确定一个平面。从这一公理出发，平面可以由以下几种不同形式的几何元素表示，如图 2-25 所示。

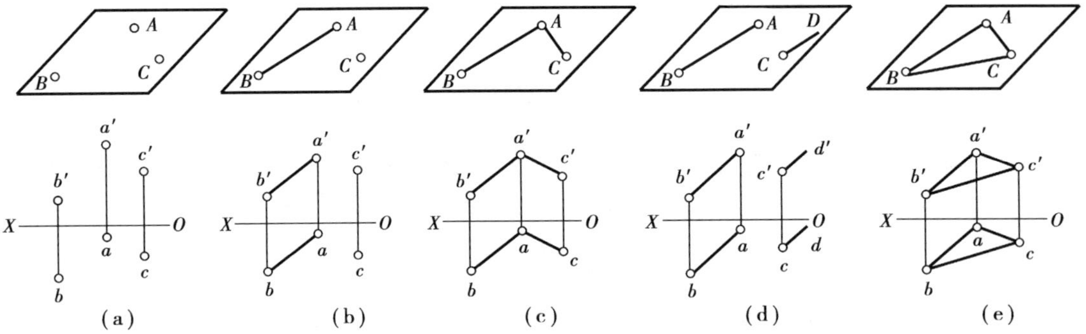

图 2-25　用几何元素表示平面

(1)不在同一直线上的三点(图 2-25(a))。

(2)一直线和直线外一点(图 2-25(b))。

(3)相交两直线(图 2-25(c))。

(4)平行两直线(图 2-25(d))。

(5)任意平面图形，如三角形、四边形等(图 2-25(e))。

以上五种表示平面的方法，虽在表达形式上有所不同，但若 A、B、C 三点空间位置不变，则所表示的平面是同一平面，实际上后面四种所表示的平面的形式仅是不在一直线上的三点表示平面的转换。

2. 迹线表示法

所谓迹线就是平面与投影面的交线。这是为了使平面的空间位置比较明显，而且表示简便，有时所采用的一种表示平面的方法。在图 2-26 中，空间三角形 ABC 所确定的平面 P 增大后与投影面 H、V、W 相交，其交线即为平面 P 的迹线，并分别以 P_H、P_V、P_W 表示。

由于迹线既在平面上，又在投影面上，所以迹线的一个投影与其迹线本身重合，规定用迹线符号标记，而迹线的另两个投影在相应的投影轴上，一般省略标记。即在投影图上直接用 P_V 表示正面迹线的正面投影，P_H 表示水平迹线的水平投影，P_W 表示侧面迹线的侧面投影。

同迹线所表示的平面，简称为迹线平面。空间平面常用 P、Q、R、M 等大写字母代表。

二、平面对投影面的各种相对位置

空间平面对投影面的相对位置有三类：(1)投影面垂直面；(2)投影面平行面；(3)一般位置平面。前两类也称特殊位置平面。

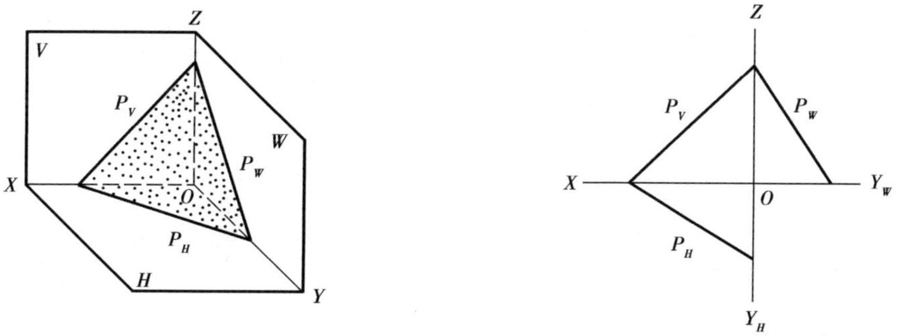

(a)　　　　(b)

图 2-26　平面迹线表示法

空间平面与 H、V、W 面的倾角分别用 α、β、γ 表示。

由于平面对投影面的相对位置不同，其投影特性也不相同，现分述如下：

1. 投影面垂直面

投影面垂直面可分为铅垂面、正垂面和侧垂面，见表 2-3。

(1)空间特征　如表 2-3 中直观图所示，平面垂直于某一投影面，而倾斜于另两个投影面。

(2)投影特性　见表 2-3 中投影图。

①平面在所垂直的投影面上的投影积聚为一直线，并反映该平面与另两投影面的倾角。

②其余两投影为类似形，但比实形小。

投影面垂直面的投影特性可简记为：一积聚，二类似。

表 2-3　投影面垂直面

名称	铅垂面(⊥H,对 V、W 倾斜)	正垂面(⊥V,对 H、W 倾斜)	侧垂面(⊥W,对 H、V 倾斜)
轴测图	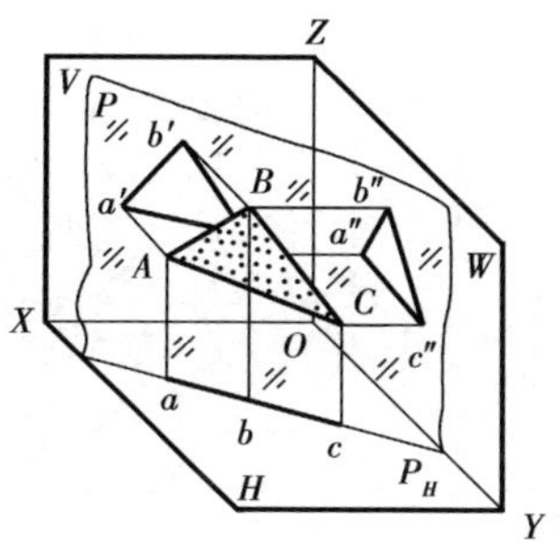	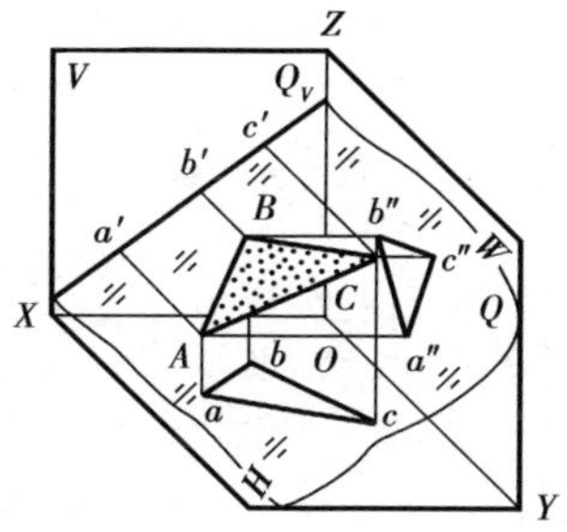	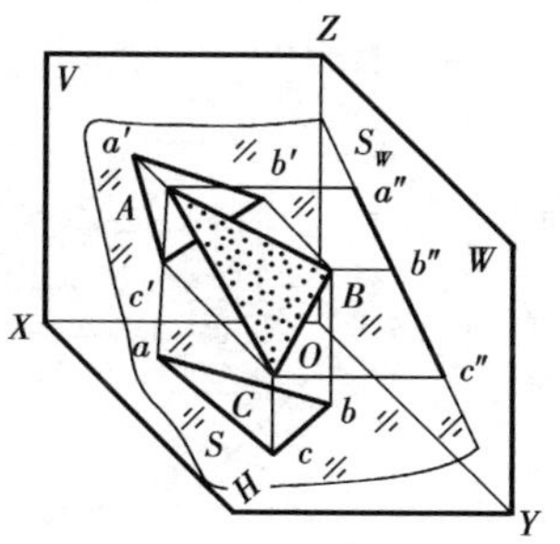
投影图	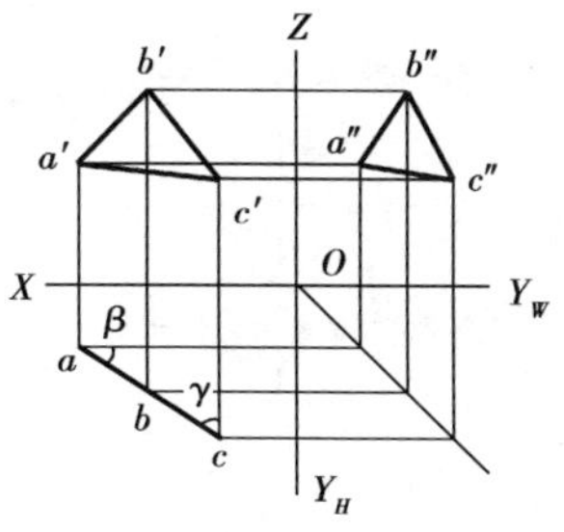	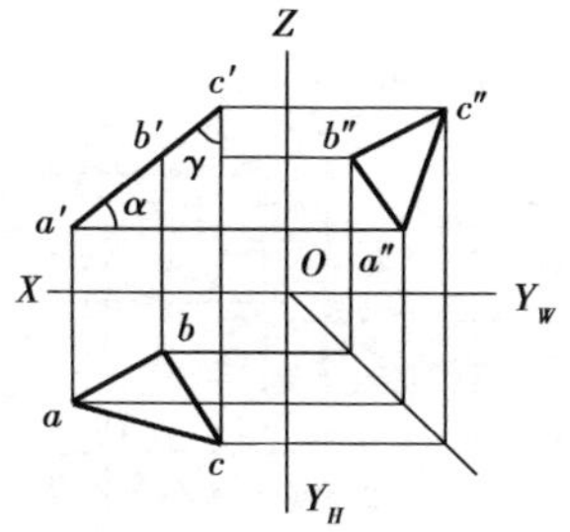	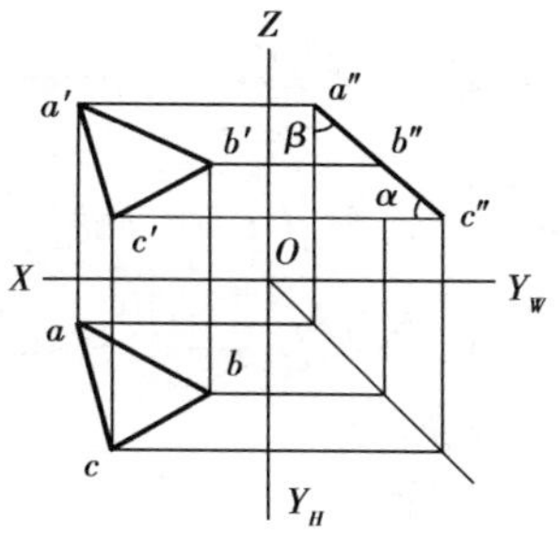

续表

名称	铅垂面（⊥H，对 V、W 倾斜）	正垂面（⊥V，对 H、W 倾斜）	侧垂面（⊥W，对 H、V 倾斜）
用迹线表示	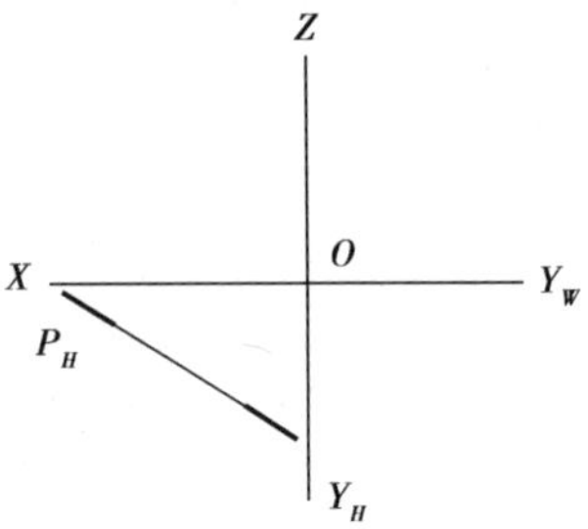	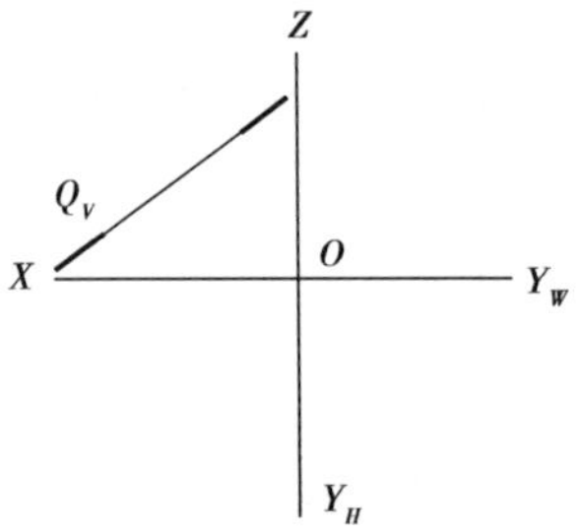	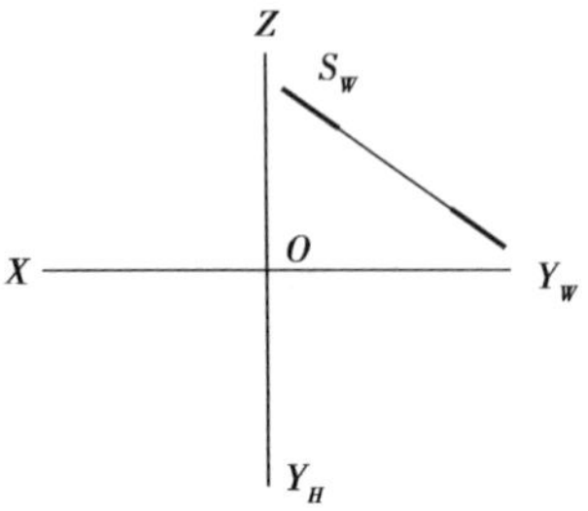
投影特性	1. 水平投影积聚为直线（或水平迹线有积聚性）； 2. 水平投影与 OX、OY_H 的夹角即为 β、γ； 3. 正面和侧面投影为类似形。	1. 正面投影积聚为直线（或正面迹线有积聚性）； 2. 正面投影与 OX、OZ 的夹角即为 α、γ； 3. 水平和侧面投影为类似形。	1. 侧面投影积聚为直线（或侧面迹线有积聚性）； 2. 侧面投影与 OY_W、OZ 的夹角即为 α、β； 3. 水平和正面投影为类似形。

2. 投影面平行面

投影面平行面可分为：水平面、正平面和侧平面，见表 2-4。

表 2-4　投影面平行面

名称	水平线（$/\!/H$，⊥V 和 W）	正平线（$/\!/V$，⊥H 和 W）	侧平线（$/\!/W$，⊥H 和 V）
轴测图	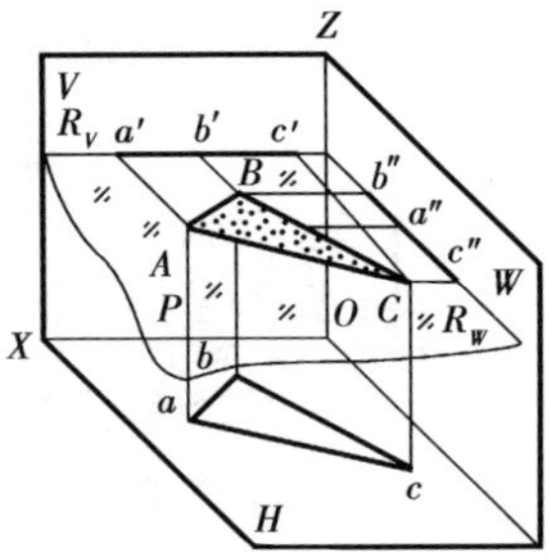	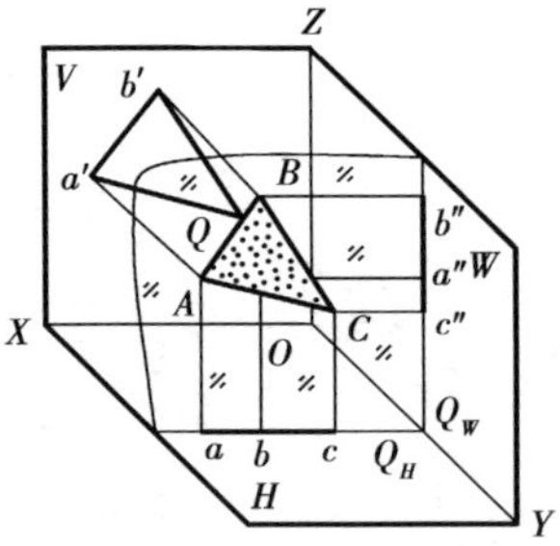	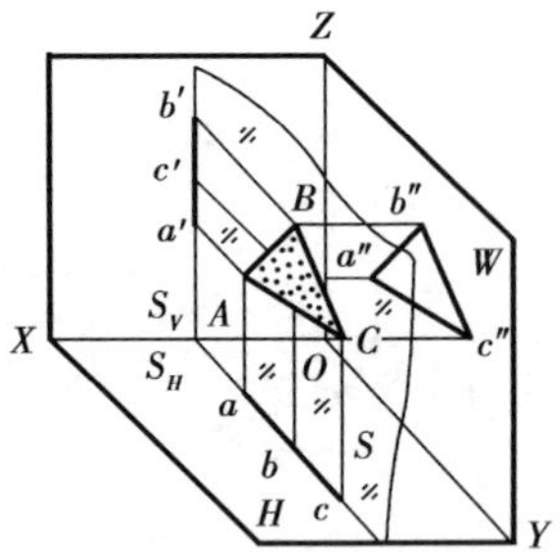
投影图	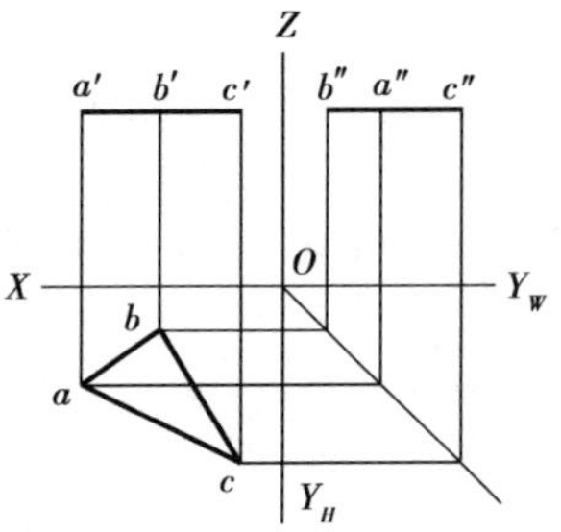	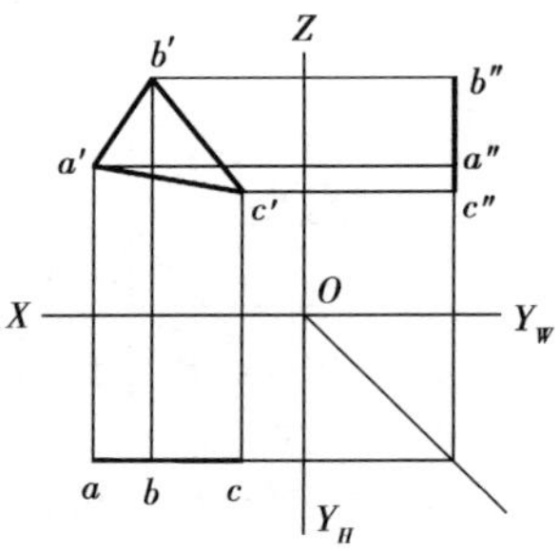	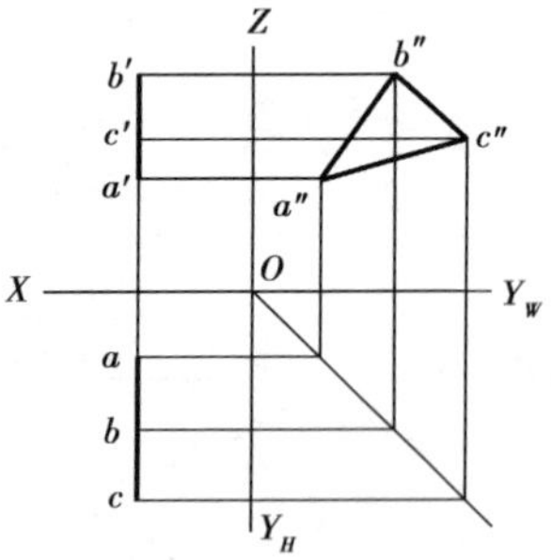

续表

名称	水平线（//H，⊥V 和 W）	正平线（//V，⊥H 和 W）	侧平线（//W，⊥H 和 V）
用迹线表示	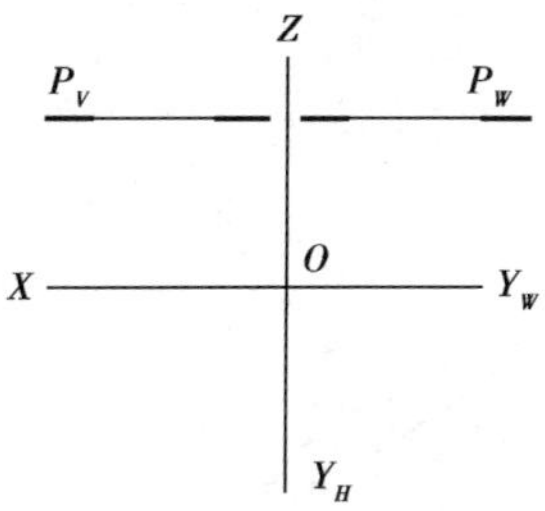	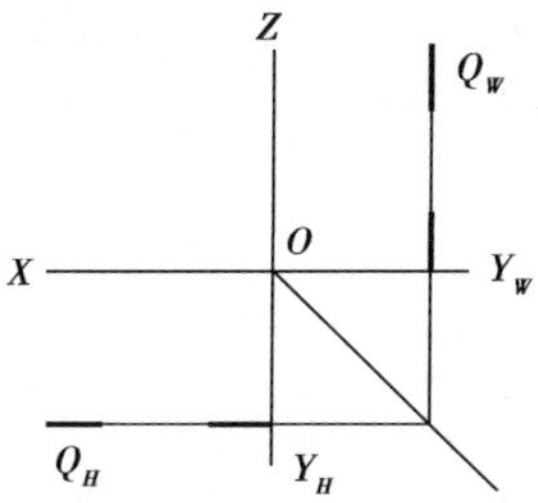	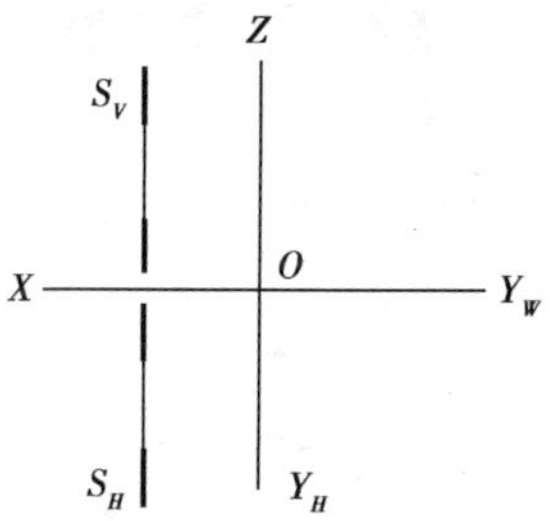
投影特性	1. 水平投影表达实形； 2. 正面投影积聚为直线，且 //OX； 3. 侧面投影积聚为直线，且 $//OY_W$。	1. 正面投影表达实形； 2. 水平投影积聚为直线，且 //OX； 3. 侧面投影积聚为直线，且 //OZ。	1. 侧面投影表达实形； 2. 水平投影积聚为直线，且 $//OY_H$； 3. 正面投影积聚为直线，且 //OZ。

（1）空间特征　如表 2-4 中直观图所示，平行于一个投影面，而垂直于另两个投影面。

（2）投影特性　见表 2-4 中投影图。

①平面在所平行的投影面上的投影反映实形；

②其余两投影积聚为直线，并分别平行于相应的投影轴。

投影面平行面的投影特性可简记为：一实形，二积聚。

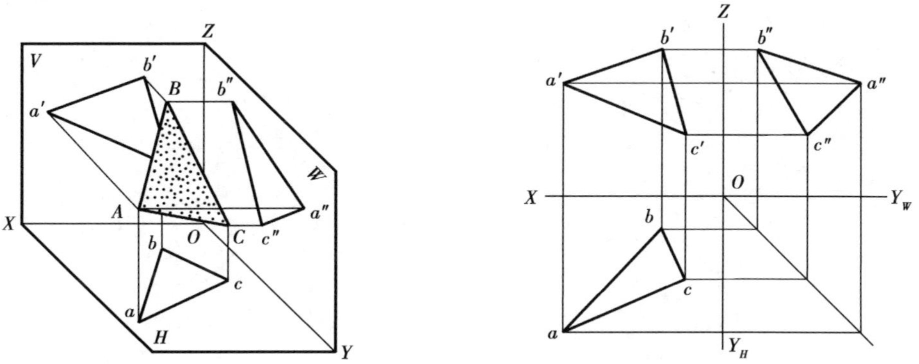

（a）　　（b）

图 2-27　一般位置平面

3. 一般位置平面

（1）空间特征　如图 2-27（a）所示，平面对三个投影面都倾斜。

（2）投影特性　平面在三个投影面上的投影都为该平面类似，且面积小于实形，如图 2-27（b）所示。

一般位置平面的投影特性可简记为：类似形。

三、平面上的点和直线

由初等几何学可知,点和直线在平面上的几何条件是:

(1)点在平面上,则该点必定在这个平面的一条直线上。

(2)直线在平面上,则该直线必定通过平面上的两个点,或通过这个平面上的一个点,且平行于该平面上的另一条直线。

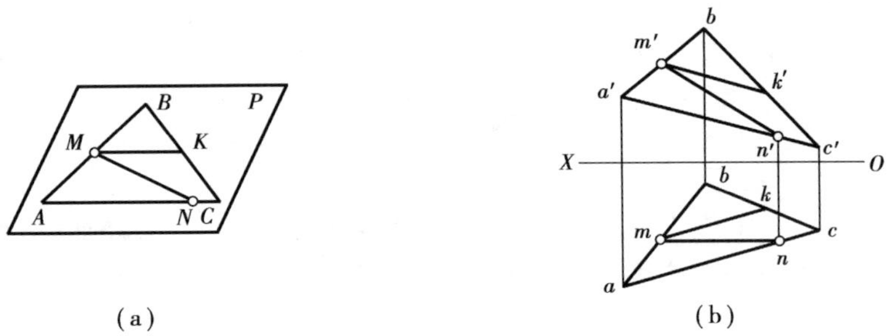

图 2-28　平面上的直线和点

如图 2-28 所示,点 M 在平面 ABC 的直线 AB 上,故点 M 必在 ABC 平面上,该图又可见,在 ABC 平面上的直线 AB、AC 上各取一点 M、N,过 M、N 两点的直线 MN 必在 ABC 平面上;如过点 M 作直线 MK 并平行于 AC,则 MK 也必在该平面上。

例 1　已知 ΔABC 平面上 M 点的水平投影 m 和点 N 的正面投影 n',见图 2-29(a),试求出它们的另一投影。

解:为了确定 ABC 平面上的点 M、N,应先作平面 ABC 上的线再作点,如图 2-29(b)所示。

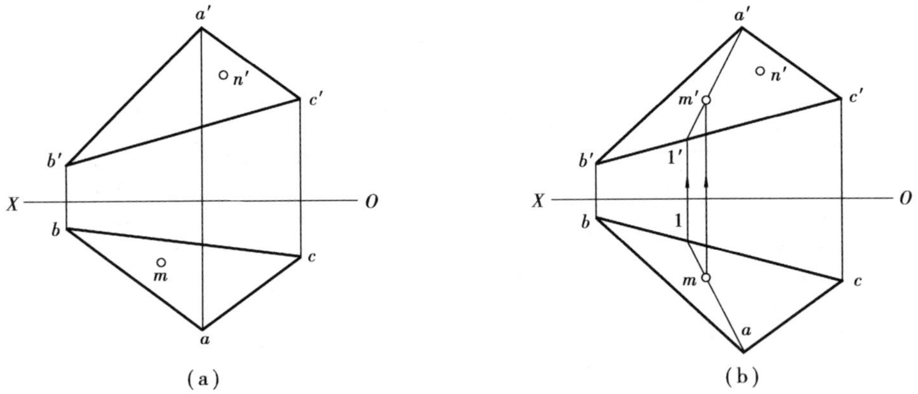

图 2-29　在平面上取点

解法步骤:

(1)过 m 作任意直线的水平投影 $a1$;

(2)由 1 求得 $1'$,得正面投影 $a'1'$;

(3)在 $a'1'$ 上求得 m'。

点 N 的求法与点 M 类似,请读者解之。同时,求其点 M 与 N 还可用“通过平面上的一个点,且平行于该平面上的另一条直线”的几何条件求之,请读者思考。

例 2　已知四边形 $ABCD$ 的正面投影及 AB、BC 的水平投影,试完成此平面的水平投影图

2-30(a)。

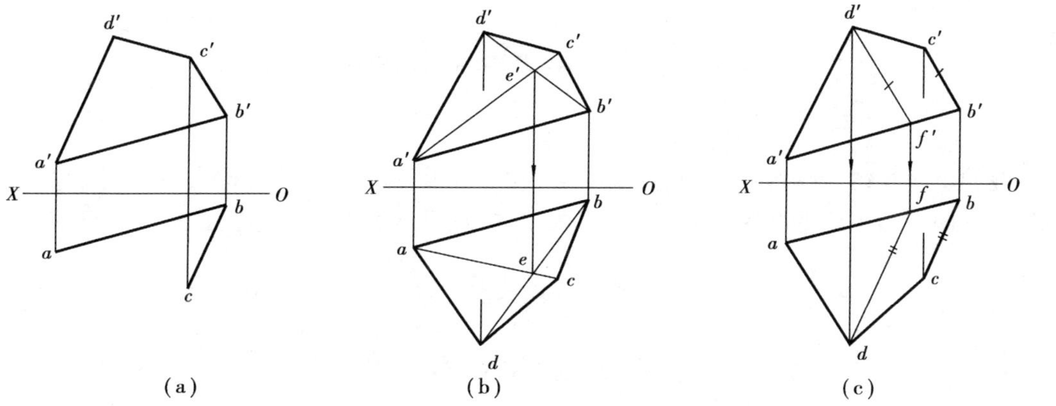

图 2-30　完成四边形的投影

解:四边形 $ABCD$ 的四个顶点在同一平面上,现已知 A、B、C 三个点所确定的一个平面,点 D 应位于此平面上,因此,可按平面上取点的方法来求解。

解法一:如图 2-30(b)所示,连接 $a'c'$ 与 $b'd'$ 相交于 e',再在 ac 上作出 e,d 必定位于 be 上,最后连接 ad 与 cd 即为所求。

解法二:过点 D 作直线 DF,使 $DF /\!/ BC$,交 AB 于 F,由直线 DF 求出 D,如图 2-30(c)所示。

第三章　立体及其交线

一般的工程物体,都可以看作是由基本形体组成的。基本形体可分为平面立体和曲面立体两类。表面均为平面的称为平面立体,如棱柱、棱锥;表面为曲面或曲面与平面的称为曲面立体,如圆柱、圆锥、球、环等。

3-1　平面立体及其截交线

一、棱柱体

1. 棱柱体的投影

图 3-1 是一个正六棱柱的立体图和投影图。这个六棱柱的顶面和底面均为水平面,它们的水平投影反映实形,且底面与顶面水平投影重合,正面投影和侧面投影分别积聚成直线。六棱柱的前后棱面为正平面,正面投影反映实形且相互重合,水平投影和侧面投影积聚为直线;其余四个侧棱面是铅垂面,水平投影积聚成四段斜直线,正面投影和侧面投影均为类似形。六棱柱的六条侧棱线均为铅垂线,它们的水平投影分别积聚为点,正面投影和侧面投影反映实长。

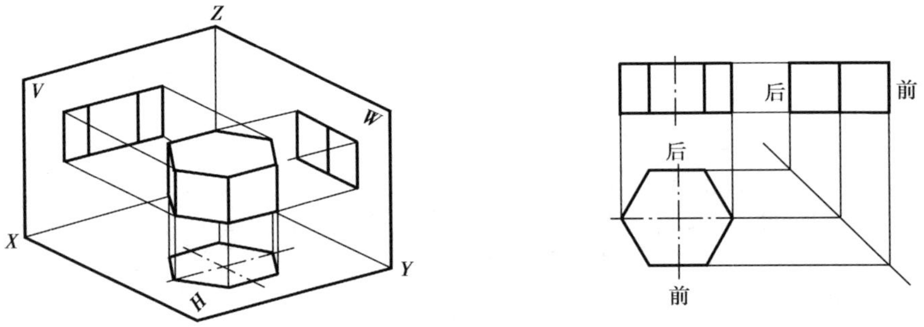

(a)　　(b)

图 3-1　正六棱柱的投影

(a)轴测图;(b)投影图

画立体的投影图时,一般先画反映实形和有积聚性的投影,再画其他投影。作上述六棱柱的投影图时,可先作它的水平投影正六边形,然后再作它的正面投影和侧面投影。投影轴可省略,但应注意三视图之间必须符合"长对正、宽相等、高平齐"的投影规律和前后、左右、上下对应关系。对于水平投影和侧面投影之间的前后对应关系,可直接量取前后相等的距离作图,也可利用 45°辅助线作图,如图 3-1(b)所示。

2. 棱柱体表面上的点

如图 3-2 所示,已知正六棱柱表面上的点 A 的正面投影 a',要作出它的水平投影和侧面投影。

因为 a' 可见，故点 A 在六棱柱的左前棱面上，利用这个棱面有积聚性的水平投影，可作出 a，再由 a 和 a'，作出 a''。

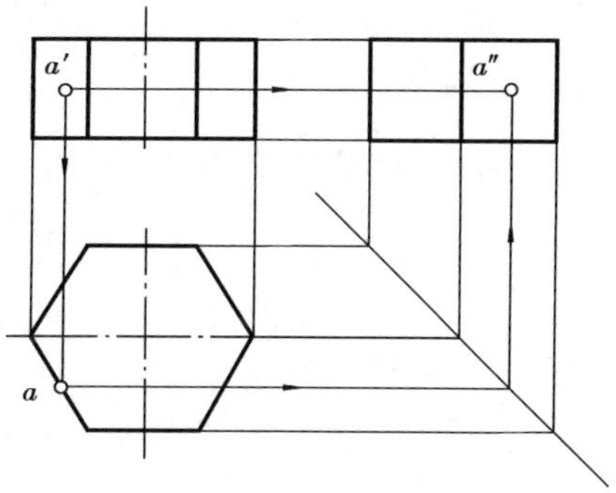

图 3-2 作六棱柱表面上点的投影

二、棱锥体

1. 棱锥体的投影

图 3-3(a)为一正三棱锥，由底面 ABC 和三个棱面 SAB、SBC 和 SAC 组成，锥顶为 S。底面 ABC 为水平面，水平投影 abc 反映实形，正面投影和侧面投影积聚成水平的直线 $a'b'c'$ 和 $a''c''b''$。后棱面 SAC 为侧垂面，两个侧棱面 SAB 和 SBC 为一般位置平面，除后棱面 SAC 侧面投影积聚成直线 $s''a''c''$ 外，其余的投影均为类似形。各棱线的投影，请自行分析。

作正三棱锥的投影图时，先作底面 ABC 的各个投影，再作锥顶的各个投影，将锥顶与底面各点的同面投影连接起来，即为正三棱锥的三个投影，如图 3-3(b)所示。

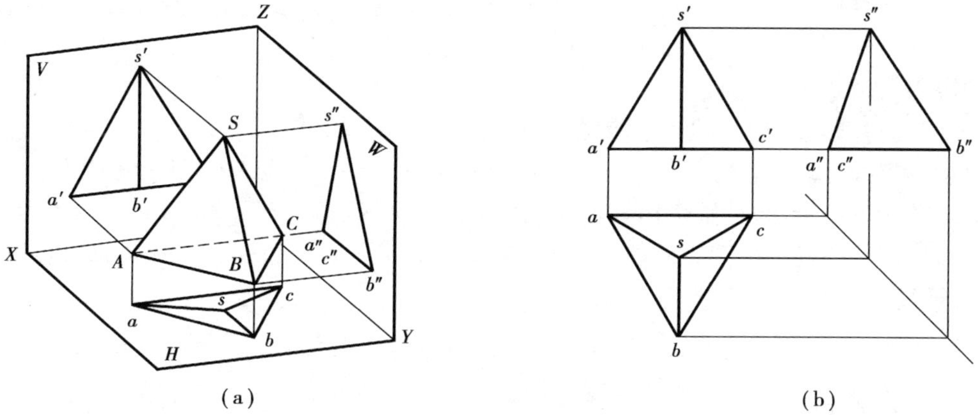

图 3-3 正三棱锥的投影

(a)轴测图；(b)投影图

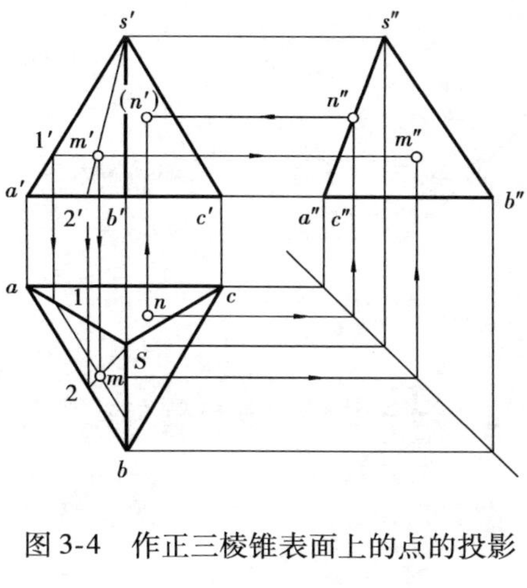

图 3-4 作正三棱锥表面上的点的投影

2. 棱锥体表面上的点

作棱锥体表面上的点的方法与作平面上的点的方法相同。

如图 3-4 所示，已知正三棱锥表面上 M 点的正面投影 m' 和 N 点的水平投影 n，求它们的另外两个投影。

因为 M 点的正面投影 m' 可见，故 M 点在 SAB 棱面上；又因为 SAB 为一般位置平面，三面投影都没有积聚性可利用，故可过 M 点在 ΔSAB 上作一辅助线 $M1$ 平行于 AB，即作 $m'1' \parallel a'b'$，再作 $m1 \parallel ab$，求出 m，根据 m 和 m' 可求得 m''。也可过锥顶 S 和 M

点作一辅助线 $S2$，求出 m、m''。

由 N 点的水平投影 n 可知，N 点在 SAC 面上，SAC 侧面投影成一直线 $s''a''c''$，故 n''必在$s''a''c''$上，由 n 和 n''即可求出(n')。因为 N 点在后棱面上，故正面投影不可见。

三、平面立体的截交线

当平面切割立体时，这个平面称为截平面。截平面与立体表面的交线称为截交线。由截交线围成的平面图形称为断面，如图 3-5 所示。截平面切割平面立体所产生的截交线是一个多边形，作出这个多边形的各边或各顶点的投影，即可求出截交线和断面的投影。

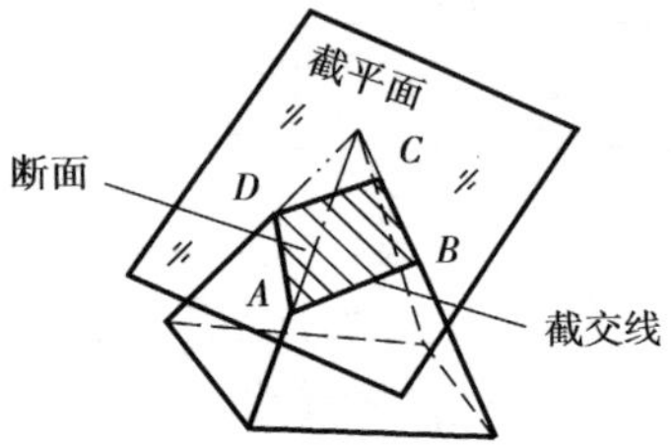

图 3-5　平面立体的截交线

例 1　试完成正四棱锥被正垂面 P 截断后的水平投影和侧面投影(图 3-6(a))。

解：参照图 3-5 和图 3-6(a)进行分析：截平面 P 与四棱锥的四个棱面相交，产生四段交线即为截交线，四段交线围成的四边形即为断面，四边形的各个顶点是四棱锥的四条棱线与截平面 P 的交点。因为截平面为正垂面，所以断面和截交线的正面投影积聚为一直线，水平投影和侧面投影均为上述四边形的类似形。作图时，作出各交点的投影，然后连线即为所求。

作图方法如图 3-6(b)所示。

(1)在正面投影中定出截平面与四条棱线的交点 A、B、C、D 的投影 a'、b'、c'、d'；

(2)根据直线上点的投影特性由 a'、b'、c'、d'作出 a、b、c、d 和 a''、b''、c''、d''(注意：b、d 应由 b''、d''作出，若无侧面投影时，则可用辅助线求出)；

(3)按照同一棱面上的两点相连的原则，依次连接 a、b、c、d 和 a''、b''、c''、d''，即得截交线和断面的水平投影和侧面投影(均为可见)；

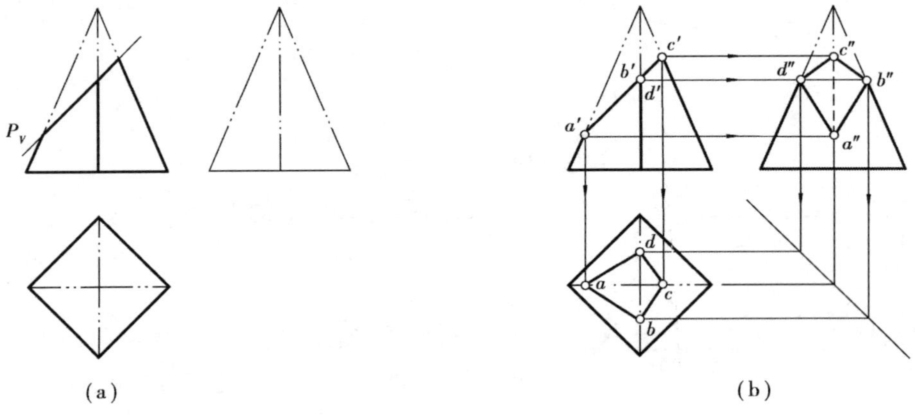

图 3-6　作四棱锥的截交线

(a)已知条件；(b)作图过程和结果

(4)补全截平面下边的各棱线的投影。最右棱线在侧面投影中有一段与最左棱线重影，有一段被断面 $ABCD$ 所遮，画成虚线。

例 2　完成带缺口的六棱柱的水平投影和侧面投影(图 3-7(a))。

解:先进行分析。从图 3-7(a)可看出,六棱柱的缺口由正垂面和水平面切割而成,两截平面各与六棱柱四个棱面相交各产生四段交线,两断面相交又产生一段交线(正垂线),所以这个缺口共有九段交线,作出这九段交线的投影,也就是缺口的投影。

作图:(1)先作出完整六棱柱的侧面投影;

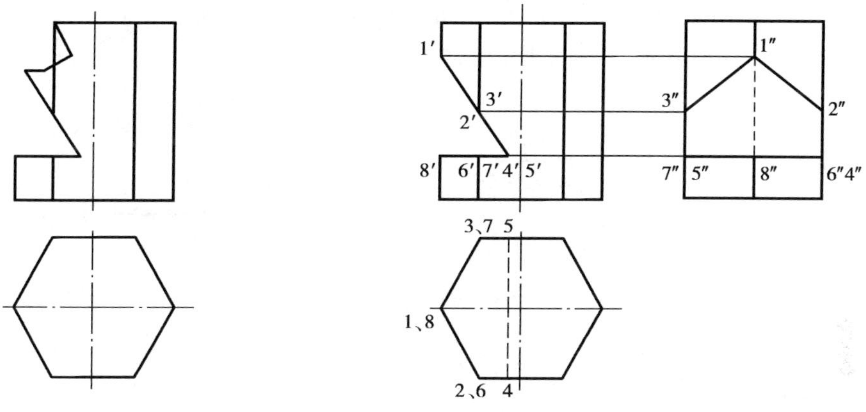

图 3-7　完成缺口六棱柱的水平投影和侧面投影

(a)已知条件;(b)作图过程和结果

(2)在正面投影中定出各交线的两端点的投影;

(3)作出水平投影,其中棱面上的八条交线水平投影与六边形重合,两断面的交线ⅣⅤ水平投影不可见,故画虚线;

(4)根据直线上的点的投影特性,作出1″、2″、3″、6″、7″、8″;ⅣⅤ两点分别是前后棱面上的点,侧面投影4″、5″分别与6″、7″重合;依次连接各点即得缺口的侧面投影。注意六棱柱的最左棱线ⅠⅧ段被切掉,最右棱线完整存在,故在侧面投影中1″8″之间应画虚线。

图 3-8 为缺口六棱柱的轴测图,供初学者对照参考。

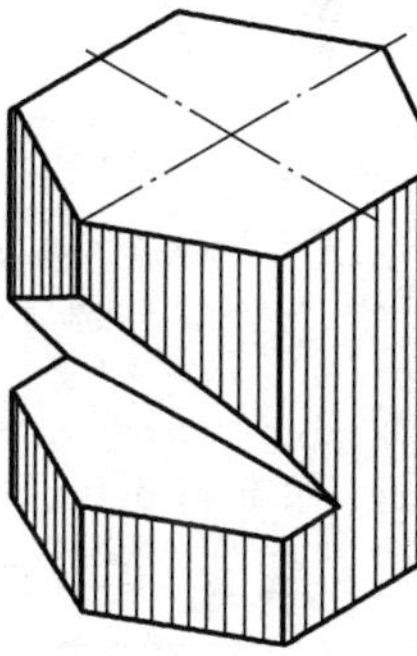

图 3-8　缺口六棱柱

通过本节的投影作图,可归纳如下几点:

1. 绘制平面立体(包含被切割的立体)的投影,实质上就是绘制组成这个立体的点、直线、平面的投影。但应注意判明可见性,直线投影可见画实线,不可见画虚线。

2. 平面立体的投影图都是由封闭线框组成,一个封闭的线框一般是立体的某个面的投影。

3. 平面立体投影图中的封闭线框,都是由直线所围成,图中每一直线,是立体上的直线或有积聚性的平面的投影。

3-2　曲面立体及其表面上的点

常见的曲面立体是由回转面或回转面和平面组成的回转体,如圆柱、圆锥、圆球、环等。回转面是由一动线(直线或曲线)绕一定直线旋转而形成的曲面。定直线称为回转轴线,动线称为母线,母线处于回转面上任意位置时称为素线。母线上任意一点的旋转轨迹都是圆。

一、圆柱

圆柱由圆柱面、顶面、底面所围成。圆柱面可看成是一直母线绕与它平行的轴线旋转而成,如图 3-9(a)所示。

1. 圆柱的投影

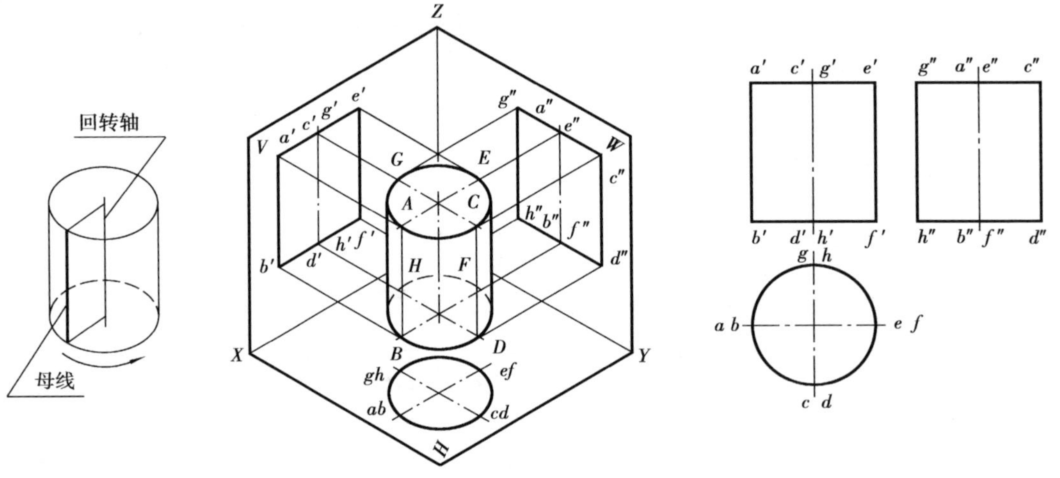

图 3-9　圆柱的投影

(a)形成;(b)轴测图;(c)投影图

如图 3-9(b)、(c)所示,圆柱的轴线垂直于水平面,它的水平投影是一个圆,反映顶面和底面的实形,这个圆同时又是圆柱面的积聚性投影,圆面面上的点和线的水平投影都积聚在这个圆周上。圆柱的正面投影为矩形,矩形的上、下边是圆柱顶面和底面有积聚性的投影,矩形的左、右铅垂边是圆柱面上最左素线 AB、最右素线 EF 的投影。这两条素线是正面投影可见的前半圆柱面和不可见的后半圆柱面的分界线,称为正面投影的转向轮廓线。圆柱的最前素线 CD 和最后素线 GH 的正面投影与圆柱轴线的正面投影(点划线)重合。因为这两条素线不是正面投影的转向轮廓线,所以不画出。圆柱的侧面投影也是与正面投影大小相同的矩形,矩形的上、下边是圆柱顶面、底面的积聚投影,矩形的两铅垂边是圆柱面上最前素线 CD 和最后素线 GH 的投影。最前、最后素线是圆柱面侧面投影的转向轮廓线,也就是侧面投影可见的左半圆柱面和不可见的右半圆柱面的分界线。圆柱的最左素线 AB 和最右素线 EF 的侧面投影与轴线的侧面投影重合,不予画出。

画圆柱的投影图时,先用细点划线画出中心线和轴线,其次画圆,最后画矩形。

2. 圆柱表面上的点

作圆柱面上点的投影,可利用圆柱面有积聚性的投影来解决。

如图 3-10 所示,已知圆柱面上 A、B 两点的正面投影 $a'(b')$,求作它们的水平投影和侧面投影。

作图过程如下:

（1）从 a' 可见和（b'）不可见知道，A 点在前半圆柱面上，B 点在后半圆柱面上，而圆柱面的水平投影积聚成圆，所以 A、B 两点的水平投影应积聚在这个圆周上，因此可由 $a'(b')$ 直接作出 a 和 b。

（2）由 a' 和 a、b' 和 b 分别作出 a''、b''。由于 A、B 两点都在左半圆柱面上，所以侧面投影是可见的。

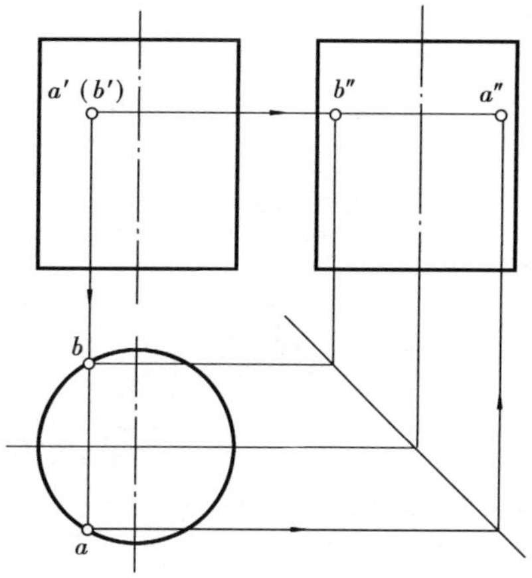

图 3-10 作圆柱表面上点的投影

二、圆锥

圆锥由圆锥面和底面所围成。圆锥面可看成是一直母线绕与它相交的轴线旋转而成（图 3-11（a））。

1. 圆锥的投影

如图 3-11（b）、（c）所示，当圆锥轴线为铅垂线时，圆锥底面为水平面，它的水平投影反映实形——圆，正面投影和侧面投影积聚成直线。

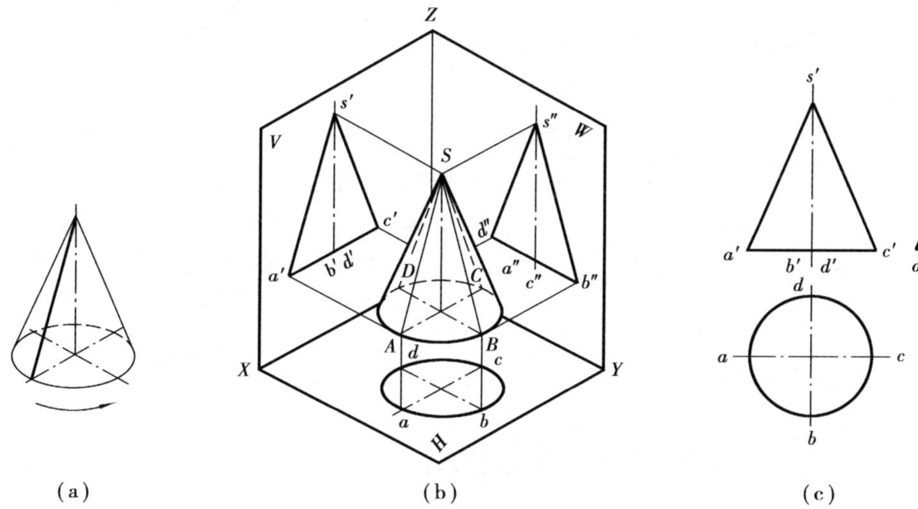

图 3-11 圆锥的投影

（a）形成；（b）轴测图；（c）投影图

圆锥面的三面投影都没有积聚性，水平投影与底面的水平投影重合，且全可见。圆锥面正面投影的轮廓线 $s'a'$、$s'c'$ 是圆锥面上最左、最右素线 SA、SC 的正面投影，以这两条素线为界，向正面投影时，前半圆锥面可见，后半圆锥面不可见。圆锥面侧面投影的轮廓线 $s''b''$、$s''d''$ 是圆锥面上最前、最后素线 SB、SD 的侧面投影，以这两条素线为界，向侧面投影时，左半圆锥面可见，右半圆锥面不可见。圆锥面最前、最后素线 SB、SD 的正面投影与轴线的正面投影重合，不画出；最左、最右素线 SA、SC 的侧面投影与轴线的侧面投影重合，也不画出。

画圆锥的投影图时，先画出中心线和轴线（均为细点划线），再画出底圆和锥顶 S 的投影，然后画转向轮廓线的投影。

2. 圆锥表面上的点

圆锥面的三个投影都没有积聚性，可用素线法或辅助圆法求圆锥面上的点的投影。

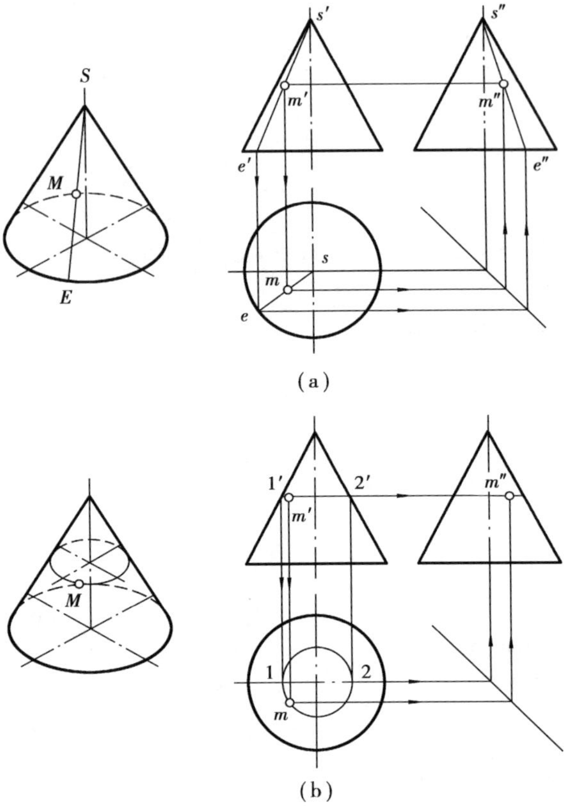

图3-12　作圆锥面上点的投影
(a)素线法;(b)辅助圆法

如图3-12所示,已知圆锥面上M点的正面投影m',求它的水平投影和侧面投影。

方法一:素线法

圆锥面上任一点必在过该点的素线上,只要作出过该点的素线的投影,即可求出该点的投影。作图如图3-12(a)所示:

(1)过m'作素线SE的正面投影$s'e'$;

(2)由$s'e'$求出se,由于m'可见,故e在前半底圆的水平投影上;再由se作出$s''e''$;

(3)由m'分别在se、$s''e''$上作出m、m''。根据m'可判断m、m''均可见。

方法二:辅助圆法

圆锥面上任一点绕轴线旋转都形成垂直于该轴线的圆,圆锥面上任一点必在过该点的圆上。只要作出过该点的圆的投影,即可求出该点的投影。作图如图3-12(b)所示:

(1)过m'作辅助圆的正面投影(为一直线$1'2'$);

(2)画出辅助圆的水平投影,直径等于$1'2'$;

(3)因m'可见,所以m必在前半辅助圆的水平投影上,于是由m'作出m,再由m'、m作出m''。

三、球

球由球面所围成。球面可看成是圆绕其直径旋转而成(图3-13(a))。

1. 球的投影

如图3-13(b)、(c)所示,球的三面投影都是与球直径相等的圆,但三个投影面上的圆分别是球面上不同的转向轮廓线(圆)的投影。正面投影的圆A'是平行于正面的最大圆A(前后半球的分界圆)的投影;水平投影的圆B是平行于水平面的最大圆B(上下半球的分界圆)的投影;侧面投影的圆C''是平行于侧面的最大圆C(左右半球的分界圆)的投影。上述三个最大圆的另外两个投影分别与相应的中心线重合,均不画出。

对正面投影而言,前后半球投影重合,前半球面可见,后半球面不可见。同理,可分析球的另外两个投影的可见性。请读者自行分析。

2. 球表面上的点

球面的各面投影都无积聚性,且球面上不存在直线,求球面上的点的投影可用辅助圆。

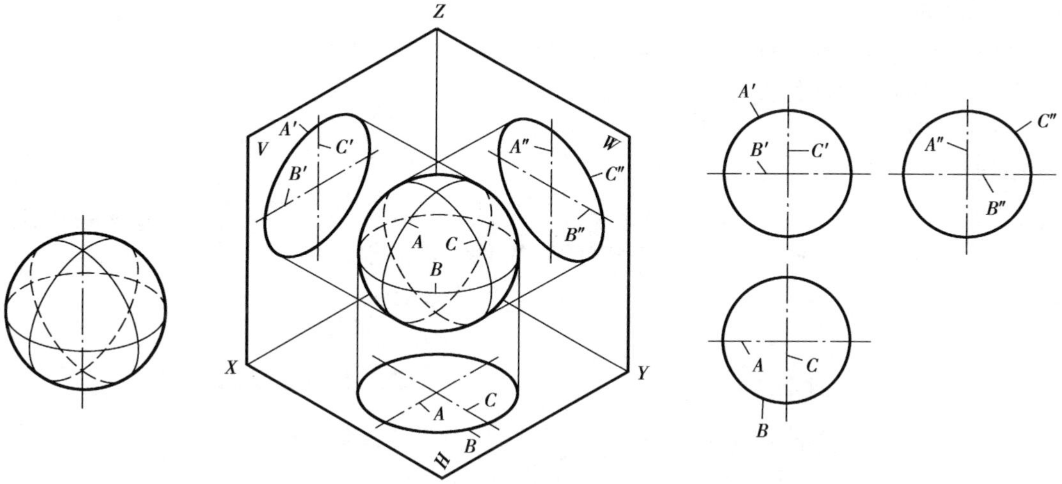

图 3-13　球的投影
(a)形成;(b)轴测图;(c)投影图

如图 3-14 所示,已知球面上 M 点的正面投影 m',求水平投影和侧面投影。

作法如下:

(1)过 M 点作一平行于水平面的辅助圆。即过 m'作一水平线与圆周相交于 1′、2′,此 1′2′直线即为辅助圆的正面投影;再作出辅助圆的水平投影(圆),其直径等于 1′2′。

(2)由于 M 点在辅助圆上,又从正面投影 m'可以看出,M 点位于左、前、上半球面上,因此,由 m'引铅垂连线与辅助圆水平投影相交求得 m,再由 m'和 m 求得 m'',同时可判别 m 和 m''均可见。

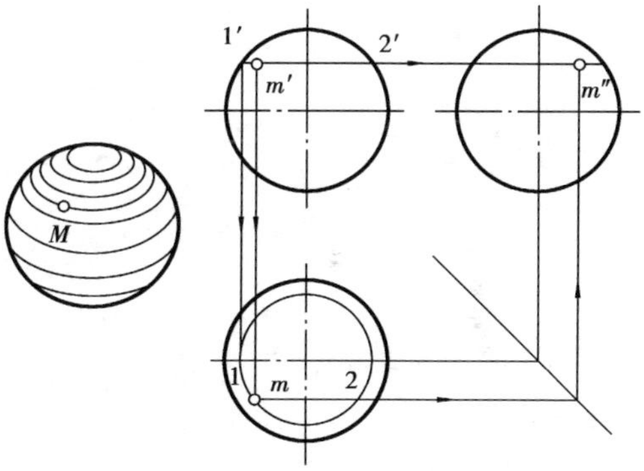

图 3-14　作球面上点的投影

当然,也可过 M 点作平行于正面或侧面的辅助圆来求出 M 点的投影,读者可自己作出。

四、环

环由环面所围成。环面可看成是一圆母线 $ABCD$ 绕与它共面但不通过圆心 O 的轴线旋转而形成(图 3-15(a))。靠近轴的半圆 ADC 旋转形成内环面,远离轴的半圆 ABC 旋转形成外环面。

1. 环的投影

如图 3-15(b)所示,当环的轴线垂直于水平投影面时,它的水平投影是两个同心圆(粗实线圆),它们分别是环面上最大和最小水平圆的投影,这两个圆是上、下半环面的分界圆。圆母线的圆心 O 旋转形成的水平轨迹圆的水平投影,用细点划线圆表示。

正面投影中的左右两个圆,分别是平行于正面的两个素线圆的正面投影,靠近轴线的半圆被前半环面所遮住,画成虚线;而上下两条直线,则是圆母线上最高点 A 和最低点 C 旋转形成的水平圆的正面投影。

对正面投影而言,外环面的前半部可见,外环面的后半部及内环面都不可见。对水平投影而言,内外环面的上半部都可见,下半部都不可见。

2. 环面上的点

求环面上点的投影,可采用辅助圆。

如图 3-15(b)所示,已知环面上对正面投影的四个重影点 E、F、G、H 的正面投影 e'、(f')、(g')、(h')(它们是按由前向后的顺序排列的),求作它们的水平投影。

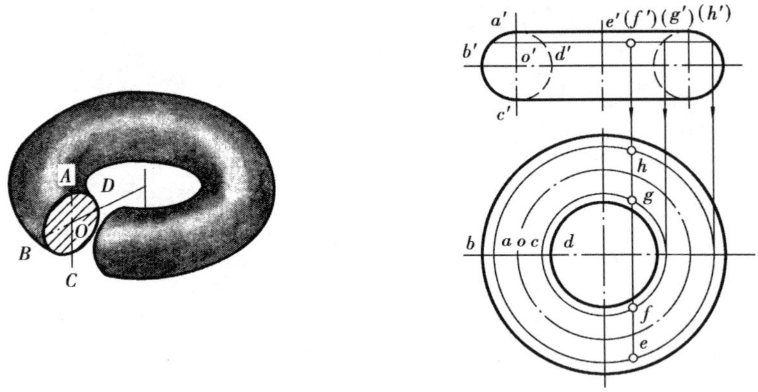

(a)　　(b)

图 3-15　环及环面上点的投影

(a)环的形成;(b)投影图

由 e'(f')(g')(h')可知,E、F、G、H 分别是前外、前内、后内、后外环面上的点,而且都在上半环面上,所以水平投影都可见。通过点 F 和 G、点 E 和 H 分别在内、环面上作水平辅助圆,作出辅助圆的投影,即可求出这四个点的水平投影 e、f、g、h。

3-3　回转体的截交线

在工程中常会遇到回转体被平面截割而产生截交线的情况。例如铣床上的尾架顶尖(图 3-16),其中就有平面与圆锥面的截交线。

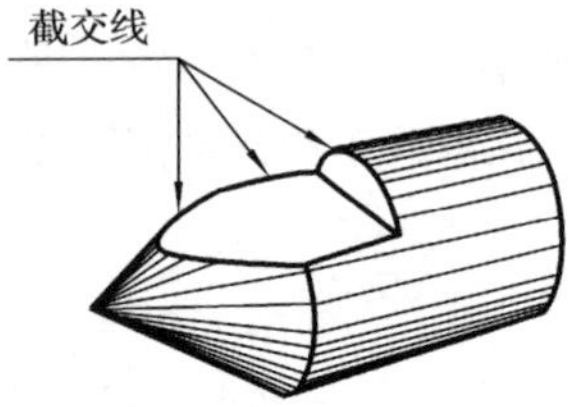

图 3-16　铣床顶尖的截交线

回转体的截交线通常是平面曲线,有时是直线,具体形状取决于回转体的形状及其截平面的相对位置。

回转体的截交线是截平面与回转体表面的共有线,截交线上的点是它们的共有点。截交线上有一些能够确定截交线的大致形状和范围的特殊点,如回转面转向轮廓线上的点,截交线在对称线上的顶点,以及最高、最低、最左、最右、最前、最后点等;其他点是一般点。求作回转体截交线的投影时,通常先作出一些特殊点,然后按需要再作出一些一般点,最后依次连接并表明投影的可见性,即得截交线的投影。

下面介绍特殊位置平面与常见的回转体表面相交的截交线。

一、圆柱的截交线

截平面与圆柱面的截交线，有三种情况，见表 3-1。

表 3-1　圆柱面的截交线

截平面的位置	平行于轴线	垂直于轴线	倾斜于轴线
截交线的形状	两平行直线	圆	椭圆
轴测图	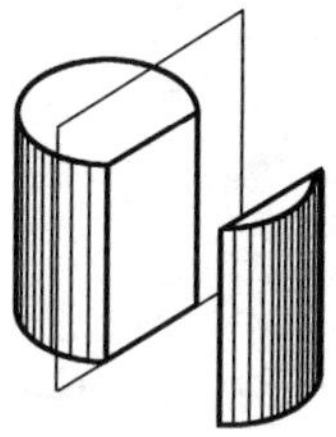	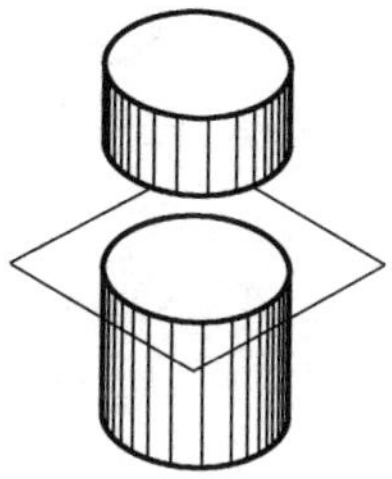	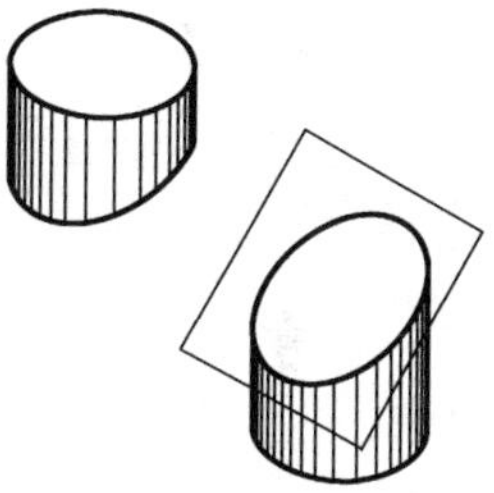
投影图	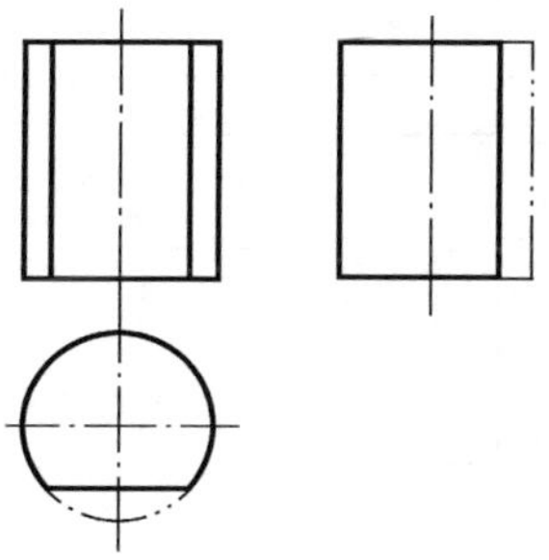	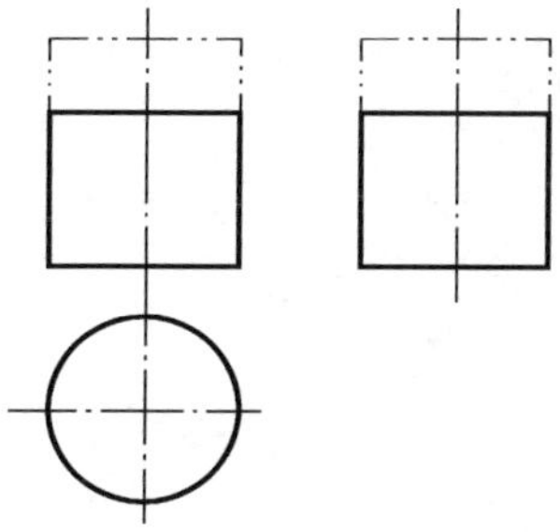	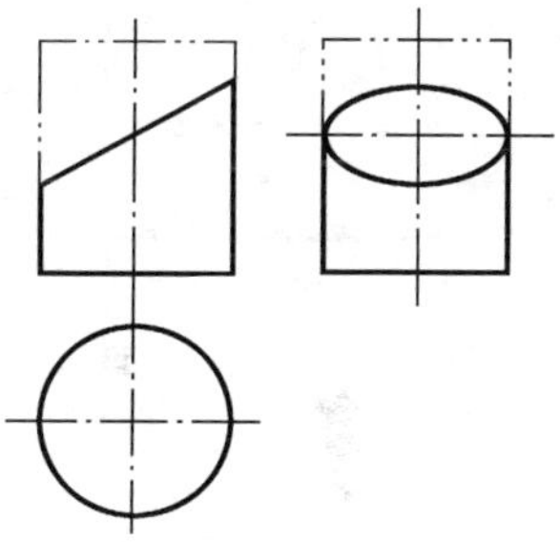

例 1　已知圆柱被正垂面 P 所截断，求作截交线的投影（图 3-17）。

解：1. 分析　由于截平面 P 与圆柱轴线倾斜，故截交线为椭圆。因为截平面为正垂面，圆柱轴线为铅垂线，所以截交线的正面投影为一直线，水平投影为圆。因此，要求作的只是侧面投影。截交线椭圆的侧面投影一般还是椭圆，可用圆柱面上作点的方法作出椭圆上各点的侧面投影，然后光滑连接即可。

顺便指出：当截平面与圆柱轴线的夹角为 45°时，则圆柱截交线椭圆的侧面投影为圆。

2. 作图　方法如下：

（1）求特殊点　本例的特殊点也就是椭圆长、短轴的端点 A、B、C、D，它们分别是最左、最前、最右、最后素线上的点，因此可由 a'、b'、c'、d' 直接作出 a''、b''、c''、d''。

（2）求一般点　为了能较准确地连出截交线的投影，还应在特殊点之间适当位置选取一些一般点，如本例中的 E、F 点。在截交线的正面投影上选取重影点 e'、f'，由 e'、f' 作出 e、f，再分别由 e'、f' 和 e、f 作出 e''、f''。同理，可求出其他一般点。

（3）依次光滑连接各点并判明可见性（全部可见）即得截交线的侧面投影。注意最前、最后素线的侧面投影分别画到 b''、d'' 为止。

例 2　补全圆柱被切割后的水平投影和侧面投影（图 3-18（a））。

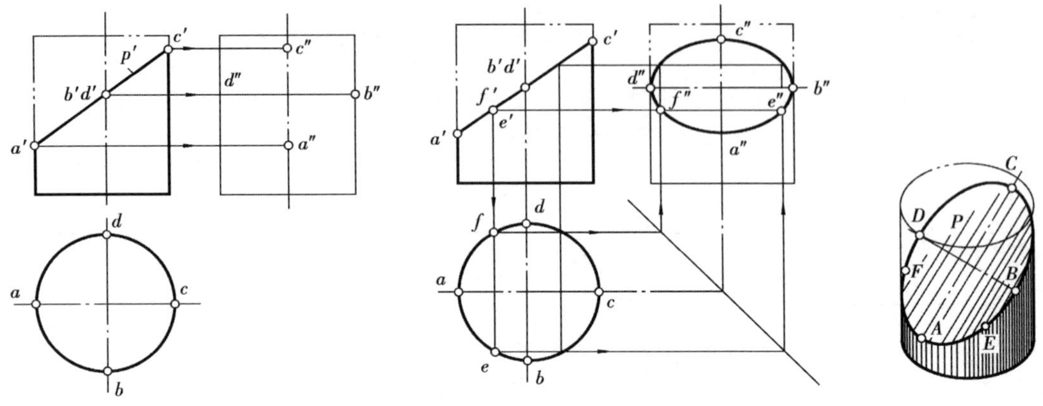

(a) (b) (c)

图 3-17 作圆柱截交线椭圆的投影

(a)作特殊点;(b)作一般点,完成作图;(c)轴测图

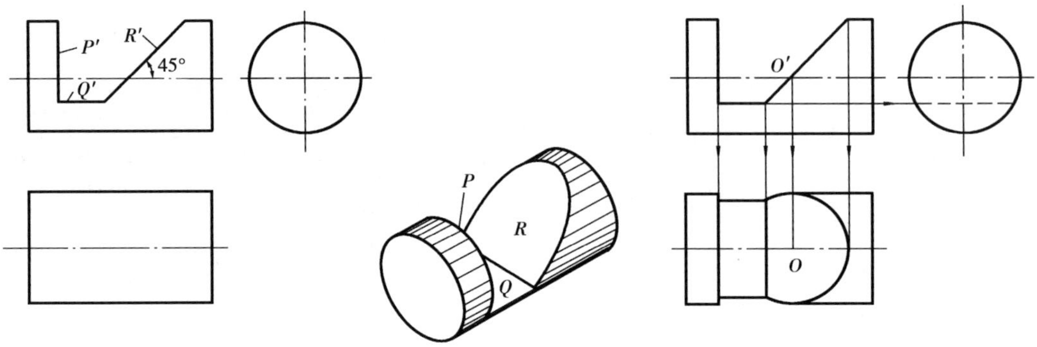

(a) (b) (c)

图 3-18 补全圆柱切割后的投影

(a)已知条件;(b)轴测图;(c)作图过程和结果

解:分析 圆柱被 P、Q、R 三个平面切割出一个缺口。圆柱轴线为侧垂线,P 面为侧平面,其截交线为圆弧曲线,Q 面为水平面,其截交线为两平行直线,R 面为正垂面,其截交线为部分椭圆曲线,P 与 Q 面以及 Q 与 R 面的交线均为正垂线。作缺口的投影,也就是求上述平面或交线的投影。

作图 如图 3-18(c)。

(1)P、Q、R 面与圆柱面的截交线侧面投影均积聚在圆上。Q 平面侧面投影积聚为直线,并不可见,因此侧面投影只需补画一条虚线。

(2)P 平面水平投影积聚为直线,其截交线圆弧以及 P、Q 交线的水平投影均重合在该直线上。

(3)由 Q 平面的正面投影和侧面投影,作出截交线直线的水平投影。

(4)由于 R 平面与轴线倾斜为 45°,其截交线(椭圆曲线)水平投影为圆弧,圆弧的半径等于圆柱的半径,圆心在轴线上,由 O' 作出 O,即可画出这个圆弧。

(5)作 Q 与 R 面的交线(正垂线)的水平投影,去掉多余线条(如圆柱最前、最后素线中间段)加深。作图结果如图 3-18(c)所示。

二、圆锥的截交线

截平面与圆锥面的截交线有五种情况，见表3-2。

表3-2　圆锥面的截交线

截平面的位置	过锥顶	垂直于轴线	倾斜于轴线	平行于一条素线	平行于两条素线
截交线的形状	过锥顶的两直线	圆	椭圆	抛物线	双曲线
轴测图	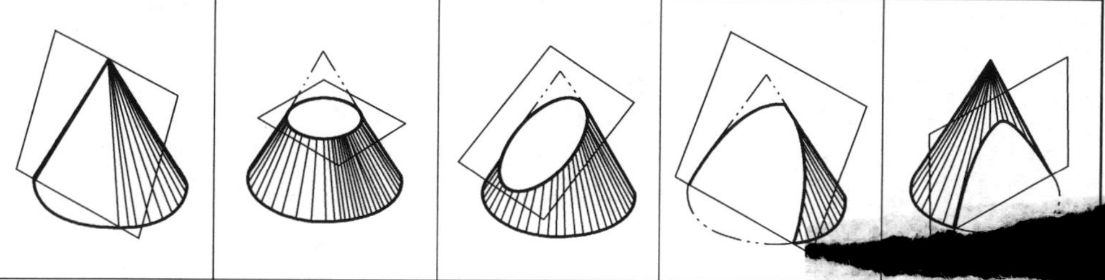				
投影图	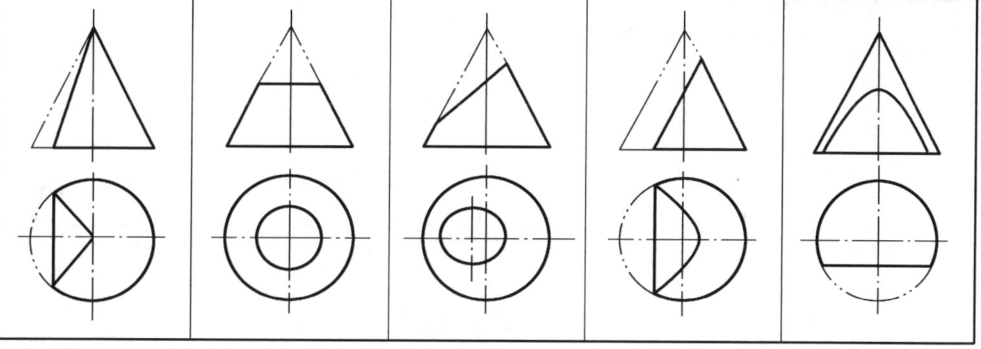				

例3　已知圆锥被水平面截去一部分，求作截交线的水平投影（图3-19(a)）。

解：分析　由于圆锥轴线为侧垂线，截平面为水平面，故截平面与圆锥面的最前、最后两素线平行，截交线是双曲线，它的正面投影和侧面投影均为直线，水平投影反映实形。

作图　如图3-19(c)所示。

(1)求特殊点　由 a' 直接作出 a，即得双曲线顶点的水平投影；由 b''、c'' 作出 b、c，即得双曲线与底圆的交点的水平投影。

(2)求一般点　在截交线的正面投影上取重影点 d'、e'，用辅助圆法求出 d''、e''，再由 d'、e' 和 d''、e'' 作出 d、e。

(3)依次连接 b—d—a—e—c，即得截交线的水平投影。由于它在上半圆锥面上，故水平投影全部可见，连成实线。

例4　完成圆锥穿孔后的水平投影和侧面投影，孔的两个正垂面扩大后通过锥顶(图3-20(a))。

解：分析　由图3-20(a)可知，圆锥上的孔是被两个过锥顶的正垂面和两个垂直于轴线的水平面切割而成，故前后孔口的交线分别是两段延长后过锥顶的直线和两段水平圆弧，正面投影和侧面投影均为直线。正垂面和水平面相交产生孔内四条棱线，水平投影和侧面投影均为

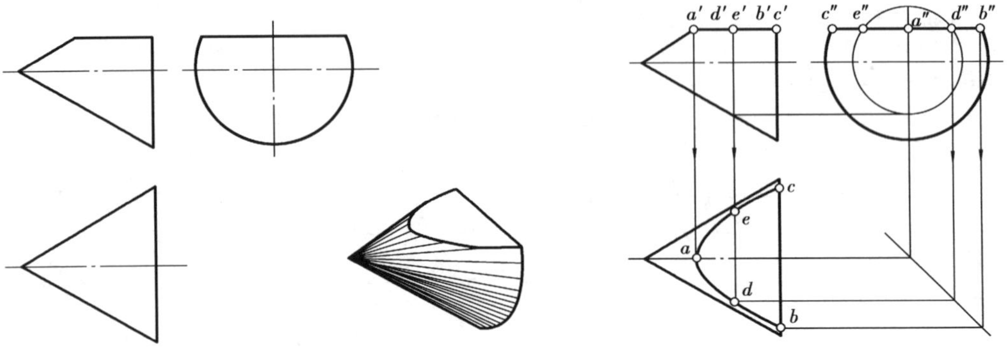

(a)　　(b)　　(c)

图 3-19　作水平面与圆锥面的截交线

(a)已知条件;(b)轴测图;(c)作图过程和结果

作图方法及作图结果如图3-20(b)所示。

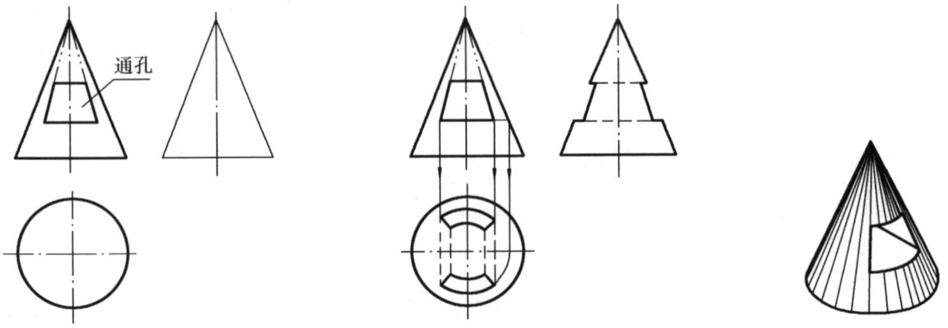

(a)　　(b)　　(c)

图 3-20　作圆锥穿孔后的投影

(a)已知条件;(b)作图过程和结果;(c)轴测图

三、球的截交线

平面与球截交时,不论截平面的位置如何,截交线总是圆。截平面离球心越近,截交线圆就越大,截平面过球心时,截交线圆为最大。

如图 3-21 所示,当截平面平行于投影面时,截交线圆在该投影面上的投影反映圆的实形;当截平面倾斜于投影面时,截交线圆投影为椭圆;当截平面垂直于投影面时,截交线圆投影成直线,其长度等于圆的直径。

当球的截交线圆投影为椭圆时,可用前面介绍的球面上作点的方法(辅助圆法),作出截交线圆上若干点的投影,然后光滑连接成椭圆。

例 5　补全开槽半球的水平投影和侧面投影(图 3-22(b))。

解:分析　从图 3-22(b)可以看出,半球上部的槽由两个对称的侧平面和一个水平面截割而成,两个侧平面各截出一段平行于侧面的圆弧,而水平面则截出前后各一段水平圆弧,截平

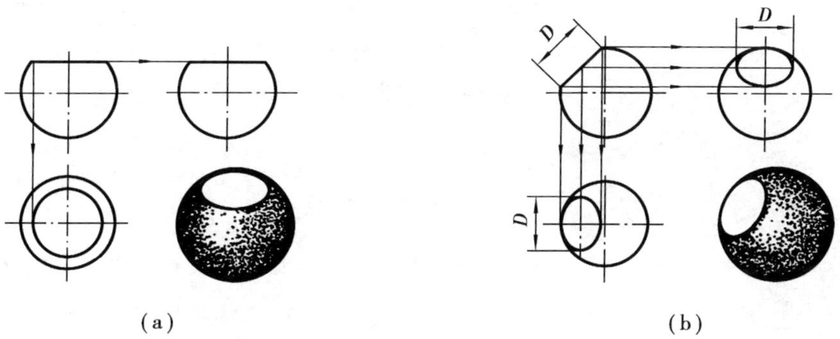

图 3-21　球的截交线
(a)截平面为水平面;(b)截平面为正垂面

面之间的两条交线为正垂线。上述分析如图 3-21(a)所示。

作图方法及结果如图 3-22(c)所示。

(1)前后水平圆弧的水平投影反映实形,其半径等于 $o'a'$。槽两侧的圆弧水平投影为直线,两端点是与水平圆弧水平投影的交点。截平面之间的两条交线水平投影与两侧圆弧的水平投影重合。

(2)槽两侧圆弧的侧面投影,反映实形,且相互重合,其半径 o''_1b''等于 o'_1b'。前后水平圆弧侧面投影为两段较短的水平粗实线。截平面之间的交线侧面投影不可见,画成虚线。

注意:球面侧面投影的轮廓线只存在槽下边部分。

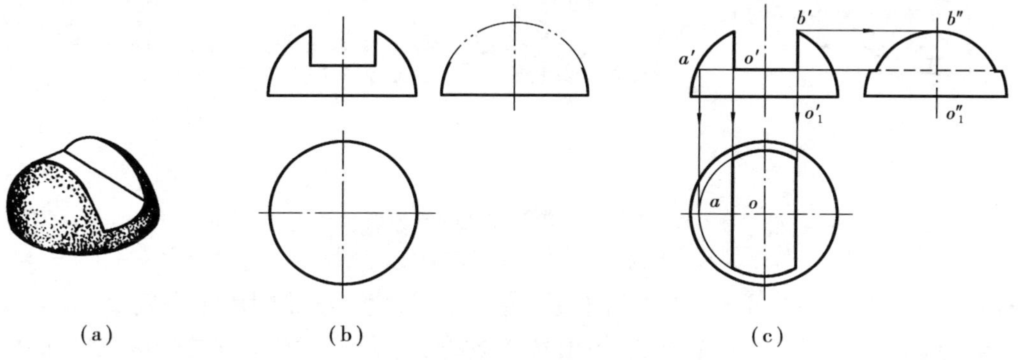

图 3-22　补全开槽半球的投影
(a)轴测图;(b)已知条件;(c)作图结果

3-4　两回转体表面的相贯线

两回转体(或回转面)相交在工程中是最常见的,如图 3-23 所示的三通管。

两相交的立体是一个整体,称为相贯体。两相交立体表面的交线称为相贯线。两回转体的相贯线是两回转体表面的共有线,一般为封闭的空间曲线,特殊情况下也可以是平面曲线或直线。相贯线上的点是两回转体表面的共有点。求作相贯线的投影,一般是先作出两回转体表面上一系列共有点的投影,然后再连成相贯线的投影,并表明可见性。只有当一段相贯线同

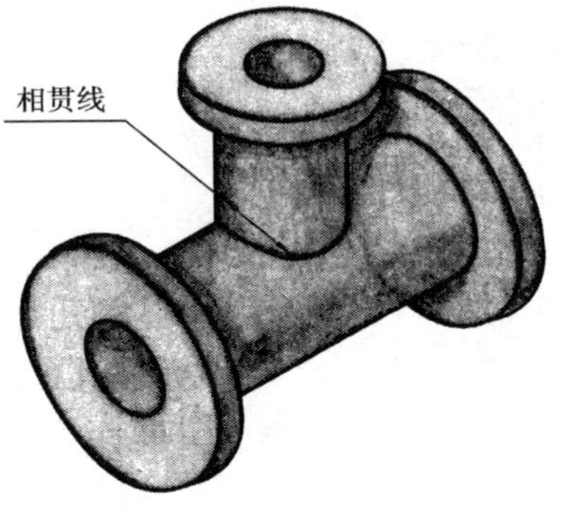

图 3-23　三通管

时位于两立体可见表面上时，其投影才可见。

求相贯线上的点的方法，可用表面取点法、辅助平面法、辅助球面法等。本书介绍表面取点法和辅助平面法。

一、表面取点法

当相交的两回转面中，有一个是轴线垂直于投影面的圆柱面时，则相贯线在这个投影面上的投影，就积聚在圆柱面有积聚性的投影（圆或圆弧）上。这时，相贯线的其他投影就可采用在另一回转面上取点的方法作出。

例 1　求两圆柱的相贯线的投影（图 3-24（a））。

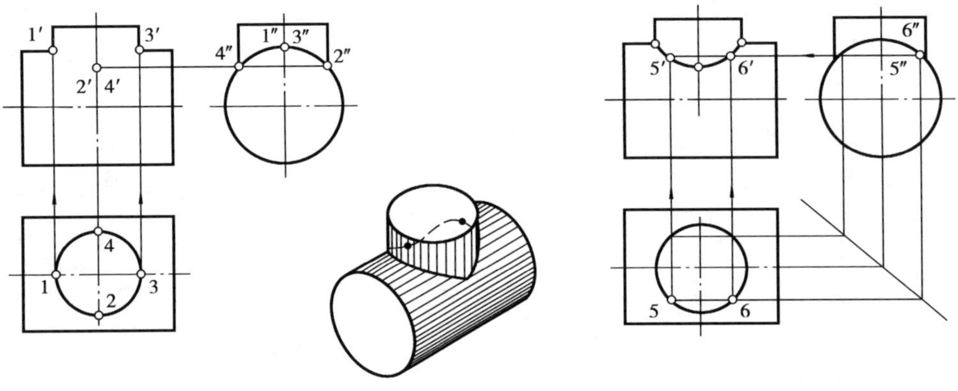

图 3-24　作两圆柱的相贯线

（a）已知条件及作特殊点；（b）轴测图；（c）作一般点，完成正面投影

解：分析　由图 3-24 可知，两圆柱的轴线垂直相交，相贯线是封闭的空间曲线，且前后对称和左右对称。小圆柱水平投影积聚为圆，相贯线的水平投影就积聚在这个圆上；大圆柱面的侧面投影积聚为圆，相贯线的侧面投影积聚在小圆柱穿进处的一段圆弧上，故只有相贯线的正面投影待求作。

作图　（1）作特殊点　在相贯线的水平投影上，定出最左、最前、最右、最后点Ⅰ、Ⅱ、Ⅲ、Ⅳ的投影 1、2、3、4，再在相贯线的侧面投影上相应定出 1″、2″、3″、4″。由 1、2、3、4 和 1″、2″、3″、4″作出 1′、2′、3′、4′，如图 3-24（a）所示。可以看出：点Ⅰ、Ⅲ是相贯线上的最高点，点Ⅱ、Ⅳ是相贯线上的最低点。

（2）作一般点　在相贯线的已知投影（侧面投影）上任取重影点 5″、6″，作出水平投影 5、6，再由 5、6 和 5″、6″作出 5′、6′，如图 3-24（c）所示。同理可作出其他一般点。

（3）光滑连接各点的正面投影，即得相贯线的正面投影。由于前后对称，后半和前半相贯线的正面投影重合。

在图 3-24 中，若两圆柱均轴向通孔，则变成三通管，如图 3-25 所示。两圆柱孔相交产生内表面的相贯线，水平投影积聚在小圆柱孔的积聚性投影上，侧面投影积聚在大圆柱孔的积聚性投影上，正面投影不可见，画成虚线，作图方法和外表面相贯线相同。

由于圆柱面可以是圆柱体的外圆柱面，也可以是圆柱孔的内圆柱面。因此在两圆柱面相交中，可以出现图3-26所示的三种形式，但它们的相贯线形状和作图方法是相同的。

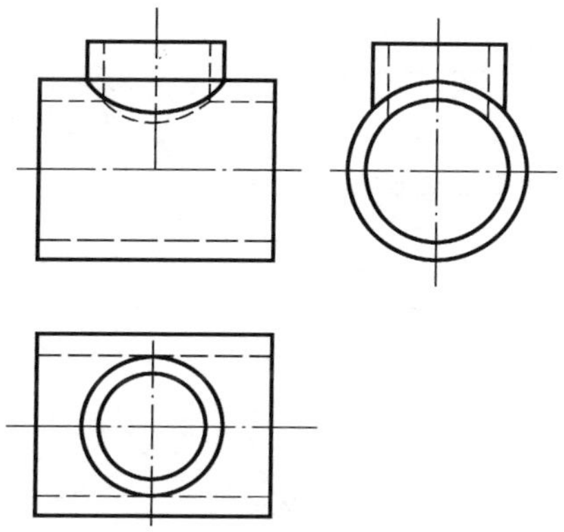

图3-25 三通管的相贯线

二、辅助平面法

假想用辅助平面去截切相交的两回转体，则两回转体表面将产生截交线，两回转体截交线的交点，是辅助平面和两个回转体表面三个面的共有点，即为相贯线上的点。若用一系列的辅助平面，就可得到相贯线上的若干点。

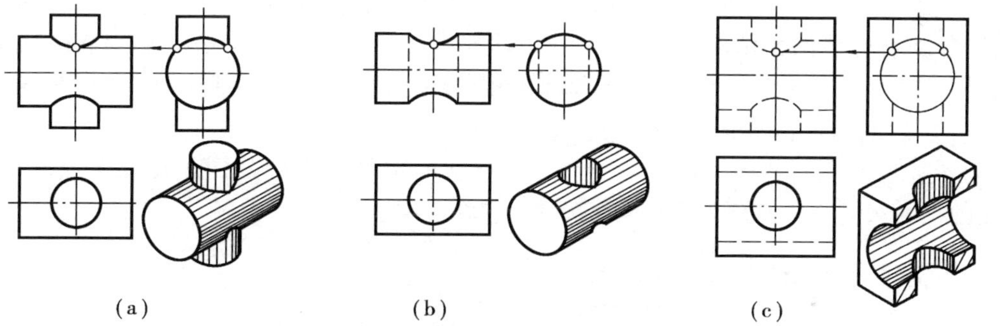

图3-26 两圆柱面相交的三种形式

(a)两外表面相交；(b)外表面与内表面相交；(c)两内表面相交

为使作图方便，选择辅助平面的原则是：使辅助平面与两回转体的截交线的投影为最简单，如直线和圆。

例2 求圆柱与半球的相贯线的投影(图3-27)。

解:分析 从图3-27(a)可看出，圆柱轴线为侧垂线，圆柱面的侧面投影积聚为圆，相贯线的侧面投影就积聚在这个圆上，需要求作的是正面投影和侧面投影，用辅助平面法求作相贯线上的点时，其辅助平面可以选择水平面和正平面，这时平面与圆柱面相交为两平行直线，与球面相交为圆；也可选择侧平面作为辅助平面，这时平面与圆柱面相交为圆，与球面相交为半圆。

作图 (1)求特殊点 Ⅰ、Ⅳ为最高点和最低点，也是最右点和最左点，可直接求出。求最前点Ⅲ，最后点Ⅴ，可过圆柱面轴线作水平面 P_1，它与圆柱相交为最前和最后素线，与球面相交为圆，它们的水平投影的交点3、5即为最前点Ⅲ、最后点Ⅴ的水平投影，由3、5引铅垂连线与 P_{1v} 相交即得正面投影3′、5′。

(2)求一般点 可取水平面 P 作为辅助平面，它与圆柱面相交为两平行直线，与球面相交为圆，直线与圆的水平投影的交点2、6即为共有点Ⅱ、Ⅵ的水平投影，由2、6求得2′、6′。同理，可求出其他一般点。

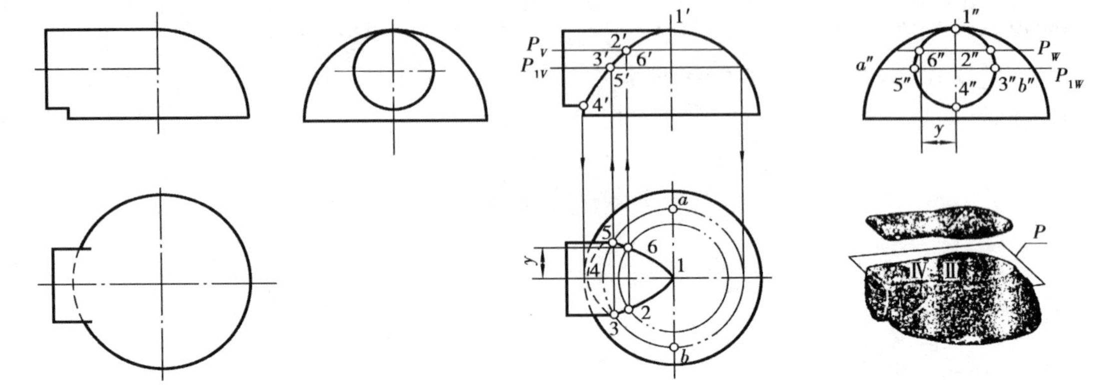

(a) (b) (c)

图 3-27 作圆柱与半球的相贯线的投影

(a)已知条件;(b)作图过程及结果;(c)轴测图

(3)按照各点侧面投影所显示的顺序,依次连接各点,并判别可见性,即得相贯线的正面投影和侧面投影。由于前后对称,后半与前半相贯线正面投影重合,圆柱面下半部的相贯线水平投影不可见,故 3—4—5 画虚线。

(4)补齐轮廓线 圆柱面最前素线和最后素线的水平投影应画到 3 点和 4 点为止;半球底圆在圆柱下边的一段圆弧水平投影不可见,应画成虚线。

三、相贯线的特殊情况

在一般情况下,两回转体的相贯线是空间曲线,但在特殊情况下也可以是平面曲线或直线。

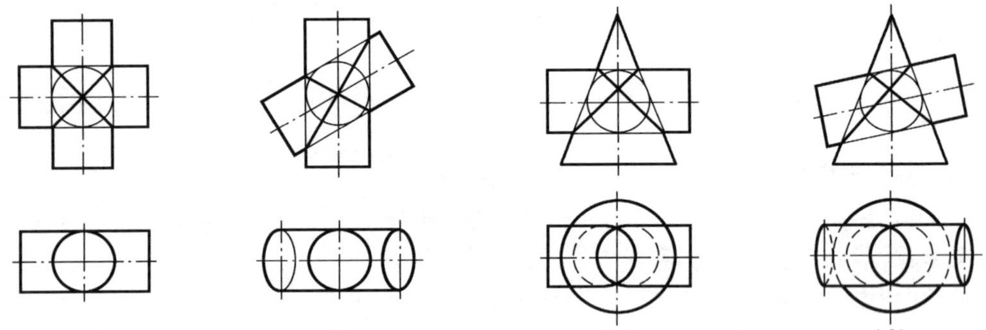

(a) (b) (c) (d)

图 3-28 两回转体公切于球时的相贯线

(a)两圆柱等径正交;(b)两圆柱等径斜交;(c)圆柱与圆锥正交;(d)圆柱与圆锥斜交

1. 两回转体公切于球

如图 3-28 所示,两个回转体公切于球时,它们的相贯线是两个相交的椭圆。两轴线垂直相交(正交)时,两相交椭圆大小相等;两轴线倾斜相交(斜交)时,两相交椭圆大小不等。当两轴线平行于投影面时,则两相交椭圆在该投影面上的投影为两条相交的直线,其他投影为圆或椭圆。

2. 两回转体共轴线相交

如图 3-29 所示，两回转体共轴线相交时，其相贯线是垂直于该轴线的圆。当轴线垂直于投影面时，相贯线在该投影面上的投影为圆；当轴线平行于投影面时，相贯线在该投影面上投影为直线；若轴线倾斜于投影面时，则相贯线在该投影面上为椭圆。

3. 当两圆柱轴线平行时，两圆柱面的相贯线为直线，如图 3-30 所示。

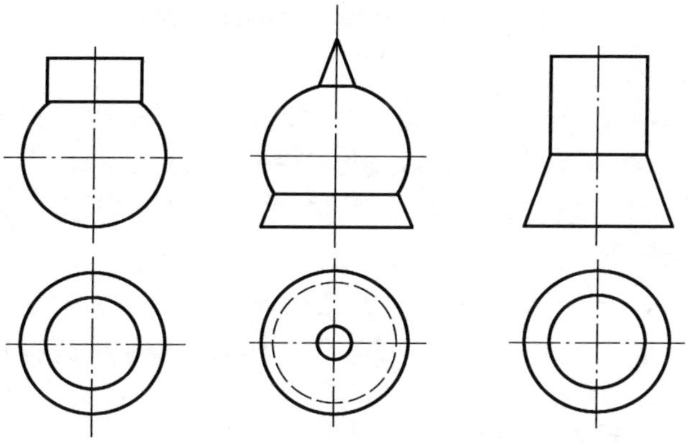

(a)　(b)　(c)

图 3-29　两回转体共轴线相交时的相贯线

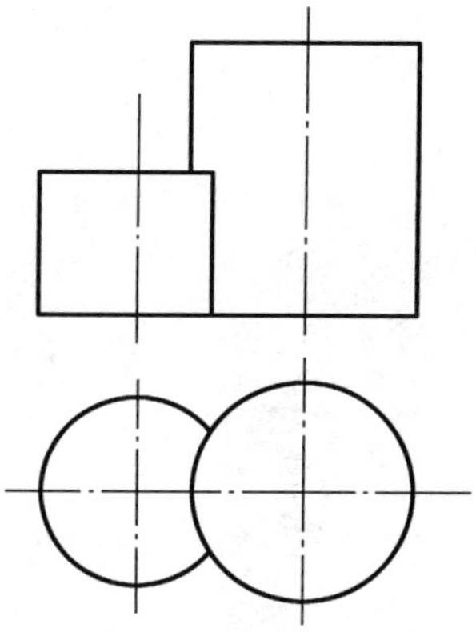

图 3-30　两圆柱轴线平行相交

第四章　展 开 图

将立体的表面，按其实际大小，依次摊平在一个平面上，称为立体表面的展开。展开后所得到的图形称为展开图。

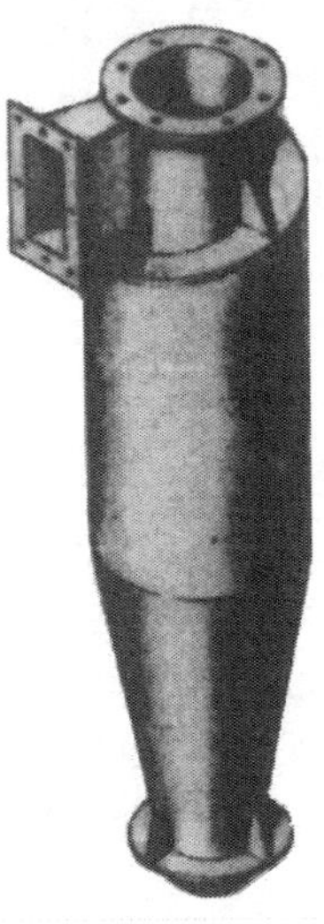

图 4-1　除尘器

在安装工程中，有一些管件和设备，如矩形管、三通管、吸气罩和除尘器（图4-1）等，是由板材加工制成的。制作这些管件或设备时，需要先画出它们的展开图（也称放样），然后下料，经过弯卷成形，再用焊接或咬缝等方式连接而成。

立体表面分为可展与不可展两类。凡表面是平面或相邻两素线是平行或相交的直纹曲面（如柱面、锥面）都是可展面，不属于上述范围的曲面（如螺施面、球面、环面）都是不可展面。对于不可展曲面，只能作近似展开。下面我们仅介绍可展面的展开。

4-1　平面立体的表面展开图

由于平面立体的表面都是多边形，因此分别求出这些多边形的实形，并依次排列画在一个平面上，即得该平面立体表面的展开图。

一、棱柱管的展开

图 4-2（a）为斜口四棱柱管的投影图。正面投影反映各铅垂棱线的实长，水平投影反映底口各边的实长。展开后，底口为一直线，各棱线与其垂直。展开图的作图方法如图 4-2（b）所示：

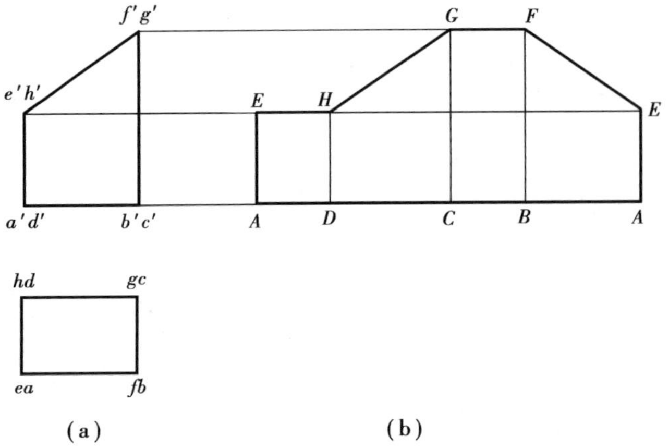

图 4-2　斜口四棱柱管的展开
（a）投影图；（b）展开图

(1)将底口展成一条水平线,在其上量取底口各边实长得 A、B、C、D、A 各点。

(2)过这些点分别作铅垂线,并在这些铅垂线上对应量取各棱线的实长,得斜口上 E、F、G、H、E 各点。

(3)顺次连接 E、F、G、H、E 各点,即得斜口四棱柱管的展开图。

二、矩形渐缩管的展开

图 4-3(a)所示的矩形渐缩管,棱线延长后交于一点,形成四棱锥,由此可知矩形渐缩管是一个四棱台形。四棱锥的四条棱线的实长相等。四条棱线在投影图中均不反映实长;底口各边在水平投影图中均反映实长。其展开图作法如下:

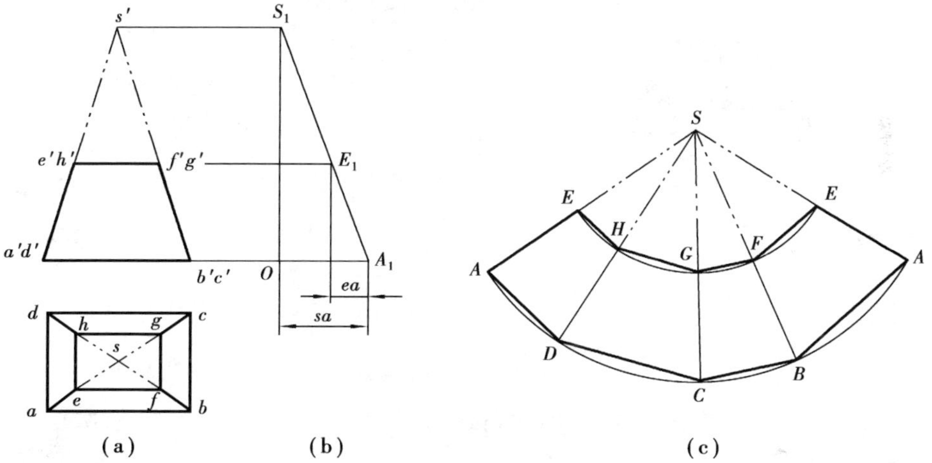

图 4-3 矩形渐缩管的展开

(a)投影图;(b)求实长;(c)展开图

(1)用直角三角形法求棱线实长,如图 4-3(b)所示,在 $a'b'$ 延长线上量取 $OA_1 = sa$,由 O 点作垂直线与过 s' 点的水平线交于 S_1,S_2A_1 即为四棱锥棱线的实长,再由 e' 作水平线交 S_1A_1 于 E_1,则 S_1E_1 即为延长的棱线实长。

(2)如图 4-3(c)所示,以 S 点为圆心,$SA = S_1A_1$ 为半径画圆弧,在圆弧上量取弦长 $AB = ab$、$BC = bc$、$CD = cd$、$DA = da$,并将 A、B、C、D、A 各点与 S 点连线,即得四棱锥的展开图。

(3)以 S 点为圆心,$SE = S_1E_1$ 为半径画弧与各棱线交得 E、F、G、H、E 各点,将 E、F、G、H、E 各点连线,即得矩形渐缩管的展开图。

三、斜口矩形管接头的展开

图 4-4(a)、(b)所示的斜口矩形管接头,其底口和斜口均为矩形。前后表面为两对对称、相等的三角形;左右表面为大小不等的等腰梯形,展开时,可将梯形分成两个三角形,这样,管接头表面上就有八个三角形。求出这些三角形各边的实长,并依次画出这些三角形的实形,即得所求的展开图。

作展开图的过程如下:

(1)如图 4-4(b)所示,把左右梯形各分成两个三角形。

(2)用直角三角形法求出 EA、EB、ED、FB、FC 的实长 E_1A_1、E_1B_1、E_1D_1、F_1B_1、F_1C_1,如图

4-4(c)、(d)所示。底口和斜口各边线在投影图中已反映实长。由于对称,$HD=EA$、$HC=EB$、$GC=FB$,其实长可从图4-4(c)、(d)中对应量取。

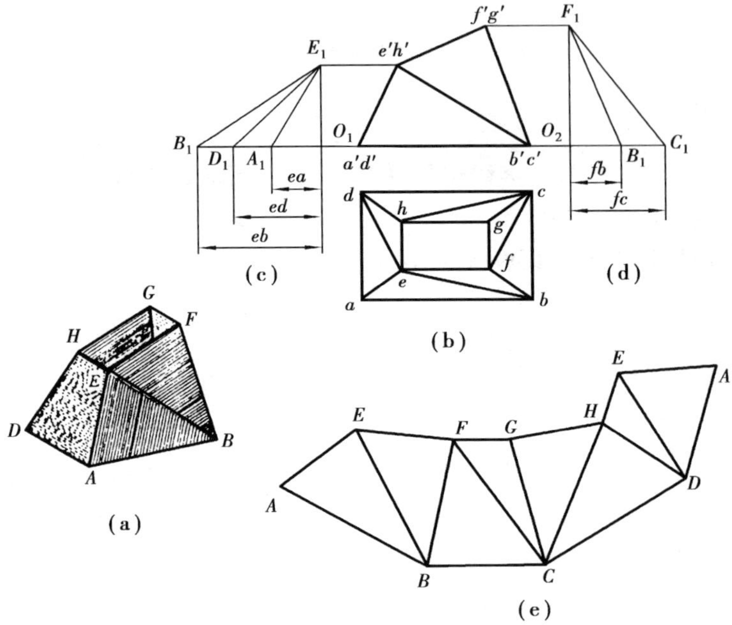

图4-4 斜口矩形管接头的展开

(3)选择 AE 为接缝。如图4-4(e)所示,按已知边长作三角形的方法,依次拼画出各个三角形的实形,如画△AEB,作法是,以 $AE=A_1E_1$ 为一边,以 A 点为圆心,$AB=ab$ 为半径画弧,再以 E 点为圆心,$EB=E_1B_1$ 为半径画弧,交得 B 点,连接 AB、EB 即得△AEB,同理可画出其他三角形,即得斜口矩形管接头的展开图。

4-2 可展曲面体的表面展开图

一、圆管的展开

如图4-5所示,平口圆管的表面是正圆柱面,其展开图为一矩形,矩形的长为底圆周长 πD,高为正圆柱的高 H。

图4-6为斜口圆管,其展开图的作法与平口圆管基本相同,只是斜口部分展开成曲线,作图过程如下:

(1)将底圆分为若干等分,如12等分,并过各等分点在正面投影图中,作出相应素线的投影,如图4-6(a)所示。

(2)将底圆展开成一直线,其长度等于底圆周长 πD,并将此直线分为12等分,得等分点 A、B…(若准确度要求不很高时,也可用底圆上相邻两分点之间的弦长代替弧长,在底圆展开直线上截取12段,得到底圆的近似展开长度和等分点),如图4-6(b)所示。

(3)自各等分点 A、B…作垂线,并在其上量取各素线的实长,得各端点,即斜口上各点的

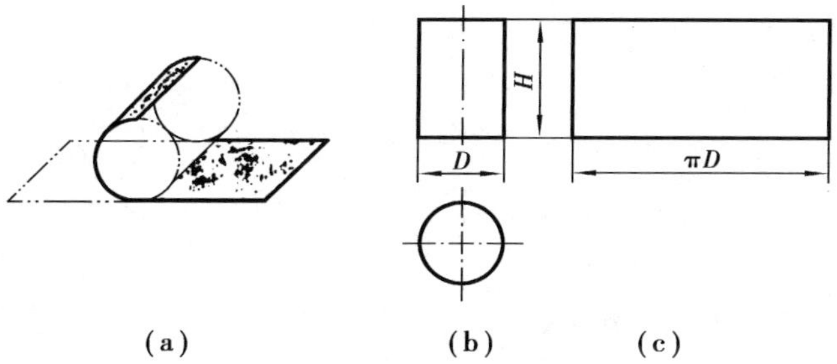

图 4-5 平口圆管的展开
(a)展开情况;(b)投影图;(c)展开图

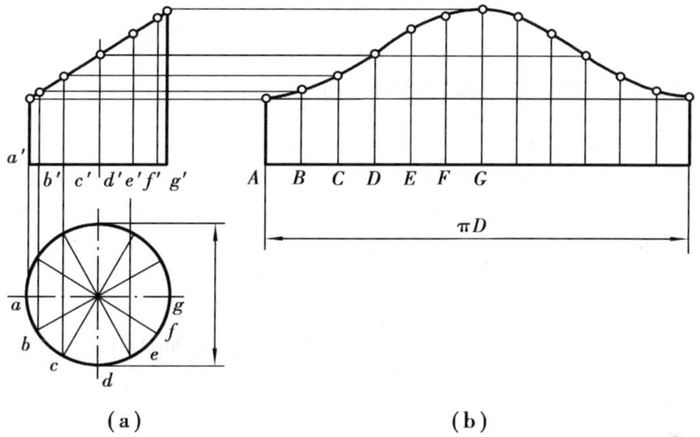

图 4-6 斜口圆管的展开
(a)投影图;(b)展开图

展开位置。

(4)光滑连接各端点,即得斜口圆管的展开图。

二、圆锥管的展开

如图 4-7 所示,正圆锥面的展开图为一扇形,其半径为素线长度 L,弧长等于圆锥底圆的周长 πD,圆心角 $\theta = \frac{D}{L} \times 180°$。

图 4-8 为一斜口圆锥管,可以把它看作正圆锥被斜截去一部分。展开时,先按正圆锥面展开成扇形,然后去掉被截去的部分即可。作图的方法步骤如下:

(1)将底圆分为若干等分,图 4-8(a)中为 12 等分,得等分点 a、b、c…等,过各等分点的正面投影作出相应素线的投影,如 $s'b'$、$s'c'$…。

(2)用旋转法求出斜口上各点至顶点的素线实长。如求 SⅢ的实长,可在正面投影中过 3′作水平线与 $s'g'$ 相交得 $3'_1$,$s'3'_1$ 即为 SⅢ的实长,同样可求出其余素线的实长。

(3)如图 4-8(b)所示,以 S 为圆心,以 $R = s'a'$(圆锥素线实长)为半径画圆弧,将正圆锥面展开成扇形,并 12 等分(若准确程度要求不高时可用圆锥底圆 12 等分中的一份弦长代替弧长,在所画圆弧上截取 12 等分)得等分点 A、B、C…,将各等分点过圆心相连得各素线 SA、SB、SC…的展开位置。

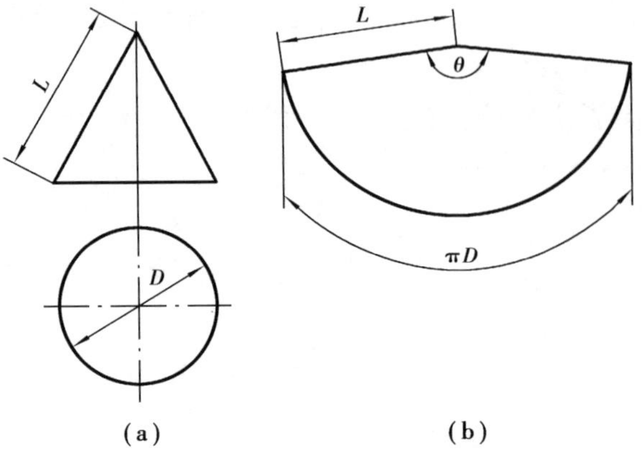

图 4-7　正圆锥圆的展开
(a)投影图;(b)展开图

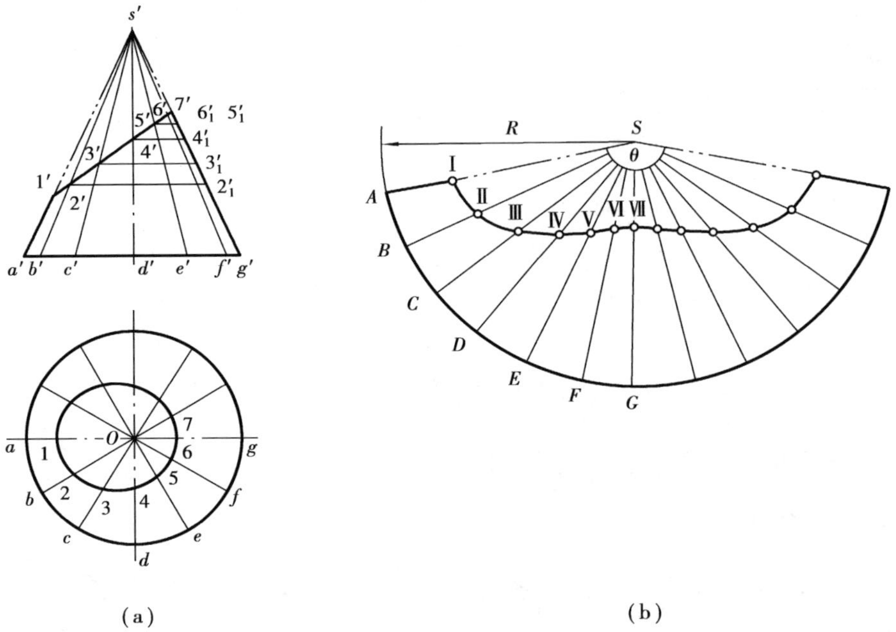

图 4-8　斜口正圆锥管的展开
(a)投影图;(b)展开图

(4)在 SA、SB、SC…上对应量取 SⅠ $= s'1'$、SⅡ $= s'2'_1$、SⅢ $= s'3'_1$,…即得斜口上各点的展开位置。

(5)依次光滑连接各点,去掉截去部分,即得斜口圆管的展开图。

4-3　弯管、三通管、变形接头的展开图

一、等径直角弯管的展开

图 4-9(a)、(b)所示的弯管为等径直角弯管,用来连接两根垂直相交的等径圆管。该弯管由四节斜口圆管拼接而成。中间两节为全节,管口两节为半节,每个全节可看作是由两个半节组成的,因此,四节等径直角弯管共有六个半节,每个半节的中心角 $\alpha = \frac{90°}{6} = 15°$。

如图 4-9(b)所示,展开时,只需展开其中一个全节和一个半节即可。每节斜口的展开跟斜口圆管的斜口展开相同。全节两端有斜口,展开时,以垂直于圆管轴线的正截面圆的展开线为基准,上、下量取各素线实长,连接即得其展开图。

由于各节斜口展开形状相同,为了下料方便,接口准确,可将Ⅱ、Ⅳ管绕其轴线旋转 180°,各节就拼成同一圆柱管,展开在同一矩形内,如图 4-9(c)所示。实际生产中,只要按照斜口圆管展开的方法展开半节,将半节的展开图作为样板,在钢板上画线下料,就可充分利用材料。也可将现成的圆柱管截割成所需节数,再焊接成所需弯管。

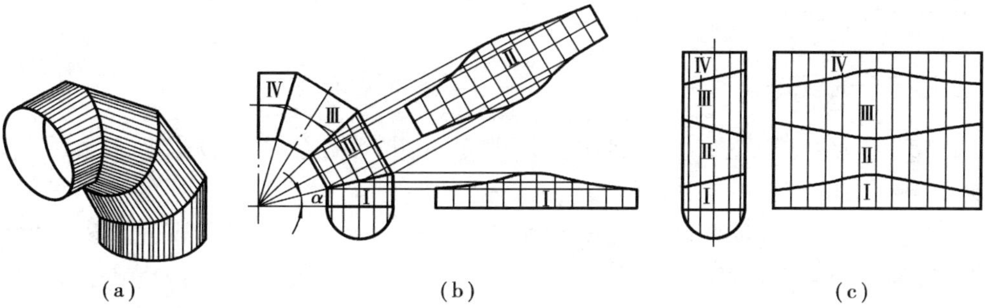

图 4-9　等径直角弯管的展开

二、异径正三通管的展开

异径正三通管由两个不同直径的圆管垂直相交而成,外表面是两个正交的圆柱面(图4-10(a))。根据三通管的投影图作展开图时,先要准确作出相贯线,然后以相贯线为界,分别画出两管的展开图。

如图 4-10(b)所示,可在正面、侧面投影图上分别作小圆管口的半圆,并六等分,过等分点作小圆管的素线,这些素线与大圆管的素线相交,其交点即为相贯线上的点,顺次连接这些点的正面投影,即得相贯线的正面投影。

小圆管的展开图,作法与斜口圆管相同,见图 4-10(c)。

大圆管的展开图画法:先画出完整大圆管的展开图(矩形),然后作出相贯线的展开图。在作相贯线的展开图时,可在大圆管口的展开线上量取 $1_1 2_1 = 1''2''$、$2_1 3_1 = 2''3''$、$3_1 4_1 = 3''4''$,得 1_1、2_1、3_1、4_1 点,然后过 1_1、2_1、3_1、4_1 点作水平素线,并相应地从正面投影 $1'$、$2'$、$3'$、$4'$各点引铅垂线与这些素线相交,依次得Ⅰ、Ⅱ、Ⅲ、Ⅳ等点,并作出它们的对称点,连接这些点即得相贯线

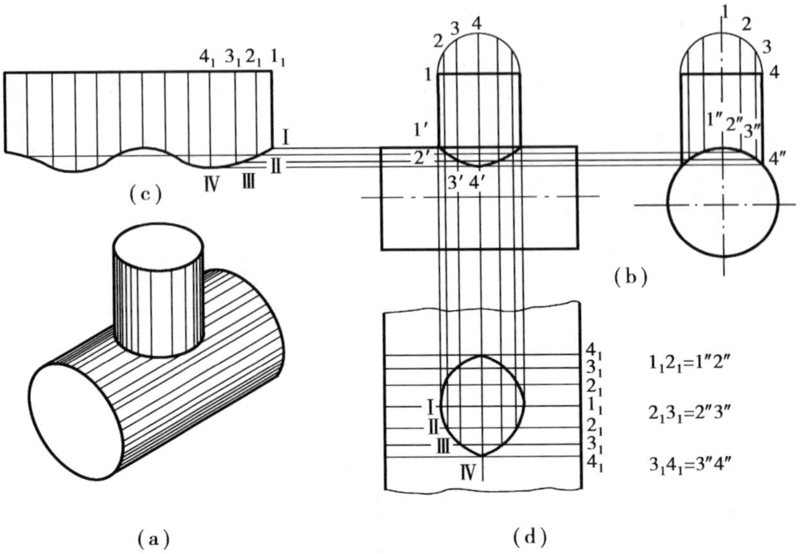

图 4-10　三通管的展开

的展开图。

在实际生产中，制作三通管时，常先将小圆管放样，弯成圆管后，将接口凑在大圆管上划线开口，最后将两管焊接而成。

三、变形接头的展开

图 4-11 所示为上圆下方的变形接头，用于圆管和方管之间的过渡连接。它由四个等腰三角形和四部分斜圆锥面组成。方口的顶点为斜锥面的锥顶，圆口为斜锥面的底圆。对斜圆锥面，可等分底圆，并作出过各分点的素线，将相邻两素线与底圆上的弧所围成斜锥面看成是一个小三角形（图 4-10(a)）。用直角三角形法求得各素线实长（图 4-10(c)）；各分点之间的弧

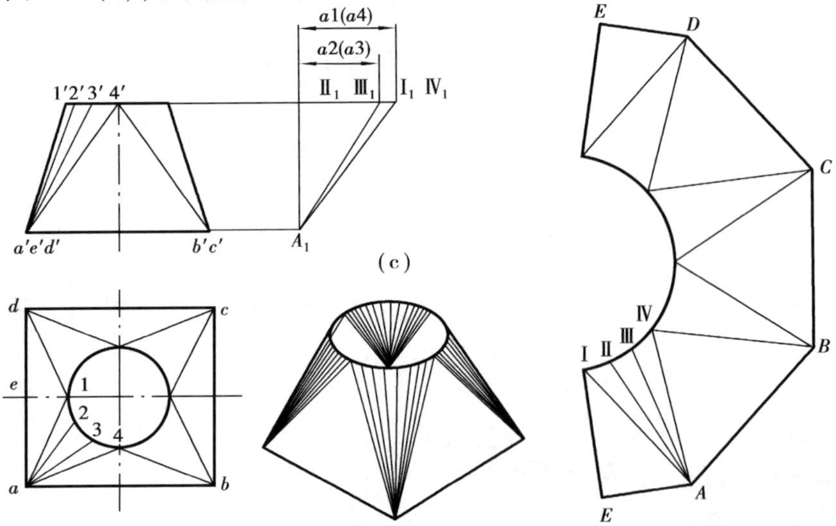

图 4-11　变形接头的展开

长用弦长代替。然后按已知三角形边长拼画三角形实形的方法，将等腰三角形平面和斜锥面的若干小三角形依次拼画在同一平面上即得这个变形接头的展开图（图4-11（d））。

注意：①根据工艺要求，接缝要在等腰三角形底边中线处，故本例是从中线 E Ⅰ 处展开的。②圆口各点展开后应连成光滑曲线。

第五章　轴 测 图

5-1　轴测图的基本知识

图 5-1 为一物体的轴测图和三面正投影图。多面正投影图能够准确而完整地表达物体的形状，而且度量性好，作图方便，所以是工程上应用最广泛的图样。它的缺点是缺乏立体感。而轴测图能同时反映物体正面、顶面和侧面的形状，因此富有立体感，形象直观。但度量性差，大多数平面都不反映实形，而且被遮住的部位不容易表达清晰、完整。因此在工程图样中，轴测图一般只作为辅助图样。但在给水排水、采暖通风和化工工艺等的管道施工图中，轴测图则占有重要地位。

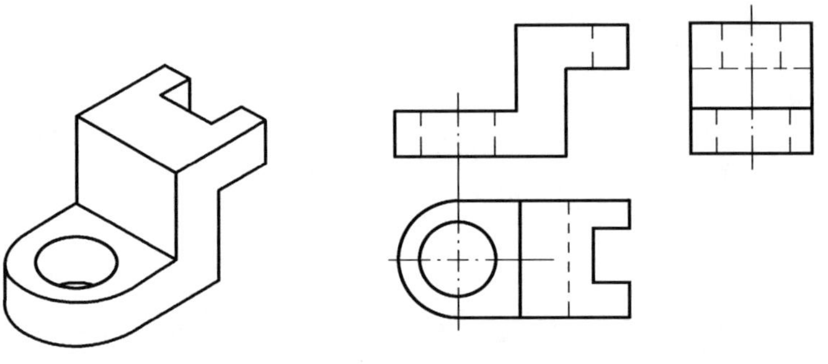

(a)　　　　　　　　　　(b)

图 5-1　物体的轴测图和正投影图

(a)轴测图；(b)正投影图

一、轴测图的形成

图 5-2 表明了物体两面正投影图和轴测图的形成方法。为了分析方便，取三条反映长宽高三个方向的坐标轴 OX、OY、OZ 与物体上三条相互垂直的棱线重合。将物体连同其参考直角坐标系，沿不平行于任一坐标面的方向 S，用平行投影法将其投射在单一投影面 P 上所得到的具有立体感的图形，称为轴测投影图，简称轴测图，俗称立体图。投影面 P 称为轴测投影面，坐标轴 OX、OY、OZ 的轴测投影 O_1X_1、O_1Y_1、O_1Z_1 称为轴测轴。两轴测轴之间的夹角 $X_1O_1Y_1$、$Y_1O_1Z_1$、$X_1O_1Z_1$ 称为轴间角。

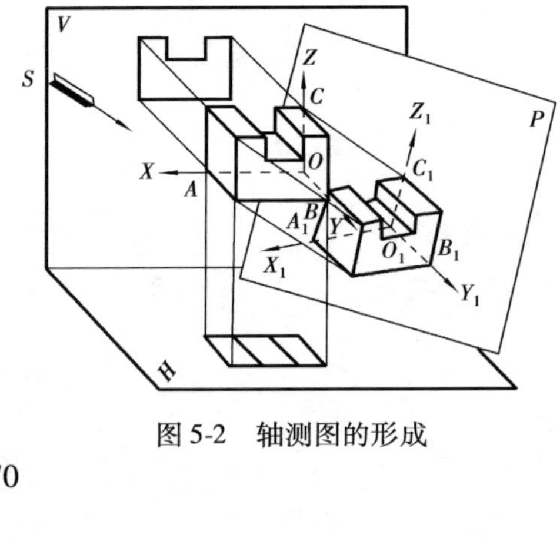

图 5-2　轴测图的形成

轴测轴上的单位长度与相应坐标轴上的单

位长度的比值称为轴向伸缩系数。

OX 轴向伸缩系数 $p_1=\dfrac{O_1A_1}{OA}$

OY 轴向伸缩系数 $q_1=\dfrac{O_1B_1}{OB}$

OZ 轴向伸缩系数 $r_1=\dfrac{O_1C_1}{OC}$

轴间角和轴向伸缩系数是面轴测图的主要依据。

二、轴测投影的特性

由于轴测投影采用的是平行投影，因此它具有平行投影的一切特性，其中有：

(1)相互平行的直线的轴测投影仍相互平行。因此平行于坐标轴的直线，其轴测投影必平行于相应的轴测轴。

(2)两平行直线段或同一直线上的两线段的长度之比值，轴测投影后保持不变。

(3)平行于坐标轴的线段的轴测投影长度与该线段的实长之比值，等于相应的轴向伸缩系数。画轴测图时，应根据轴向伸缩系数度量平行于轴向的线段长度。

三、轴测图的分类

根据投射方向 S 与轴测投影面 P 的相对关系，轴测图可分为两大类：

当投射方向 S 垂直于轴测投影面 P 时，所得图形称为正轴测图。

当投射方向 S 倾斜于轴测投影面 P 时，所得图形称为斜轴测图。

根据三个轴向伸缩系数是否相等，正轴测图又分为正等测、正二测和正三测。同样，斜轴测图也分为斜等测、斜二测和斜三测。

常用的是正等测、斜二测，管道工程上还常用斜等测。

在轴测图中，一般不画虚线(物体的不可见轮廓，必要时才画出)。

5-2　正等轴测图

一、轴向角和轴向简化系数

使物体(如图 5-3(a)中的正方体)的三条坐标轴 OX、OY、OZ 对轴测投影面 P 的倾角都相等，投射方向 S 垂直于轴测投影面，这样得到的轴测图就是正等轴测图，简称正等测。

由于物体的三条坐标轴对轴测投影面的倾角都相等，所以正等测的轴间角都是 120°，三个轴向伸缩系数也都相等，可推导出约为 0.82。为了作图简便，采用轴向简化伸缩系数，即 $p=q=r=1$。于是沿轴向的所有尺寸都按实长度量。这样画出来的轴测图沿轴向的线段长度分别放大了 $1/0.82\approx1.22$ 倍，但形状不变。

作图时，O_1Z_1 轴一般画成铅垂线，O_1X_1、O_1Y_1 轴与水平成 30°角，见图 5-3(c)。

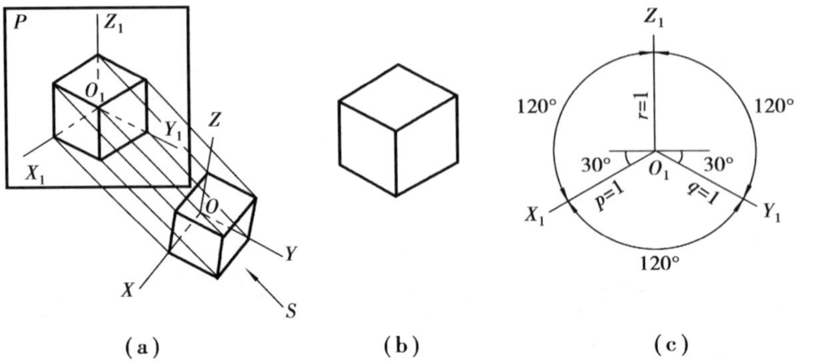

图 5-3 正等测

(a)正等测的形成;(b)正方体的正等测;(c)正等测的轴测轴

二、正等测的画法

画轴测图的基本方法是坐标法,即按坐标关系画出物体上诸点、线的轴测投影,然后连成物体的轴测图。但在实际作图中,还应根据物体的形状特点不同而灵活采用其他不同的作图方法,如叠加法、切割法等。此外在轴测图中为了使图形清晰,一般不画不可见的轮廓线(虚线)。因此画图时为了减少不必要的作图线,在方便的情况下,一般可先从可见部分开始作图,如先画出物体的前面,顶面或左面等。画轴测图时还应注意,只有平行于轴向的线段才能直接量取尺寸。

1. 平面立体的正等测画法

例 1 根据正六棱柱的两面投影图(图 5-4(a)),画出它的正等测。

分析 正六棱的顶面和底面均为水平的正六边形。在轴测图中,顶面可见,底面不可见,宜从顶面画起。

作图步骤见图 5-4。

(1)定出坐标轴(图 5-4(a)),图中把坐标原点取在六棱柱顶面中心处。

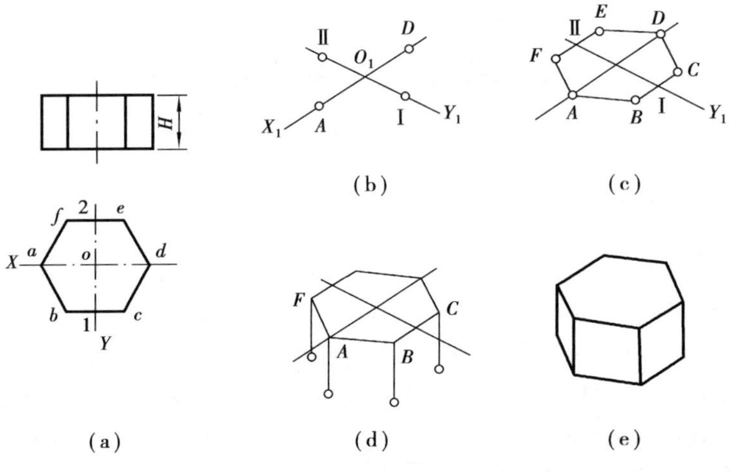

图 5-4 作六棱柱的正等测

(2)画出轴测轴 O_1X_1、O_1Y_1，并在其上量得 $AD = ad$，Ⅰ Ⅱ = 12，得 A、D 和Ⅰ、Ⅱ四点(图5-4(b))。

(3)过点Ⅰ、Ⅱ作 O_1X_1 轴的平行线，在其上量得 B、C 和 E、F 四点，连接各点得顶面(图5-4(c))。

(4)由点 A、B、C、F 向下作铅垂线，并在其上截取棱柱的高度 H，得底面上可见的点(图5-4(d))。

(5)依次连接底面上的点，擦去多余线条，加深，完成全图，见图5-4(e)。

例2　作出图5-5(a)所示物体的正等测。

分析　该物体可看作是一长方体被切去三部分而形成的，其中被正垂面切掉左上角，被水平面和正平面切掉前上角，被铅垂面切去左前角。可采用切割法作出它的正等测。

作图步骤见图5-5。

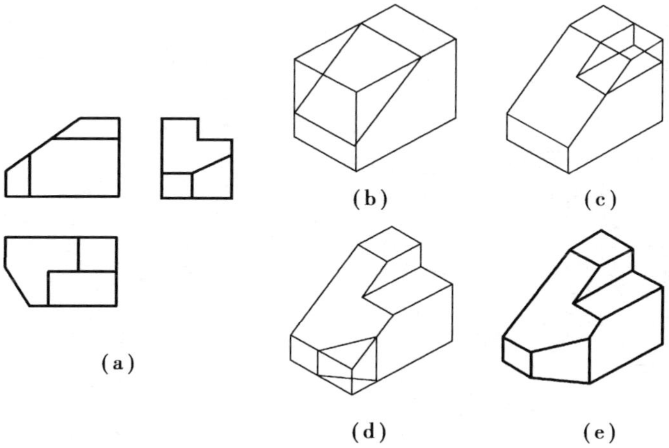

图5-5　用切割法作正等测

(a)正投影图；(b)画出长方体、切去左上角；

(c)切去前上角；(d)切去左前角；(e)整理、加深

2. 平行平坐标面的圆的正等测

在正等轴测投影中，位于或平行于坐标面的圆与轴测投影面都不平行，所以它们的正等测都是椭圆。圆的正等测(椭圆)可采用近似画法——四心圆法画出，即为了简化作图，用四段圆弧连成近似的椭圆。图5-6表示平行于 XOY 坐标面的圆的正等测近似椭圆的作图过程。

平行于 YOZ、XOZ 坐标面的圆的正等测椭圆的作法与平行于 XOY 坐标面的圆的正等测椭圆作法相同，只是三个方向的椭圆的长短轴方向不同，见图5-7，图中为一正方体表面上三个内切圆的正等测椭圆。

图5-8是三个方向的圆柱的正等测，它们顶圆的正等测椭圆形状大小相同，但长短轴方向不相同。

3. 曲面立体的正等测画法

例3　作出带缺口的圆柱(图5-9(a))的正等测。

作图步骤见图5-9。

(1)用四心圆法画出顶面椭圆，见图5-9(b)。

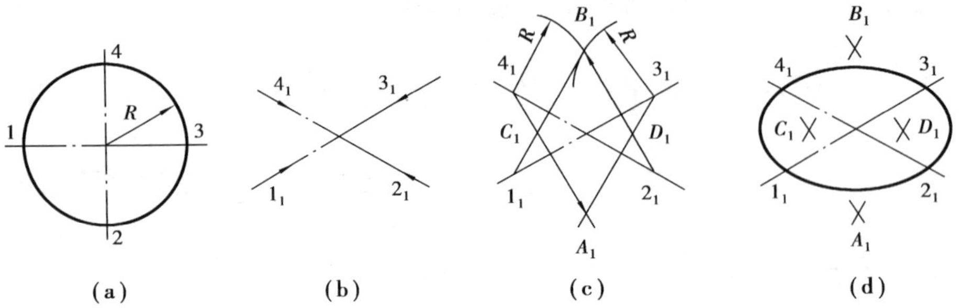

图 5-6　用四心圆法作圆的正等测近似椭圆

(a)在正投影图中，定出圆周上 1、2、3、4 点；(b)作出圆的两条中心线和圆周上四点的轴测图；

(c)分别以 1_1、2_1、3_1、4_1 点为圆心，R 为半径画弧交得 A_1、B_1，连接 A_14_1、B_11_1、A_13_1、B_12_1，交得 C_1、D_1；

(d)以 A_1、B_1 为圆心，A_13_1 为半径，作$\overset{\frown}{4_13_1}$、$\overset{\frown}{1_12_1}$；以 C_1、D_1 为圆心，C_11_1 为半径，作$\overset{\frown}{1_14_1}$、$\overset{\frown}{2_13_1}$，连成椭圆

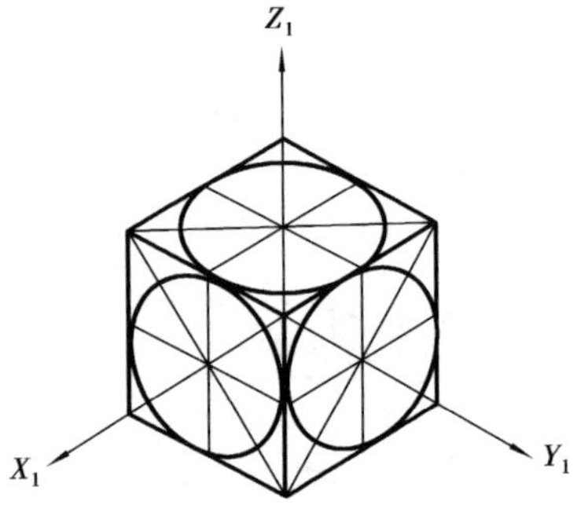

图 5-7　平行于三个坐标面的圆的正等测

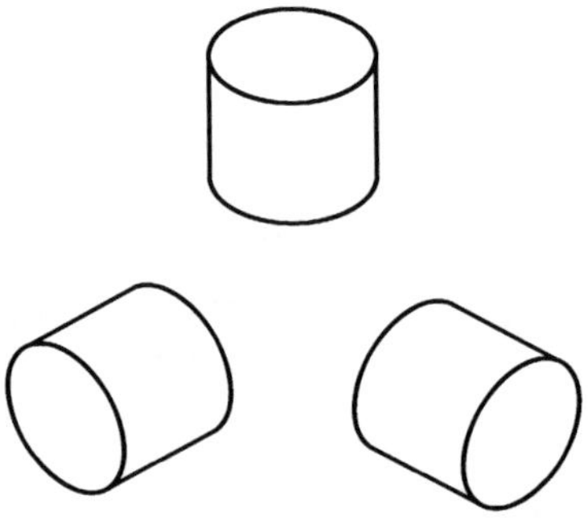

图 5-8　三个方向的圆柱的正等测

(2)将组成顶面椭圆的各段圆弧的圆心下移圆柱高度 H，作出底面椭圆的可见部分(此法即移心法)，并作两椭圆的公切线，此切线即为圆柱面轴测投影的轮廓线，见图 5-9(c)。

(3)作缺口，缺口上的圆弧可用移心法或素线法求得，见图 5-9(d)。

(4)擦掉多余的线条，加深，完成全图，见图 5-9(e)。

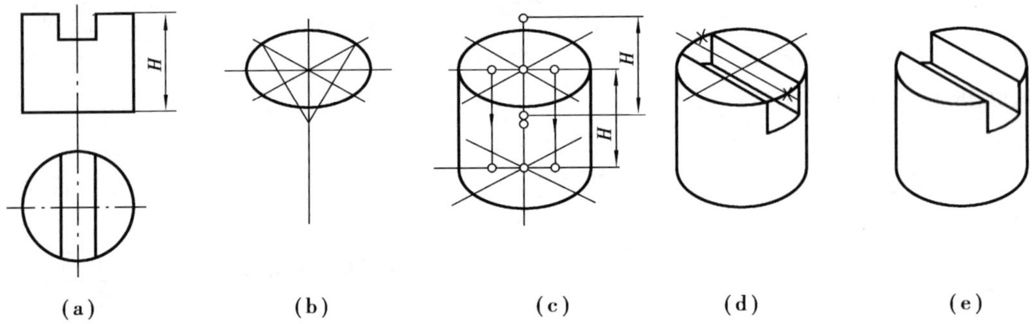

图 5-9　作缺口圆柱的正等测

例 4　作带圆角的长方板的正等测，如图 5-10(a)所示。

分析　圆角是圆的四分之一，在轴测图上为椭圆的一部分，可用四心圆法中的一段圆弧来近似画出。

作图过程如图 5-10 所示。

(1)在水平投影图中标出切点 1、2、3、4,见图 5-10(a)。

(2)作出长方形板的正等测,并从顶面的顶点向两边量取圆角半径 R 的长度得 1_1、2_1、3_1、4_1 点,见图 5-10(b)。

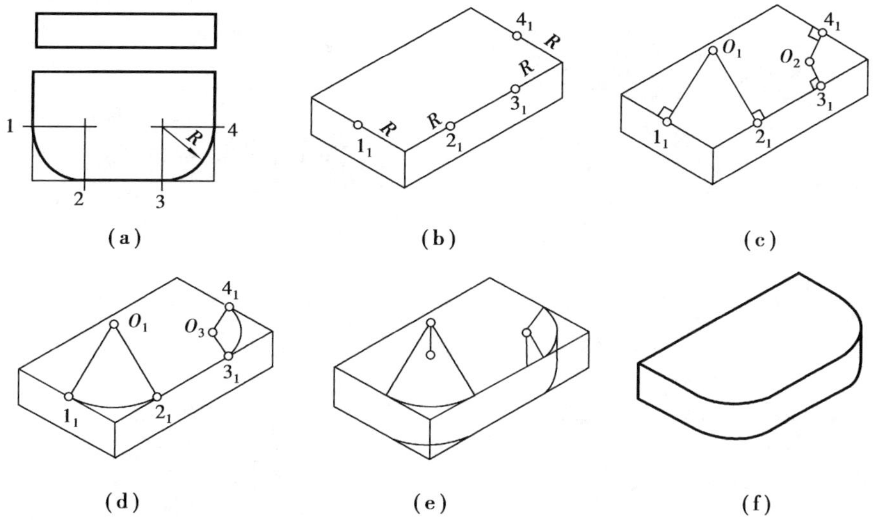

图 5-10　圆角的正等测

(3)过 1_1、2_1、3_1、4_1 点作所在边的垂线,两垂线的交点 O_1、O_2 即为正等测圆角的圆心,见图 5-10(c)。

(4)以 O_11_1 为半径画弧$\overparen{1_12_1}$,以 O_23_1 为半径画弧$\overparen{3_14_1}$,见图 5-10(d)。

(5)用移心法(顶面圆心、切点都平行下移板厚的距离)画底面圆角,并作公切线,见图5-10(e)。

(6)擦去多余线条,加深,完成作图,见图 5-11(f)。

例 5　作组合体的正等测,如图 5-11(a)、(b)所示。

分析　图 5-11(a)所示的组合体,可看作是由带圆角的底板、梯形板和带半圆柱的长方体三部分叠加而成,底板和半圆柱长方体上的圆孔可看作是各挖去一个小圆柱而形成的,见图 5-11(b)。画这个组合体的正等测时,可采用叠加法,圆(半圆)和圆角可采用前面介绍的方法画出。

作图步骤如图 5-11(c)、(d)、(e)、(f)所示。图中还附出了平行于正面和水平面的椭圆,供画椭圆时对照参考。

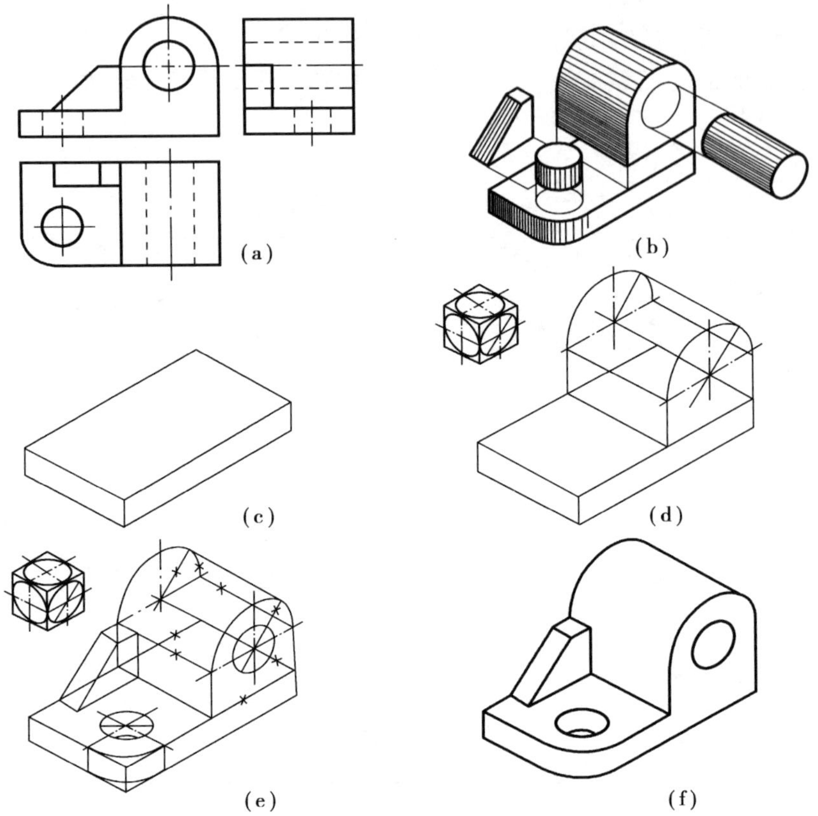

图 5-11　用叠加法画组合体的正等测
(a)正投影图;(b)形体分析;(c)画底板;(d)画右部形体;
(e)画梯形板、圆孔和圆角;(f)整理、加深、完成图

5-3　斜二等轴测图

一、轴间角和轴向伸缩系数

如图 5-12(a)所示,当 Z 轴铅垂放置,坐标面 XOZ 平行于轴测投影面 P(正平面),投射方向 S 倾斜于轴测投影面时,所得到的轴测图即为斜轴测图。在这种情况下,轴测轴 X_1 和 Z_1 仍分别为水平方向和铅垂方向;轴向伸缩系数 $p_1 = r_1 = 1$,轴间角 $\angle X_1O_1Z_1 = 90°$;而 Y_1 轴的方向和轴向伸缩系数 q_1 可随投射方向的改变而变化。一般取 Y_1 轴与水平线夹角为 45°,取 $q_1 = 0.5$或 1,当 $q_1 = 0.5$ 时,形成斜二等轴测图,简称斜二测;当 $q_1 = 1$ 时,则形成斜等轴测图,简称斜等测。Y_1 轴的方向可根据表达的需要选择如图 5-12(b)或(c)的形式。

由于坐标面 XOZ 平行于轴测投影面,所以物体上平行于坐标面 XOZ 的平面,在斜轴测图中反映实形。因此,作轴测图时,在物体上具有较多的平行于坐标面 XOZ 的圆或曲线的情况下,选用斜轴测图,作图比较方便。

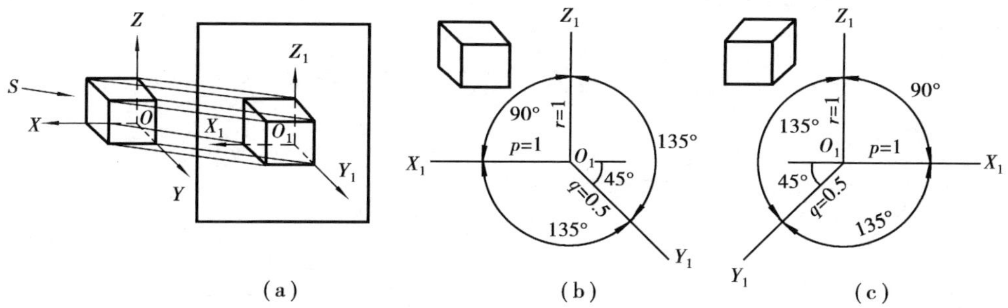

(a) (b) (c)

图 5-12 斜轴测图的形成及斜二测的轴测轴

二、斜二测的画法

1. 平行于坐标面的圆的斜二测

图 5-13 是正方体表面上三个内切圆的斜二测，平行于坐标面 XOZ 的圆的斜二测仍是大小相同的圆，平行于坐标面 XOY 和 YOZ 的圆的斜二测是椭圆。

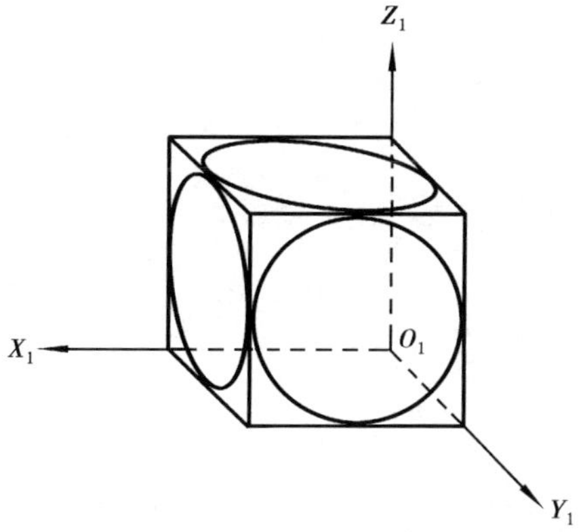

图 5-13 平行于坐标面的圆的斜二测

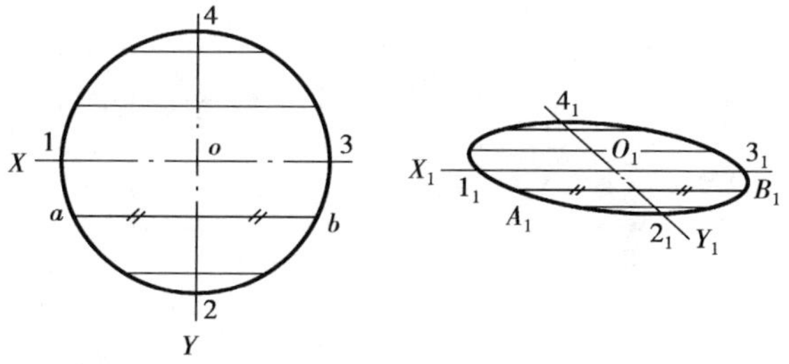

(a) (b)

图 5-14 用坐标法作水平圆的斜二测

(a)水平圆的投影图；(b)水平圆的斜二测

画正等测近似椭圆的四心圆法，不适用于画斜二测椭圆。画斜二测椭圆时，可采用坐标法，如图 5-14 所示。具体作法是：在圆上作一系列平行于 OX 轴的平行线，在轴测图中对应地画出这些平行线（注意 Y 轴的伸缩系数为 0.5）平行于 O_1X_1 轴，在这些平行线上对应量取圆周上各点的 X 坐标得 A_1、B_1…各点，再由 Y 坐标定出 2_1、4_1 点，光滑连接各点即得该圆的斜二测椭圆。

对于其他轴测椭圆的曲线也可用坐标法作图。

2. 画法举例

例 1 作矩形管弯头的斜二测，如图 5-15(a)所示。

分析 从正投影图中可看出，矩形管弯头的轮廓曲线都是圆弧，且平行 XOZ 面，因此在斜二测中仍为圆弧。

作图 按实形画出前面的圆弧，将圆心后移 $\frac{1}{2}y$，画出后面的可见部分圆弧，并画出直线部分,得弯头的外形轮廓,见图 5-15(b)。再画出可见的管口及孔,整理加深,即得弯头的斜二测,见图 5-15(c)。

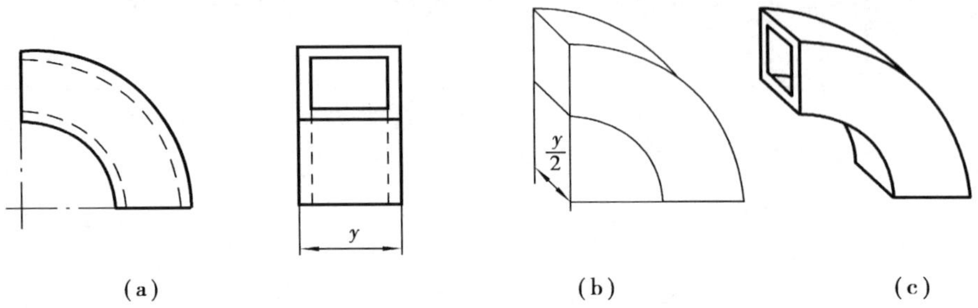

图 5-15　作矩形管弯头的斜二测

(a)正投影图;(b)画外轮廓;(c)画孔口、加深

例 2　作出法兰的斜二测,见图 5-16(a)。

分析　组成法兰的圆板、圆柱与圆孔的圆都平行于 *XOZ* 坐标面。它们的斜二测都是圆。因此,只要作出各圆心的斜二测,便可从前向后按原半径画圆(或圆弧)。

作图的方法步骤如图 5-16(b)、(c)、(d)、(e)所示。

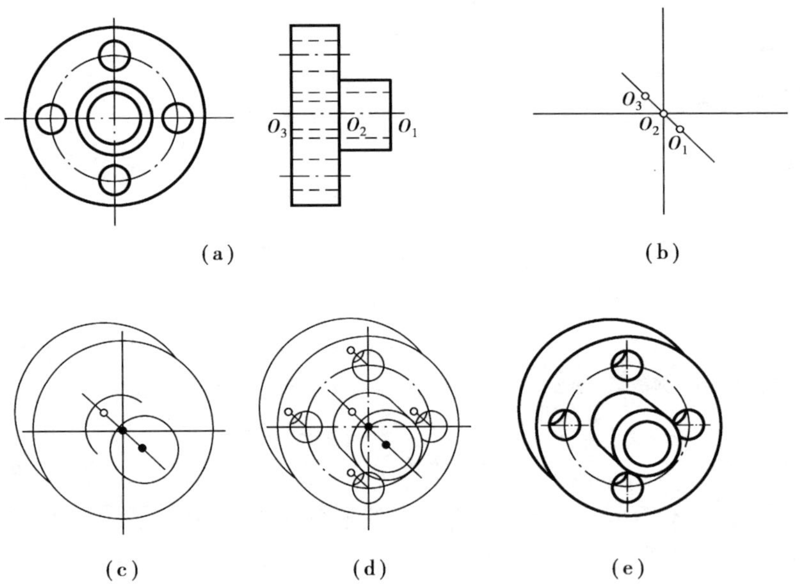

图 5-16　作法兰的斜二测

(a)正投影图;(b)画出轴测轴,定出圆心;

(c)画主要轮廓线圆;(d)画切线和圆孔;(e)整理、加深

第六章　组合体视图

由简单形体组合而成的物体称为组合体。

6-1　组合体的形体分析和线面分析

一、组合体的组成形式

组合体的组成形式可分为叠加、切割和既有叠加又有切割的综合三种。

如图6-1(a)所示的螺栓毛坯可看作是由六棱柱、圆柱和圆台叠加而成。图6-1(b)所示的组合体是由长方体切割去两块而成。图6-1(c)所示的轴承座是由圆筒、支承板、肋板和底板叠加并穿孔、切割圆角而成。

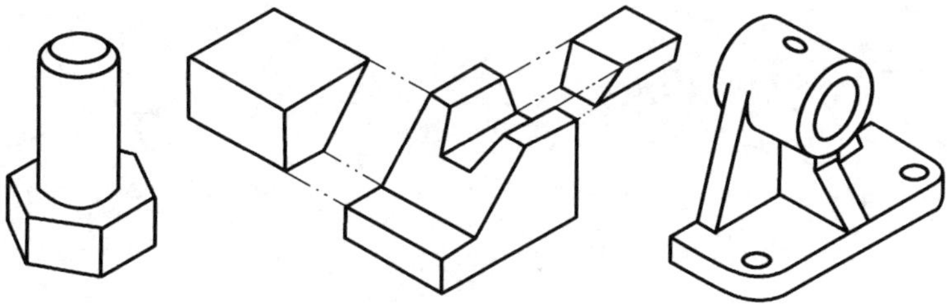

(a)　　(b)　　(c)

图6-1　组合体的组成形式

(a)叠加;(b)切割;(c)综合

二、组合体各形体间的表面连接关系

组合体中各形体之间的表面连接关系可分为四种:共面、不共面、相切、相交。

1. 相邻两形体表面共面时,结合处没有线,见图6-2。

2. 相邻两形体表面不共面时,结合处有分界线,见图6-3。

3. 两形体表面相切时,相切处光滑过渡无分界线,见图6-4。

4. 两形体表面要交时,相交处有交线,见图6-5。

三、形体分析法和线面分析法

1. 形体分析法

假设将组合体分解为若干基本形体或部分,并分析各形体或各部分的形状、相对位置和组合方式,从而达到了解整体的目的,这种方法称为形体分析法。它是画图、看图和标注尺寸的基本方法。

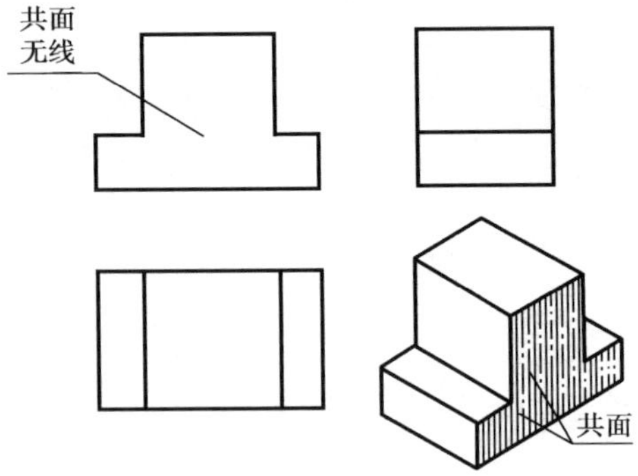

图 6-2　两形体表面共面

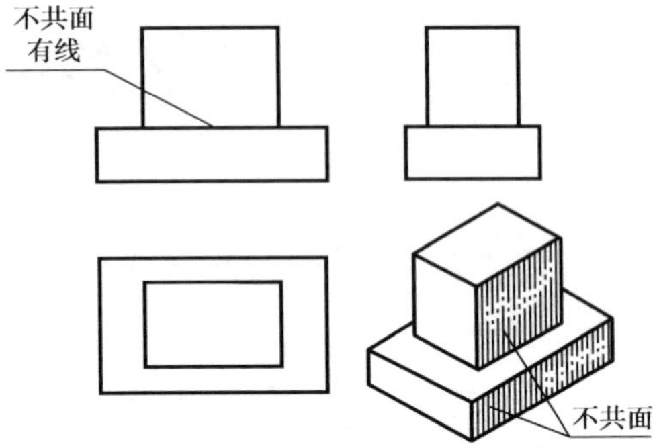

图 6-3　两形体表面不共面

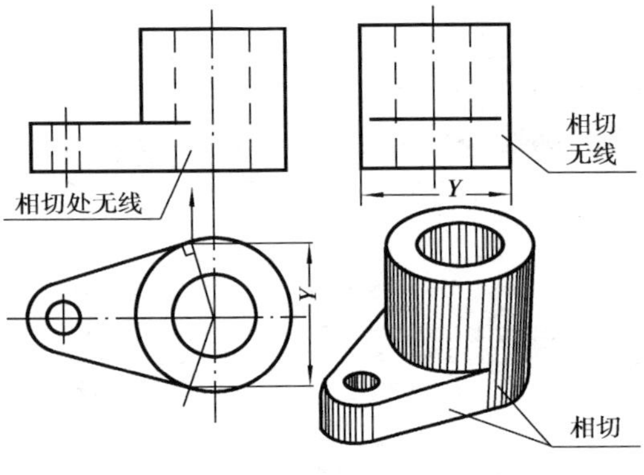

图 6-4　两形体表面相切

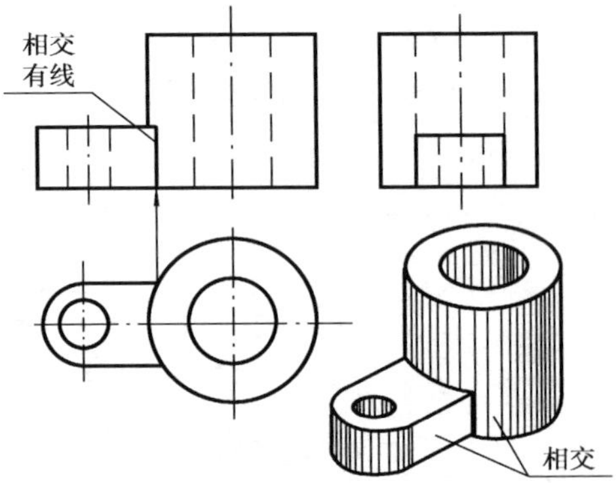

图 6-5　两形体表面相交

2. 线面分析法

线面分析法是在形体分析法的基础上，运用线、面的投影特性，分析组合体表面上的线（直线、曲线）和面（平面、曲面）的投影，进行画图和看图的方法。

6-2　组合体三视图的画法

现以轴承座（图 6-6）为例，说明画组合体三视图的方法步骤。

一、形体分析

分析组合体是由哪几部分所组成，或是切掉了哪些部分，以及各部分的形状、相对位置和组合方式。如图 6-6 所示，轴承座是由圆筒、支承板、肋板和底板四部分组成。支承板、肋板叠加在底板上，左右居中。支承板左右侧的斜面与圆筒表面相切，后面与底板平齐共面。肋板上部与圆筒表面相交。圆筒上有一小圆柱孔。内外孔口具有相贯线。

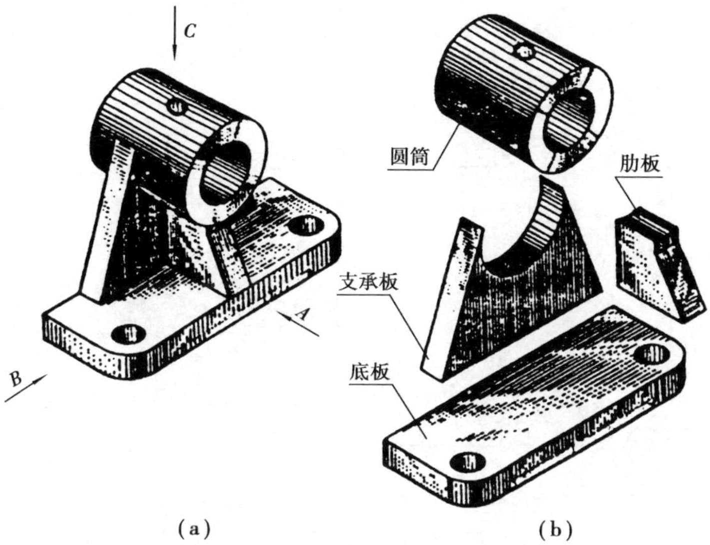

图 6-6　轴承座的形体分析
(a)轴承座;(b)形体分析

二、选择视图

通常将物体安放好后,选取能较多地反映物体的形状特征和各组成部分的相对位置的投影作为主视图,同时还要注意到使各视图尽可能少出现虚线。如图 6-6(a)所示的轴承座,从 A 向投影所得的视图,形状特征比较明显,且虚线较少,可作为主视图。主视图选定后,俯视图(C 向投影)和左视图(B 向投影)也就确定了。

三、选比例、定图幅、布置图面

根据物体的复杂程度和大小、选择比例、确定图幅、布置视图位置。布置视图时可先画出视图的对称线,圆的中心线和回转轴线,视图的基准线(如底板的底面)等,以便确定视图的位置,见图 6-7(a)。各视图之间应留有标注尺寸的位置。

四、画底稿

画出上述轴线、中心线和基准线之后,就可以画出视图的轮廓线了。一般是先画主体部分,后画细节部分;先画可见部分,后画不可见部分;先画实形或积聚性投影,后画其他投影。画图时,要注意各个视图之间的联系,通常是按形体将几个视图配合着画。

画轴承座底稿的过程见图 6-7(a)~(e)。应注意支承板、肋板与圆筒相切、相交的画法,见图 6-7(d)、(e)。

五、检查加深

检查底稿,修正错误,擦去多余线条后,再按规定线型加深,见图 6-7(f)。

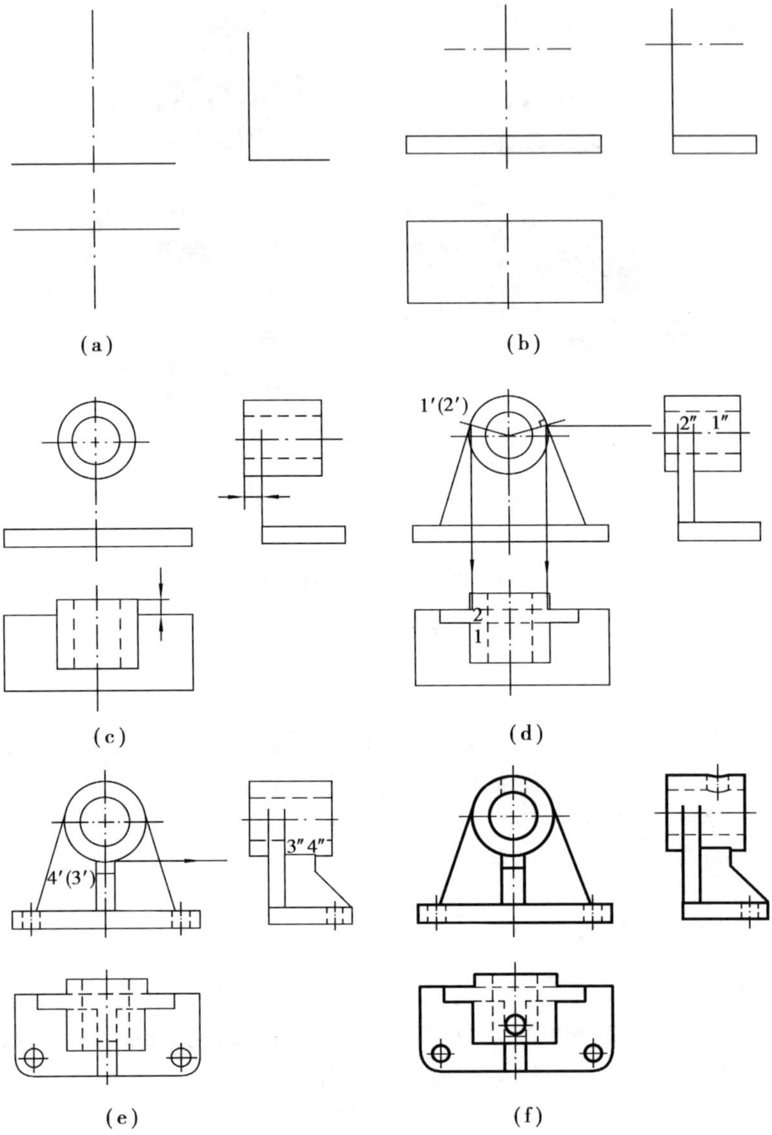

图 6-7　轴承座三视图的作图步骤

(a)画轴线对称中心线和基准线;(b)画底板三视图;(c)画圆柱体三视图;
(d)画支承板三视图;(e)画肋板的三视图;(f)画圆柱顶部圆孔,检查图线,加深图线

6-3　组合体的尺寸标注

视图画好后,还应标注尺寸,以确定物体的形状大小和各部分的相对位置。

一、基本体的尺寸标注

基本体要注出长、宽、高三个方向的尺寸或直径尺寸,一个尺寸只需注一次,不要重复。图

6-8 表示了一些基本体的尺寸注法。有些基本体通过标注尺寸后，一个视图就能确定其形状和大小，如圆柱、圆球等回转体。

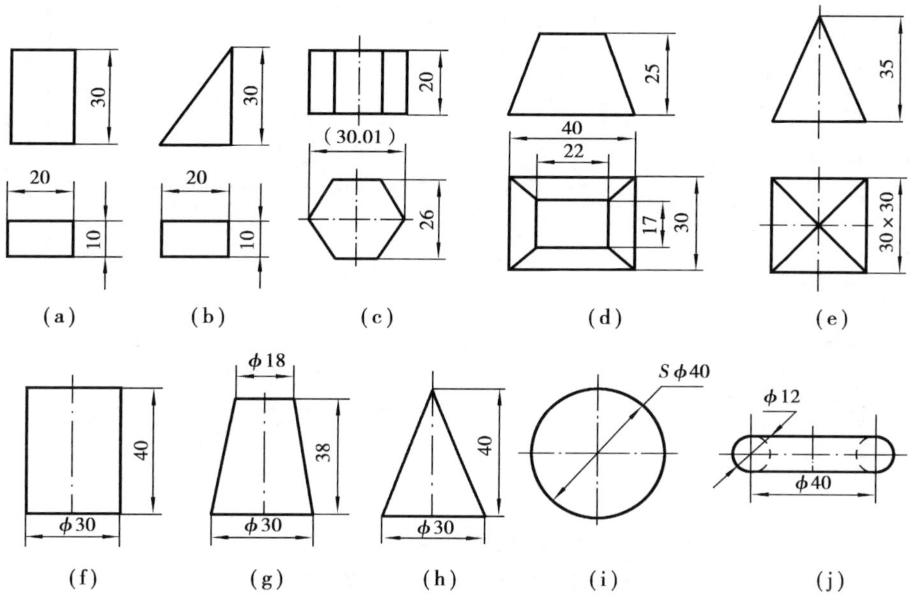

图 6-8　基本几何体尺寸标注法示例

二、组合体的尺寸标注

标注组合体的尺寸时，可用形体分析法，注出各组成部分的定形尺寸和定位尺寸以及整个物体的总体尺寸。

1. 定形尺寸　确定各基本体的形状大小的尺寸。如图 6-9 中圆筒的长 26，外径 $\phi30$，内径 $\phi18$，孔径 $\phi10$。

2. 定位尺寸　确定各基本体（或孔洞）间的相对位置的尺寸。如图 6-9（a）所注的尺寸。

3. 总体尺寸　整个组合体的总长、总宽和总高尺寸。如图 6-9 中底板的长度 72 就是轴承座的总长；底板的宽度 30 和圆筒向后面突出的长度 4 加起来就是轴承座的总宽（30 + 4）；圆筒外径 $\phi30$ 的一半和中心高度 40 加起来就是轴承座的总高（$\frac{30}{2}+40$）。因此图上没有另外标注总宽、总高尺寸，若再加注这两个尺寸，就会出现重复（多余）尺寸。

4. 尺寸基准　标注和度量尺寸的起点，称为尺寸基准。在标注各形体间相对位置的定位尺寸时，必须考虑以哪里为基准去定位的问题。物体的长、宽、高三个方向，每个方向至少要有一个基准。通常以物体较重要的端面、底面、对称面和回转轴线为尺寸基准。如图 6-9 中，以轴承座的左右对称面为长度方向的尺寸基准，以底板和支承板的后面为宽度方向的基准；以底板的底面为高度方向的基准。

基准选好后，就可以逐一注出各部分的定形尺寸，定位尺寸以及总体尺寸。

标注组合体的尺寸要求正确、完整、清晰。因此要注意以下几点：

（1）应符合国家标准“尺寸注法”（GB 4458. 4—84）中的有关规定（见第一章）。

（2）所注的尺寸应齐全，不遗漏、不重复（重复尺寸包括可由已标注的尺寸进行作图或计

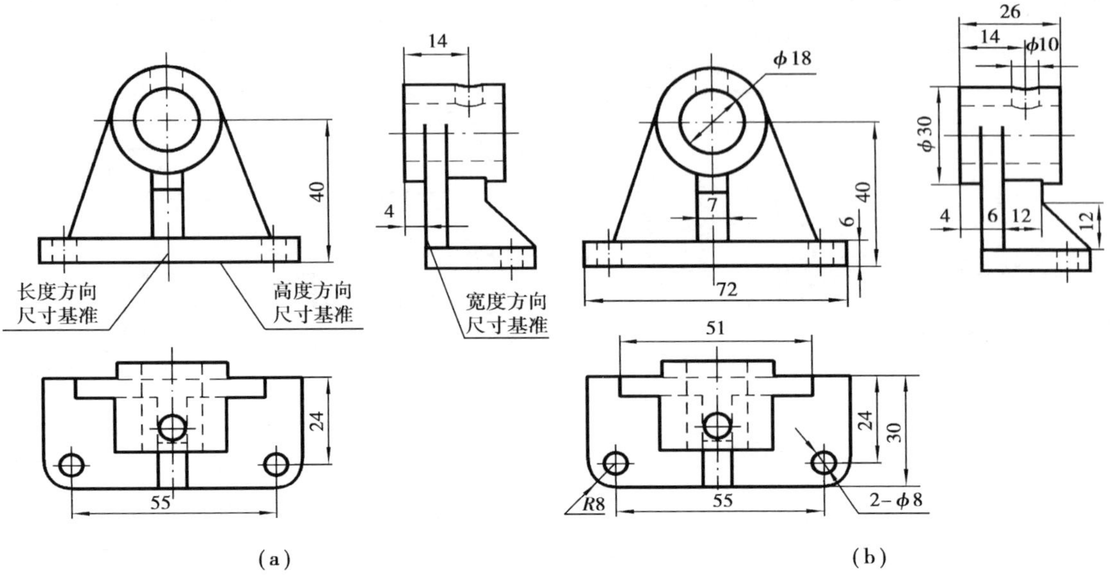

图 6-9　标注轴承座的尺寸

(a)标注定位尺寸;(b)注出全部尺寸

算所得出的尺寸)。

(3)尺寸应注在反映形状特征最明显的视图上,如半径尺寸应注在反映圆弧实形的视图上,且同一形体相同的圆角半径只注一次,不在符号"*R*"前注圆角数目,如图 6-9(b)俯视图中的 *R*8。

(4)尺寸尽量注在视图外部,并尽可能注在两视图之间,如图 6-9(b)中的 72、51、40、6、ϕ30 等。

(5)同一形体的尺寸应尽量集中标注,如轴承座底板的大部分尺寸,都集中注在俯视图上。

(6)回转体的直径尺寸,最好注在非圆的视图上,如图 6-9(b)左视图中的 ϕ30、ϕ10。

(7)相互平行的尺寸应小尺寸在里,大尺寸在外,以免尺寸线与尺寸界线相交。

(8)交线上不应标注尺寸。因为形体在相交或切割时,交线(相贯线、截交线)是自然产生的。注出各形体的定形尺寸和定位尺寸后,其交线的形状也就确定了,因而在交线上不需再注尺寸,如图 6-9 中圆筒孔的相贯线、肋板与圆筒的交线等。

6-4　看组合体的视图

画图是将空间的物体用正投影法表示在平面上,而看图则是根据平面图形(视图),运用正投影原理想象出物体的空间形状。

一、看图要点

1. 联系各个视图进行看图

一般情况下，一个视图不能确定物体的形状。因此，看图时，必须把表达同一物体的几个视图同时联系起来看，才能想象出物体的形状。例如图 6-10 中所示的俯视图都相同，只有结合主视图，才能知道它们是不同形状的物体的投影。

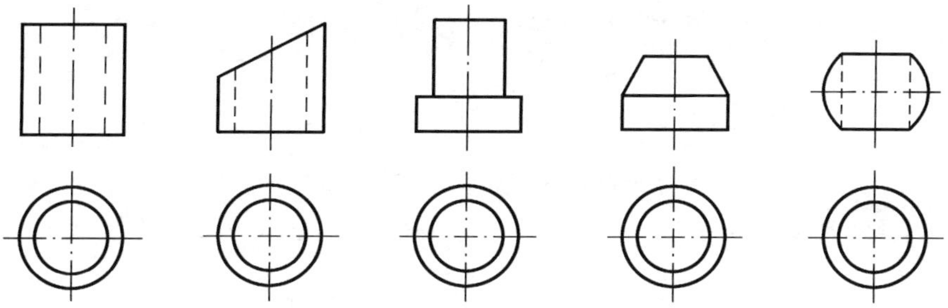

(a)　(b)　(c)　(d)　(e)

图 6-10　几个府视图相同的物体

图 6-11 中给出了三组三视图，它们的主视图相同，左视图也相同，若只看主、左两个视图，物体的形状就无法确定。只有把俯视图联系起来，才能想象出物体的形状。

2. 明确视图中线框和图线的含义

如在图 6-11(b)中的线框 A' 表示正平面的投影，图 6-11(c)中的线框 A' 则表示半圆柱面的投影。图 6-11(a)中的图线 K'' 是正平面的积聚投影，而图 6-11(b)、(c)中的图线 K''、K' 则是交线的投影，图 6-11(c)中的图线 L'' 是半圆柱面转向轮廓线的投影。

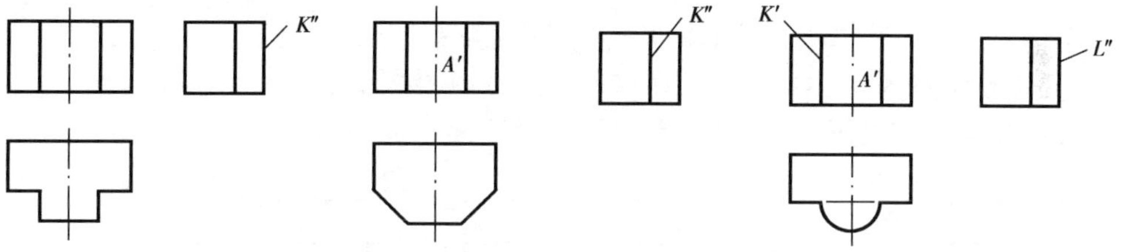

(a)　(b)　(c)

图 6-11　几个主、左视图相同的物体

因此，在分析视图中的线框和图线的含义时，应注意下面几点：

(1) 视图中的每个封闭线框可以表示物体上的平面、曲面、通孔或曲面及其切平面的投影。

(2) 视图中的每条线可以表示物体上两个面的交线、曲面的转向轮廓线的投影，或表示物体上的平面或曲面的积聚投影。

(3) 垂直面的非积聚投影和一般位置面的各面投影都具有类似性，见图 6-12。

3. 认真分析形体间和相邻表面间的相对位置。

看图时，不但要抓住反映形状特征的视图分析各部分的形状，还要抓住反映位置特征的视图分析各部分或表面间的相互位置关系，才能想象出物体的整体形状。

如图 6-13(a)所示，如果只看主、俯视图，物体上Ⅰ与Ⅱ部分的前后位置关系就无法确定，可能是图 6-13(b)所示的情况、也可能是图 6-13(c)所示的情况。只有把反映位置特征最明显

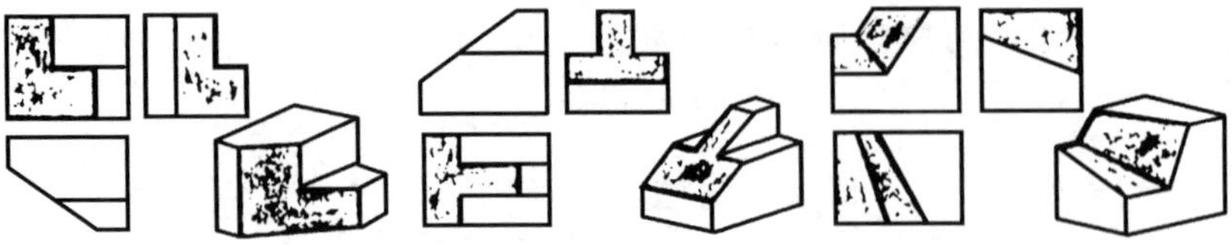

(a)　　(b)　　(c)

图 6-12　垂直面和一般位置面的投影具有类似性

的左视图结合起来看，才能想象出Ⅰ是向后穿通的圆孔，Ⅱ是向前凸出的长方体，如图6-13(c)所示。

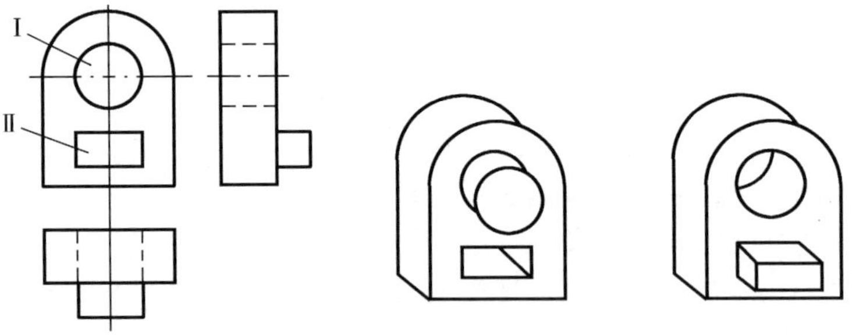

(a)　　(b)　　(c)

图 6-13　分析形体间的相互位置

如图 6-14(a)主视图中三个相邻的实线框，通过与俯视图对照投影关系，可知三个线框均为正平面，且相互位置为前、中、后。图 6-14(b)、(c)中俯视图中的两个实线框，通过与主视图对照投影关系和交线的投影分析，可知它们均为水平面，并可知它们的上下位置。

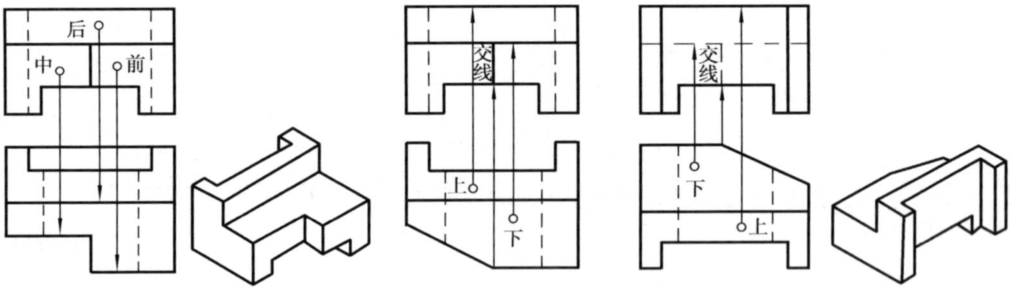

(a)　　(b)　　(c)

图 6-14　分析表面间相互位置

二、看图的基本方法

看组合体视图的方法是以形体分析法为主。对于视图中难于看懂的部分或切割型组合体，还要结合线、面的投影分析(即线面分析法)来帮助看懂。

看图时，通常先粗略看一下各个视图，大致了解组合体的组成方式。可按线框把视图分成几部分，然后按投影关系，对照其他视图，逐步看懂各部分的形状，最后根据各部分的相对位置及组合方式，综合想象出组合体的整体形状。

例1 根据组合体的三视图，见图6-15(a)，想象出该组合体的形状。

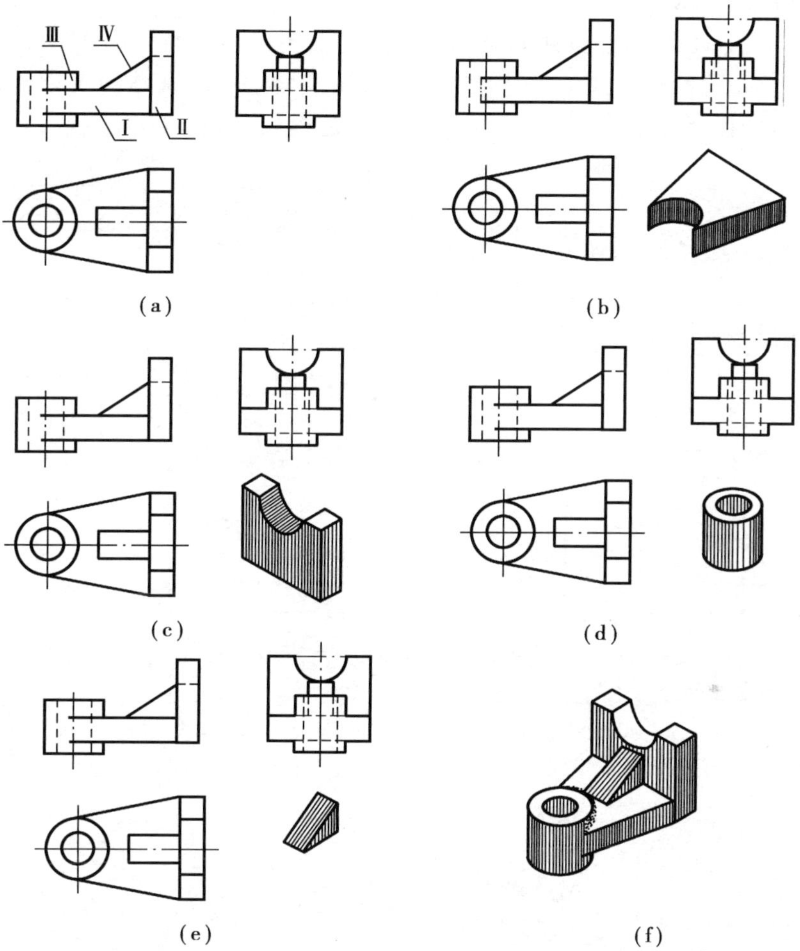

图6-15 组合体视图的看图方法和步骤

(a)分线框；(b)看形体Ⅰ；(c)看形体Ⅱ；(d)看形体Ⅲ；(e)看形体Ⅳ；(f)整体形状

解：(1)看视图，分线框

粗略看一下各个视图，可大致了解该组合体是由几部分叠加而成。为此按照主视图中的线框，将其分成Ⅰ、Ⅱ、Ⅲ、Ⅳ四部分。

(2)找投影关系、确定形状

运用前面所学的投影知识和看图要点，从主视图着手，分别找出各部分的其余投影，将每部分的各个投影联系起来分析，就可确定各部分的形状。各部分的形状分析想象过程如图6-15(b)、(c)、(d)、(e)所示(在视图中画粗实线部分)。第Ⅰ部分是带圆口的水平梯形板，第Ⅱ部分是带半圆槽的竖直板，第Ⅲ部分是轴线垂直于水平面的圆筒，第Ⅳ部分是三棱柱体。

(3)分析相对位置和连接关系

由俯、左视图可知，该组合体前后对称。中间是水平梯形板，这块板的前后两个铅垂面均与圆筒表面相切。其他各形体的相对位置比较容易看懂,不再叙述。

(4)综合起来想象整体

经过上述分析,弄清各部分的形体、相对位置和表面的连接关系,综合起来就可想象出整体形状,如图 6-15(f)所示。

例 2 如图 6-16(a)所示,已知组合体的主、俯视图,想象出它的形状,并补画左视图。

解:(1)按照前面介绍的看图方法步骤看懂视图。根据主、俯视图的投影关系可看出,该组合体由四部分叠加并穿孔而成,各部分的形状分析过程如图 6-16(b)、(c)、(d)、(e)所示。

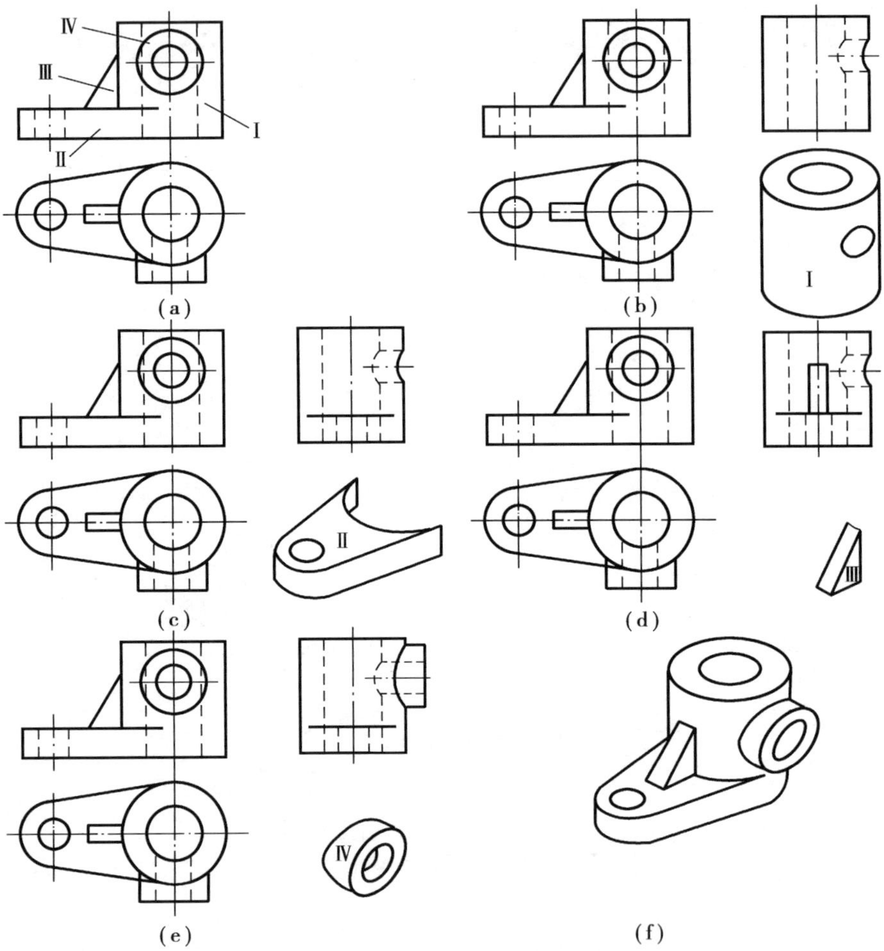

图 6-16 根据主、俯视图、补画左视图

各部分的相对位置是:两个圆筒Ⅰ、Ⅳ轴线垂直相交,底板Ⅱ底面与圆筒Ⅰ底面共面平齐,底板前后两个平面与圆筒Ⅰ表面相切,三角形肋板Ⅲ同时与底板和圆筒Ⅰ相交。

根据各部分的形状和相对位置,可想象出这个组合体的整体形状,如图 6-16(f)所示。

(2)根据想象出的形状,按照投影关系逐步画出左视图。画图过程如图 6-16(b)、(c)、(d)、(e)所示。

例 3 根据组合体的主、左视图,见图 6-17(a),补画出俯视图。

解:首先看懂主、左视图,想象出组合体的形状。

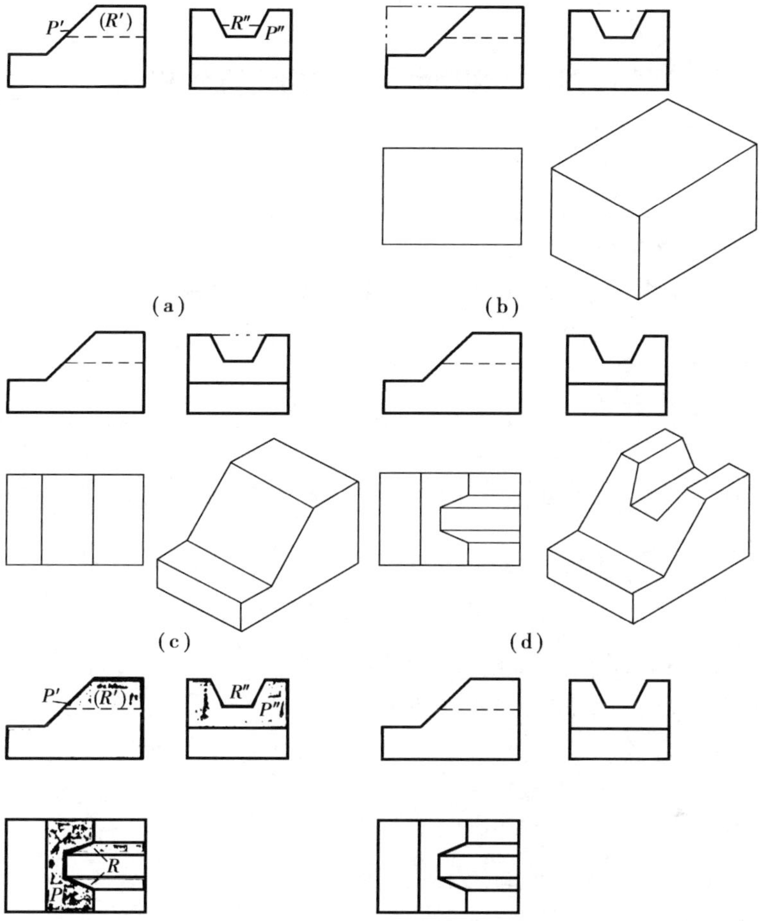

图 6-17　根据主、左视图补画俯视图

(a)已知条件和线面分析;(b)想象长方体并画俯视图;(c)画缺口俯视图;
(d)画槽的俯视图;(e)用类似形检查;(f)加深

从主、左视图上可看出,该组合体左上方有一缺口,正上方有一个槽,可大致想象出该组合体是由一个长方体切割而成。再用线面分析法进一步分析:左视图中的凹形线框 P'' 对应着主视图中的斜线 P',可知 P'、P'' 是正垂面的投影;主视图中的梯形线框(R')对应着左视图中的两条斜线 R'',可知(R')、R'' 是侧垂面的投影。还可分析,视图中缺口和槽的水平线均是水平面的投影。于是可知,左上方的缺口是由正垂面 P 和水平面切割而成,正上方的槽是由两个对称的侧垂面 R 和水平面切割而成。因此可想象出这个组合体的形状如图 6-17(b)所示。

想象出物体的形状之后,就可根据投影关系补画出俯视图。画图过程如图 6-17(b)、(c)、(d)、(e)、(f)所示。

应注意把补画的视图与已知视图和想象的形状进行对照检查,看是否正确、有无矛盾。对于斜面的投影,还可用类似形检查,如图 6-17(e)。

由两个视图补画第三视图,是看图和画图的综合训练,也是培养和提高识图能力和空间想象能力的方法之一。

第七章　机件形状的表达方法

在实际工程中,由于机件的结构形状千差万别,如果仅仅采用前面介绍的三视图,往往难以清楚表达它们的内外结构形状。为此国家标准《机械制图》的图样画法(GB 4458.1—84)规定了表达机件形状的各种方法。本章将介绍其中一些常用的表达方法。

7-1　视　图

根据有关标准和规定,用正投影法所绘制出的物体的图形称为视图。视图分为基本视图、斜视图、局部视图和旋转视图。

一、基本视图

在原有三个投影面的基础上,再增设三个投影面,组成一个正六面体,这六个投影面称为基本投影面。机件向基本投影面投影所得的视图称为基本视图,见图 7-1(a)。在这六个基本视图中,除前面已介绍过的主视图、俯视图、左视图外,还有:

右视图——由右向左投影所得的视图;

仰视图——由下向上投影所得的视图;

后视图——由后向前投影所得的视图。

六个投影面展开的方法如图 7-1(a)所示,即正面投影保持不动,其余各面按箭头所指方向旋转至与正面共一平面位置。展开后的视图位置如图 7-1(b)所示,各视图之间仍应符合“长对正、高平齐、宽相等”的投影关系。

在同一张图纸内按图 7-1(b)配置视图时,一律不标注视图的名称。如不能按图 7-1(b)配置视图时,应在视图上方标出视图的名称“×向”,在相应的视图附近用箭头指明投影方向,并注上同样的字母,如图 7-2 所示。“*A* 向”相当于右视图,“*B* 向”相当于仰视图,“*C* 向”相当于后视图。

在实际绘图时,应根据机件的复杂程度,在完整、清晰地表达机件各部分形状的前提下选用合适的基本视图;视图一般只要机件的可见部分,必要时才画出其不可见部分。

二、斜视图

机件向不平行于任何基本投影面投影所得的视图,称为斜视图。

如图 7-3 所示的支架零件具有倾斜结构,其倾斜表面为正垂画,因它在俯视图中的投影不反应真实形状,也不便于画图和看图。为了清楚地表现倾斜结构的实形,可以设置一个与倾斜部分平行的投影面,再将倾斜部分向这个投影面投影,所得的视图表达了该部分的实形,如图 7-4 所示。

画斜视图时应注意:

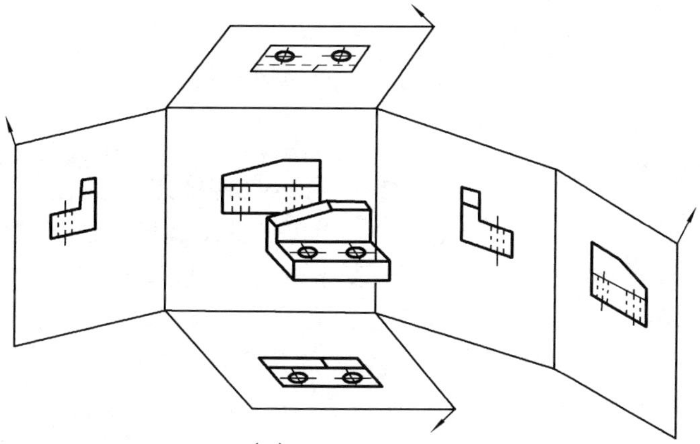

(a)

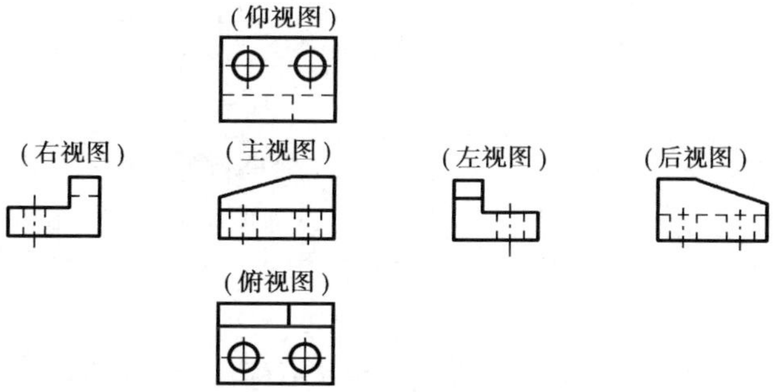

(b)

图 7-1　六个基本视图

(a)六个基本投影面及其展开;(b)视图的配置

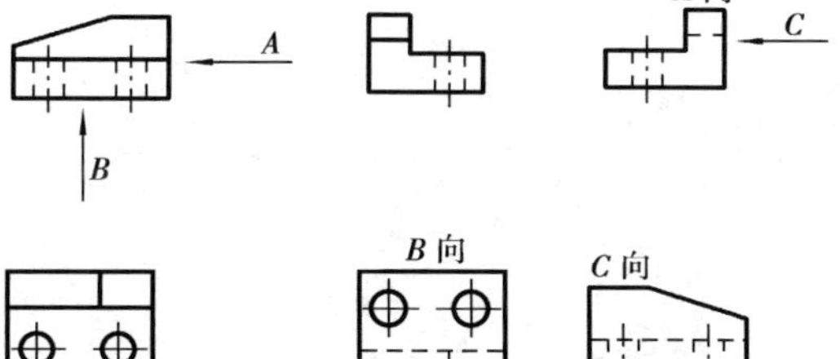

图 7-2　视图的位置变动时的标注方法

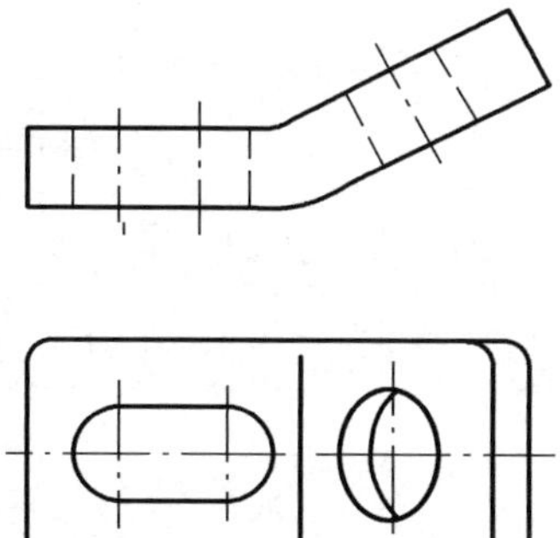

图 7-3　具有倾斜结构的支架的主、俯视图

(1)斜视图只表达零件上倾斜结构的局部形状,其余部分不必画出,而采用波浪线作为分界线,画成一个局部的斜视图。

(2)必须在所表达的部位附近用箭头指明投影方向,并标注字母“×”,在斜视图的上方用相同字母标注视图的名称“×向”。箭头必须与倾斜表面垂直,字体要水平书写。

(3)斜视图一般应按投影关系配置在箭头所指的方向,为了布局方便,也可以将图形平移到其他适当位置。在不致引起误解时,允许将图形旋转摆正后画出,此时应在视图上方注上

“×向旋转”。

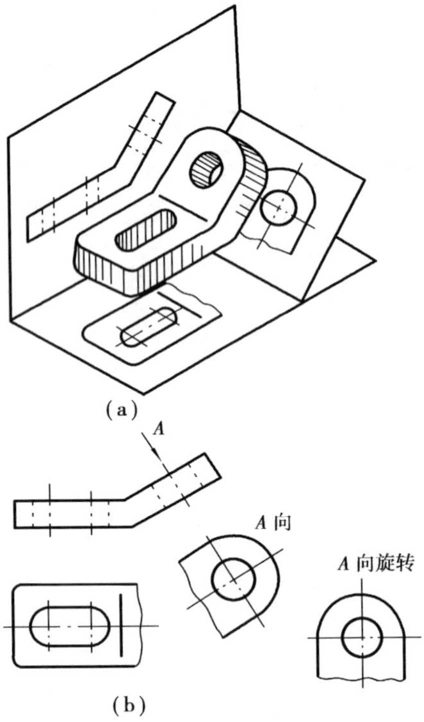

(a)

(b)

图 7-4　斜视图

(a)斜视图的形成;(b)斜视图的画法

三、局部视图

将机件的某一部分向基本投影面投影所得的视图,称为局部视图。

当机件的主要形状已表达清楚,只有局部形状未表达清楚时,那就不必要再增加一个完整的基本视图,便可采用局部视图,如图 7-4 中的俯视图,图 7-5 中的 *A* 向、*B* 向视图。

画局部视图时应注意:

(1)局部视图的范围应用波浪线表示。当所表示的局部结构具有完整、封闭的外轮廓线而且相对位置又能惟一确定时,可以单独画出局部结构的视图,而不要画波浪线,如图 7-5 中 *B* 向视图所示。

(2)画局部视图时,一般应在被表达部位的附近用箭头指明投影方向并注明字母“×”,在视图的上方用相同字母标出视图的名称“×向”。但当局部视图按投影关系配置,中间又没有其他图形隔开时,可以不标注,如图 7-4 中的俯视图。

(3)局部视图一般按投影关系配置在箭头所指的方向,如图 7-5 中的 *A* 向视图,必要时也可以配置在其他适当位置,如图 7-5 中 *B* 向视图。

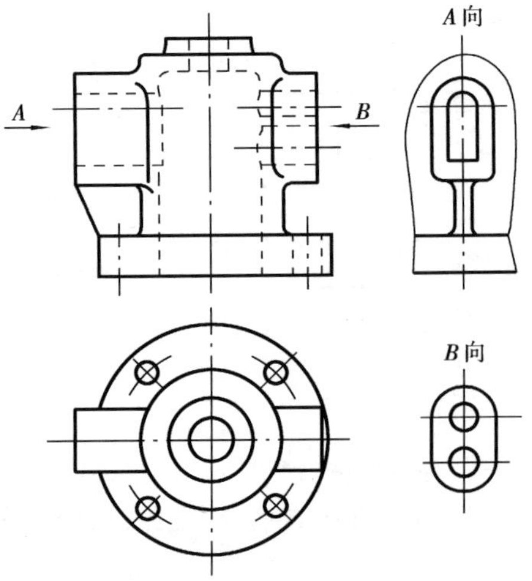

图 7-5　局部视图

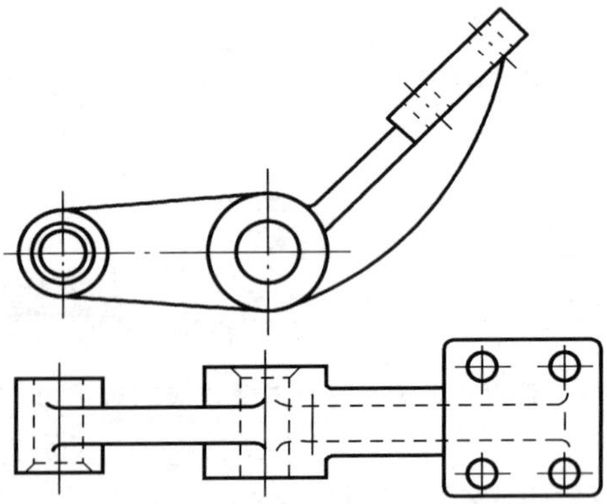

图 7-6　旋转视图

四、旋转视图

假想将机件的倾斜部分旋转到与某一选定的基本投影面平行后，再向该投影面投影所得的视图，称为旋转视图。

如图 7-6 所示，该机件的右部有倾斜结构且有垂直于正投影面的回转轴，假想将倾斜部分绕中间孔的轴线旋转到水平位置，再向水平投影面投影，这样在俯视图上能反映倾斜部分的实形，同时其投影结构使图形清晰，画图方便。

旋转视图不必标注。

7-2　剖　视

当机件的内部形状比较复杂时，在视图中就会出现许多虚线，再加上外部复杂的形状，这样视图中各种图线纵横交错，必然造成层次不清，影响图形的清晰，不便于绘图，看图和标注尺寸。为了解决机件内部结构形状的表达问题，必须采用剖视的方法。

一、剖视的基本概念

假想用剖切面剖开机件，将处在观察者和剖切面之间的部分移去，而将其余部分向投影面投影，所得的图形称为剖视图，简称剖视。

如图 7-7(a)所示，它是一个机件的两个视图，其内部结构形状是用虚线表示的，为了明显地表达这些结构，假想用一个剖切平面从机件的对称处剖开，如图 7-7(b)所示，移去剖切面前面的部分，机件的内部形状就完全清楚地显示出来，然后再向正投影面投影，所得的图形就是剖视图，如图 7-7(c)所示，将该剖视图与图 7-7(a)中的主视图比较，原来的虚线变成实线，即剖开机件后，原来的不可见部分变为可见了。

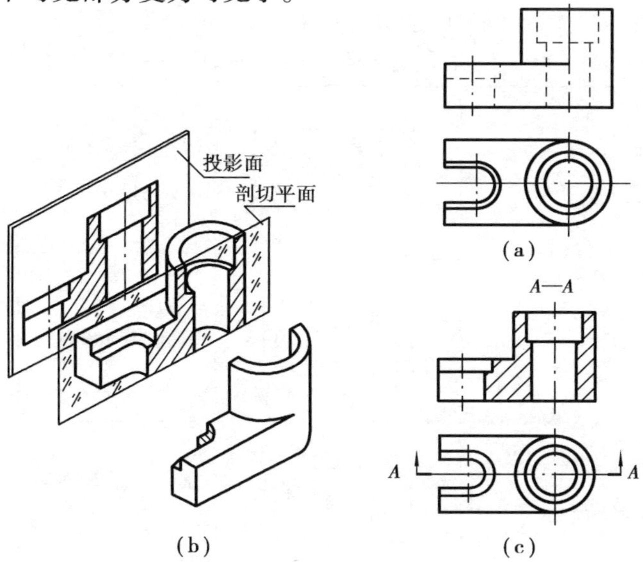

图 7-7　视图与剖视图

二、剖视图的画法

1. 确定剖切面的剖切位置

画剖视图时，应首先考虑的是选择适合该机件的剖切位置，以便能充分地表达机件内部的结构形状。剖切平面一般与基本投影面平行，剖切位置一般应通过对称面或回转轴线。

2. 画剖视图

（1）画出剖切平面后面可见部分的全部投影。即在剖切面位置，原来视图中的虚线变为实线，见图 7-7（a）、图 7-7（c）；后面可见轮廓线全部画出。

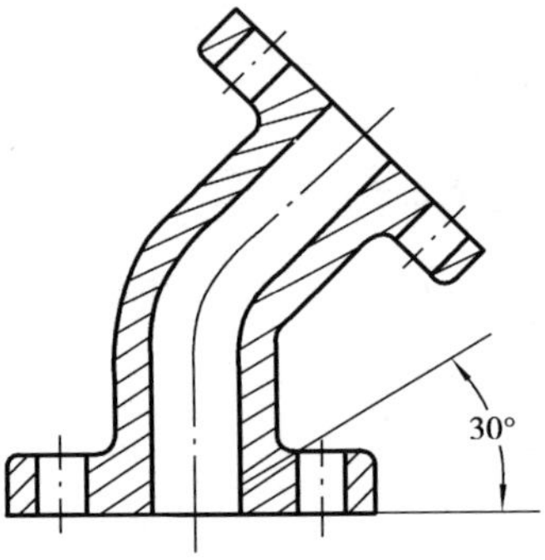

图 7-8　特殊情况时剖面线的画法

（2）在机件被剖切到的断面上应画出剖面符号，该断面称为剖面，国标 GB 4457.5—85 中，规定了各种材料的剖面符号，详见表 7-1。金属材料的剖面符号又称剖面线，一般画成与水平线成 45°角的等距细线，剖面线向左向右倾斜均可，但同一机件的所有剖面线应保持方向、间隔一致。

当图形中的主要轮廓线与水平线成 45°或接近 45°时，该图形上的剖面线应画成与水平线成 30°或 60°，其倾斜方向仍与其他图形的剖面线一致，如图 7-8 所示。

3. 剖切位置与剖视图的标注

（1）为了看图方便，一般情况下都应标注剖切位置，投影方向及剖视图名称。即在相应的视图上用剖切符号（线宽 1 ~ 1.5b，长约 5 mm ~ 10 mm 粗实线）表示剖切位置；在剖切符号的起止处用箭头表示投影方向，并标注大写字母“ × ”；在剖视图的上方用相同字母标注剖视图的名称“ × — × ”，如图 7-7（c）中的 *A—A*。

（2）省略标注情况

当剖视图按投影关系配置，中间又没有其他图形隔开时，可只标注剖切位置和字母，省略箭头；当单一剖切平面通过机件的对称平面，且剖视图按投影关系配置，中间又没有其他图形隔开，可省略一切标注，如图 7-7（c）中的“*A—A*”标注均可省略。

表 7-1　材料的剖面符号（GB 4457.5—84）

金属材料 （已有规定剖面符号者除外）	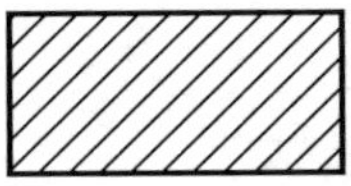	木质胶合板 （不分层数）	
线圈绕组元件	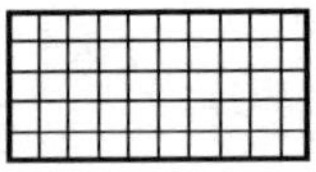	基础周围的泥土	
转子、电枢、变压器和电抗器等的叠钢片	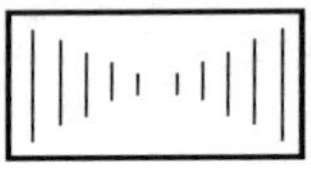	混凝土	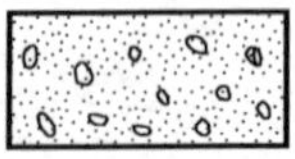

续表

非金属材料 （已有规定剖面符号者除外）	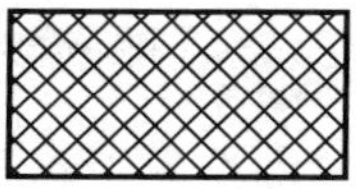	钢筋混凝土	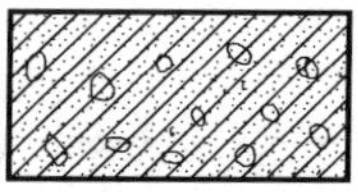
型砂、填砂、粉末冶金、砂轮、陶瓷刀片、硬质合金刀片等	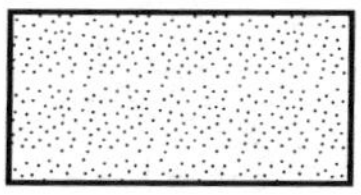	砖	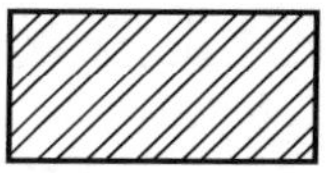
玻璃及供观察用的其他透明材料	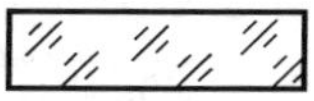	格　网 （筛网、过滤网等）	
木材　纵剖面	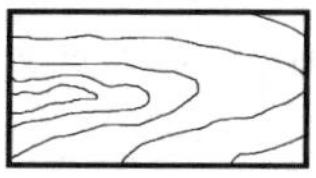	液　体	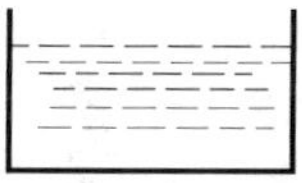
木材　横剖面			

注：①剖面符号仅表示材料的类别，材料的名称和代号，必须分行注明。

②叠钢片的剖面线方向，应与束装中叠钢片的方向一致。

③液面用细实线绘制。

4. 画剖视图应注意的问题

（1）剖切是假想的，因此，机件剖切后的状态只体现在相应的剖视图中，其他视图不受影响，如图 7-7（c）中的俯视图。

（2）剖切面后方的可见轮廓应全部画出，不应出现漏画线或多画线的错误。图 7-9 所示为常见几种孔、槽剖视图的画法。

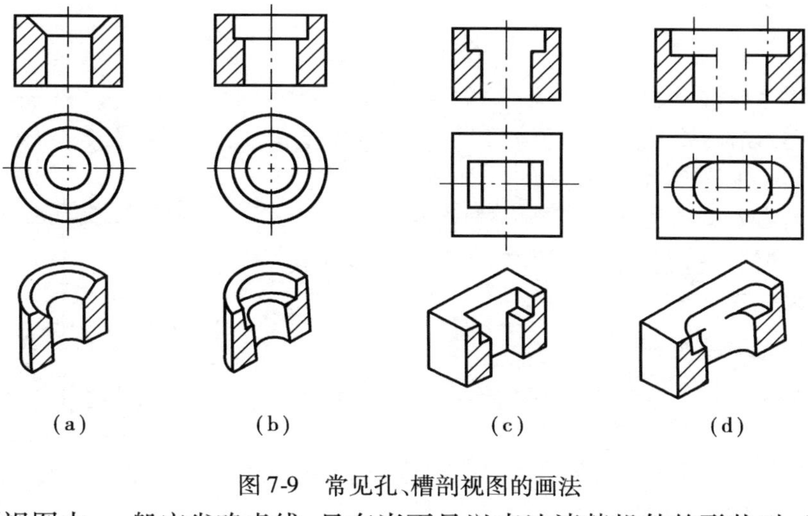

（a）　（b）　（c）　（d）

图 7-9　常见孔、槽剖视图的画法

（3）在剖视图中，一般应省略虚线，只有当不足以表达清楚机件的形状时，为了节省一个视图，才在剖视图上画出虚线，如图 7-10 所示。

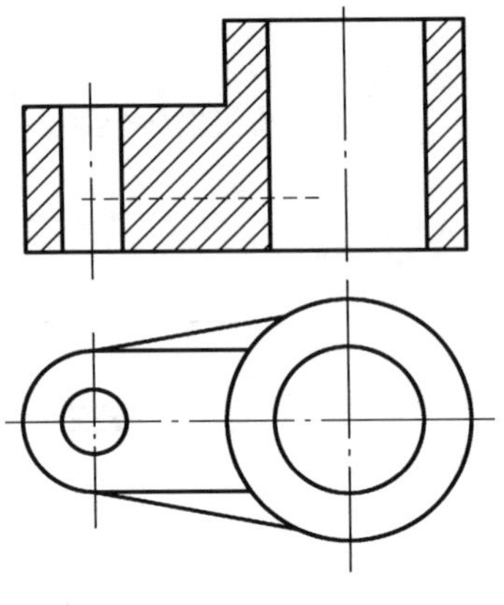

图 7-10 应画虚线的剖视图

三、剖视图的种类

按剖视图上被剖切的范围划分，剖视图可分为全剖视图、半剖视图和局部剖视图三种。

1. 全剖视图

用剖切面完全地剖开机件所得的剖视图称为全剖视图。全剖视图可以用一个剖切平面剖开机件得到，也可以用几个剖切平面剖开机件得到。全剖视图通常用来表达机件的整体内部形状。如图 7-7(c)是用单一剖切面剖开机件的方法得到的“*A*—*A*”全剖视图；图 7-15、图 7-18 是用两个剖切平面剖开机件的方法得到的“*A*—*A*”全剖视图。

2. 半剖视图

当机件具有对称平面时，在垂直于对称平面的投影面上投影所得的图形，可以对称中心线为界，一半画成剖视，另一半画成视图，这种剖视图称为半剖视图，如图 7-11 所示。

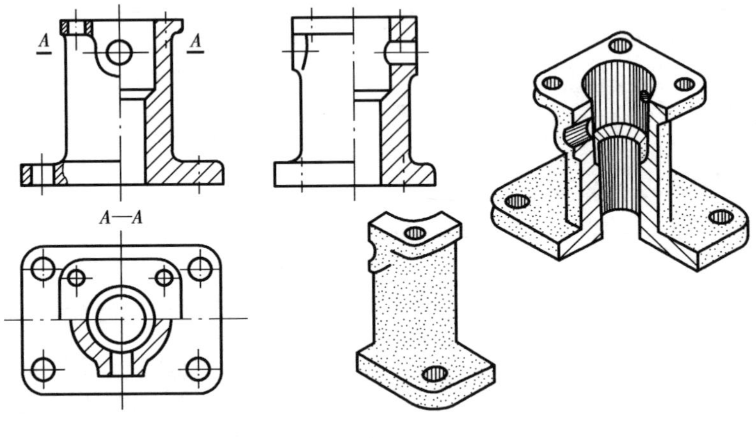

图 7-11 半剖视图

在一个图形上既表达机件的内部形状，又表示了机件的外部形状是半剖视图的一个显著特点，因此，用于表达对称或基本对称机件的较复杂的内外形状时很方便。但并不是所有对称机件都要采用半剖视图，对外形较简单的机件，宜采用全剖视图，如图 7-12 所示，其目的是为了图形清晰和标注尺寸方便。

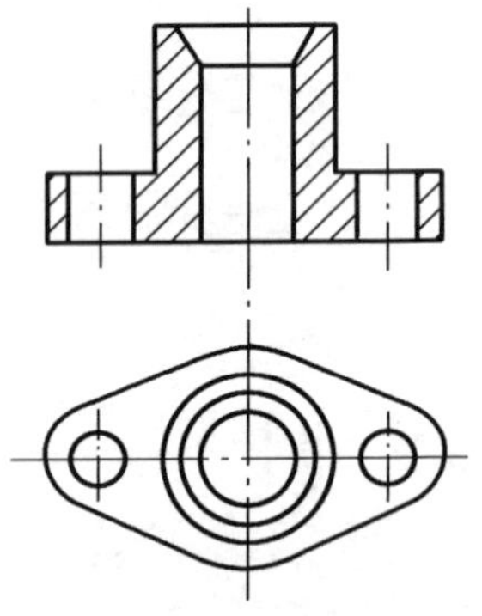

图 7-12 宜采用全剖视图的对称机件

画半剖视图时应注意：

(1)半个视图与半个剖视图的分界线为点划线，不要画成粗实线。

(2)由于图形对称机件的内部形状已在半个剖视图中表达清楚时，而在另一半视图上，虚线省略不画。

(3)半剖视图的标注与全剖视图相同。

在图 7-11 中,采用半剖视的主视图不必标注。而采用半剖视的俯视图,则因为剖切位置"A—A"处不是对称平面,所以,应标注剖切符号和剖视图名称" ×—×",但由于图形按投影关系配置,中间又没有其他图形隔开,因此可以省略箭头。

3. 局部剖视图

用剖切面局部地剖开机件所得的剖视图称为局部剖视图。

如图 7-13 所示,该机件若采用全剖视图,则影响其外形的表达,而该机件又不对称,又不能采用半剖视图,此时,则可采用局部剖视图,既保留了某些外形,又反映了需表达的局部内部形状(图 7-13)。

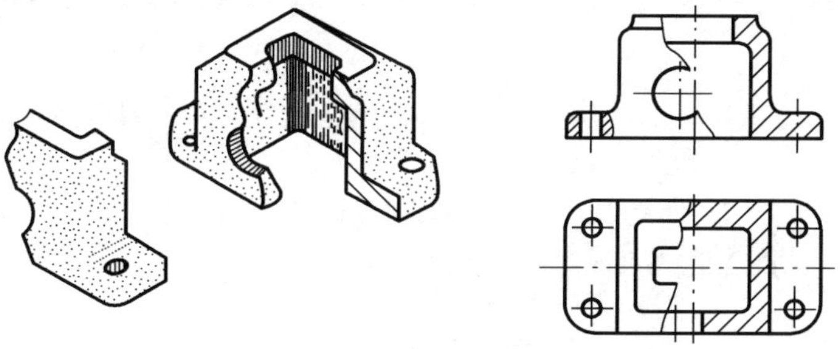

图 7-13 局部剖视图

由于局部剖视图不受机件是否对称的限制,在机件的什么位置剖切和剖切范围的大小,可根据需要而定,因此,局部剖视图是一种比较灵活的表达方法,它既可以单独使用,也可以配合其他表达方法使用,但在一个视图中,其数量不宜过多,否则会使图形显得破碎。

局部剖视图要用波浪线与视图分界,但在画波浪线时,应注意:

(1)波浪线可以认为是断裂面痕迹的投影,因此波浪线不能超出图形轮廓线,不能画在机件的空洞部分,如图 7-14(b)所示。

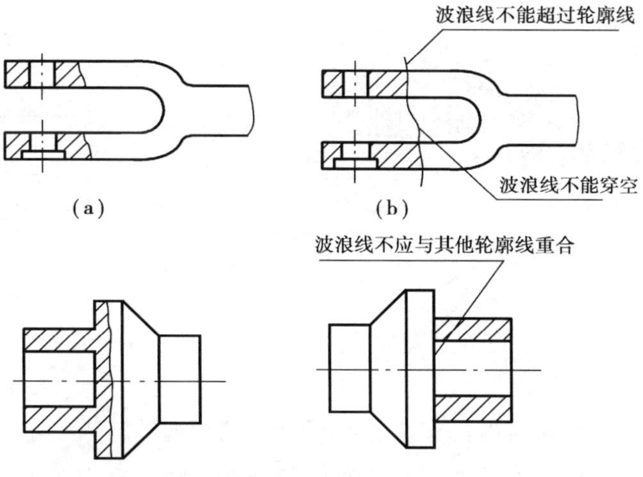

图 7-14 波浪线的画法
(a)正确;(b)错误;(c)正确;(d)错误

(2)波浪线不应与其他图线重合,如图 7-14(d)所示。

(3)当被剖切的结构为回转体时,允许该结构的中心线作为局部剖视与视图的分界线。

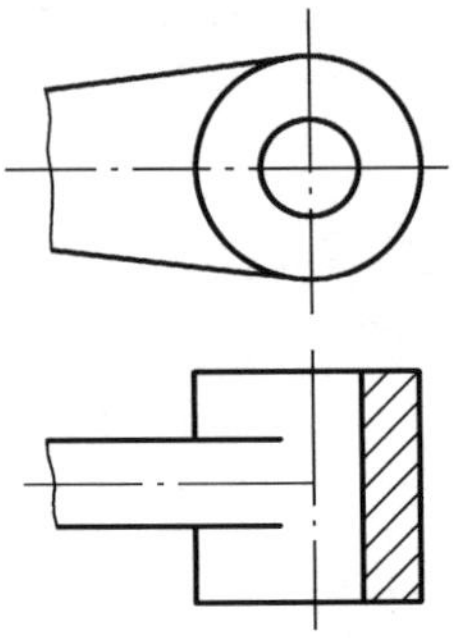

图 7-15　中心线作为局部剖视图与视图的分界线

四、剖切面及剖切方法的种类

按剖视图上剖切面的数量和相互位置关系划分,可分为:单一剖切面、几个平行的剖切平面、两相交的剖切平面,不平行于任何基本投影面的剖切平面、组合的剖切平面。由此相应地产生了单一剖、阶梯剖、旋转剖、斜剖、复合剖共五种剖的方法。不论采用哪一种剖切方法都可以得到全剖视图、半剖视图和局部剖视图。具体采用何种剖切方法,应根据机件的具体形状结构而定。

1. 单一剖

用单一剖切面(一般用平面、也可用柱面)剖开机件的方法称为单一剖。

前面所介绍的全剖视图、半剖视图、局部剖视图的例子,都是用单一剖切面剖开机件方法得到的。这种单一剖切的方法应用得最广泛。

2. 阶梯剖

用几个平行的剖切平面剖开机件的方法称为阶梯剖。

当机件的内部结构层次较多,而且这些结构的对称中心线或轴线相互平行而又不在同一平面上时,适当采用阶梯剖的方法。如图 7-16 所示,为了表达该机件左边的台阶孔和右边小孔,采用了两个相互平行的剖切平面作阶梯剖,然后画出 *A—A* 全剖视图。

用阶梯剖方法画剖视图时应注意:

(1)首先应确定剖切平面所处的剖切位置,并用所示粗短线及字母“ ×”表示,在剖视图的上方用同样的字母标出剖视图名称,如图 7-16 所示。

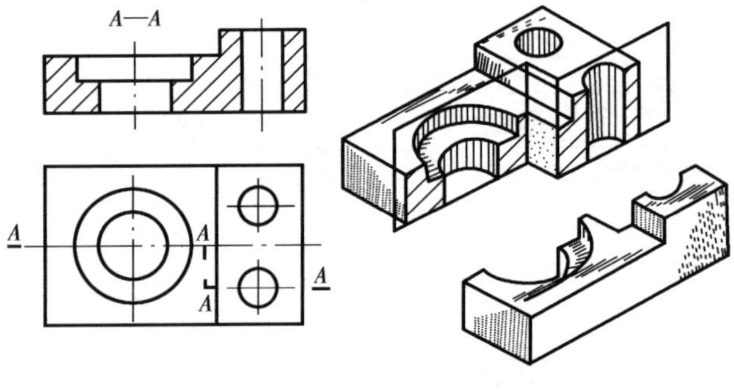

图 7-16　阶梯剖

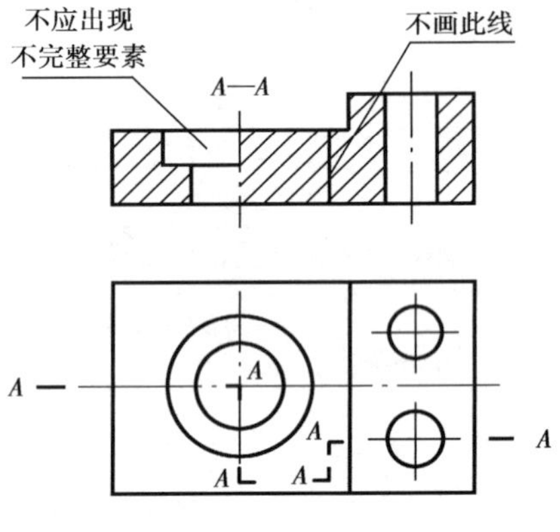

图 7-17　阶梯剖的错误画法

(2)不要画出剖切平面转折处的交线,如图 7-17,剖切面的转折处也不要与轮廓重合。

(3)剖视图内不应出现不完整的结构要素(见图 7-17);只有当两个结构要素在图形上具有公共的对称中心线或轴线时,才能以对称中心线或轴线为分界线各画一半,如图 7-18 所示。

3. 旋转剖

用两相交的剖切平面(交线垂直于某一基本投影面)剖切机件的方法称为旋转剖。常用于画具有公共轴线的盘盖类或摇臂类机件。

如图 7-19 所示，为了将圆盘上的孔、槽等的内部结构表示出来，采用了两相交的剖切平面剖切，并让其交线（正垂线）与回转轴重合，使两个剖切平面通过所要表达的孔、槽剖开机件，并将倾斜部分旋转到与选定的基本投影面平行后再投影，便得到 *A—A* 全剖视图。

用旋转剖的方法画剖视图时应注意：

（1）首先确定剖切平面所处的位置和回转中心，即在剖切平面的起止和中心转折处均应用粗短线画出剖切符号并标注字母"×"；在剖切平面起止处用箭头指明投影方向；在剖视图上方用相同字母注出剖视图的名称"×—×"。如图 7-18 是按投影关系配置，中间又没有其他图形隔开，在此情况下可以省略箭头；如果中心转折处地方太小，在不致引起误解的情况下，可以省略该处字母。

（2）在剖切后产生不完整要素时，应将该结构按不剖绘制，如图 7-20 中机件右侧中间的支臂。

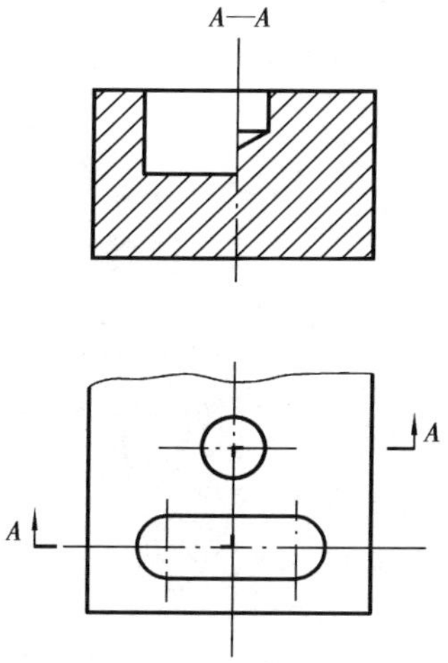

图 7-18　允许出现不完全要素阶梯剖的特例

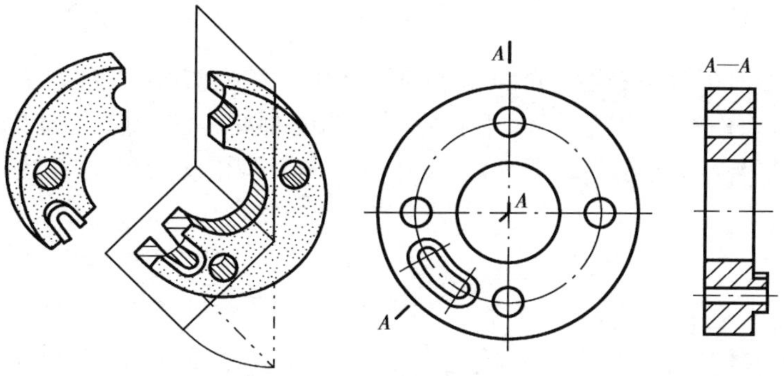

图 7-19　旋转剖

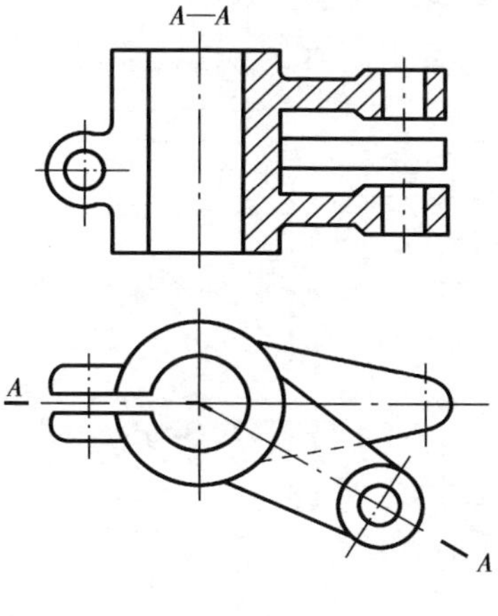

图 7-20　剖切后产生不完整要素时的画法

4. 斜剖

用不平行于任何基本投影面的剖切平面剖开机件的方法称为斜剖。斜剖适用于表达机件上倾斜结构的内部形状。

如图 7-21 所示，为了表达机件上部倾斜圆柱上的孔，开口槽的宽度及凸耳上的孔，采用了一个不平行于任何基本投影面的垂直于圆柱轴线的正垂面剖切，得到 *B—B* 斜剖视图。

用斜剖的方法画剖视图时应注意：

（1）必须标注剖切位置、投影方向和剖视图名称，如图 7-21，字母一律水平书写。

（2）剖视图的位置，如图 7-21 中"*B—B*"斜剖视图最好按箭头所指方向配置，并与基本图保持投影关系，也可以平移到其他适当位置。

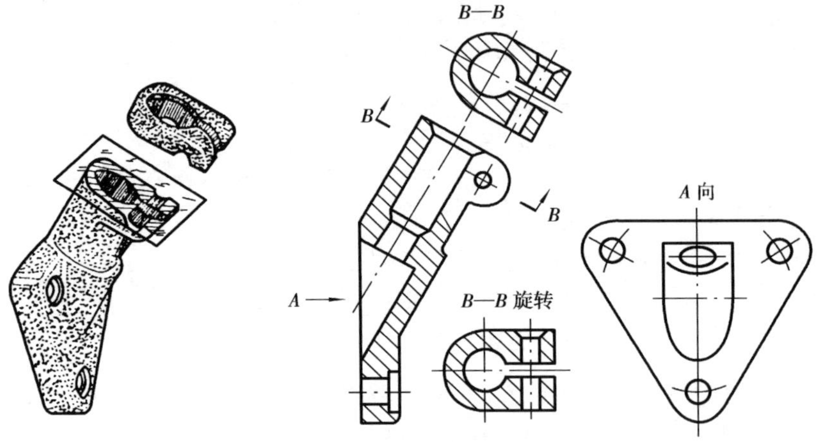

(a)　　　　　　(b)

图 7-21　斜剖

(3)在不致引起误解时,允许将图形旋转,但在剖视图上方应注明"×—×"旋转,见图 7-21。

5. 复合剖

除旋转剖、阶梯剖以外,用组合的剖切平面剖开机件的方法称为复合剖。

当机件的内部结构形状比较复杂,用前面所介绍的剖切方法如阶梯剖、旋转剖等都不能表达清楚时,就采用复合剖,如图 7-22 所示。图中 A—A 为采用复合剖的方法得到的全剖视图,其标注方法见该图。

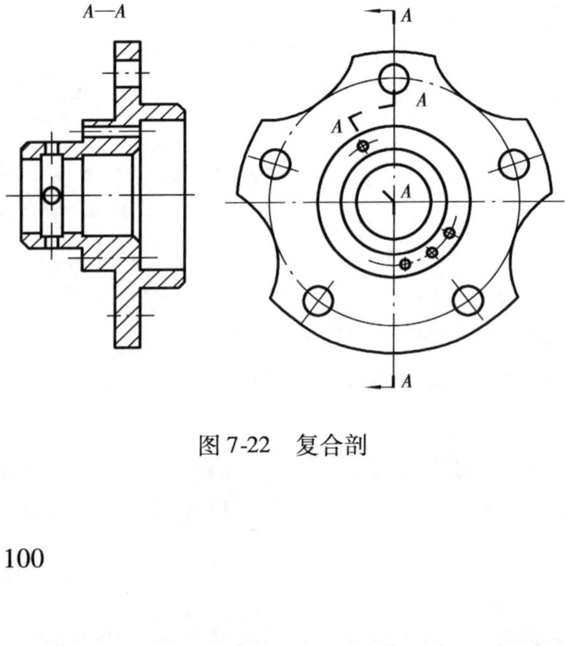

图 7-22　复合剖

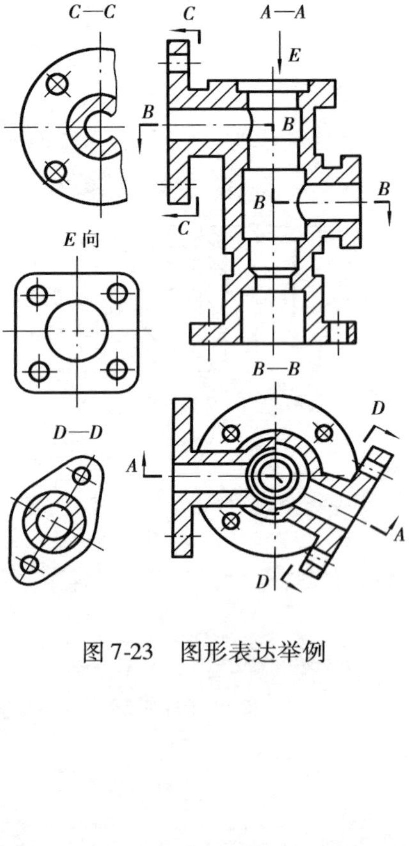

图 7-23　图形表达举例

五、应用举例

在实际应用中，应根据机件的结构特点，灵活选用恰当的图形表达方法，如图 7-23 所示。

该机件的结构较为复杂，采用了两个全剖视的基本视图，一个斜剖、一个局部剖视图和一个局部视图来表达它的内外形状。主视图采用了旋转剖后所得的 *A—A* 全剖视图，表达了内部形状；俯视图采用了阶梯剖后的 *B—B* 全剖视图，同时表达了内部和底板形状；采用单一剖得到 *C—C* 局部剖视图和采用斜剖得到 *D—D* 全剖视图，主要表达两块板的外形及内部形状；采用 *E* 向局部视图表达了顶面的方形板，这样把机件的各部分的形状都表达清楚了，从而就可得到这个机件的整体形状概念。

7-3 剖　面

一、基本概念

假想用剖切平面将机件的某处切断，仅画出断面的图形，这个图形称为剖面图，简称剖面，如图 7-24 所示。

剖面图常用于表达轴类零件上的孔、键槽等局部结构形状以及机件上的肋、轮辐、薄壁等结构的断面形状。

剖面图与剖视图的区别在于：剖面图仅画出断面的形状，见图 7-24(b)，而剖视图则是将断面连同它后面的可见部分投影全部画出，见图 7-24(c)。

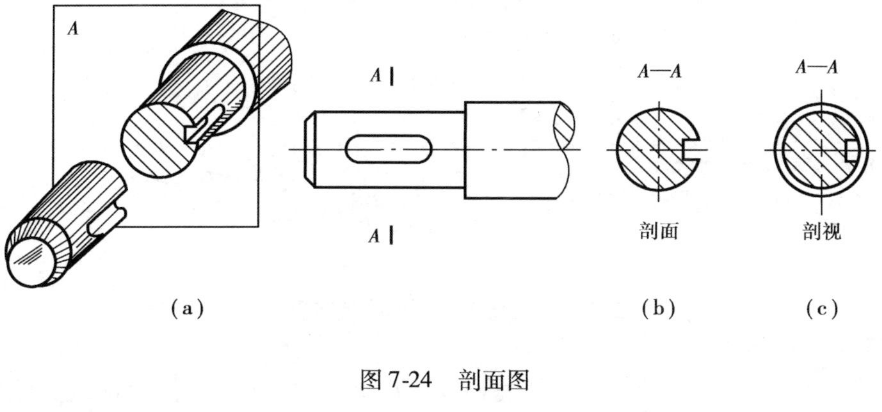

图 7-24　剖面图

二、剖面的种类

根据剖面在图上的不同位置，分为移出剖面和重合剖面两种。

1. 移出剖面

画在视图轮廓线之外的剖面称为移出剖面，见图 7-25。

(1) 移出剖面的画法

①移出剖面的轮廓线用粗实线绘制。

②移出剖面应尽量画在剖切符号或剖切平面迹线的延长线上，见图 7-25(a)。必要时可

将移出剖面配置在其他适当位置,见图 7-25(b)。

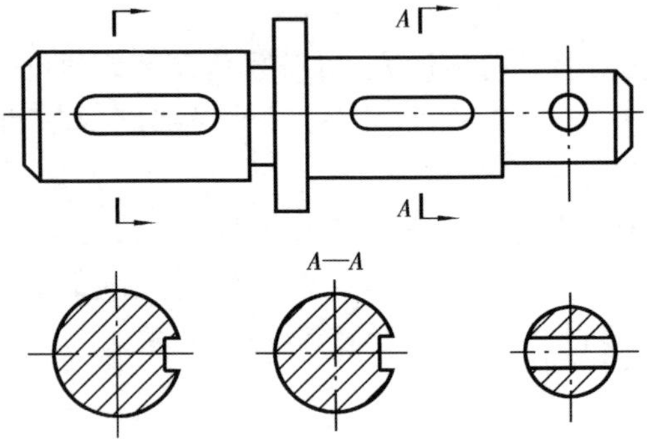

(a)　(b)　(c)

图 7-25　移出剖面

图 7-26　两个剖切平面剖切机件的移出剖面

③由两个或多个相交的剖切平面剖切得到的移出剖面,中间一般应断开,见图 7-26。其剖切平面应与被剖切部分的主要轮廓线垂直。

④当剖切平面通过回转面形成的孔或凹坑的轴线时,这些结构按剖视绘制,如图 7-25(c)和图 7-27(a)所示。

⑤当剖切平面通过非圆孔,会导致出现完全分离的两个剖面时,则这些结构应按剖视绘制,如图 7-27(b)所示,以避免在图形中出现不完整的要素。

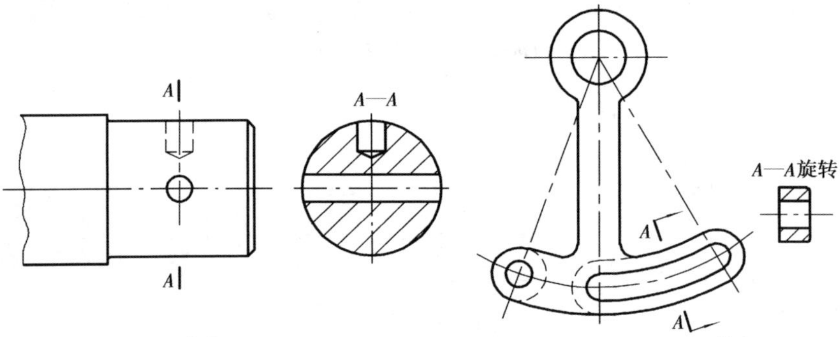

(a)　(b)

图 7-27　剖面图按剖视绘制的情况

(2)移出剖面的标注

移出剖面一般应标注剖切位置,投影方向和剖面名称,但在下述情况下,也可以省略某些标注:

①配置在剖切符号延长线上的不对称移出剖面,应画出剖切符号和箭头,但可省略字母,如图 7-25(a)所示。

②配置在剖切平面迹线延长线上的对称移出剖面,不必标注,如图 7-25(c)和图 7-26 所示。

③不配置在剖切符号延长线上的对称移出剖面,其剖面图不管配置何处,均可省略箭头,见图 7-27(a)。按投影关系配置的不对称移出剖面,可省略箭头,见图 7-24(b)。

2. 重合剖面

画在视图轮廓线之内的剖面称为重合剖面,如图 7-28 所示。

(1)重合剖面的画法

重合剖面的轮廓线用细实线绘制,当视图中的轮廓线与重合剖面的图形重叠时,视图的轮廓线不应间断,仍应连续画出,见图 7-28(a)。

(2)重合剖面的标注

对称的重合剖面不必标注,见图 7-28(b)。配置在剖切符号上的不对称重合剖面,应在剖切符号处画出箭头,但可不标注字母,见图 7-28(a)。

重合剖面用在不影响图形清晰的情况下,图形比较简单的机件,否则,就采用移出剖面。

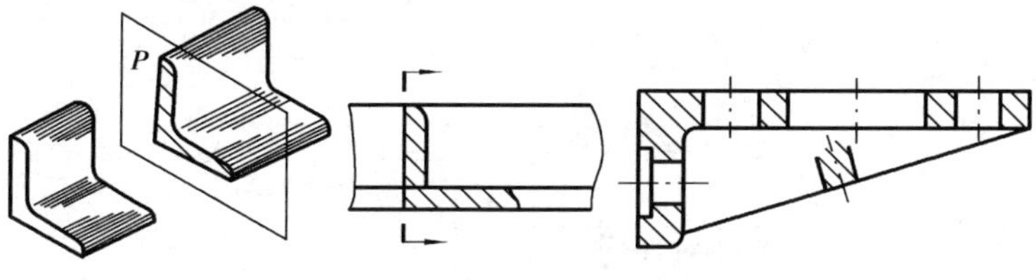

(a)　　　　(b)

图 7-28　重合剖面

7-4　其他表达方法

一、局部放大图

将机件的部分结构用大于原图所采用的比例画出的图形,称为局部放大图,如图 7-29 所示。

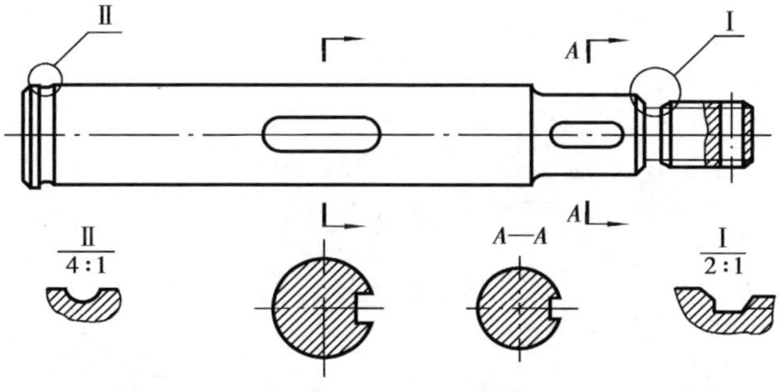

图 7-29　局部放大图

局部放大图可以画成视图、剖视、剖面,它与被放大部分的表达方式无关。

当机件上的某些细小结构在原图上表达不清楚或不便标注尺寸时,可以采用局部放大图。

画局部放大图时,在原图上要把所要放大部分的图形用细实线圈出,当同一机件上有几个放大部分时,必须用罗马数字依次注明,并在局部放大图的上方标注出相应的罗马数字和所采用的比例。

局部放大图应尽量配置在被放大部位附近。

局部放大图所采用的比例,仍为图样中机件要素的线性尺寸与机件相应要素的线性尺寸之比。

二、简化画法

为了方便制图，现将国家标准《机械制图》中规定的一些常见的几种简化画法介绍如下：

1. 对于机件上的肋板、轮辐及薄壁等，当剖切平面通过这些结构的纵向对称面时，它的断面不画剖面，而用粗实线将它与相邻部分分开。当垂直于纵向剖切时，其断面必须画上剖面线，如图 7-30 所示。

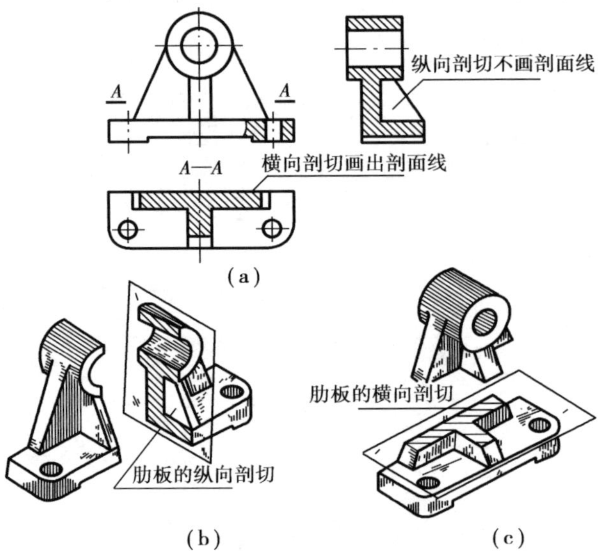

图 7-30　剖切平面通过肋时的规定画法

2. 当回转体上零件均匀分布的肋、轮辐、孔等结构不处于剖切平面上时，可将这些结构旋转到剖切平面上画出，见图 7-31。

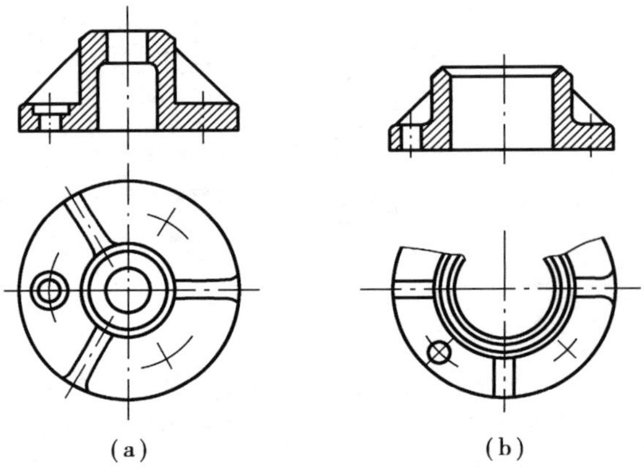

图 7-31　肋板与孔的画法

3. 较长的机件如轴、杆、型材、连杆等沿长度方向的形状一致或按一定规律变化时，可断开后缩短绘制，见图 7-32，但仍应按实际的长度标注尺寸。

4. 在不致引起误解时，对称机件的视图可只画一半或四分之一，并在对称中心的两端画两条与其垂直的平行细实线，如图 7-33 所示。

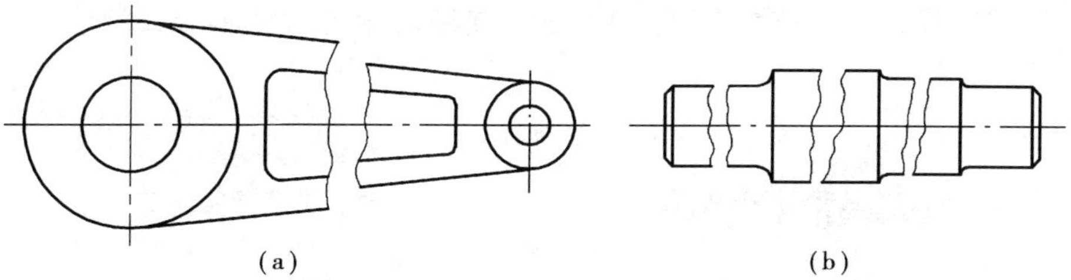

图 7-32 较长机件断开缩短画法

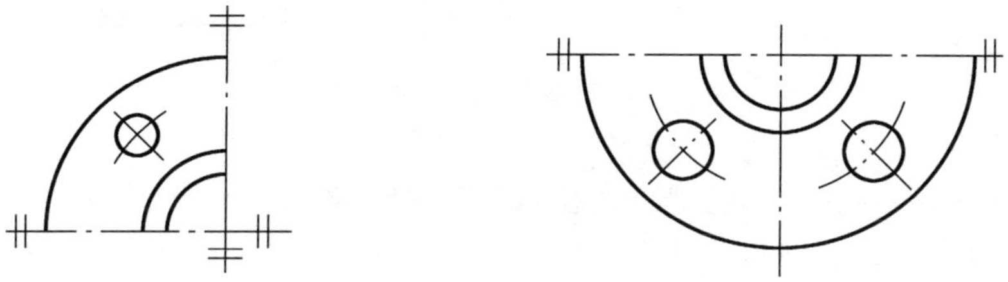

图 7-33 对称机件的省略画法

5. 其他简化画法，如图 7-34 所示。

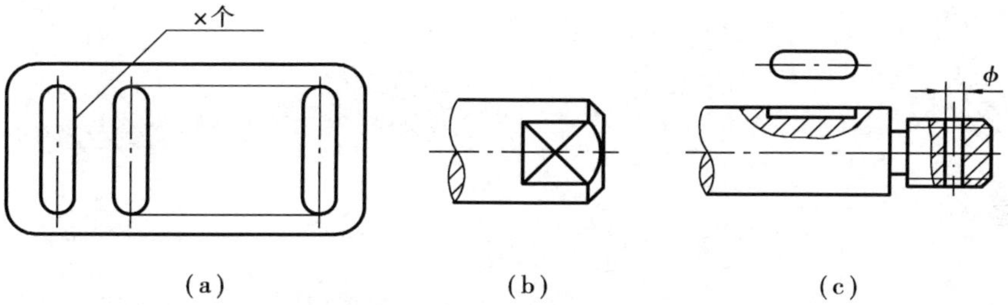

图 7-34 其他简化画法

(a)相同结构的简化画法；(b)用相交的两条细实线表示平面的画法；

(c)对称结构的局部视图及较小结构的简化画法

7-5 标准件与常用件

在各种机器，仪器设备及房屋设备的安装中，经常大量地使用到各种标准件和常用件，所谓标准件就是在结构、尺寸方面均已标准化的零件，如螺钉、螺栓、螺柱、螺母、垫圈、销、键、滚动轴承等；所谓常用件就是部分重要参数已系列化的零件，如齿轮、弹簧等。本章将简要介绍这些零件的有关术语，结构要素和规定画法。

一、螺纹

螺纹是指在圆柱（锥）表面上，沿着螺旋线所形成的，具有规定牙型的连续凸起。凸起是指螺纹两侧面间的实体部分，简称牙。

在圆柱(锥)外表面上所形成的螺纹称为外螺纹;在圆柱(锥)内表面上所形成的螺纹称为内螺纹,如图7-35所示。内、外螺纹相互旋合成对使用,可用于紧固连接或管路连接、传递运动和动力等。

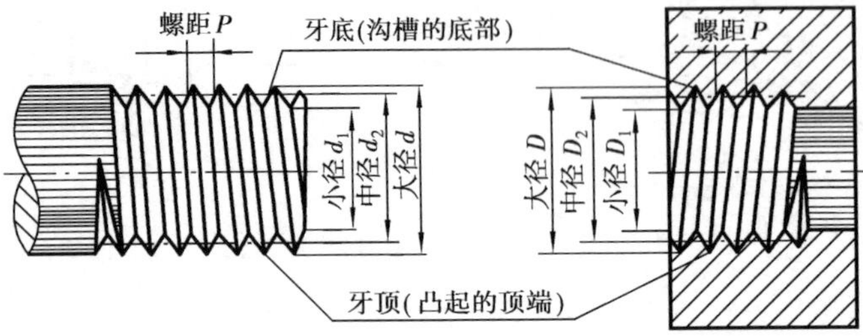

图7-35　外螺纹和内螺纹及要素

1. 螺纹的要素

螺纹的结构和尺寸是由牙型、螺纹直径、螺纹线数、螺距和导程、旋向等要素确定的。当内、外螺纹相互旋合时,其要素必须相同。

(1)螺纹牙型

在通过螺纹轴线的剖面上,螺纹的轮廓形状称为牙型。常见的牙型有三角形、梯形、锯齿形等。常用的标准螺纹牙型如图7-36所示,不同的牙型有不同的用途。

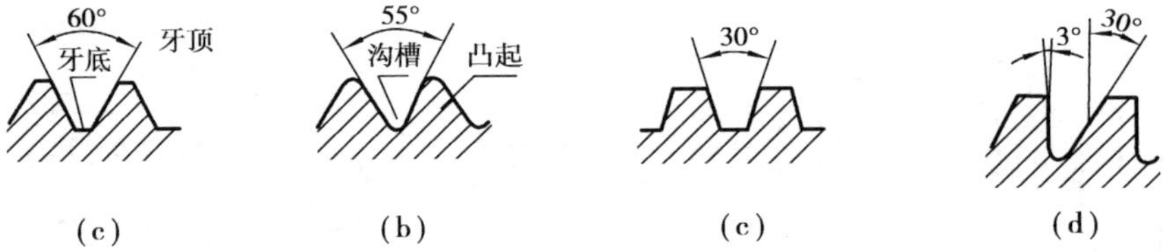

图7-36　螺纹牙型

(a)普通螺纹(M);(b)管螺纹(R_c)(R_p)(R)(G);(c)梯形螺纹(T_V);(d)锯齿形螺纹(S)

(2)螺纹直径(见图7-35)

螺纹直径有大径、小径、中径之分。

①大径是指与外螺纹牙顶或内螺纹牙底相切的假想圆柱(锥)的直径,即螺纹的最大直径,也称公称直径。外螺纹的大径用"d"表示,内螺纹的大径用"D"表示。

②小径是指与外螺纹牙底或内螺纹牙顶相切的假想圆柱(锥)的直径,分别用"d_1"(外螺纹)和"D_1"(内螺纹)表示。

③中径是指一个假想圆柱(锥)的直径,该圆柱(锥)的母线通过牙型上的沟槽和凸起宽度相等的地方的一个假想圆柱(锥)直径,分别用 d_2 和 D_2 表示外、内中径。

④顶径和底径　外螺纹的大径或内螺纹的小径又称顶径;外螺纹的小径和内螺纹的大径又称底径。

(3)螺纹线数

螺纹有单线与多线之分。沿一条螺旋线所形成的螺纹,称为单线螺纹;沿两条或两条以上的螺旋线所形成的螺纹,且该螺纹线在轴向等距分布,称为多线螺纹,见图7-37。

(4)螺距和导程

螺距是指相邻两牙在中径线上对应两点间的轴向距离,用 P 表示。

导程是指同一条螺旋线上相邻两牙在中径线上对应两点间的轴向距离,用"L"表示。螺距和导程两者的关系是:$L = n \cdot P$,显然,对于单线螺纹,导程(L) = 螺距(P)。

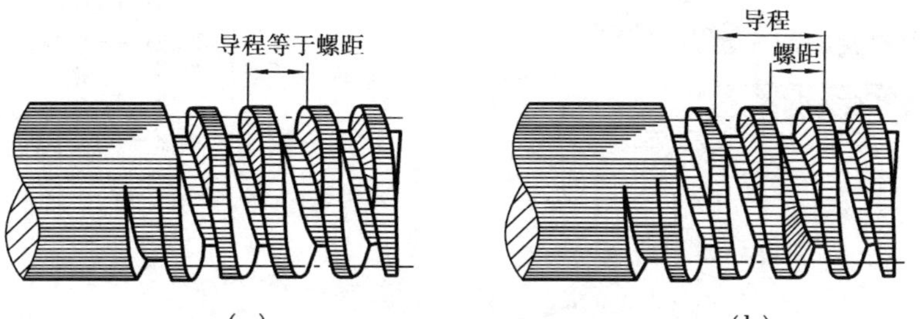

(a)　(b)

图 7-37　单线螺纹和双线螺纹

(a)单线螺纹;(b)双线螺纹

(5)旋向

螺纹有右旋和左旋之分,顺时针旋转时旋入的螺纹称为右旋螺纹;逆时针旋转时,旋入的螺纹称为左旋螺纹。工程上常用的螺纹为右旋螺纹。

2. 螺纹的规定画法

国家标准《机械制图》GB/T 4459.1—1995 规定了螺纹和螺纹紧固件的画法。

(1)外螺纹的画法

①螺纹牙顶用粗实线表示。

②螺纹牙底用细实线表示,在螺杆的倒角或倒圆内部分也应画出;在投影为圆的视图上,表示牙底的细实线圆只画约 3/4 圈,此时,轴上的倒角省略不画,见图 7-38(a)。

③有效螺纹的终止界线(简称终止线)用粗实线表示。外螺纹画成剖视图时,终止线只画一小段粗实线到牙底处,剖面线应画到粗实线,如图 7-38(b)所示。

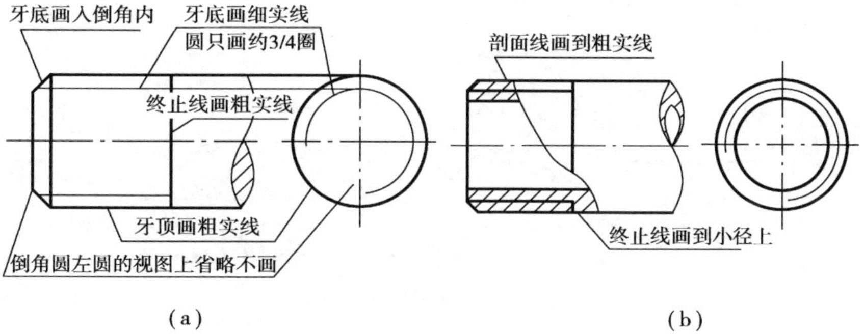

(a)　(b)

图 7-38　外螺纹的画法

(a)视图的画法;(b)剖视图的画法

(2)内螺纹的画法

①在剖视图中,螺纹牙顶画成粗实线;螺纹牙底画成细实线,在投影为圆的视图上,表示牙底的细实线圆(或虚线圆)只画约 3/4 圈,倒角圆也省略不画,剖面线应画到粗实线处,如图 7-39所示。

②绘制不穿通的螺纹孔时,一般应将钻孔深度与螺纹部分的深度分别绘出,钻孔深度应比螺纹孔深度大 $0.2d \sim 0.5d$,钻孔底部以下的圆锥孔的锥孔角应画成 120°,见图 7-39(b)。

③在不可见的螺纹中，所有图线均用虚线绘出，如图 7-40 所示。

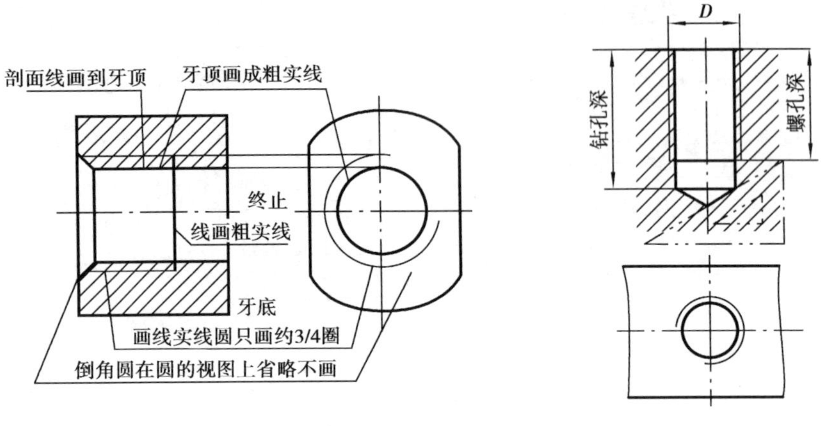

(a)　　(b)

图 7-39　内螺纹的画法

(a)穿通螺纹孔的画法；(b)不穿通螺纹孔的画法

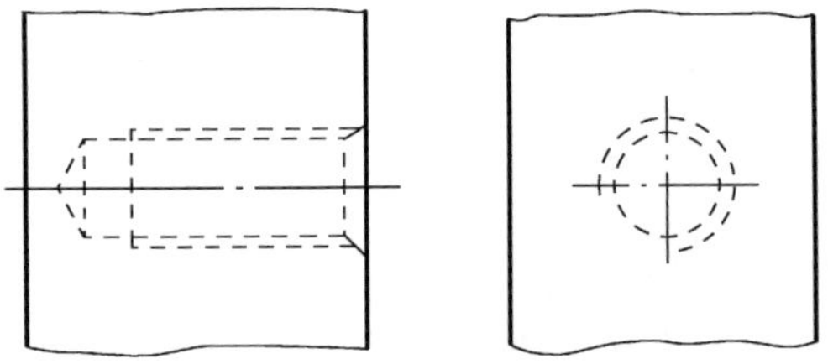

图 7-40　不可见螺纹的画法

(3)内、外螺纹连接的画法

以剖视图表示内外螺纹连接时，其旋合部分应按外螺纹的画法绘制，其余部分仍按各自的画法表示，如图 7-41 所示。

值得指出的是，画图时一定要使内、外螺纹的大小径对齐，内螺纹的小径与螺杆上的倒角大小无关。

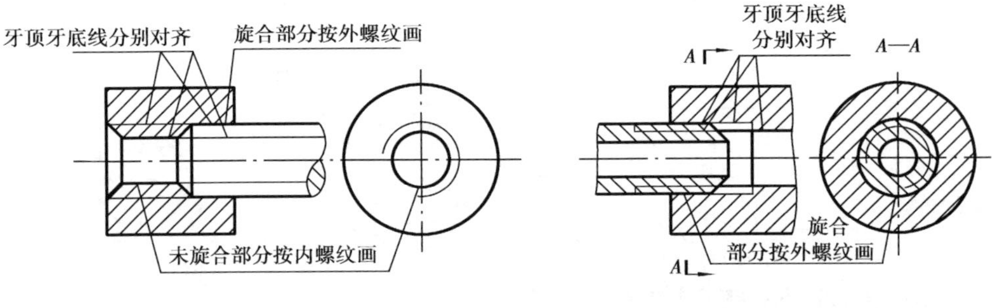

图 7-41　内、外螺纹连接的画法

3. 螺纹的代号

螺纹采用规定画法后，由于各种螺纹的画法都是相同的，因此国家标准规定在图上要注出相应的螺纹代号或标记，以区别不同种类的螺纹。现分别将常用的螺纹代号简介如下：

(1)普通螺纹

普通螺纹分为粗牙和细牙两种，粗牙普通螺纹的代号，用“M”及“公称直径”表示；细牙普通螺纹的代号用“M”及“公称直径 × 螺距”表示。当螺纹为左旋时，在尺寸规格之后，加注符号“LH”，右旋省略标注。

例如，“M24”表示公称直径为 24 mm，右旋粗牙普通螺纹；“M24 × 1.5LH”表示公称直径为 24 mm，螺距为 1.5 mm，左旋细牙普通螺纹。

(2)管螺纹

工程中常用的管螺纹是:《用螺纹密封的管螺纹》(GB 7306—87)和《非螺纹密封的管螺纹》(GB 7307—87),它们的螺纹牙型角为55°。现分述如下:

①用螺纹密封的管螺纹,包括圆锥内螺纹与圆锥外螺纹、圆柱内螺纹与圆锥外螺纹两种连接形式。它们的规定标记由螺纹特征代号和尺寸代号组成。

螺纹特征代号:

Rc——表示圆锥内螺纹;R_p——表示圆柱内螺纹;R——表示圆锥外螺纹。

螺纹尺寸代号有:1/16、3/4、$1\frac{1}{2}$、……,它只是一种代号,不表示螺纹的大径,而螺纹的大、小径数值,由查表得知。$1\frac{1}{2}$螺纹的标记示例如下:

圆锥内螺纹 $Rc1\frac{1}{2}$、圆柱内螺纹 $R_p1\frac{1}{2}$、圆锥外螺纹 $R\,1\frac{1}{2}$。

左旋圆锥内螺纹 $Rc\,1\frac{1}{2}-\mathrm{LH}$。

圆锥内螺纹与圆锥外螺纹旋合在一起 $Rc\,1\frac{1}{2}/R\,1\frac{1}{2}$。

圆柱内螺纹与圆锥外螺纹旋合在一起 $R_p\,1\frac{1}{2}/R\,1\frac{1}{2}$。

②非螺纹密封管螺纹的标记由螺纹的特征代号,尺寸代号和公差等级代号组成。螺纹特征代号用字母"G"表示,尺寸代号同前,公差等级代号;对外螺纹分 A、B 两级标记,对内螺纹则不用标记。$1\frac{1}{2}$螺纹标记如下:

内螺纹 $\mathrm{G}\,1\frac{1}{2}$。

A 级外螺纹 $\mathrm{G}\,1\frac{1}{2}A$、$B$ 级外螺纹 $\mathrm{G}\,1\frac{1}{2}B$。

左旋 A 级外螺纹 $\mathrm{G}\,1\frac{1}{2}A$—LH。

内外螺纹旋合在一起 $\mathrm{G}\,1\frac{1}{2}/\mathrm{G}\,1\frac{1}{2}B$。

(3)梯形螺纹

梯形螺纹的代号用"T_V"及"尺寸规格"表示,当螺纹为左旋时,需在尺寸规格之后加注"LH"。单线螺纹尺寸规格用"公称直径×螺距"表示;多线螺纹尺寸规格用"公称直径×导程(P 螺距)"表示。

例如,"$T_V\,40\times7$"表示公称直径为40 mm,螺距为7 mm的单线右旋梯形螺纹;"$T_V40\times14$($P7$)LH"表示公称直径为40 mm、导程为14 mm、螺距为7 mm的双线左旋梯形螺纹。

二、螺纹紧固件

螺纹紧固件就是依靠一对内、外螺纹的连接作用来连接和紧固一些零部件。常用螺纹紧固件包括螺栓、螺柱、螺钉、螺母、垫圈等。它们由专门的工厂生产,在一般情况下,都不需要单独画零件图，只需按规定进行标记，根据标记从相应的国家标准中查到它们的结构型式和尺寸数据。表7-2为几种常用的螺纹紧固件的简图和标注示例。

表7-2　常用紧固件的简图和标记

名称及视图	规定标记示例	名称及视图	规定标记示例
开槽圆柱头螺钉 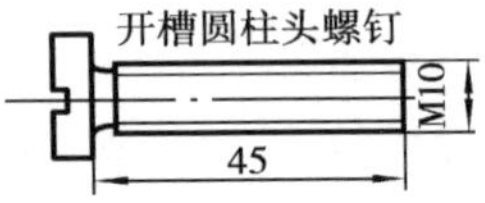	螺钉 GB 65—85 —M10×45	螺柱 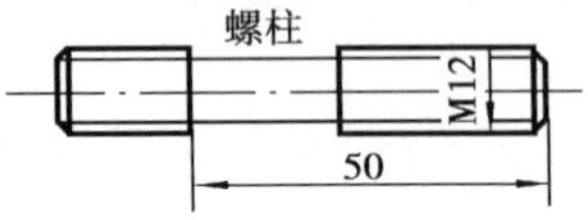	螺柱 GB 899—88 —M12×50
内六角圆柱头螺钉 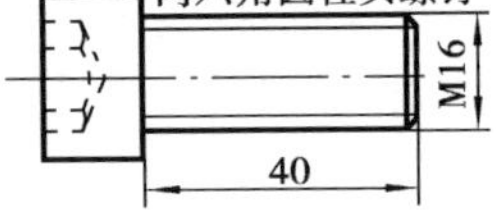	螺钉 GB 70—85 —M16×40-12.9	1型六角螺母 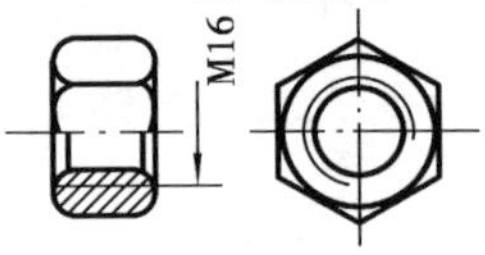	螺母 GB 6170—86 —M16
十字槽沉头螺钉 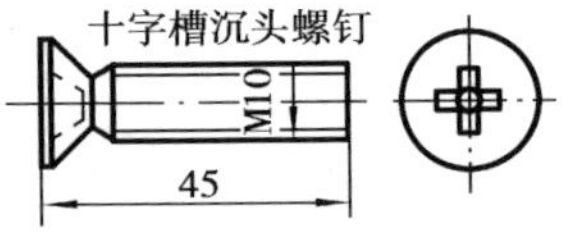	螺钉 GB 819—85 —M10×45	1型六角开槽螺母 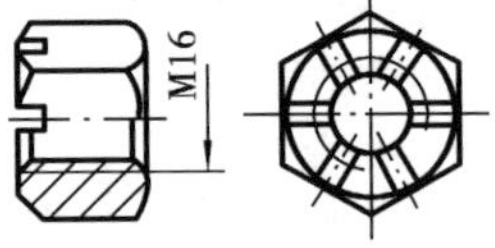	螺母 GB 6178—86 —M16
开槽锥端紧定螺钉 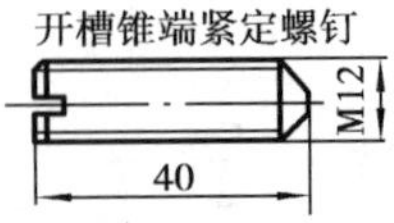	螺钉 GB 71—85 —M12×40	平垫圈 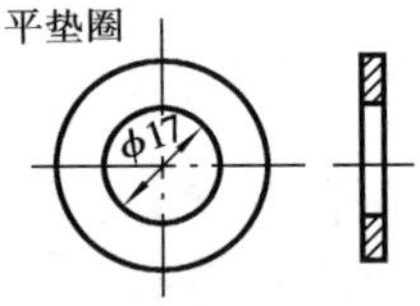	垫圈 GB 97.1—85-16 —140HV
六扁头螺栓 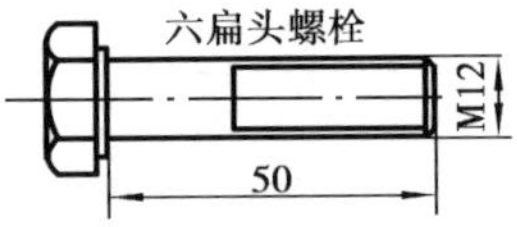	螺栓 GB 5782—86 —M12×50	弹簧垫圈 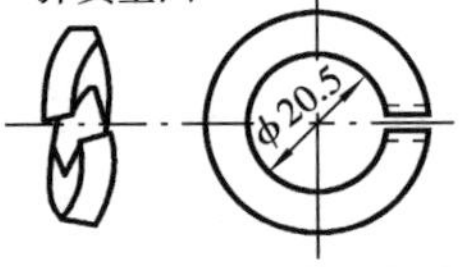	垫圈 GB 93—87—20

螺纹紧固件的基本连接形式有螺栓连接，双头螺柱连接和螺钉连接三种，如图7-42所示。它们的连接装配图的画法分别介绍如下：

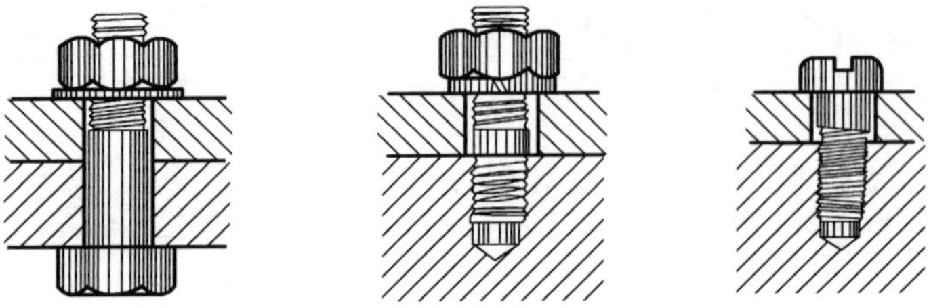

图7-42　螺纹紧固件的连接形式

(a)螺栓连接；(b)螺柱连接；(c)螺钉连接

1. 螺栓连接

螺栓用来连接不太厚，并能钻成通孔的零件。连接前，先在被连接的零件上钻出比螺栓直径稍大的通孔（孔径≈1.1d）。装配时，使螺栓穿过通孔，并在螺栓的端部套上垫圈，再用螺栓拧紧。

图 7-43 表示了螺栓连接的简化画法。绘图时,应遵守如下三条基本规定:

①当剖切平面通过螺栓、螺母、垫圈等标准件的基本轴线时,其标准件应按未剖切绘制即只画出外形。

②在剖视图中,两相邻零件的剖面线倾斜方向应当相反或方向相同间距不同。但同一零件在各个剖视图中,其剖面线的倾斜和间距应当相同。

③两个零件的接触面应画成一条线,不接触表面则要画出各自的轮廓线。

画螺栓连接图的已知条件是螺栓、螺母、垫圈的规定标记、被连接件的厚度等。画图时所需的螺栓、螺母、垫圈的尺寸大小按 d 从有关标准中查出。而螺栓的长度 L 应通过计算后选定。由图 7-43 可知:

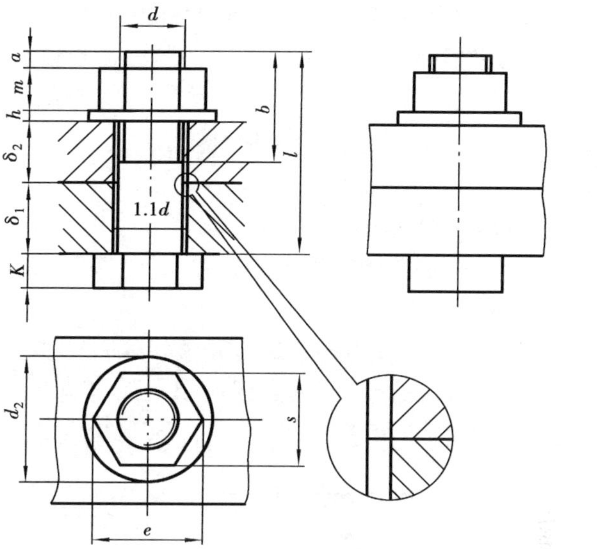

图 7-43　螺栓连接的简化画法

螺栓长度 $L \geqslant \delta_1 + \delta_2 + h + m + a$

式中　δ_1、δ_2——被连接件的厚度;

h——垫圈的厚度(查表);

m——螺母的厚度(查表);

a——螺栓伸出螺母的长度,一般取$(0.2 \sim 0.3)d$。

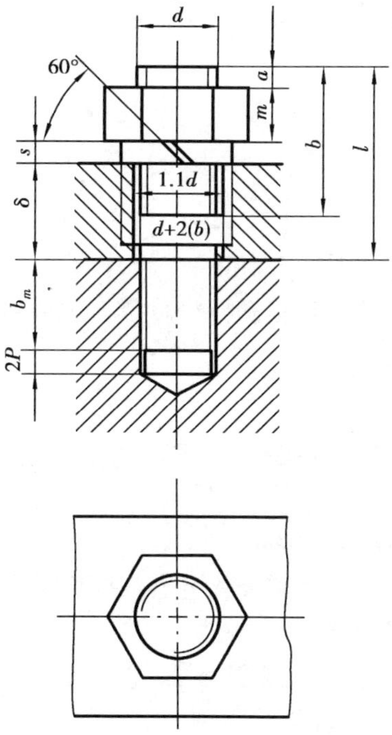

图 7-44　螺柱连接的简化画法

注意:按上式计算出的螺栓长度,还需从螺栓的标准长度系列中选取与 L 相近的标准值。

2. 双头螺柱连接

当两个被连接的零件中,有一个较厚或不适宜用螺栓连接时,常采用螺柱连接,见图 7-42(b)。双头螺柱的两端都有螺纹,螺纹较短的一端(b_m)称为旋入端,用来旋入较厚的被连接件的螺孔中;螺纹较长的一端称为紧固端,该端穿过另一被连接件的通孔(孔径 = 1.1d)后,套上垫圈,再用螺母拧紧。

双头螺柱连接的简化画法如图 7-43 所示。画图时应注意以下几点:

①双头螺栓的旋入端长度 b_m 有四种,它与被旋入零件的材料有关,根据不同的材料,选用如下:

钢、青铜、硬铝　$b_m = 1d$　GB 897—88;

铸铁　$b_m = 1.25d$　GB 898—88;

或 $b_m = 1.5d$　GB 899—88。

铝或其他较软的材料　$b_m = 2d$　GB 900—88

②双头螺柱的规格尺寸是螺纹大径 d 和紧固端长度

l,其他尺寸可按规定标记的相应的标准中查找。

③从图 7-44 中可知,双头螺柱紧固端长度 l 为:

$$l = \delta + s + m + a$$

式中 δ——被连接穿通孔零件厚度;

s——垫圈厚度;

m——螺母厚度;

a——螺柱伸出螺母的长度,$a = (0.2 \sim 0.3)d$。

3. 螺钉连接

螺钉按用途分为连接螺钉和紧定螺钉两类。连接螺钉用于连接不经常拆卸,并用受力不大的零件之间的连接。紧定螺钉用来固定两个零件的相对位置,使它们不产生相对运动。它们的画法如图 7-45 所示。

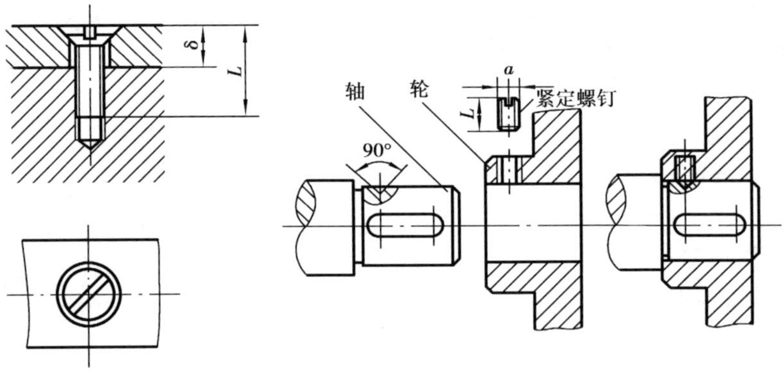

(a) (b)

图 7-45 螺钉连接的画法

(a)连接螺钉;(b)紧定螺钉

三、键

1. 键的种类和标记

键常用来连接轴与装在轴上的转动零件(如齿轮、带轮等),使它们和轴一起转动,以传递力和运动。常用的键有普通平键、半圆键和钩头楔键三种,它们的简图和标记如表 7-3 所示。

2. 键槽和键联结的画法

表 7-3 常用键的简图和标记举例

名称及标准编号	简 图	标记及其说明
普通平键 GB 1096—79	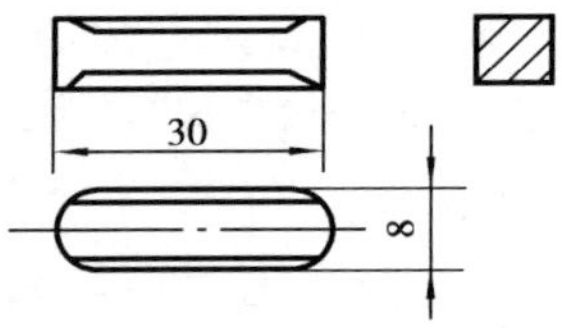	键 8 × 30 GB 1096—79 [表示圆头普通平键(A 键),其宽度 b = 8 mm,长度 L = 30 mm]

续表

名称及标准编号	简　图	标记及其说明
半圆键 GB 1099—79	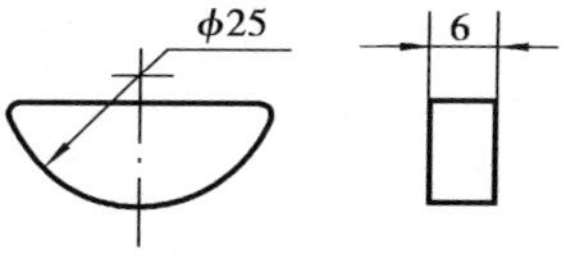	键　6×25　GB 1099—79 ［表示半圆键，其宽度 $b=6$ mm，直径 $d=25$ mm］
钩头楔键 GB 1565—79	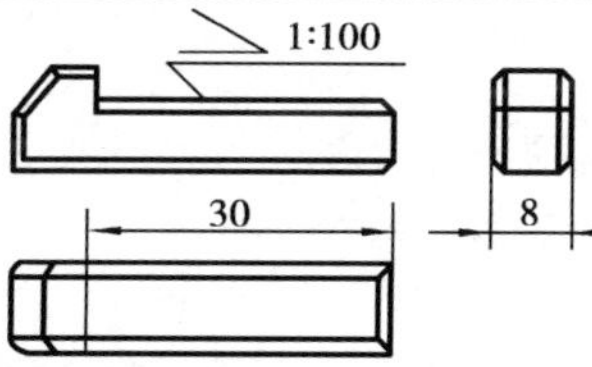	键　8×30　GB 1565—79 ［表示钩头楔键，其宽度 $b=8$ mm，长度 $L=30$ mm］

图 7-46 所示显示了普通平键的加工和装配情况，首先在轴和轮孔上加工出键槽，然后将键嵌入槽内，即可实现轴和轮子一起转动了。

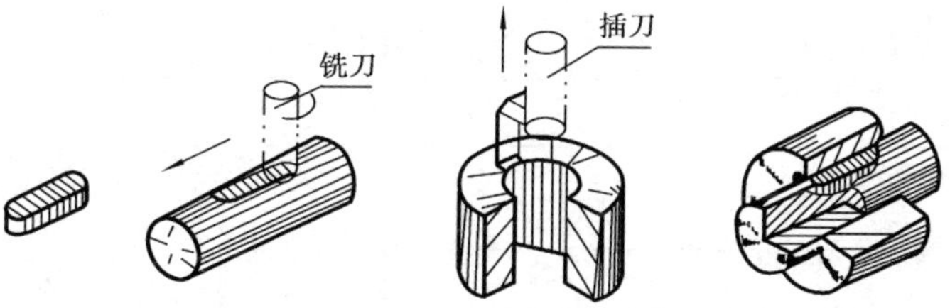

(a)　(b)　(c)　(d)

图 7-46　普通平键的联结

(a)键;(b)在轴上加工键槽;(c)在轮毂上加工键槽;(d)键与轴同时装入轴孔

在画键槽和键联结时，首先要知道轴的直径和键的型式，然后根据轴的直径查有关标准，确定键的公称尺寸——键宽 b 和键高 h，轴和轮上的键槽尺寸以及选定键的标准长度。

键槽的画法如图 7-47 所示，键连接的画法如图 7-48 所示。

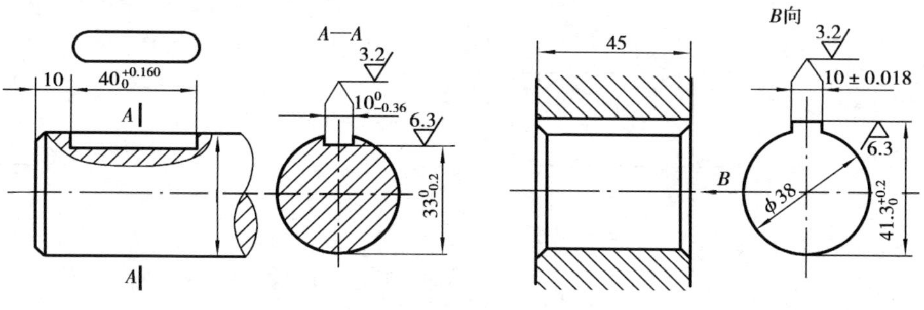

(a)　(b)

图 7-47　键槽的画法

(a)轴槽的画法;(b)毂槽的画法

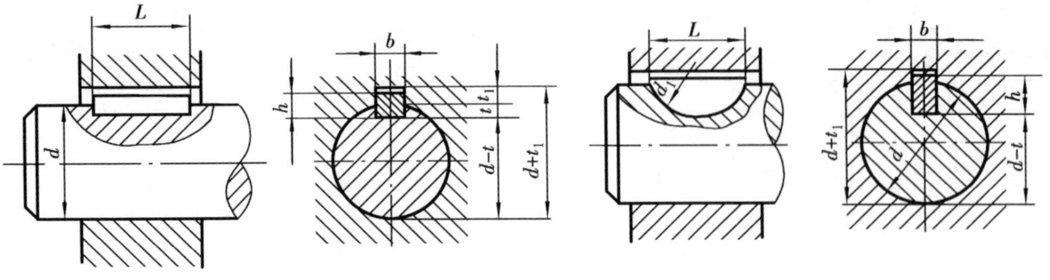

(a)　　　　　　　　　　(b)

图 7-48　键连接的画法

(a)平键连接的画法;(b)半圆键连接的画法

四、销

1. 销的种类和标记

销通常用于零件间的定位和连接。常用的有圆柱销、圆锥销和开口销等。表 7-4 示出了三种销的简图和标记。

表 7-4　销的简图和标记举例

名称及标准编号	简　图	标记及其说明
圆柱销 GB 119—86	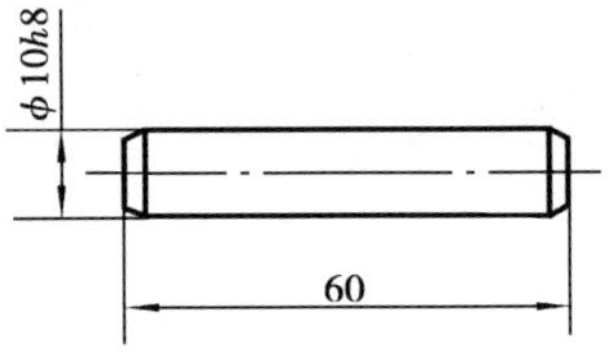	销　GB 119—86　B10 × 60 (表示 B 型圆柱销,其公称直径 d = 10 mm,长度 l = 60 mm)
圆锥销 GB 117—86	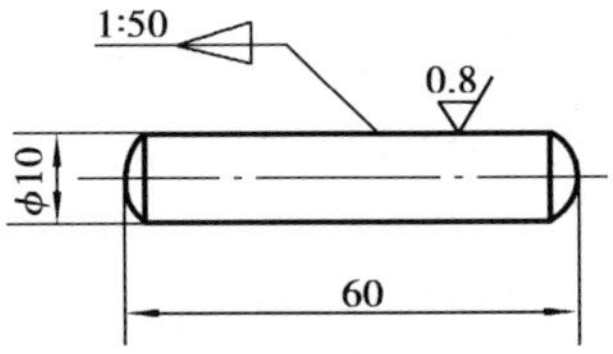	销　GB 117—86　A10 × 60 (表示 A 型圆锥销,其公称直径 d = 10 mm,长度 l = 60 mm)
开口销 GB 91—86	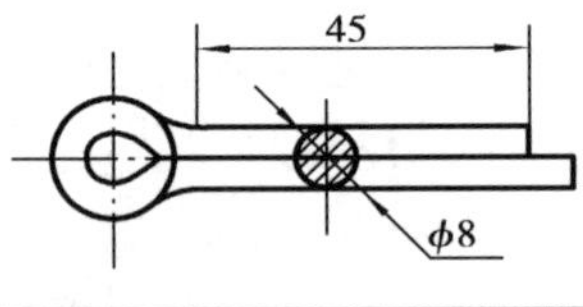	销　GB 91—86　8 × 45 (表示开口销,其公称直径 d = 8 mm,长度 l = 45 mm)

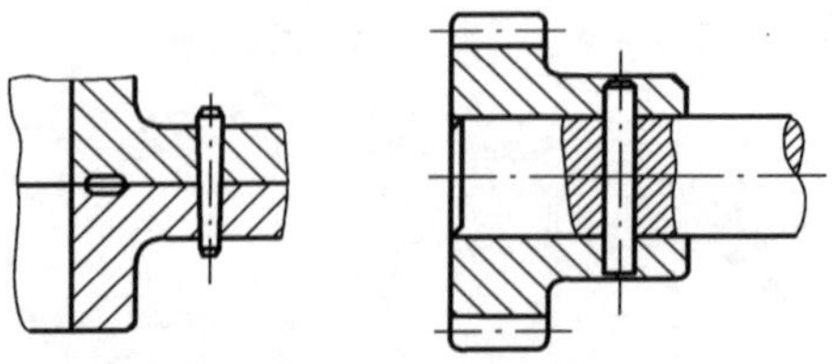

(a)　　　　(b)

图 7-49　销连接的画法

2. 销连接的画法

销连接的画法如图 7-49 所示。

五、滚动轴承

滚动轴承是一种支承旋转轴,并承受轴上载荷的组件。它具有摩擦力小、结构紧凑等优点,在机器中已得到广泛的应用。滚动轴承一般由外圈、内圈、滚动体和保持架所组成，如表 7-5 中的轴测图所示。滚动轴承根据受力情况不同，可分为：向心轴承——主要承受径向力；推力轴承——主要承受轴向力；向心推力轴承——同时承受径向力和轴向力。

1. 滚动轴承的代号

滚动轴承的代号由七位数字组成，各位数字的含义如下：

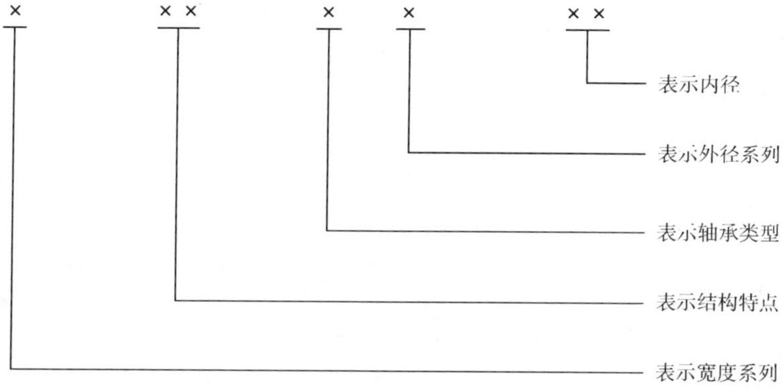

每位数字的具体内容请查阅有关书籍。

2. 滚动轴承的画法

滚动轴承是由专门工厂生产的标准件，所以一般不画单个轴承图样。在装配图中，可采用简化画法和示意画法。画图时所需尺寸根据轴径及轴承代号，查阅国家标准获得，表 7-5 列出了常见的几种滚动轴承在装配图中的简化画法和示意画法，供参考。

六、齿轮

齿轮是应用于机器中的传动零件，它的主要作用是传递动力，改变转速和旋转方向。常见的齿轮类型有三种，如图 7-50 所示。

(a)　(b)　(c)

图 7-50　齿轮的类型

(a)圆柱齿轮；(b)圆锥齿轮；(c)蜗杆蜗轮

圆柱齿轮——用于平行轴之间的传动；

圆锥齿轮——用于两相交轴之间的传动；

蜗轮与蜗杆——用于交叉两轴之间的传动。

齿轮上的齿称为轮齿，当圆柱齿轮的轮齿方向与圆柱的素线方向一致时，称为直齿圆柱齿轮，下面主要介绍直齿圆柱齿轮。

表 7-5　常见滚动轴承的画法

类型名称结构型式及代号	简化画法示例	示意画法示例	应用
单列向心球轴承 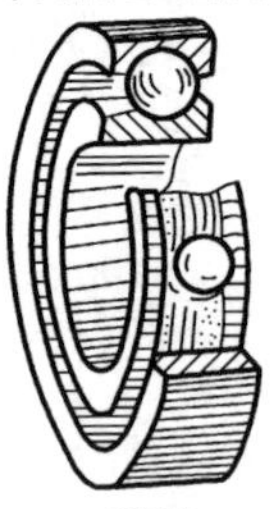 0000	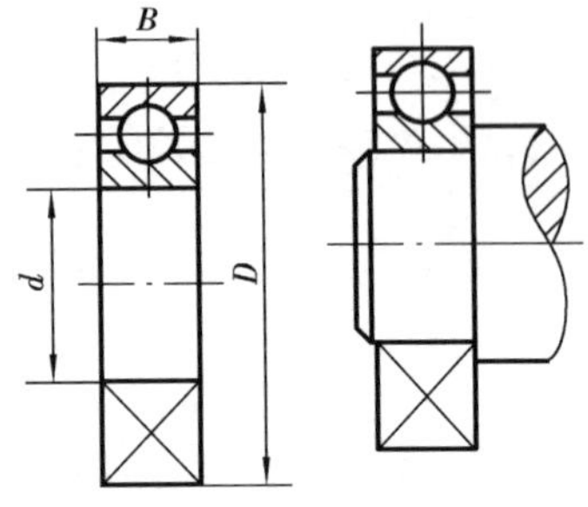	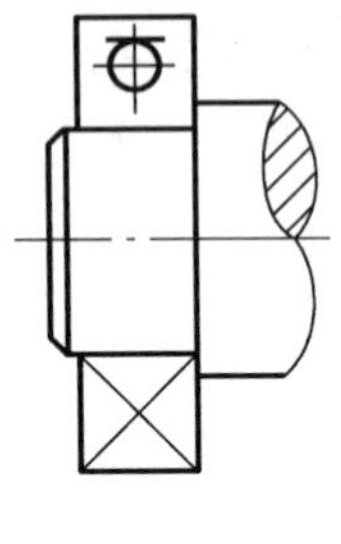	主要承受径向负荷
单列圆锥滚子轴承 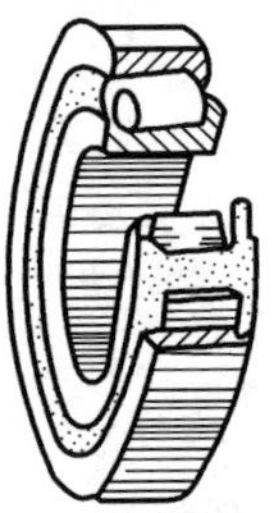 7000	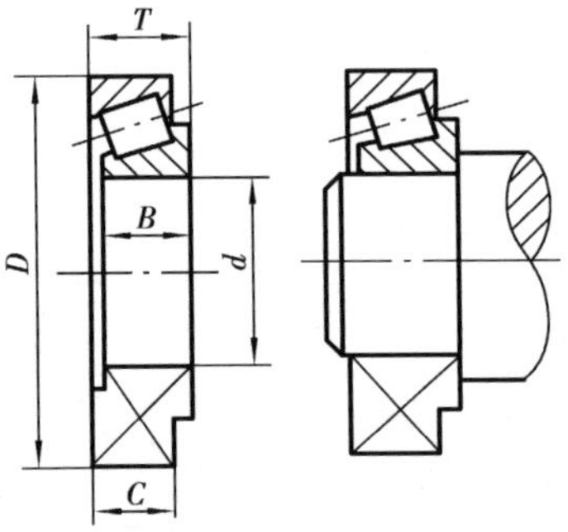	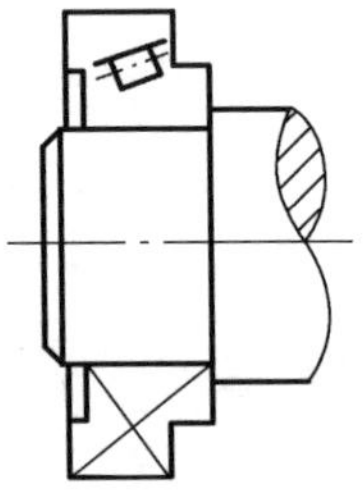	同时承受径向和轴向的负荷
单向推力球轴承 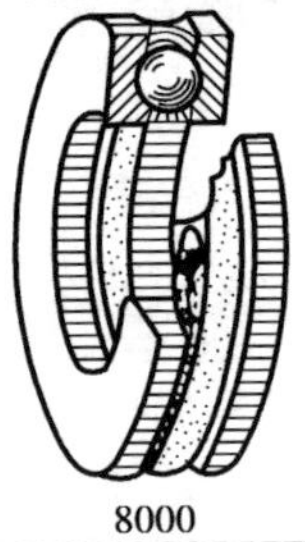 8000	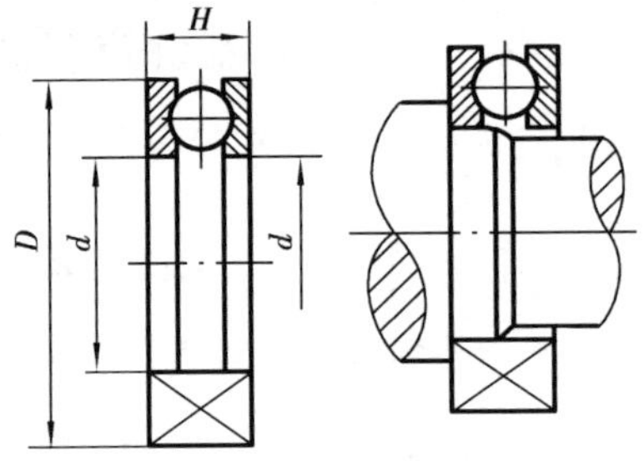	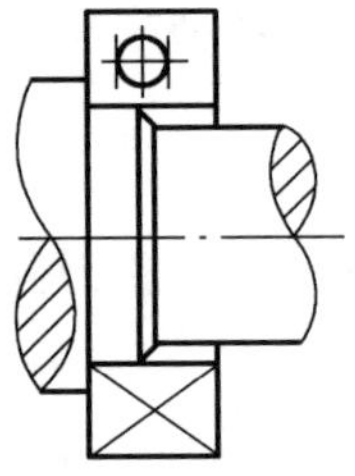	承受轴向负荷

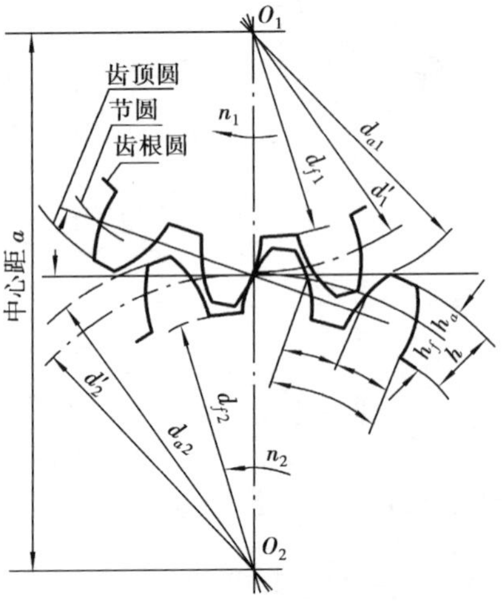

图 7-51　直齿圆柱齿轮各部分的名称和代号

1. 直齿圆柱齿轮各部分的名称,代号(图 7-51)

分度圆(直径 d)——作为计算轮齿各部分尺寸的基准圆。

节圆(直线 d')——两齿轮啮合时,齿廓接触点 C(简称节点)把两齿轮的连心线 O_1O_2 分成两段,分别以 O_1、O_2 为圆心,以 O_1C、O_2C 为半径所画的圆,称为节圆。正确安装的标准齿轮,分度圆和节圆相等,即$d = d'$。

齿顶圆(直径 d_a)——通过齿顶的圆。

齿根圆(直径 d_f)——通过齿根的圆。

齿顶高(h_a)——分度圆到齿顶圆的径向距离。

齿根高(h_f)——分度圆到齿根圆的径向距离。

齿高(h)——齿顶圆与齿根圆之间的径向距离。

齿距(p)——在分度圆上相邻两齿对应点的弧长。

齿厚(s)——在分度圆上每齿的弧长。

中心距(a)——两啮合齿轮,轴线之间的距离。

传动比(i)——主动轮的转速 n_1(转数/分)与从动轮转速(n_2)之比,即 $i=\frac{n_1}{n_2}$。

2. 直齿圆柱齿轮的基本参数

齿数(z)——齿轮的齿数。

模数(m)——分度圆周长等于所有齿距之和,即 $\pi d=zp$,则 $d=\frac{p}{\pi}z$。该比值$\frac{p}{\pi}$称为齿轮的模数,即 $m=\frac{p}{\pi}$,则 $d=mz$。

模数的大小直接反映出轮齿的大小,一对相互啮合的齿轮,其模数必须相等。

压力角(α)——两相啮合齿轮齿廓在节点 C 处公法线与两节圆公切线所夹锐角,也称为啮合角。我国采用的压力角一般为20°。

3. 直齿圆柱齿轮各部分尺寸的计算

齿轮的基本参数 m、z、α 确定之后,齿轮的各部分尺寸的计算公式如表 7-6 所示。

表 7-6　直齿圆柱齿轮各部分尺寸的计算公式

基本参数:模数 m、齿数 z 和压力角 α		
名　称	代号	公式
分度圆直径	d	$d=mz$
齿顶高	h_a	$h_a=m$
齿根高	h_f	$h_f=1.25m$
全齿高	h	$h=h_a+h_f=2.25m$
齿顶圆直径	d_a	$d_a=d+2h_a=m(z+2)$
齿根圆直径	d_f	$d_f=d-2h_f=m(z-2.5)$
中心距	a	$a=\frac{1}{2}m(z_1+z_2)$
传动比	i	$i=\frac{n_1}{n_2}=\frac{z_2}{z_1}$

4. 直齿圆柱齿轮的规定画法

(1)单个齿轮的画法

根据 GB 4459.2—84 中的规定

①齿顶线和齿顶圆用粗实线绘制。

②分度线和分度圆用细点划线绘制。

③齿根圆和齿根线用细实线绘制,可省略不画;在剖视图中,齿根线用粗实线绘制,当剖切平面通过齿轮轴线时,轮齿一律按不剖处理,如图 7-52 所示。

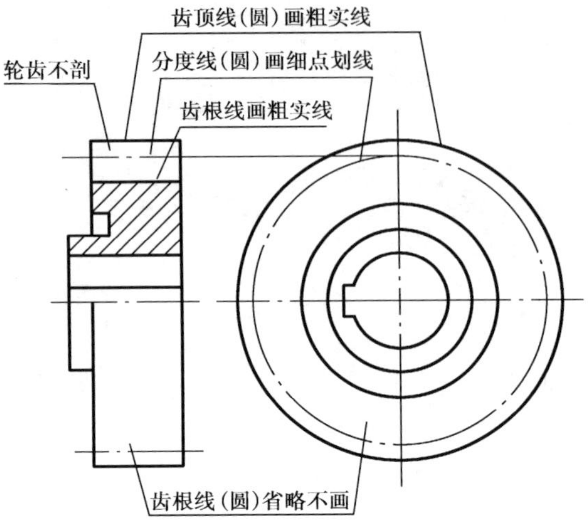

图 7-52　单个直齿圆柱齿轮的画法

(2)齿轮啮合的画法(见图 7-53)

①在垂直于圆柱齿轮轴线的投影面的视图中，啮合区内的齿顶圆均用粗实线绘制。

②在平行于齿轮轴线的投影面的剖视图中，啮合区的齿顶线不需画出，节线用粗实线绘制；其他处节线用点划线绘制。

③当剖切平面通过两啮合齿轮轴线时，在啮合区内，将一个齿轮的轮齿用粗实线绘制，另一个齿轮的轮齿被遮挡的部分用虚线绘制，也可省略不画。

5. 弹簧

弹簧是一种广泛应用的储藏能量的零件。它可以减震、夹紧、测力、回弹作用。弹簧类型很多，这里只介绍圆柱螺旋压缩弹簧(见图 7-54)的画法。

(1)圆柱压缩弹簧各部分的名称及尺寸关系

簧丝直径(d)——弹簧钢丝的直径。

弹簧外径(D)——弹簧最大的直径。

弹簧内径(D_1)——弹簧最小的直径。

弹簧中径(D_2)——弹簧平均直径 $D_2 = D - d$

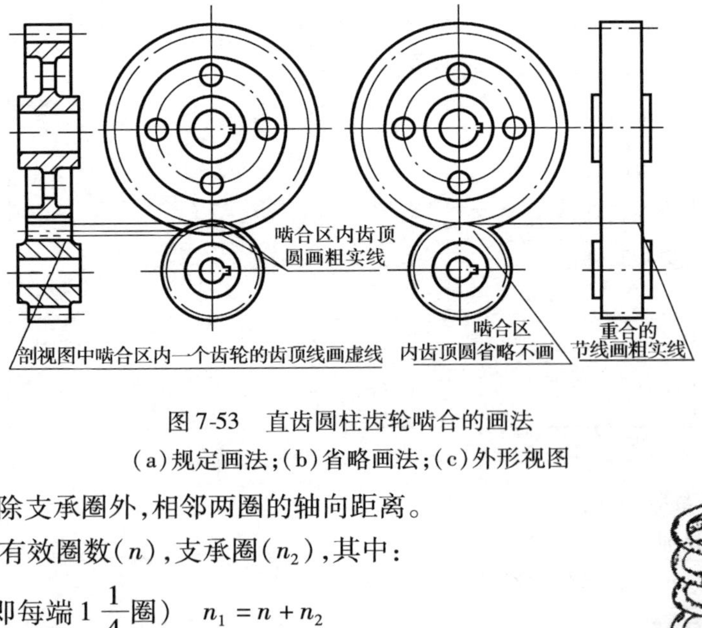

图 7-53　直齿圆柱齿轮啮合的画法

(a)规定画法；(b)省略画法；(c)外形视图

节距(t)——除支承圈外，相邻两圈的轴向距离。

总圈数(n_1)，有效圈数(n)，支承圈(n_2)，其中：

$n_2 = 2.5$ 圈(即每端 $1\frac{1}{4}$ 圈)　$n_1 = n + n_2$

自由高度(H)——未受负荷时的弹簧高度。$H = nt + (n_2 - 0.5)d$。

展开长度(L)——绕制弹簧时，所需弹簧丝长度。$L =$

图 7-54　圆柱螺旋压缩弹簧

$n_1\ \sqrt{t^2+(\pi D_2)^2}$。

(2)圆柱螺旋压缩弹簧的画法

(3)规定画法(GB 4459.4—84)

①在平行于螺旋弹簧轴线投影面的视图中,其各圈轮廓应画成直线,如图 7-55 所示。

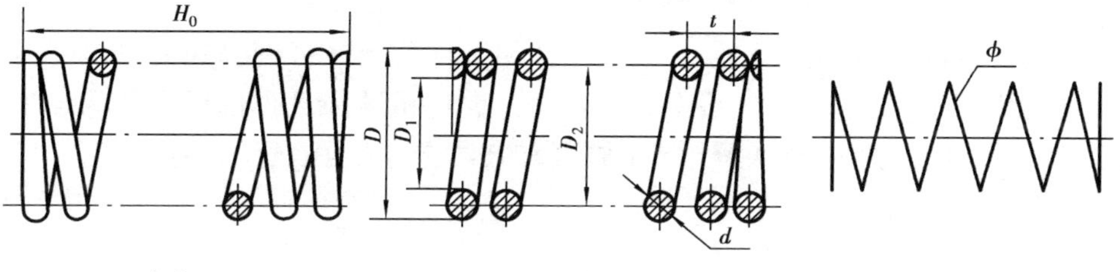

图 7-55 圆柱螺旋压缩弹簧的规定画法

②螺旋弹簧均可画成右旋,但左旋弹簧不论画成左旋或右旋,一律要注出旋向“左”字。

③螺旋压缩弹簧如果要求两端并紧磨平时,不论支承圈多少和末端并紧情况如何,均按支承为 2.5 圈的形式画出。

④有效圈在四圈以上的螺旋弹簧,中间部分可以省略,中间部分省略后,允许适当缩短图形的长度。

(4)画法举例

弹簧的画法步骤如图 7-56 所示。

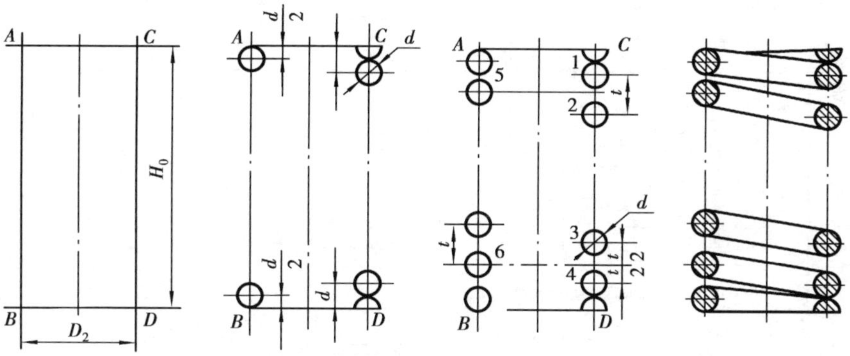

图 7-56 圆柱螺旋压缩弹簧的画图步骤

(a)按 H_0 和 D_0 作矩形 ABCD;(b)画支承圈簧丝直径圆的投影;

(c)画有效簧丝直径圆的投影;(d)按右旋方向连切线、画剖面线、检查、描黑

圆柱螺旋弹簧零件图的画法和尺寸注法,以及在装配图中的规定画法,请参阅GB 4459.4—84。

第八章　零件图与装配图

任何机器或部件都由零件装配而成。表达零件的图样称为零件图,它表达零件的结构形状、尺寸大小和技术要求,是制造和检验零件的依据。表达机器或部件的图样称为装配图,它表达机器或部件的结构形状、装配关系、工作原理和技术要求。在设计、装配、调整、检验、安装、使用和维修时都需要装配图。

8-1　零件图的内容

零件图应包括图形、尺寸、技术要求和标题栏四部分内容,现分别叙述如下。

一、图形

表达零件结构形状的图形包括视图、剖视图、剖面图、局部放大图和简化画法的图形等,为了叙述简便起见,这些图形也统称为视图。一个零件到底要用几个图形和哪些图形来表达,应根据零件的复杂程度和结构形状来决定。如图 8-1 的阀杆零件图,就只用一个基本视图加上 A 向视图和移出剖面就表达清楚了。

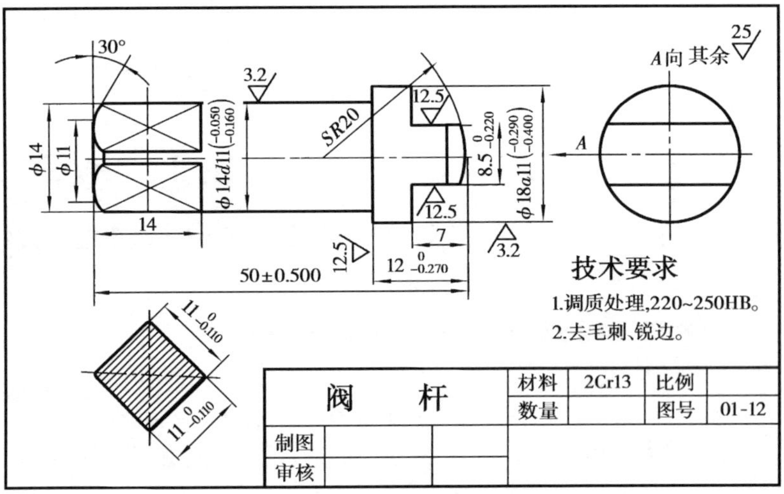

图 8-1　阀杆零件图

一般情况下,主视图是一组图形的核心,必不可少,其他图形则根据需要选取。在选择主视图时,一般应考虑以下两个问题:(1)主视图应能较好地反映零件的主要结构形状特征;(2)零件在主视图上所表现的位置应尽量符合零件的工作(安放)位置和主要的加工位置。通常对轴、套、盘等回转体零件选择其加工位置,对叉架、箱体类零件选择其工作位置或自然平稳

位置。其他视图的选择可以考虑以下几点:

(1)根据零件的复杂程度和内外结构全面考虑所需要的其他视图,使每个视图都有一个表达的重点,但视图的数量不宜过多。

(2)优先考虑采用基本视图以及在基本视图上取剖视。若在一个方向仅有一部分结构需要表达时,可采用局部视图、斜视图和一些局部剖视图。

(3)选择视图的原则是:在完整清晰地表达零件内外结构形状的前提下,尽量减少视图数量,力求画图简便和看图方便。

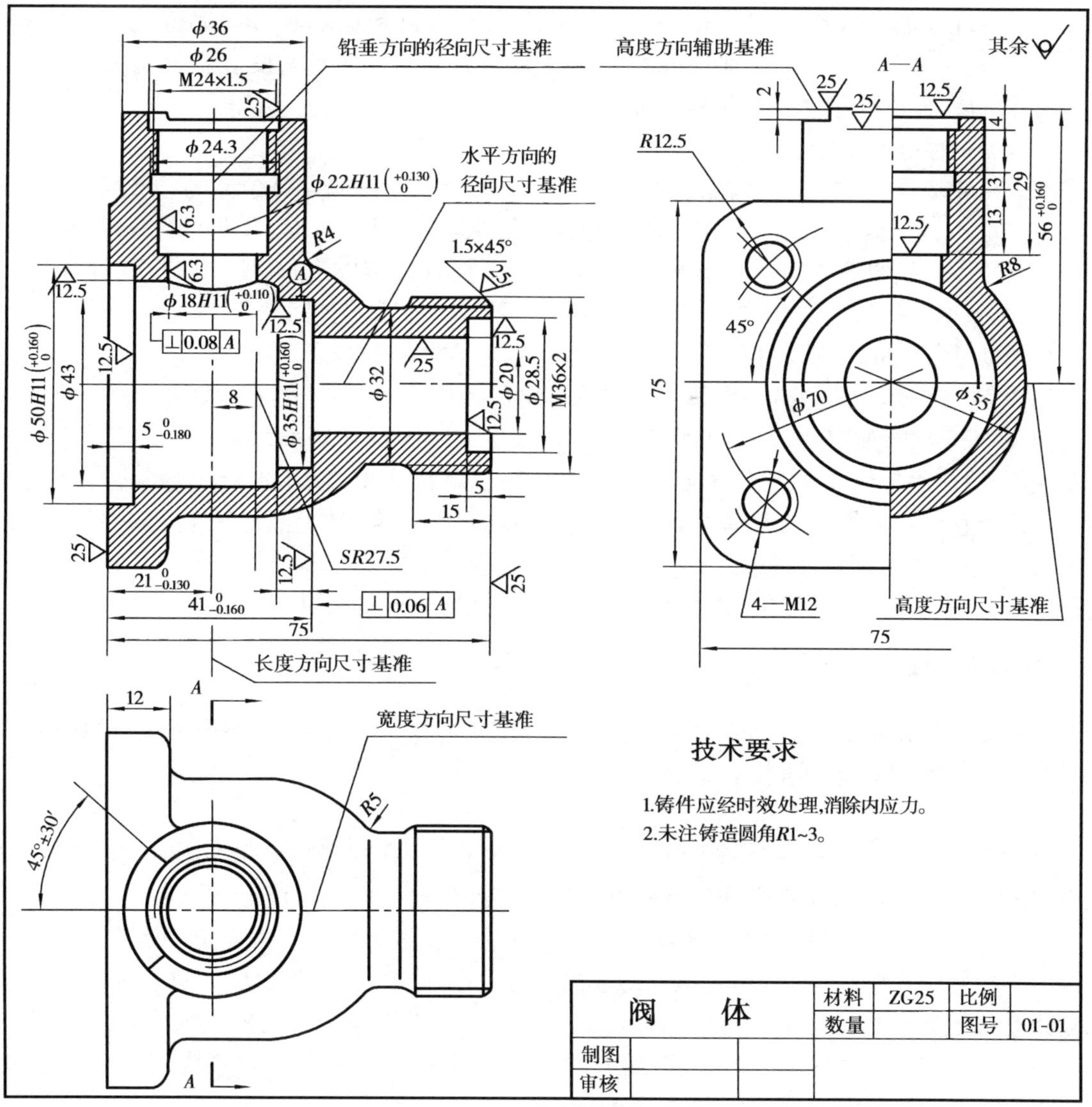

图 8-2　阀体零件图

图 8-2 所示的阀体是球阀(见图 8-8)中的主体零件,它容纳阀芯、密封圈、阀杆、填料与填料压紧套等零件。它的大致形状类似于三通管,左端方形凸缘上有 $\phi50H11$ 的孔与阀盖配合,

右端外螺纹 M36×2 用来连接管道，上部 $\phi18H11$ 的孔与阀杆配合。由于阀体内外形状比较复杂，加工位置多变，因此在选择主视图时，主要考虑它的工作位置和形状特征。主视图作全剖视以显示其内部形状。由于阀体前后对称，左视图采用半剖视，以表达对称的方形凸缘（包括四个螺孔）和内部形状。再选用外形的俯视图，显示顶部 90°限位凸块的形状（月形）和凸缘、竖直回转体、壳体（右部分外形为球形）以及右端带螺纹部分的相对位置。

二、尺寸

零件图应注出制造该零件所需的全部尺寸。尺寸标注要正确、完整、清晰、合理。正确是指尺寸标注符合国家标准 GB 4458.4—84 的规定，没有相互矛盾的尺寸。完整是指尺寸无遗漏，也无重复或多余的尺寸。清晰是指尺寸标注要明显、整齐、便于看图。合理是指能恰当地选择尺寸基准，使所注尺寸能满足设计和加工工艺的要求，便于制造、测量和检验，并使零件在部件或机器中很好地工作。

所谓尺寸基准，是指零件在机器中或在加工及测量时，用以确定其位置的一些面、线或点。常用的基准有：基准面——底板的安装面、重要的端面、装配结合面、零件的对称面等；基准线——回转体的轴线等。因为基准是每个方向尺寸的起点，所以在长、宽、高三个方向都应有基准，这个基准一般称为主要基准。除主要基准外的基准都称为辅助基准。同一方向的主要基准与辅助基准之间应有尺寸联系。

如图 8-2 的阀体，选择铅垂轴线作为铅垂方向的径向尺寸基准，注出 $\phi18H11$、$\phi36$ 等一系列直径尺寸。并以通过这条轴线的侧平面，作为长度方向的尺寸基准，由此注尺寸 $21^{\ 0}_{-0.130}$，定出左端面；以侧垂轴线作为水平方向的径向直径基准，注出 $\phi20$、$\phi50H11$ 等直径尺寸。以上述两条轴线所在的前后方向的对称平面，作为宽度方向尺寸基准，注出凸缘宽度尺寸 75（见左视图）。以通过侧垂轴线的水平面，作为高度方向尺寸基准，由尺寸 $56^{+0.460}_{\ 0}$ 定出凸块顶面。以凸块顶面作为高度方向辅助基准，由此注出 2、4、29 等高度方向的尺寸。

三、技术要求

零件图中的技术要求包括表面粗糙度、尺寸公差、形状与位置公差、表面处理、材料热处理以及其他应达到的质量要求等。

1. 表面粗糙度

表面粗糙度是评定零件表面质量的一项技术指标。表面粗糙度参数值越小，零件表面越光滑，加工成本就越高，因此应按功能要求来确定零件各表面的粗糙度。

GB 131—93 规定了零件表面粗糙度符号及其注法。在图样上用得最多的是标注由符号和高度参数轮廓算术平均偏差 Ra 值所组成的代号。Ra 值是在零件表面的一段取样长度内轮廓偏距绝对值的算术平均值，单位是 μm（微米）。表 8-1 举例说明了这种代号的意义。

画表面粗糙度符号时，符号中的两斜线与水平线的夹角均为 60°，短斜线高为 $1.4h$，长斜线高为 $2.8h$，线宽为 $0.1h$，h 为尺寸数字的字高。

表面粗糙度代（符）号应注在可见轮廓线、尺寸线、尺寸界线或它们的延长线上，符号的尖端必须从材料外指向表面，代号中的数字方向应与尺寸数字的方向相同。在同一图样上，每一表面一般只标注一次代（符）号。当零件所有表面具有相同的表面粗糙度要求时，其代（符）号可在图样的左上角统一标注。当零件的大部分表面具有相同的表面粗糙度要求时，对其中使用最多的一种代(符)号可以统一注在图样的右上角,并加注“其余”两字。统一标注的代(符)号应为图形中的1.4倍大。

表8-1　表面粗糙度代(符)号及其意义

代(符)号	意　义　及　说　明
	用任何方法获得的表面粗糙度,*Ra*的上限值为3.2 μm。
	用去除材料的方法(如车、铣、钻、磨等)获得的表面粗糙度,*Ra*的上限值为3.2 μm。
	用不去除材料的方法(如铸、锻、冲压变形等)获得的表面粗糙度,*Ra*的上限值为3.2 μm。
	表示表面是用不去除材料的方法获得,或者是用于保持原供应状况的表面(包括保持上道工序的状况)。常用来表示不经切削加工的铸件表面。

在图8-2的阀体零件图中,标注了阀体各加工表面的粗糙度代号,其余不需切削加工的铸造表面,统一在图纸右上角上标注了表面粗糙度符号“”。

2. 尺寸公差

在加工过程中,零件的尺寸不可能做得绝对准确。为了使零件具有互换性,必须将零件尺寸的加工误差限制在一定的范围内,对有些尺寸规定一个允许的变动量,这个变动量称为尺寸公差。

在零件图中,线性尺寸的公差应按下列三种形式之一标注。

(1)在基本尺寸后标注极限偏差

如图8-2中阀体空腔的长度尺寸$41^{\ 0}_{-0.160}$,41是基本尺寸,基本尺寸右边用小一号字书写的是极限偏差,上方的0称为上偏差,下方的-0.160称为下偏差。这段长度和最大极限尺寸是$41+0=41$ mm,最小极限尺寸是$41+(-0.160)=40.84$ mm,实际尺寸在40.84 mm至41 mm之间为合格,否则为不合格。最大极限尺寸与最小极限尺寸之差$41-40.84=0.16$ mm,即为公差。

当上、下偏差的数值相同时,则在基本尺寸之后标注“±”号,再注写一个偏差数值。这时偏差数值的字高与基本尺寸的字高相同。如图8-1中阀杆长度尺寸50 ± 0.500。

(2)在基本尺寸后标注公差带代号

如$\phi18H11$,$\phi18$为基本尺寸,$H11$为孔的公差带代号,其中H为孔的基本偏差代号(孔用大写字母、轴用小写字母),11为公差等级代号(代号数字越小,精度越高)。关于公差带、基本偏差、公差等级的概念,可查阅《公差与配合》国家标准GB 1800～1804—79。由轴或孔的基本尺寸和常用公差带的代号可从GB 1801—79中查得极限偏差,例如由$\phi18H11$可查得孔的极限偏差为$^{+0.110}_{\ \ 0}$。

(3)在基本尺寸后标注公差带代号和极限偏差

如图8-2中的$\phi18H11(^{+0.110}_{\ \ 0})$,$\phi50H11(^{+0.160}_{\ \ 0})$等,极限偏差应加圆括号。

3. 形状和位置公差

在机器中某些精确程度较高的零件,不仅需要保证其尺寸公差,而且还要求保证其形状和位置公差。所谓形状和位置公差是指零件的实际形状和实际位置对理想形状和理想位置的允许变动量。

形状和位置公差(简称形位公差)的种类和符号见表8-2。

表8-2　形位公差符号

形状公差	名　称	直线度	平面度	圆　度	圆柱度	线轮廓度	面轮廓度		
	符　号	—	▱	○	⌭	⌒	⌓		
位置公差	名　称	平行度	垂直度	倾斜度	同轴度	对称度	位置度	圆跳动	全跳动
	符　号	//	⊥	∠	◎	⌯	⌖	↗	⌰

形位公差应采用代号标注。当无法采用代号标注时,允许在技术要求中用文字说明。形位公差代号包括:形位公差符号、形位公差框格及指引线、形位公差数值和其他有关符号,以及基准代号等。例如在图8-2的主视图中所标注的代号←[⊥|0.06|A]是垂直度公差代号,它表示$\phi35H11$的孔底平面对于$\phi35H11$的轴线的垂直度公差为0.06 mm,即该孔底平面必须位于距离为0.06 mm,且垂直于$\phi35H11$的轴线的两平面之间。$\phi35H11$的轴线为基准轴线,Ⓐ为基准代号。

4. 其他的技术要求

零件图中的技术要求除了上述几项内容外,有些技术要求如材料的热处理和表面处理,以及图中未能注明的尺寸与制造要求等也可用文字说明。例如图8-2中所写的“铸件应经时效处理、消除内应力”、“未注铸造圆角R1—3”等。时效处理是一种热处理方法,指机件精加工前,加热到100 ℃~150 ℃后,保温5小时~10小时,进行空气冷却;对铸件也可用天然时效,即放在露天中一年以上,使工件消除内应力和稳定形状、尺寸。常用材料及热处理和表面处理可查阅机械设计手册。

四、标题栏

在图纸的右下角应画出标题栏,以填写零件名称、材料、比例、数量、图号以及设计制图、审核人员签名和日期等。国家标准GB 10609.1—89规定的标题栏格式如图8-3所示。学生制图作业中使用的标题栏可简化为如图8-2所示的格式。

8-2　零件图的阅读

从事安装专业的技术人员,必须具备阅读零件图的能力。读零件图时应弄清零件的结构形状和各部分的尺寸大小,同时还要了解制造和检验该零件的技术要求。

现以图8-4箱体零件图为例说明读零件图的方法步骤。

一、看标题栏,了解基本情况

从标题栏中可以知道零件的名称、材料、重量、图样的比例和图号等。通过比例可以对实

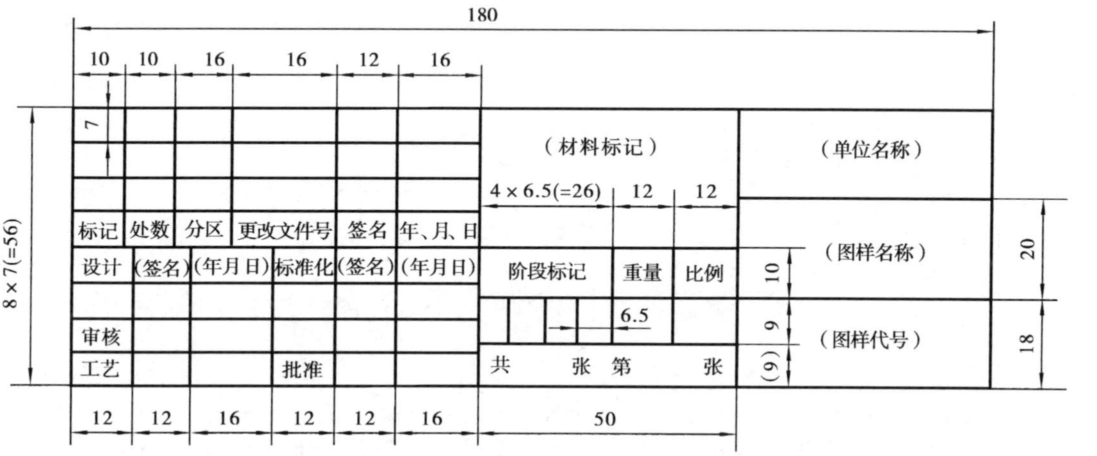

图 8-3 国家标准规定的标题栏格式

物大小有一个概念。零件图的图号与该零件在装配图的序号一致。对于不熟悉的零件，还可通过装配图以及与它有关的零件图来了解零件的作用和与相关零件的装配关系等。

例如从图 8-4 的标题栏中知道零件的名称是箱体，材料是灰铸铁，"HT"是灰铸铁的代号，后面的数字代表抗拉强度。HT200 表示抗拉强度为 200 N/mm^2 的灰铸铁。比例 1∶2，说明零件实物比图形大一倍。箱体零件是支承、包容、保护运动零件和其他零件的壳体，结构形状较复杂，通过浇铸而得到毛坯，再进行切削加工。

二、分析视图、想象零件形状

分析视图、看懂零件的内外形状和结构，是看零件图的重点。前面介绍的看组合体视图（包括剖视图、剖面图等）的方法是看零件图的重要基础。看图时，必须先找出主视图，分析各视图的投影方向，弄清各视图之间的相互位置和投影关系，明确各剖视图和剖面图的剖切位置以及各视图的表达目的；然后以形体分析为主，结合线面分析和结构分析，进一步运用视图间的投影对应关系，逐一看懂零件各部分的形状，最后综合起来想象出整个零件的形状。

在分析想象过程中，也可先看清零件的大体内外形状，然后再分析细小的局部结构形状。

图 8-4 的箱体采用了五个视图表达。主视图采用全剖视图，主要表达空腔和各种孔，可分析出，剖切平面为通过左视图竖直中心线的正平面。左视图采用局部剖视，主要表达下部空腔和前后壁上的孔，剖切平面为通过孔轴线的侧平面。*A—A* 剖面图主要表达箱体右端的断面形状和三个沉孔的位置，从图中可看出三个沉孔的位置是均匀分布的。*B* 向视图是仰视方向的局部视图，主要表达底面的形状和四个螺纹孔。*C* 向视图是右视方向的局部视图，表明前面圆形凸缘及其通孔和四个螺纹孔。

通过主、左两个基本视图，结合 *A—A* 剖面图可知，箱体上部内外形状均为圆柱形，其中右端为完整的空心圆柱，空心圆柱上有三个沉孔径向均布；箱体左端面有一个 $\phi64$ 的圆形凸缘，其上有一通孔和四个螺纹孔。通过主、左视图和 *B* 向视图可知，箱体下部为长方形，内部为长方形空腔，底面是通的，前后均有通孔。

根据各视图之间的投影对应关系，还可看清各部分的细部结构形状。例如，主视图中的小椭圆，它是沉孔中小孔的投影；主视图中的两道同心圆是长方形空腔后壁上 $\phi22$ 凸缘和 $\phi12$

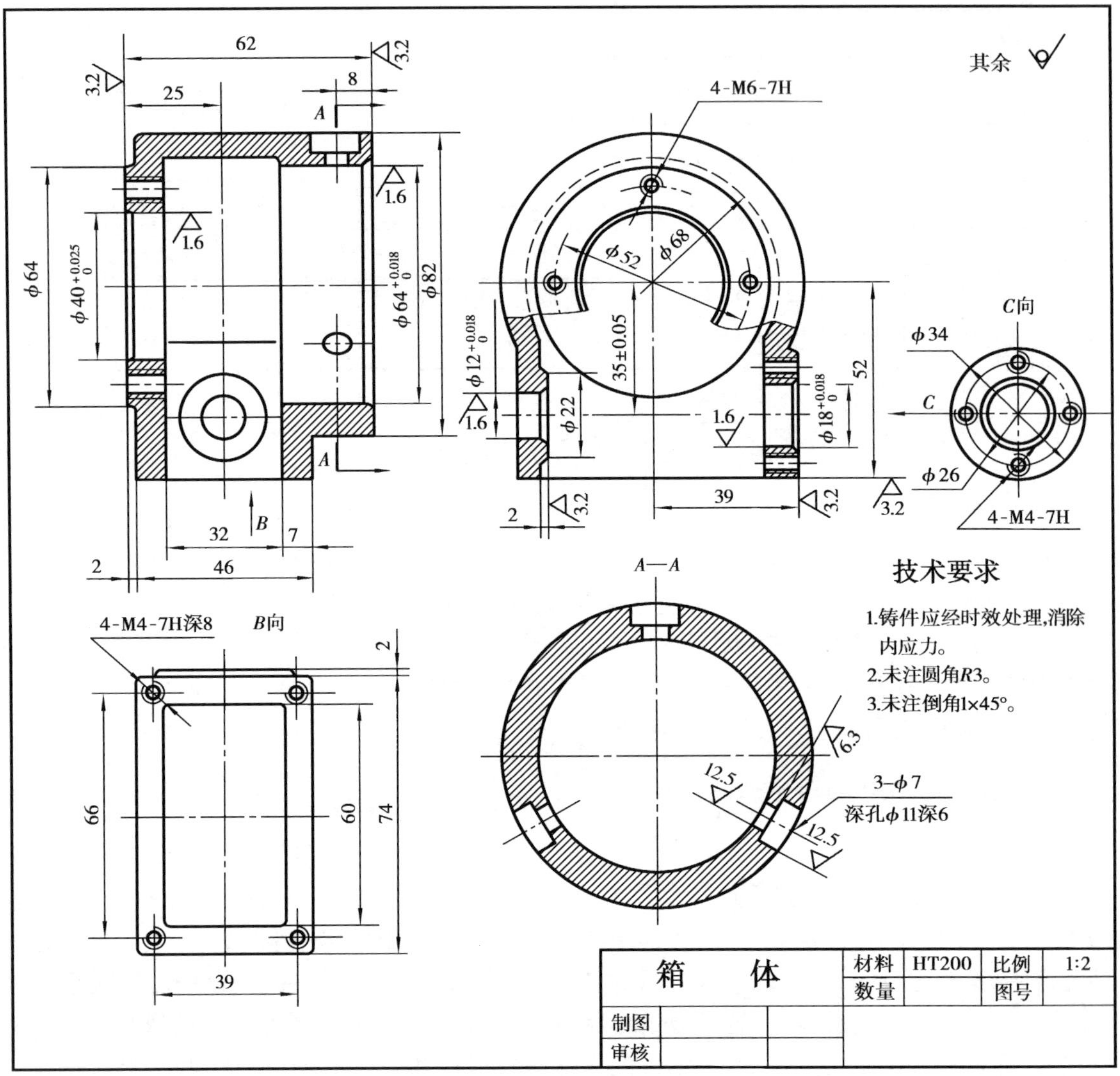

图 8-4　箱体零件图

通孔的投影(省略了倒角圆),同心圆上方的一道横线是箱体上部圆柱形空腔与下部长方形空腔交线的投影。*B* 向视图上边的凸出部分,是下部长方体前面 ϕ34 的圆形凸缘(见 *C* 向视图)的投影。

综合上述分析,可想象出箱体大致的整体形状是:上部为带空腔和孔的圆柱体与下部带空腔的长方体的组合。

三、分析尺寸,弄清零件各部分的大小和相互位置

零件图上的尺寸是加工和检验零件的大小的依据,有些尺寸(如直径尺寸、半径尺寸、球面尺寸等)也是确定零件结构形状的依据。因此,必须对零件的每一尺寸仔细阅读分析。分析时可以从两个方面考虑:一个是分析标注尺寸的起点,从而找出尺寸的基准,弄清定形尺寸

和定位尺寸；另一个方面是结合尺寸公差和表面粗糙度来阅读尺寸，从而找出重要尺寸。还要分析尺寸是否注得齐全、合理。

通过分析可知，图 8-4 箱体的长度方向尺寸的主要基准是通过该箱体空腔竖直中心线的侧平面；宽度方向尺寸的主要基准是通过左视图上竖直中心线的正平面；高度方向尺寸的主要基准是箱体底面，辅助基准读者可自行分析。从这些基准出发，可看懂各部分的定位尺寸和定形尺寸。属于设计上的重要尺寸有：中心距 35 ± 0. 05，需与其他零件配合的孔的尺寸 $\phi40^{+0.025}_{0}$、$\phi64^{+0.018}_{0}$、$\phi18^{+0.018}_{0}$以及圆柱空腔中心与底面的距离 52 等。

四、根据图上的符号、代号和文字注解，了解技术要求

如前所述，零件的技术要求包括表面粗糙度、尺寸公差、形位公差及其他技术要求等内容。在零件图中用符号、代号、文字等标注。从图 8-4 中标注的技术要求可知；热处理采用时效处理，以消除内应力。铸造圆角为 $R3$、加工倒角为 $1\times45°$。表面粗糙度的要求是：要与其他零件配合的孔要求较高，采用$\overset{1.6}{\bigtriangledown}$，底面、右端面、凸缘平面均用$\overset{3.2}{\bigtriangledown}$，沉孔用$\overset{12.5}{\bigtriangledown}$，孔底$\overset{6.3}{\bigtriangledown}$，其余不需切削加工，为铸造表面。尺寸公差的要求：中心距与其他零件配合的孔的尺寸均注有极限偏差，从孔的极限偏差可看出，孔的极限尺寸均大于或等于基本尺寸。

综合上述各方面的分析，就可以了解到这一零件的完整形象，比较全面地看懂这张零件图。

8-3　零件图的绘制

安装和维修旧机械设备，当破损零件缺少配件又无图样时，需要进行零件测绘。测绘零件时，一般先画出零件草图（徒手图），然后根据零件草图画出零件工作图（简称零件图）。本节主要介绍根据测绘的零件草图来画出零件工作图的方法步骤。

零件草图是在现场测绘的，只要表达清楚即可，不一定是最完善的。因此，在整理成零件工作图时，需要对零件草图再进行审查校核，有些内容需要补充修改，经过复查、补充、修改后，才开始画零件工作图。现以图8-5所示的压盖为例，说明绘制零件工作图的方法步骤：

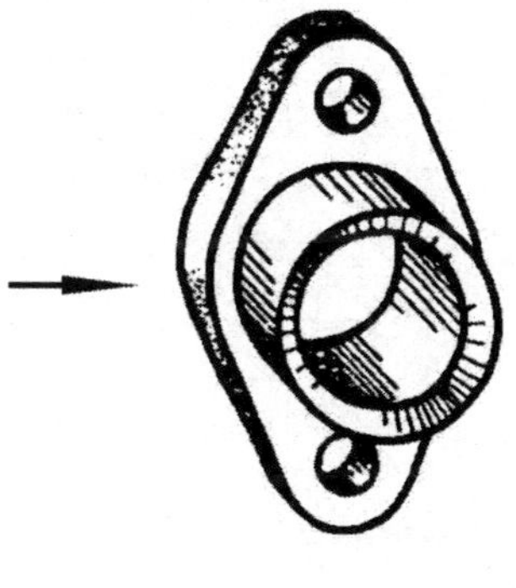
图 8-5　压盖

1. 确定比例，选择图幅，面出图框和标题栏，见图 8-6(a)。

2. 布置视图位置，画出各视图的作图基准线、中心线，见图 8-6(a)。安排视图时，应考虑到各视图间应留有标注尺寸的位置。

3. 详细地画出零件各视图的底稿，见图 8-6(b)。

4. 选择尺寸基准，画尺寸界线，尺寸线和箭头，经仔细校核无误后，按规定线型将图线加深，并画出剖面线，见图 8-6(c)。

5. 标注尺寸，注写技术要求，填写标题栏，最后复核，见图 8-6(d)。完成后的零件图，要求做到：图形正确，表达清晰，尺寸完整，线型分明，图面整洁，字体工整。

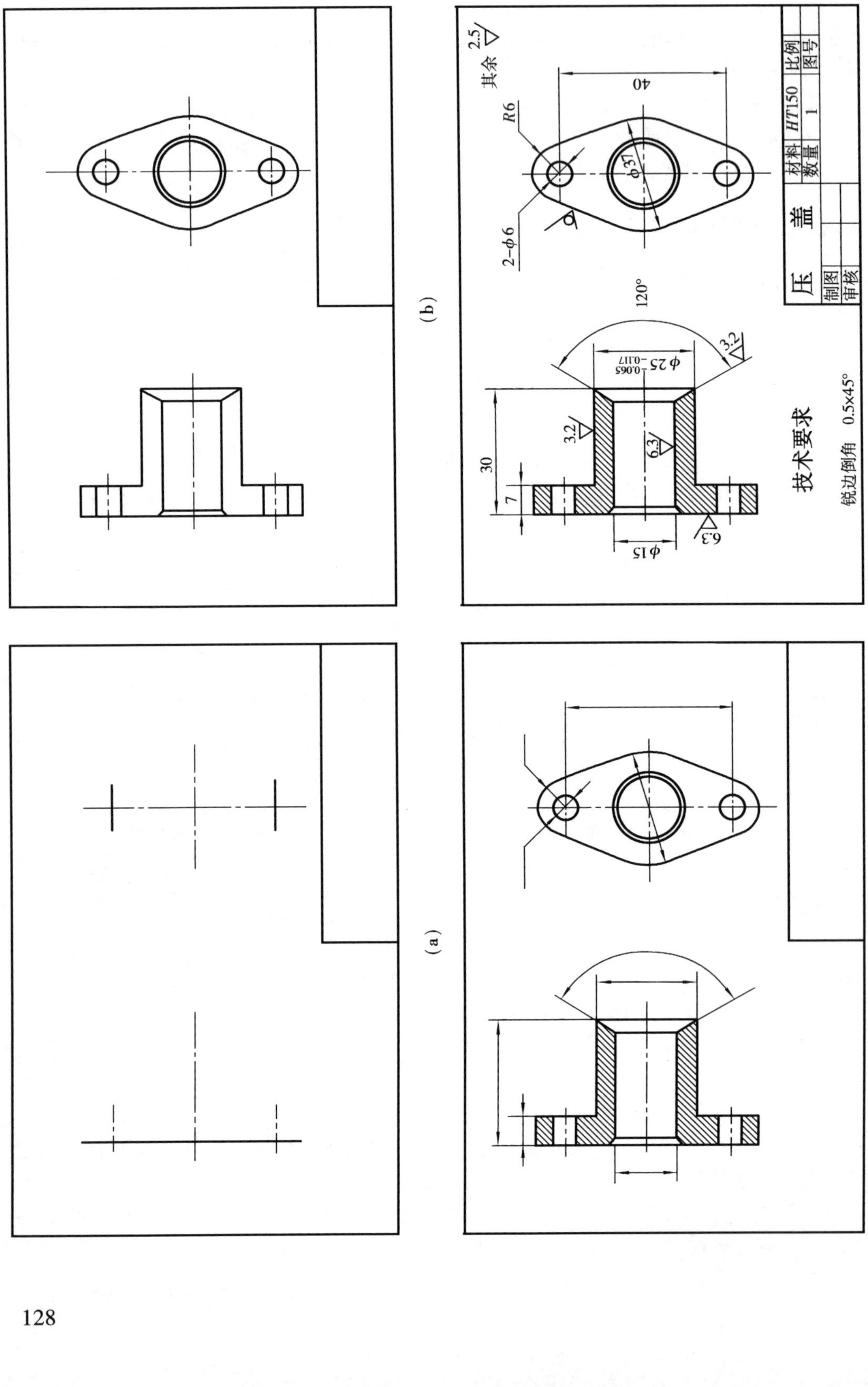
(a)
(b)
(c)
(d)
其余 2.5
R6
40
φ37
2-φ6
120°
φ25 -0.065 -0.117
3.2
30
7
6.3
φ15
技术要求
锐边倒角 0.5×45°
压盖
制图
审核
材料 HT150
数量 1
比例
图号

图8-6 画零件图的步骤

8-4　装配图的内容

图 8-7 是球阀的装配图，图 8-8 是它的轴测图，图 8-1、图 8-2 分别是它的阀杆、阀体零件图。阀是管道系统中启闭和调节流体流量的部件。阀的种类很多，球阀是其中的一种，它的阀芯 4 是带通孔的球形体。阀芯上部的凹槽与阀杆 12 下部的凸块榫接，而阀杆上部的四棱柱形与板手 13 的方孔连接。通过转动扳手，带动阀杆转动，阀杆带动球芯转动。当扳手处于图示位置时，则阀门全部开启，管道畅通；当扳手按顺时针方向旋转 90°时（扳手处于如装配图俯视图的双点划线所示的位置），则阀门全部关闭，管道断流；在 0° ~ 90°范围内，转动扳手，即可调节流量大小。

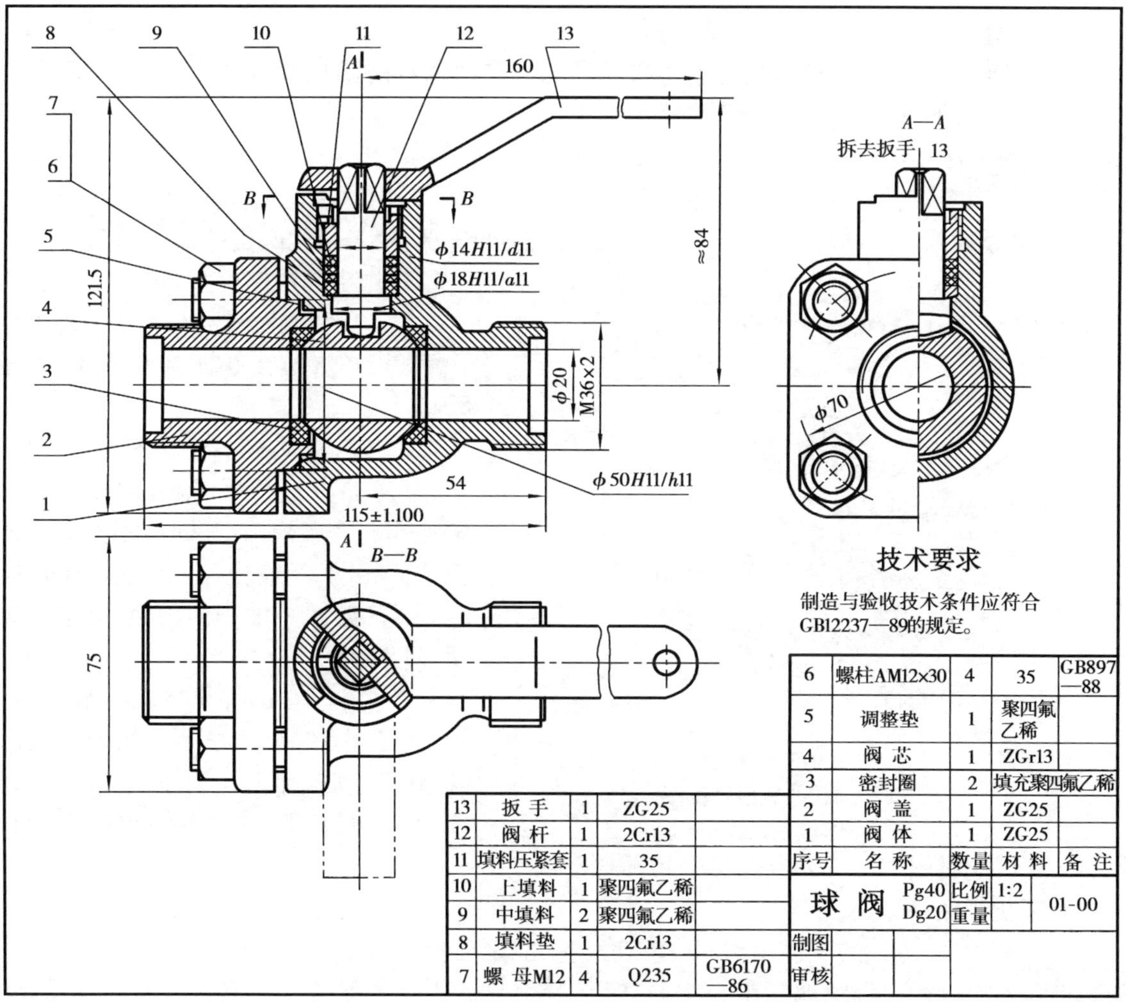

图 8-7　球阀装配图

从图 8-7 可以看出,一张完整的装配图应包括一组图形,必要的尺寸,技术要求,零件序号、明细栏和标题栏四部分基本内容。现分别叙述如下:

一、一组图形

用以表达各组成零件的相互位置和装配关系、部件(或机器)的工作原理和结构特点。前面介绍的各种视图、剖视图和剖面图等表达方法,都适用于装配图。例如图 8-7 球阀装配图采用了三个基本视图,即全剖视的主视图,半剖视的左视图和局部剖视的俯视图。

此外,装配图还有一些特殊的表达方法:

1. 拆卸画法

当需要表达部件中被遮住部分的结构,或者为了减少不必要的画图工作,有的视图可假想将某一个或几个零件拆卸后绘制,需要说明时,可加标注"拆去 × ×等"。如图 8-2 中的左视图是拆去扳手 13 后画出的。

2. 假想画法

为了表示运动零件的极限位置或本部件和相邻零件(或部件)的相互关系,可以用双点划线画出其轮廓,如图 8-7 所示球阀俯视图中手柄的一个极限位置。

3. 夸大画法

在装配图中,对部件中的薄片、细丝弹簧、微小间隙等,若以所用比例按实际尺寸难以明显表示时,可夸大画出。如图 8-7 所示球阀中的调整垫的厚度,就是夸大画出的。

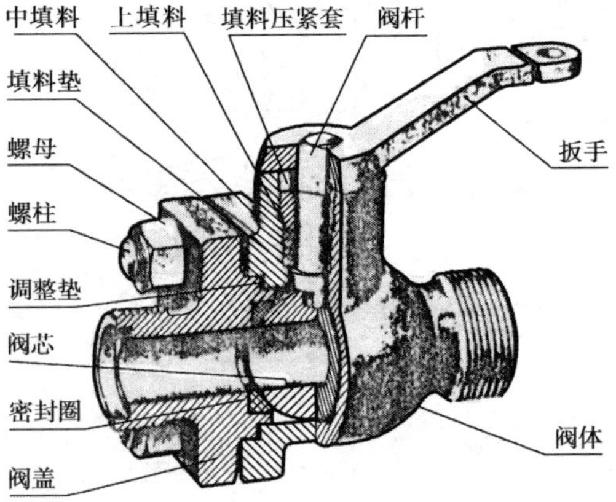

图 8-8　球阀的装配轴测图

4. 规定画法

(1)在装配图中,两零件间的接触面画一条线,不接触面画两条线,见图 8-9。

(2)相互邻接的金属零件的剖面线,其倾斜方向相反,或方向一致而间隔不同。在各视图中,同一零件的剖面线方向相同,间隔相等。宽度小于或等于 2 mm 的狭小面积的剖面,可涂黑表示,见图 8-9。

(3)对于紧固件(如螺钉、螺栓、螺母、垫圈等)和实心零件(如轴、连杆、球、键、销等),若剖切平面通过其轴线或对称面时,则这些零件均按不剖绘制,仍画外形,见图 8-9。需要时,可采用局部剖视。

5. 简化画法

在装配图中,零件的工艺结构,如小圆角、倒角、退刀槽等可不画出。对于若干相同的零件组,如螺栓连接等,可详细地画出一组或几组,其余只需用点划线表示其装配位置。如图 8-9 所示的螺钉。

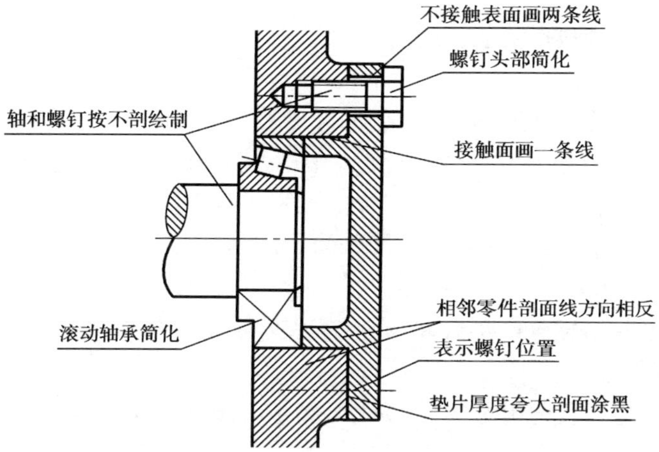

图 8-9 装配图的特殊表达方法

6. 沿结合面剖切画法

在装配图中，为了表达内部结构，可假想沿某些零件的结合面剖切，这时，零件的结合面不画剖面线。如图 8-10 所示齿轮油泵装配图中的左视图，就是沿泵体和垫片的结合面剖切后画出的半剖视图。

二、必要的尺寸

装配图中不需注出零件的全部尺寸，只需标出一些必要的尺寸，这些尺寸按其作用大致有下述五种：

1. 性能（规格）尺寸

它是表示机器或部件性能（规格）的尺寸，也是设计和用户选用产品的主要依据。如图8-7 球阀的公称直径 $\phi20$。

2. 装配尺寸

它是保证有关零件间的配合和相对位置的尺寸，如图 8-7 球阀中阀盖与阀体的配合尺寸 $\phi50\,\dfrac{H11}{h11}$。

3. 安装尺寸

安装机器或部件所需的尺寸。如图 8-7 中的 M36 ×2。

4. 外形尺寸

它是机器或部件总长、总宽和总高尺寸，它表明机器或部件所占的空间大小，供包装、运输和安装时参考。如图 8-7 中的 115 ±1. 100（总长）、75（总宽）和 121. 5（总高）。

5. 其他重要尺寸

它是在设计中确定，但又未包括在上述四种尺寸之中的一些重要尺寸。

必须指出，一张装配图不一定同时存在上述五种尺寸，有时一个尺寸可兼有几种作用，要根据装配图的表达情况，具体分析。

三、技术要求

说明机器或部件装配、检验、安装和运转等要求。

1. 装配中的配合要求

为了保证机器或部件的正常工作，应满足设计中所提出的配合要求。基本尺寸相同的孔和轴（包括凹槽和凸缘）装配在一起称为配合。装配后有间隙的为间隙配合；有过盈的为过盈配合；可能有间隙，也可能有过盈的是过渡配合。国家标准对配合规定了基孔制和基轴制两种基准制。基孔制中的孔叫基准孔、基本偏差代号为 H，下偏差为零；基轴制中的轴叫基准轴，基本偏差代号为 h，上偏差为零。

在装配图中标注公差与配合的形式是：在基本尺寸后加注一个分式，分子为孔的公差带代号，分母为轴的公差带代号。

公差带代号由基本偏差代号和公差等级代号组成。基本偏差代号用拉丁字母表示，大写字母代表孔、小写字母代表轴，各 28 个，$A—H(a—h)$ 用于间隙配合，$J—ZC(j—zc)$ 用于过渡配合和过盈配合。公差等级（共 20 级）代号用阿拉伯数字表示，数字越小，精度越高。

在图 8-7 球阀装配图中的填料压紧套 11 与阀杆 12 的配合尺寸 $\phi 14\,\dfrac{H11}{d11}$ 中，$H11$ 是孔的公差带代号，$d11$ 是轴（阀杆）的公差带代号，由于孔的基本偏差代号是 H，轴的基本偏差代号是 d，所以填料压紧套孔与阀杆的配合是基孔制的间隙配合。由基本尺寸和公差带代号，可从 GB 1801—79 中查得孔的极限偏差为 ${}^{+0.110}_{\ \ 0}$，阀杆的极限偏差为 ${}^{-0.050}_{-0.160}$。从两者的极限偏差可看出，孔径的极限尺寸大于阀杆直径的极限尺寸，因此装配后总是存在间隙。

2. 其他技术要求

除了配合要求外，其他技术要求常用文字说明。如图 8-7 球阀的“制造与验收技术条件应符合 GB 12237—89 的规定”。

四、零件序号、明细栏和标题栏

为了便于看图和管理，在装配图中，应对所有零件进行编写序号，且应与明细表中的序号一致。相同零件用一个序号，一般只标注一次。在指引线的水平线（细实线）上注写序号，序号字高比尺寸数字大一号，指引线应自所指部分的可见轮廓线内引出，并在末端画一圆点，若零件很薄或已涂黑，不便画圆点时，可画箭头指向该部分的轮廓。指引线相互不能相交，通过剖面线区域时，不应与剖面线平行，必要时可转折一次。一组紧固件以及装配关系清楚的零件组，可采用公共指引线，如图 8-7 中螺柱 6 和螺母 7。装配图中的序号应按水平和竖直方向依次排列整齐。

明细栏一般由序号、名称、数量、材料、备注等组成，配置在标题栏上方，自下而上依次填写，如位置不够，可紧靠标题栏的左边自下而上延续。当明细栏不能配置在装配图中时，可作为装配图的续页按 A4 幅面单独给出。

装配图的标题栏格式和内容基本上与零件图的一致。

8-5　看装配图的方法步骤

一、看装配图的要求

在装配、安装、使用和维修机器设备、进行技术交流以及讨论设计方案和从装配图拆画零件图时，都要看装配图。因此，必须掌握看装配图的方法。看部件装配图的要求，可归纳如下：

1. 了解部件的名称、用途和工作原理。

2. 了解零件间的相对位置、装配关系及装拆顺序。

3. 了解标准零件和非标准零件的名称、数量、材料、作用和结构形状。

二、看装配图的方法步骤

下面举两个例子，介绍看装配图的步骤和方法。

1. 看齿轮油泵装配图（图 8-10）

（1）概括了解

首先从标题栏中了解部件的名称，再查阅有关资料和说明书，了解该部件的用途。从装配图上的零件序号对照明细表，逐次了解零件的名称、数量、材料等。其次再分析装配图采用了哪些表达方法，各视图的配置及其相互间的投影关系，明确各视图的表达内容和重点。

例如图 8-10，从标题栏中知道该部件是齿轮油泵。它是机器中用以输送润滑油的一个部件。从序号和明细表中知道，该油泵由 17 种零件装配而成，并采用两个视图表达。主视图为全剖视图（旋转剖），左视图是采用沿垫片 5 和泵体 6 结合面剖切的半剖视图。通过这些视图，清楚地反映了该油泵齿轮啮合情况，内部结构及外形。另外在半剖视的左视图上再用局部剖视反映吸、压油口的情况。

（2）了解装配关系和工作原理

在概括了解的基础上，再仔细阅读各视图。根据投影关系，从反映装配关系的视图着手，分析各条装配干线，弄清各零件间的配合要求、定位、连接方式、密封和运动关系等；弄清哪些是运动件，哪些是非运动件。从而了解工作原理。

图 8-10 中主视图较好地表达了零件间的装配关系，泵体 6 是齿轮油泵中的主要零件之一，它的内腔正好容纳一对齿轮，这对齿轮均带有轴，称为齿轮轴；左端盖 1，右端盖 7 均有轴孔支承这对齿轮轴旋转运动。两端盖与泵体先由销钉 4 定位后，再用螺钉 15 连成整体。为了防止漏油，在泵体与端盖之间用垫片 5 密封；在传动齿轮轴 3 伸出端用密封圈 8、轴套 9 及压紧螺母 10 密封。

齿轮轴 2、传动齿轮轴 3、传动齿轮 11 是油泵中的运动零件。当传动齿轮 11 转动时，通过键 14 带动传动齿轮轴 3 转动，经齿轮啮合带动齿轮轴 2 转动。从泵体内一对齿轮啮合传动中，可以了解其工作原理，如图 8-11 所示，当齿轮啮合传动时，啮合区右边脱离啮合使压力降低产生局部真空，油池内的油在大气压力作用下进入油泵低压区内的吸油口，随着齿轮的转动，齿槽中的油不断沿箭头方向被带至左边的压油口，轮齿不断啮合，油就被挤压出压油口，送到压力管路中。

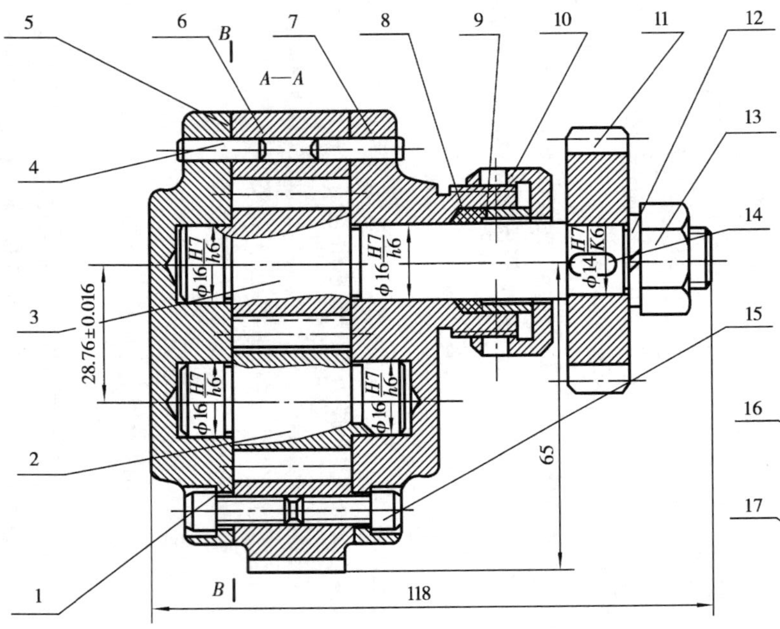

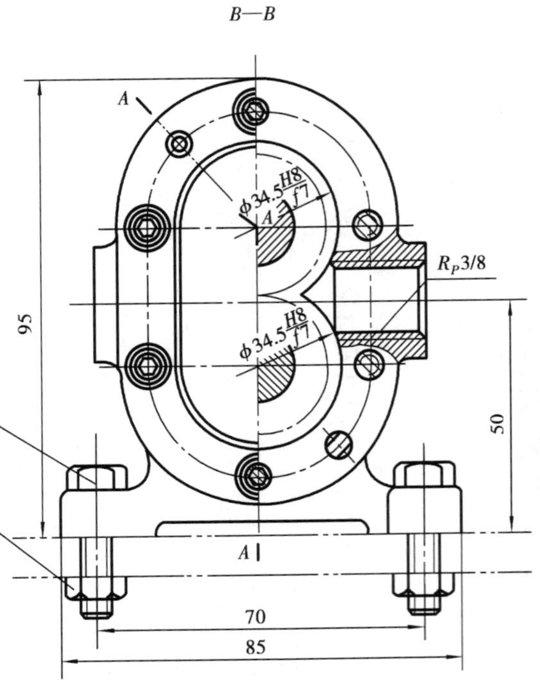

技术要求

1.齿轮安装后,用手转动传动齿轮轴时,应灵活旋转。

2.两齿轮轮齿的啮合面应占齿长的3/4以上。

17	螺 母M6	2	Q235	GB6170—86	10	压紧螺母	1	35	
1	螺 栓M6×30	2	Q235	GB5782—86	9	轴 套	1	QSn6-6-3	
15	螺 钉M6×16	12	35	GB70—85	8	密封圈	1	橡胶	
14	键5×10	1	45	GB1096—79	7	右端盖	1	HT200	
13	螺 母M12×1.5	1	35	GB6171—86	6	泵 体	1	HT200	
12	垫 圈12	1	65Mn	GB859—87	5	垫 片	2	纸	δ=1
11	传动齿轮	1	45	m=2.5,x=20	4	销A5×18	4	45	GB119—86

3	传动齿轮轴	1	45	m=3,x=9
2	齿轮轴	1	45	m=3,x=9
1	左端盖	1	HT200	
序号	名 称	数量	材料	备 注
齿轮油泵		比例		02-00
		重量		
制图				
审核				

图8-10 齿轮油泵装配图

(3)分析零件

根据部件的工作原理,了解每个零件的作用,进而看懂零件的结构形状。标准件和常用件的结构形状和作用一般是确定的。回转体零件的形状也容易弄懂。一般零件有简有繁,应先从主要零件开始分析。从装配图中区分不同零件,可将以下几个方面联系起来进行:①看零件序号和明细表。因为不同零件序号不同。②看剖面线方向和间隔。因为相邻两零件剖面线方向或间隔不同,同一零件的剖面线方向和间隔在各视图中应一致。③根据规定画法。如当剖切平面通过紧固件和实心零件轴线时,则这些零件按不剖绘制。④利用投影关系。⑤利用零件对称性。⑥根据所注的尺寸。如两零件的配合尺寸,回转体(孔)的直径尺寸,螺纹尺寸等。综合运用上述方法,可大致区分出不同零件的轮廓范围、结构形状。

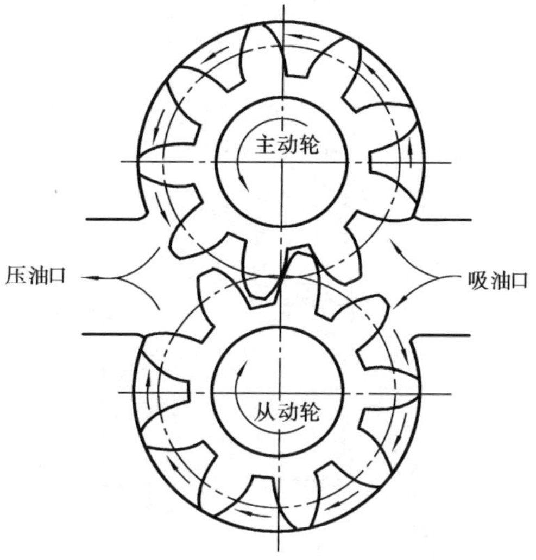

图 8-11　齿轮油泵工作原理

如油泵中的泵体 6 是容纳一对齿轮的主要零件,对照主、左视图,运用上述方法,可看出该泵体前后对称,上部为长圆形,前后各有一个凸台,内部为“8”字形空腔,前后螺纹孔(吸、压油口)与空腔连通;下部为安装底板,板底有一长方形通槽。

为了进一步看懂装配图,还应明确装配图中空白线框(没有剖面线的封闭线框)的含义,它可以是:①外表面;②剖开的内表面(空腔);③结合面,④通孔、通槽;⑤按规定不画剖面线的实心件和紧固件、肋、轮齿等。

图 8-12 为齿轮油泵的装配轴测图,供读图分析思考后对照参考。

图 8-12　齿轮油泵装配轴测图

(4)综合归纳、全面认识

在上面分析的基础上,还要对所有尺寸和技术要求进行分析研究,对部件的运动情况、工作原理、装配关系、装拆顺序等进行归纳总结,以便对部件有一个完整的全面的认识。

上述步骤并非一成不变,也可互相交错渗透。对于一张复杂的装配图,还要依靠完整的零件图和齐全的资料,经过反复分析才能看懂。

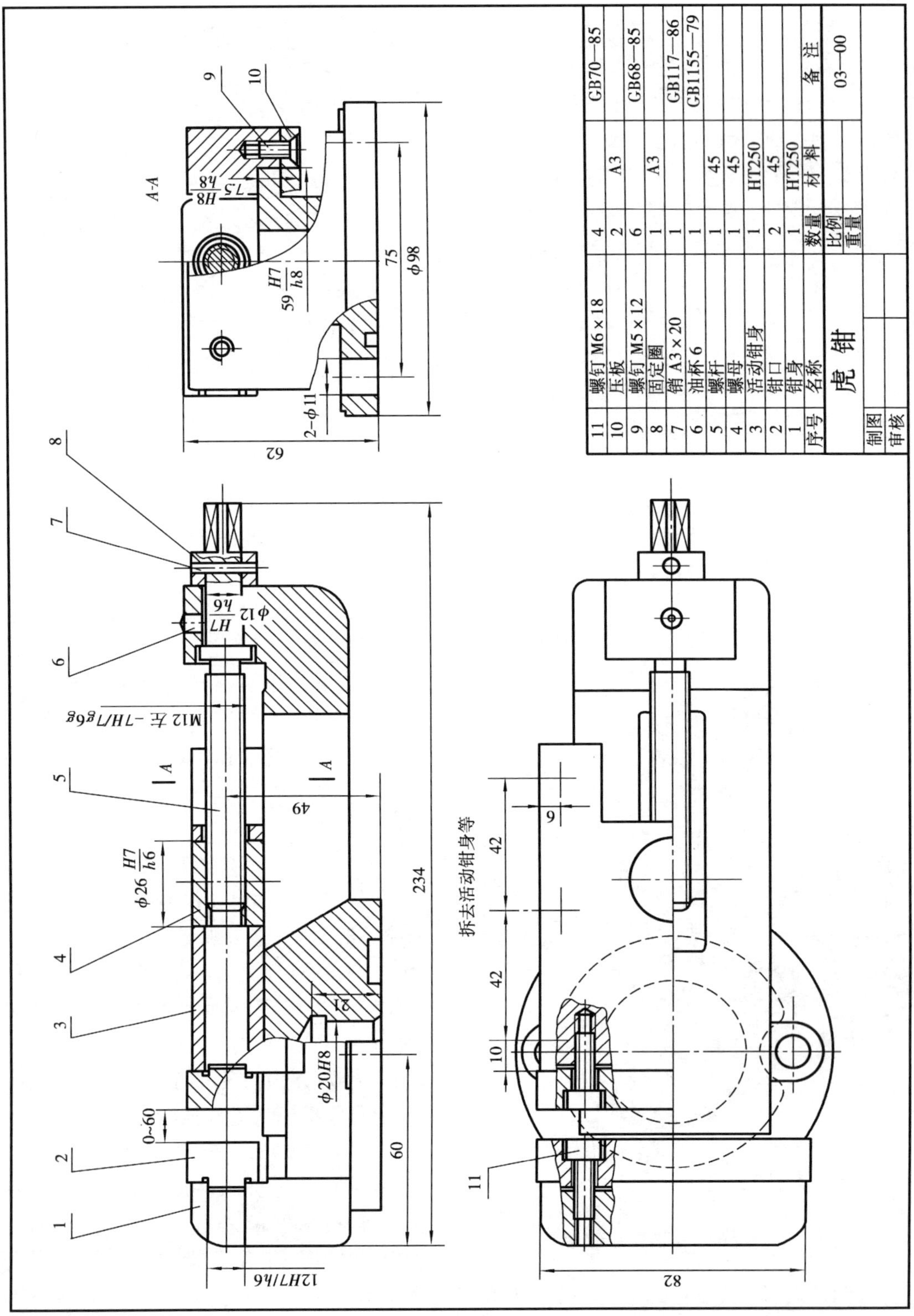

序号	名称	数量	材料	备注
11	螺钉 M6×18	4		GB70—85
10	压板	2	A3	
9	螺钉 M5×12	6		GB68—85
8	固定圈	1	A3	
7	销 A3×20	1		GB117—86
6	油杯 6	1		GB1155—79
5	螺杆	1	45	
4	螺母	1	45	
3	活动钳身	1	HT250	
2	钳口	2	45	
1	钳身	1	HT250	

虎钳	比例		03—00
	重量		
制图			
审核			

图 8-13　虎钳装配图

2. 看虎钳装配图(图 8-13)

(1)概括了解

从标题栏中知道该部件名称是虎钳,它是机械加工中用来夹持工件的夹具。虎钳的种类和规格很多,图 8-13 所示是其中的一种。从序号和明细表中知道该部件由 11 种零件组成,其中序号为 6、7、9、11 的为标准件,其余的是非标准件。

(2)分析视图

虎钳装配图采用了三个基本视图。主视图为通过螺杆轴线的局部剖视图,表达了零件 1、2、3、4、5、6、7、8 之间的装配关系,并较好地反映了虎钳的形状特征和工作位置。

俯视图中的前半部采用拆卸画法(即拆去活动钳身 3、钳口 2、螺母 4 各一半以及螺钉 9、压板 10),整个图形主要表达钳身、活动钳身的外形,两处局部剖视则表示钳口与钳身、活动钳身的连接关系。

左视图有两处局部剖视,*A—A* 局部剖视表达了钳身、压板 10 之间的装配连接关系和钳身左端的形状;另一处局部剖视则表达了钳身下部的形状和安装孔。

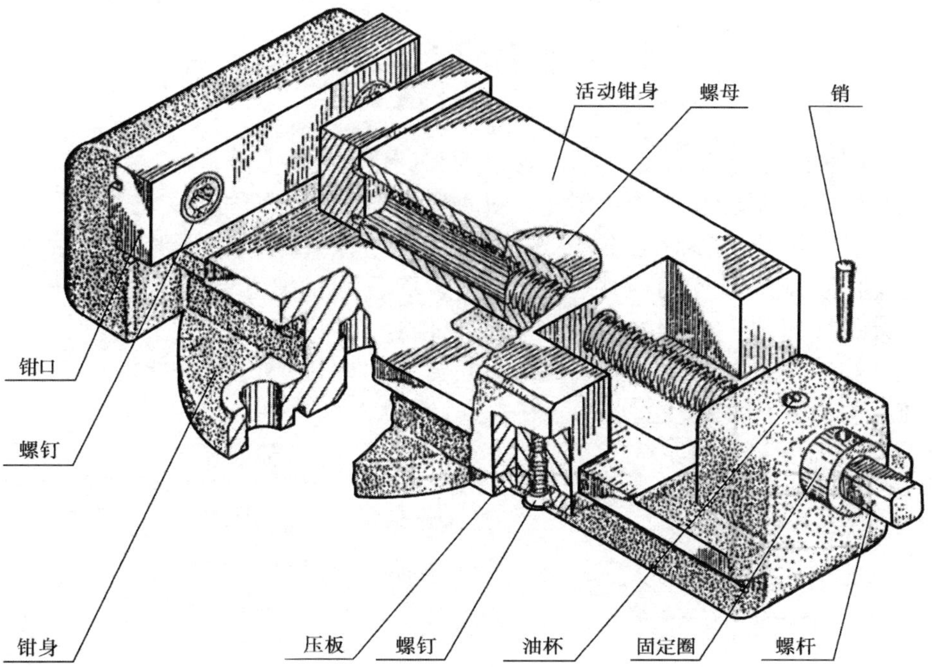

图 8-14 虎钳轴测图

(3)了解装配关系和工作原理

虎钳中螺杆轴线是一条主要的装配干线,从主视图中可以看出,螺杆左端旋在螺母中,螺母与活动钳身用过渡配合装配在一起;螺杆右端装在钳身的孔中,并采用间隙配合($\phi 12H7/h6$),保证其转动灵活。孔的上部装有注压式油杯 6,用于润滑配合面。为了防止螺杆向左移动,在钳身右端处有一个固定圈 8,用圆锥销 7 将固定圈与螺杆相连。钳口上的凸榫与钳身、活动钳身中凹槽相配合($12H7/h6$),并用圆柱头内六角螺钉 11 将它们固定在一起(见俯视图)。钳身中部有一个从上到下穿通的槽,便于清除铁屑。通过底部 $\phi 20H8$ 的孔,可以将钳身安在一个底盘上，以增加虎钳的功能，为了减少加工面，底面上有一个环形的凹槽，其形状如俯视图中虚线所示。由 *A*—*A* 局部剖视可看出，活动钳身与钳身之间采用间隙配合（59*H*7/*f*6），并用压板 10，螺钉 9 装配在一起，使活动钳身能沿着钳身上的导轨移动灵活、平稳。

通过上述分析，可了解虎钳的工作原理为：将扳手（图中未画出）套在螺杆右端的方头处，转动螺杆时，螺母带动活动钳身左右移动，以夹紧或松开工件。

活动钳身右端有一长方形槽口（见俯视图），以保证活动钳身右移时两钳口的最大距离达到 60 mm。

（4）分析尺寸

分析装配图中所注的尺寸，有助于进一步了解部件的规格、外形大小、零件间的装配要求以及该部件的安装方法等。图中 0 ~ 60、82、49 是虎钳的规格尺寸，234、ϕ98、62 是外形尺寸。2 ~ ϕ11、75、60 及 ϕ20*H*8、21 均为安装尺寸。其余都是装配尺寸。装配尺寸中，有 6 个配合尺寸，42、10、6 是上螺钉 9 用的螺孔中心位置尺寸。

综合上述分析，可想象出该虎钳的结构形状如图 8-14 所示。

8-6　由装配图拆画零件图

根据装配图拆画零件图，简称拆图。现以拆画虎钳装配图（图 8-13）中的钳身为例，说明拆画零件图的方法。拆图时，应在看懂装配图的基础上，按照前面所介绍的从装配图中区分不同零件的方法，把要拆画的零件轮廓的投影从装配图中分离出来，如图 8-15 所示。由于装配图主要表达工作原理、零件间的相对位置和装配关系，不可能把所有零件的结构形状都表达完整。因此，拆图时对未表达完全的结构形状，应根据对零件的作用、装配关系和尺寸等的分析，进行补充。从装配图上分离出来的零件视图，还要根据零件视图表达的要求进行适当调整，不能机械地照抄装配图上的表达方法。

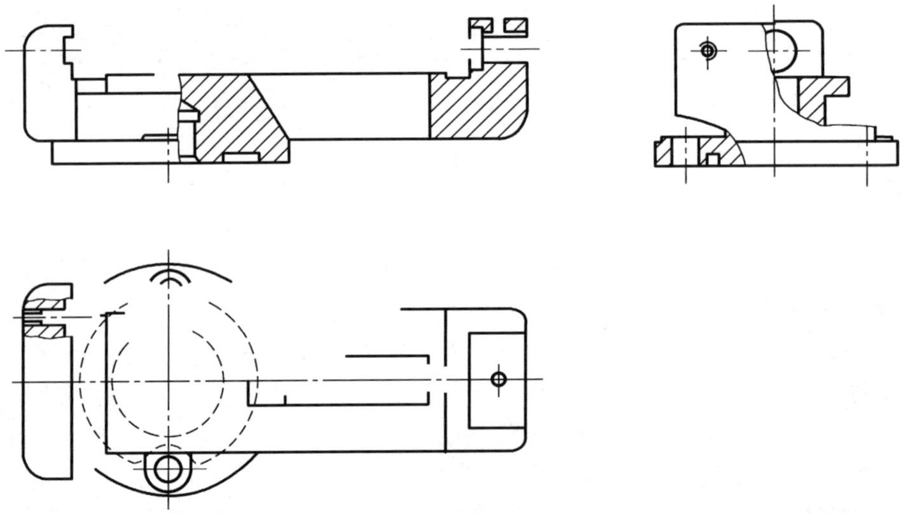

图 8-15　从装配图中分离出来的钳身视图

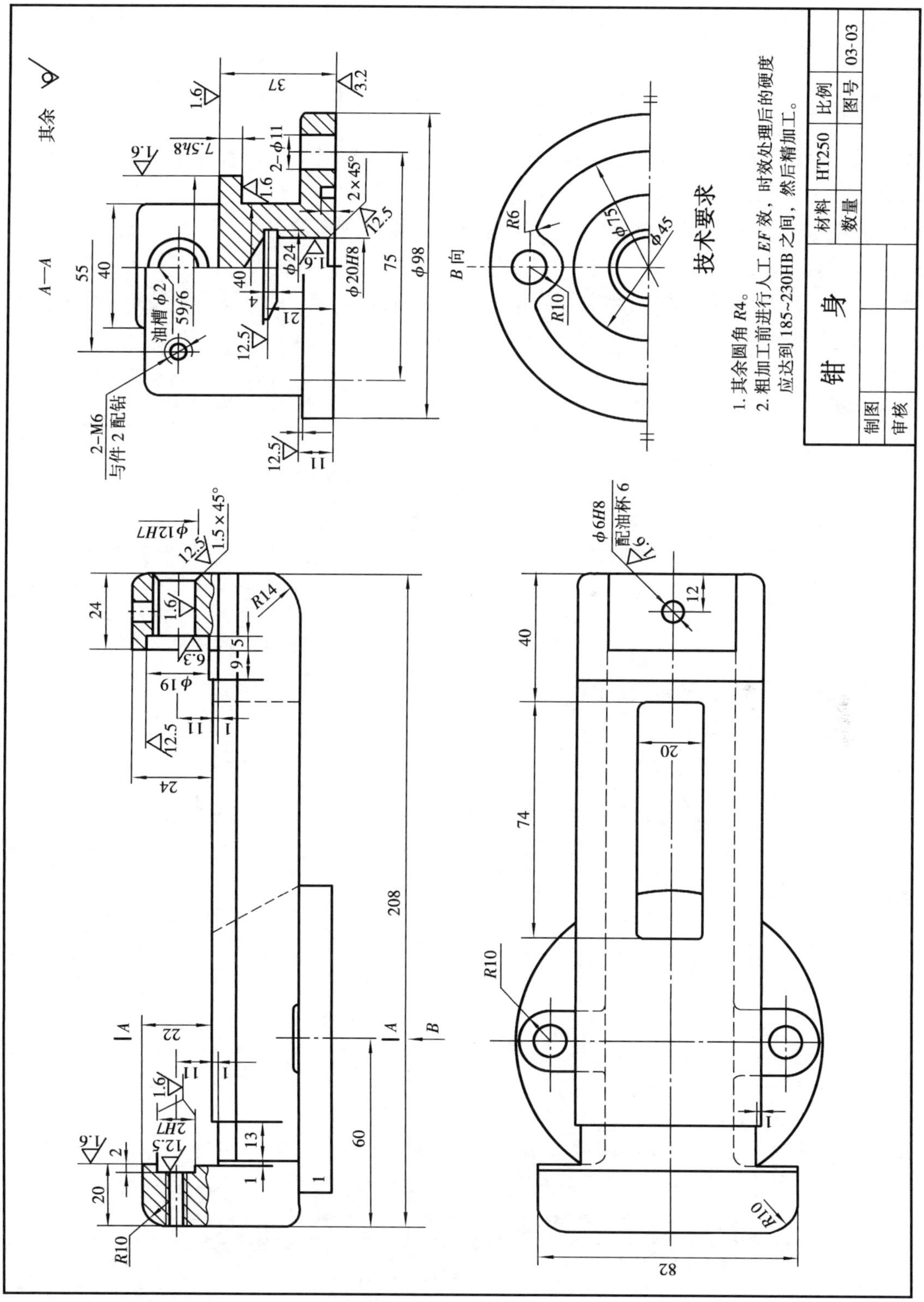
其余
A—A
2-M6
与件2配钻
油槽 φ2
59f6
φ24
φ20H8
φ98
2-φ11
2×45°
7.5h8
B向
R6
R10
φ75
φ45
技术要求
1. 其余圆角R4。
2. 粗加工前进行人工EF效，时效处理后的硬度应达到185~230HB之间，然后精加工。
钳　身
材料
HT250
比例
数量
图号
03-03
制图
审核
φ12H7
1.5×45°
φ19
R14
208
R10
φ6H8
配油杯6
R10
82

图 8-16　钳身零件图

图8-16是经调整补充后的钳身零件图。除了主、俯、左三个基本视图的表达方法作了适当调整而外，还增加了B向视图，以表达底部的结构形状。由于对称，B向视图只画出一半。

拆图时，零件图的尺寸按以下方法确定：

(1) 移注　装配图中已给出的尺寸，可移注到零件图中。如钳身尺寸 $\phi98$、2-$\phi11$、75、82等。

(2) 查表　零件上标准结构，如螺纹、键槽、倒角、退刀槽等尺寸，可查表确定。

(3) 计算　例如齿轮分度圆直径、齿顶圆直径等。

(4) 量取　零件图上一般结构的尺寸，从装配图上按比例量取。

标注尺寸时，应注意有装配关系的尺寸，要互相协调，不能矛盾。

零件图上的表面粗糙度和其他技术要求，应根据零件的作用、装配关系和装配图上提出的要求，查阅有关手册和资料确定后注出。

第九章　建筑施工图

9-1　概　述

一、房屋建筑施工图的分类

建造一幢房屋从设计到施工，要由许多专业、许多工种共同配合来完成。按专业分工的不同，施工图可分为：

1. 建筑施工图（简称建施）　主要用来表示房屋的规划位置、外部造型、内部布置、内外装修、细部构造、固定设施及施工要求等。它包括施工图首页、总平面图、平面图、立面图、剖面图和详图。

2. 结构施工图（简称结施）　主要表示房屋承重结构的布置、构件类型、数量、大小及做法等。它包括结构布置图和构件详图。

3. 设备施工图（简称设施）　主要表示各种设备、管道和线路的布置、走向以及安装施工要求等。设备施工图又分为给水排水施工图（水施）、供暖施工图（暖施）、通风与空调施工图（通施）、电气施工图（电施）等。设备施工图一般包括平面布置图、系统图和详图。

二、建筑施工图的有关规定

绘制建筑施工图除了要符合投影原理外，还应遵守《房屋建筑制图统一标准》GBJ1—86、《总图制图标准》GBJ103—87 和《建筑制图标准》GBJ104—87 的规定。现选择几项予以说明。

1. 图线　建筑专业制图采用的各种线型，见表 9-1。

图线的宽度 b 应根据图样的复杂程度和比例确定。一般 $b = 0.5 \sim 1$ mm。

表 9-1　线　型

名　称	线　型	线　宽	用　途
粗实线		b	平、剖面图中被剖切的主要建筑构造（包括构、配件）的轮廓线； 建筑立面图的外轮廓线； 建筑构造详图中被剖切的主要部分的轮廓线； 建筑构、配件详图中构、配件的外轮廓线。
中实线		$0.5b$	平、剖面图中被剖切的次要建筑构造（包括构、配件）的轮廓线； 建筑平、立剖面图中建筑构、配件的轮廓线； 建筑构造详图及建筑构、配件详图中一般轮廓线。

续表

名　称	线　型	线　宽	用　途
细实线		0.35b	小于0.5b的图形线、尺寸线、尺寸界线、图例线、索引符号、标高符号等。
中虚线		0.5b	建筑构造及建筑构、配件不可见的轮廓线；平面图中的起重机(吊车)轮廓线：拟扩建的建筑物轮廓线。
细虚线		0.35b	图例线，小于0.5b的不可见轮廓线。
粗点划线		b	起重机(吊车)轨道线。
细点划线		0.35b	中心线、对称线、定位轴线。
折断线		0.35b	不需画全的断开界线。
波浪线		0.35b	不需画全的断开界线；构造层次的断开界线。

2. 比例　建筑专业制图选用的比例，宜符合表9-2的规定。

表9-2　比　例

图　名	比　例
总平面图	1∶500、1∶1 000、1∶2 000
建筑物或构筑物的平面图、立面图、剖面图	1∶50、1∶100、1∶200
建筑物或构筑物的局部放大图	1∶10、1∶20、1∶50
配件及构造详图	1∶1、1∶2、1∶5、1∶10、1∶20、1∶50

3. 尺寸和标高

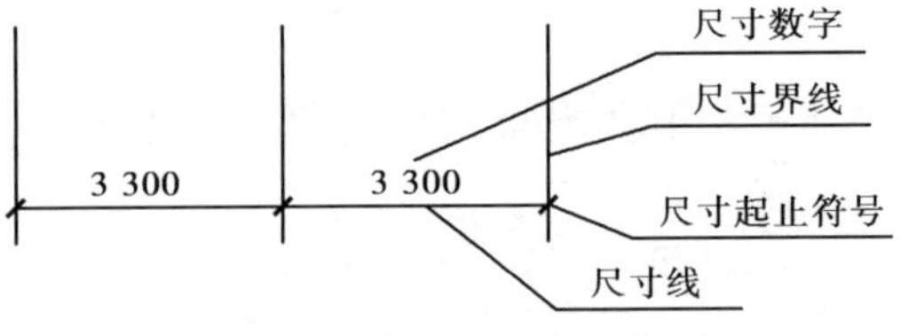

图9-1　尺寸的组成

图样上的尺寸，应包括尺寸界线、尺寸线、尺寸起止符号和尺寸数字。尺寸界线和尺寸线均用细实线绘制。尺寸起止符号用中粗斜线绘制，其倾斜方向应与尺寸界线成顺时针45°角，长度宜为2～3 mm，见图9-1。尺寸单位除标高及总平面图以米为单位外，均必须以毫米为单位。

标高是标注建筑高度的一种尺寸形式。个体建筑物图样上的标高符号，按图9-2(a)所示形式以细实线绘制。标高符号的尖端，应指至被注的高度。尖端可向下，也可向上，见图9-2(b)。总平面图上的标高符号如图9-2(c)所示。标高数字以米为单位，注写到小数点后第三位。在总平面图中，可注写到小数点后第二位。

标高有相对标高和绝对标高两种。

相对标高是以室内第一层主要用房地面作为零点而确定的高度。低于零点为负、高于零点为正,零点标高应注写成 ±0.000,正数标高不注“+”,负数标高应注写“-”,例如3.000,-0.450。

绝对标高是以青岛附近的黄海平均海平面作为零点而测定的高度,又称海拔高度。

建筑施工图除总平面图用绝对标高外,一般都采用相对标高。

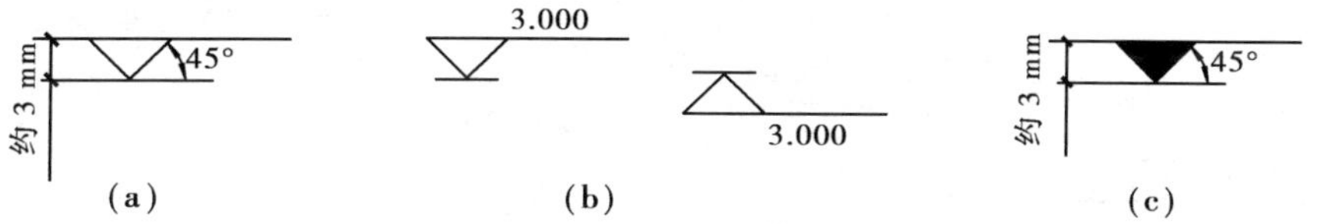

图 9-2 标高符号及其规定画法

4. 索引符号和详图符号

图样中的某一局部或构配件,如需另见详图,应以索引符号索引,即在需要另画详图的部位画出索引符号,并在所画的详图上画出详图符号,两者编号必须对应一致,以便对照查阅。索引符号的圆和水平直径线均应以细实线绘制,圆的直径应为 10 mm,索引符号的引出线应指在要索引的位置上。当引出的是剖面详图时,用粗实线表示剖切位置,引出线所在的一侧为剖视方向。有关索引符号的表示方法如图 9-3(a)所示。详图符号应以粗实线绘制成直径为 14 mm的圆。当详图与被索引的图样不在同一张图纸内时,可用细实线在详图符号内画一水平直径线,圆内编号的含义见图 9-3(b)。

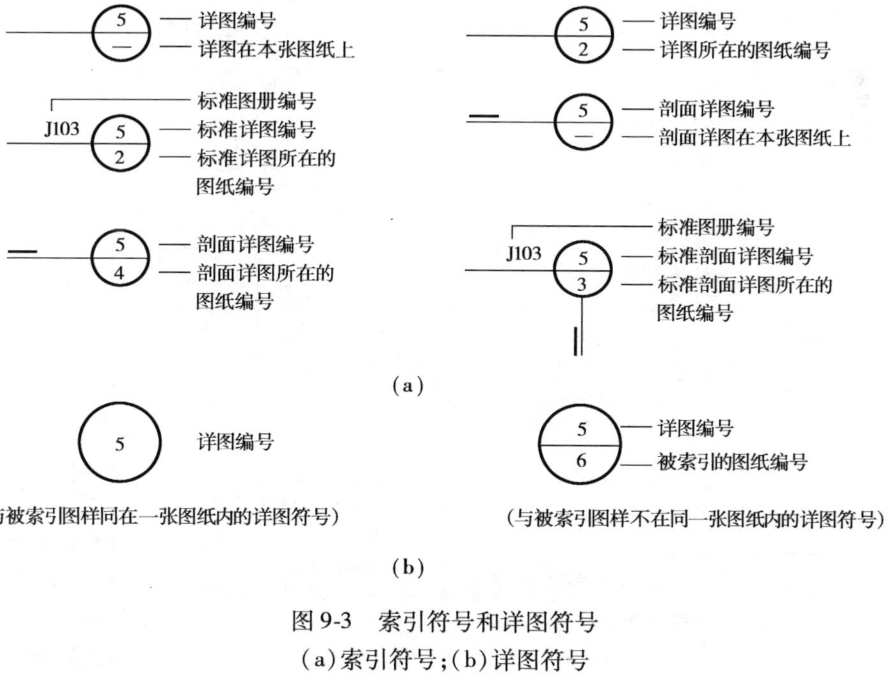

图 9-3 索引符号和详图符号

(a)索引符号;(b)详图符号

5. 构造及配件图例

由于房屋的形体很大,故它的建筑平面图、立面图和剖面图常用较小的比例(1 : 100、1 : 200)绘制,它的某些构件、配件不可能也没必要按真实投影画出,只需用“国标”规定的图例表示,表 9-3 中列出了构造及配件部分图例。

表 9-3　常用的构造及配件图例

名　称	图　例	说　明
楼梯	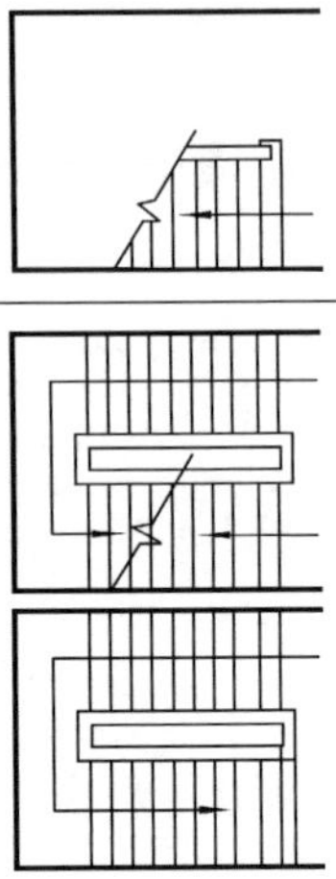	1. 上图为底层楼梯平面，中图为中间层楼梯平面，下图为顶层楼梯平面。 2. 楼梯的形式及步数应按实际情况绘制。
检查孔		左图为可见检查孔。右图为不可见检查孔。
孔洞		
坑槽		
烟道	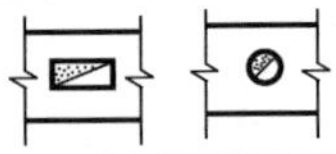	
通风道	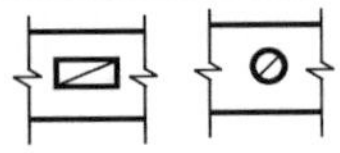	
单扇门（包括平开或单面弹簧）	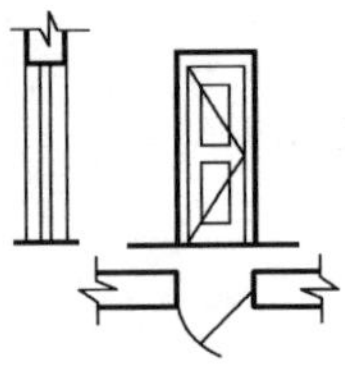	1. 门的名称代号用 *M* 表示。 2. 在剖面图中，左为外，右为内；在平面图中，下为外，上为内。 3. 在立面图中，开启方向线交角的一侧，为安装合页的一侧。实线为外开，虚线为内开。 4. 平面图中的开启弧线及立面图中的开启方向线，在一般的设计图上不表示，仅在制作图上表示。 5. 立面形式应按实际情况绘制。
双扇门（包括平开或单面弹簧）	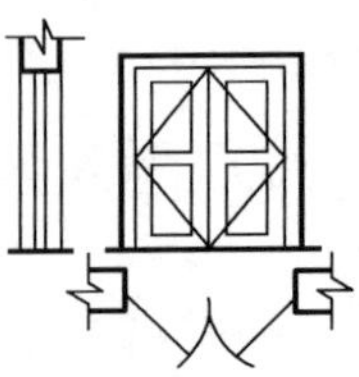	
对开折叠门	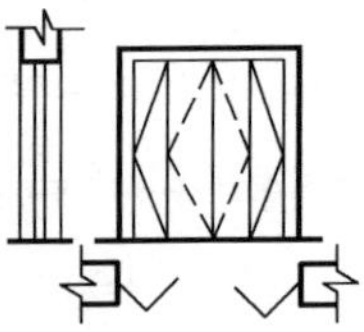	

名　称	图　例	说　明
墙内单扇推拉门	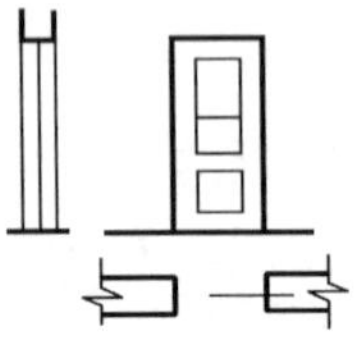	同单扇门说明中的 1、2、5。
单扇双面弹簧门	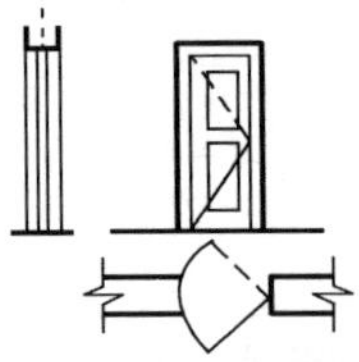	同单扇门说明。
双扇双面弹簧门	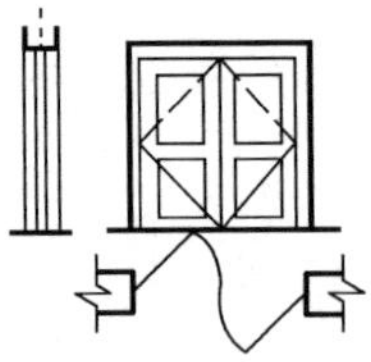	
单层固定窗	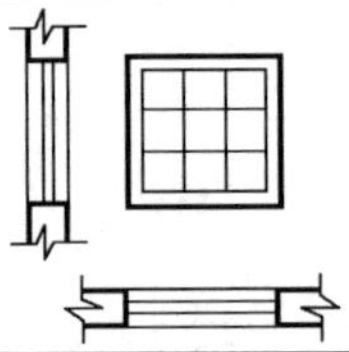	1. 窗的名称代号用 *C* 表示。 2. 立面图中的斜线表示窗的开关方向，实线为外开，虚线为内开；开启方向线交角的一侧为安装合页的一侧，一般设计图中可不表示。 3. 在剖面图中，左为外，右为内；在平面图中，下为外，上为内。 4. 平、剖面图中的虚线，仅说明开关方式，在设计图中不需要表示。 5. 窗的立面形式应按实际情况绘制。
单层外开上悬窗	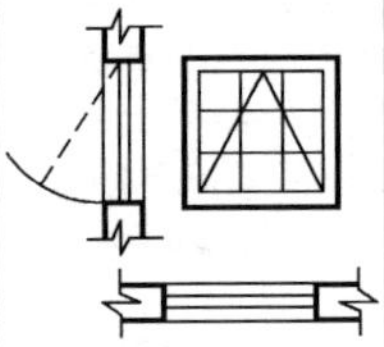	
单层中悬窗	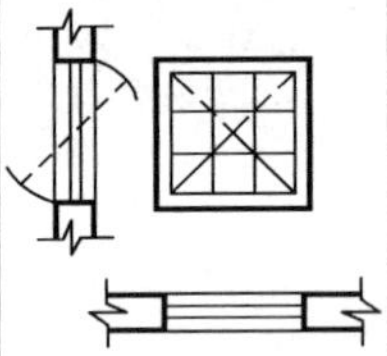	
单层外开平开窗	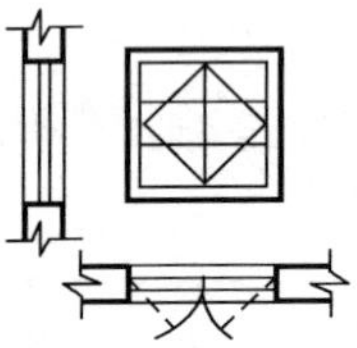	
双层内外开平开窗	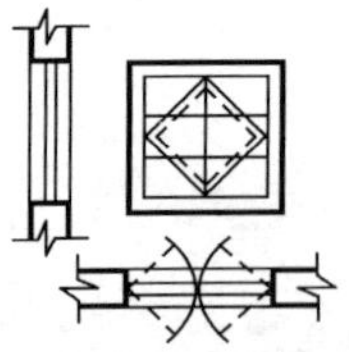	

6. 常用建筑材料图例

当建筑物或建筑物构配件被剖切时，常在图样内的断面轮廓线内画出建筑材料图例。常用的建筑材料图例见表9-4。

表9-4 常用建筑材料图例

材料名称	图 例	说 明
自然土壤		包括各种自然土壤。
夯实土壤		
砂、灰土	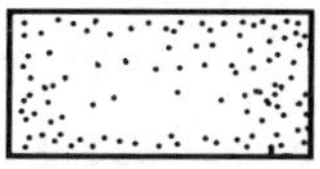	靠近轮廓线点较密的点。
砂砾石、碎砖三合土	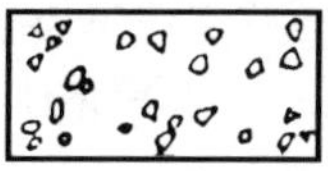	
天然石材	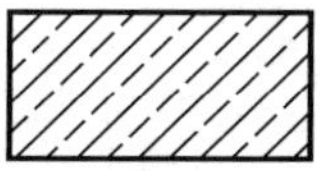	包括岩层、砌体、铺地、贴面等材料。
毛石	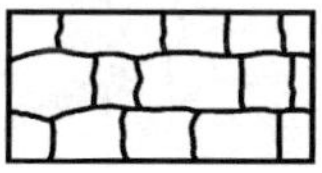	
普通砖	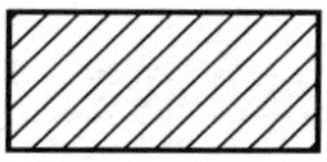	1. 包括砌体、砌块。 2. 断面较窄，不易画出图例线时，可涂红。
混凝土	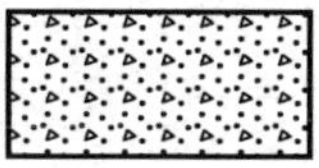	1. 本图例仅适用于能承重的混凝土及钢筋混凝土。 2. 包括各种强度等级、骨料、添加剂的混凝土。 3. 在剖面图上画出钢筋时，不画图例线。 4. 断面较窄，不易画出图例线时，可涂黑。
钢筋混凝土	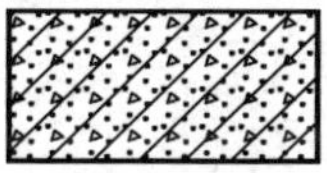	
多孔材料	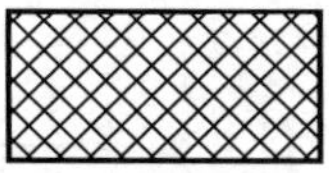	包括水泥珍珠岩、沥青珍珠岩、泡沫混凝土、非承重加气混凝土、泡沫塑料、软木等
木材	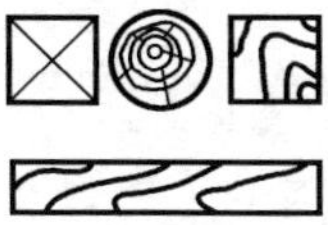	1. 上图为横断面，左上图为垫土、木砖、木龙骨。 2. 下图为纵断面。
金属		1. 包括各种金属。 2. 图形小时，可涂黑。

9-2 总平面图

表明新建房屋的位置、朝向和周围环境（如已有的建筑物、道路、绿化、地形等）情况的图样称为总平面图。它是对新建房屋进行施工放线和布置施工现场的依据，也是绘制水、暖、气、电等管线总平面图的依据。

总平面图一般采用 1 : 500、1 : 1 000、1 : 2 000 的比例绘制。

总平面图表达的内容，应采用“国标”GBJ103—87 所规定的图例画出。该图例的摘录见表 9-5。如“国标”规定的图例不够用时，可自行拟定补充图例，但必须在图的下方加以说明。

总平面图中，常以风向频率玫瑰图（简称风玫瑰图，见图 9-4 上方的图形）表示当地常年各方位吹风频率和房屋的朝向。它是根据当地多年平均统计的各个方向吹风次数的百分数值，按一定比例绘制的。风向是从外面吹向地区中心，一般分为 16 个方位，箭头指向北。实线折线表示全年风向频率、虚线折线表示夏季风向频率。

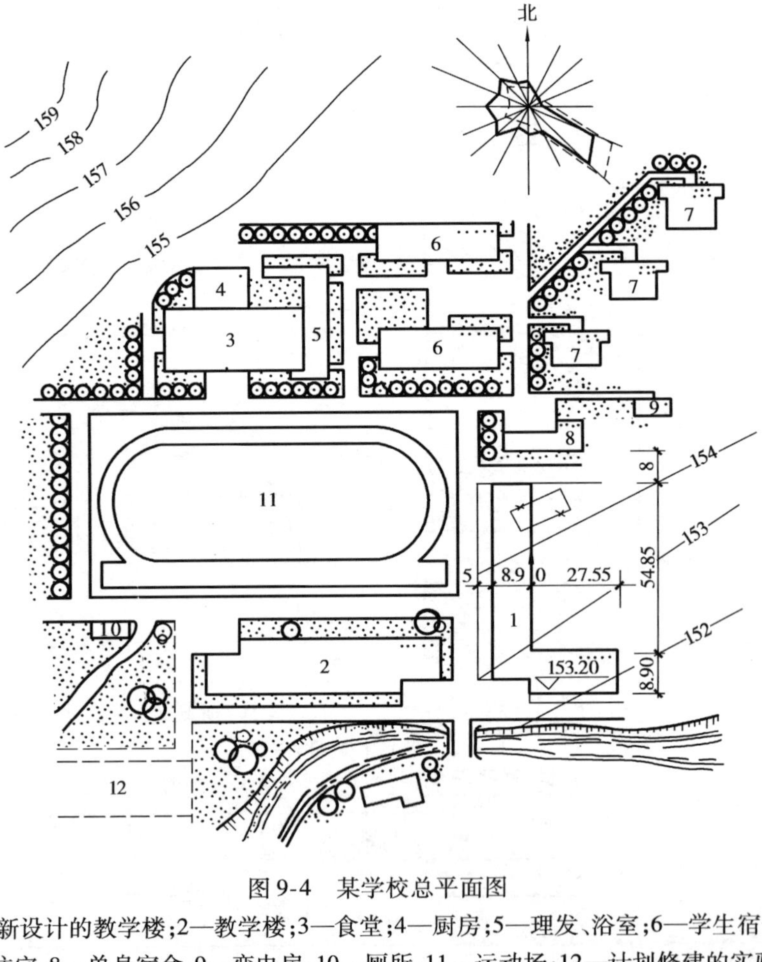

图 9-4 某学校总平面图

1—新设计的教学楼；2—教学楼；3—食堂；4—厨房；5—理发、浴室；6—学生宿舍；7—住宅；8—单身宿舍；9—变电房；10—厕所；11—运动场；12—计划修建的实验楼

表 9-5　总平面图中的常用图例

名　称	图　例	说　明
新建的建筑物	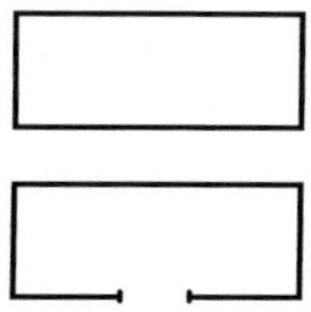	1. 上图为不画出入口图例，下图为画出入口图例。 2. 需要时，可在图形内右上角以点数或数字（高层宜用数字）表示层数。 3. 用粗实线表示。
原有的建筑物	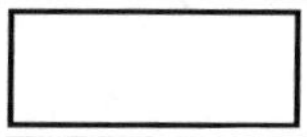	1. 应注明拟利用者。 2. 用细实线表示。
计划扩建的预留地或建筑物		用中虚线表示。
拆除的建筑物	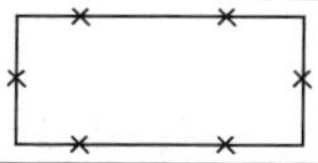	用细实线表示。
台阶	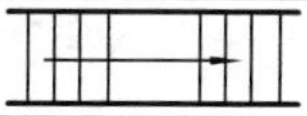	箭头指向表示向上。
截水沟或排洪沟	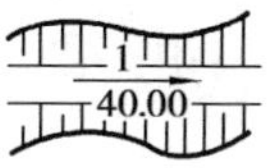	“1”表示 1%，为沟底纵向坡度，“40. 00”表示变坡点距离，箭头表示水流方向。
围墙及大门	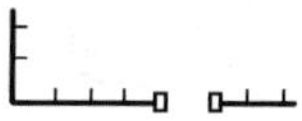 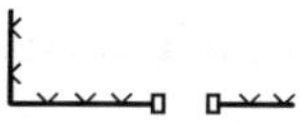	上图为砖石、混凝土或金属材料的围墙。 下图为镀锌铁丝网、篱笆等围墙。 如仅表示围墙时，不画大门。
坐标	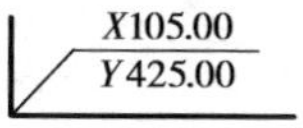 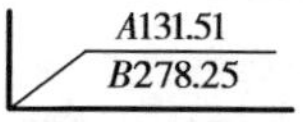	上图表示测量坐标，下图表示施工坐标。
填挖边坡	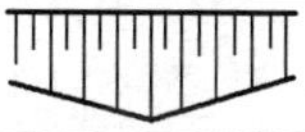	边坡较长时，可在一端或两端局部表示。
护坡	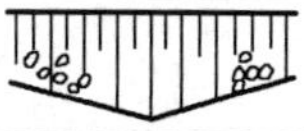	
室内标高	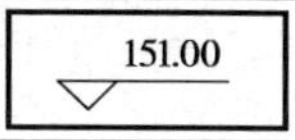	
室外标高		
新建的道路	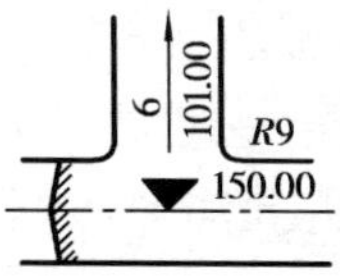	1. “R9”表示道路转弯半径为 9 m，“150. 00”为路面中心的标高，“6”表示 6%，为纵向坡度，“101. 00”表示变坡点间距离。 2. 图中斜线为道路断面示意，根据实际需要绘制。

名　称	图　例	说　明
原有的道路	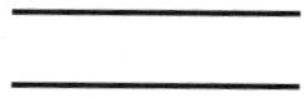	
计划扩建的道路	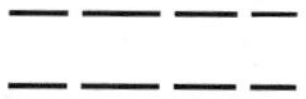	
人行道		
桥梁（公路桥）	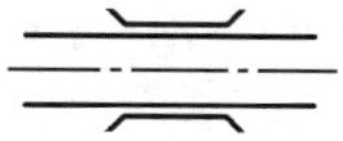	用于旱桥时应注明。
雨水井与消火栓井	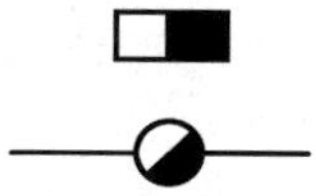	上图表示雨水井，下图表示消火栓井。
针叶乔木		
阔叶乔木		
针叶灌木		
阔叶灌木		
修剪的树篱		
草地	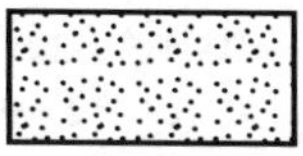	
花坛		

图 9-4 为某学校总平面图的一部分。由图可以看出:拟新建教学楼 1 位于东南角,定位由单身宿舍 8、运动场东端的道路和所标尺寸确定,平面形状为 *L* 形,室内地坪绝对标高 153. 20 米,平面轮廓内的五个小黑点表明新教学楼为五层。修建该教学楼时,要拆除原有的一幢小房屋。从图中的等高线高程可以知道,该校西北方向地势高,东南方向地势低。从图中还可看出原有建筑物、道路、绿化以及南边的水沟和桥等情况。

9-3 建筑平面图

假想用水平剖切面经门窗洞将整幢房屋剖切后,移去上部,将余下部分从上向下投影而得的水平投影图,即为建筑平面图,简称平面图。

建筑平面图主要表示房屋的平面布置情况。它是施工中放线、砌墙、安装门窗、室内装修以及编制预算的依据。

多层房屋的平面图,通常按其所表达的层次来命名,如底层平面图、二层平面图等。当有些楼层的平面布置相同,或仅有局部不同时,可共用一个平面图来表达,这个平面图称为标准层平面图,或某层 ~ 某层平面图。对于局部不同之处,只需另画不同处的局部平面图或用文字说明即可。如平面图对称,可将两层平面图各画一半合并成一个图,中间用一细点划线分界,并在图的下方左、右分别注写图名。

平面图的线型粗细应分明。凡是被剖切到的墙、柱断面轮廓线用粗实线,门扇开启线用中实线,其余可见的轮廓线和尺寸线均用细实线。如需表示高窗、通气孔、槽、地沟、搁板及起重机等不可见部分,则应以中虚线或细虚线绘制。

现以图 9-5 ~ 图 9-7 所示的某单位职工住宅建筑平面图为例,说明建筑平面图的图示内容和阅读方法。

一、底层平面图

1. 图名、比例

在平面图下方应注出图名和比例。从图名可知该图是哪一层的平面图。图 9-5 是职工住宅的底层平面图,比例是 1∶100 。

2. 房屋的朝向

通常在底层平面图旁边,用细实线画出一个指北针符号,见图 9-5 左下角。圆的直径宜为 24 mm,指针尾部的宽度宜为 3 mm;在指针尖端处,国内工程注“北”字,涉外工程注“*N*”字。由指北针符号就可以看出这幢房屋的朝向,本例住宅正面朝南,背面朝北。

3. 定位轴线及编号

在建筑平面图中应画出定位轴线,用来确定房屋的墙、柱等承重构件的位置。定位轴线应用细点划线绘制,并予编号,编号的圆圈用细实线绘制,直径为 8 mm,圆心在定位轴线的延长线上或延长线的折线上。对于较简单或对称的房屋,平面图的轴线编号,一般标注在图形下方与左方,当不对称时,其余两方也需标注。横向编号用阿拉伯数字,从左至右依次编写,竖向编号应用大写拉丁字母(*I*、*O*、*Z* 除外),从下至上依次编写。

在标注非承重的分隔墙或次要承重构件的定位轴线时,可用附加轴线,编号用分数表示,

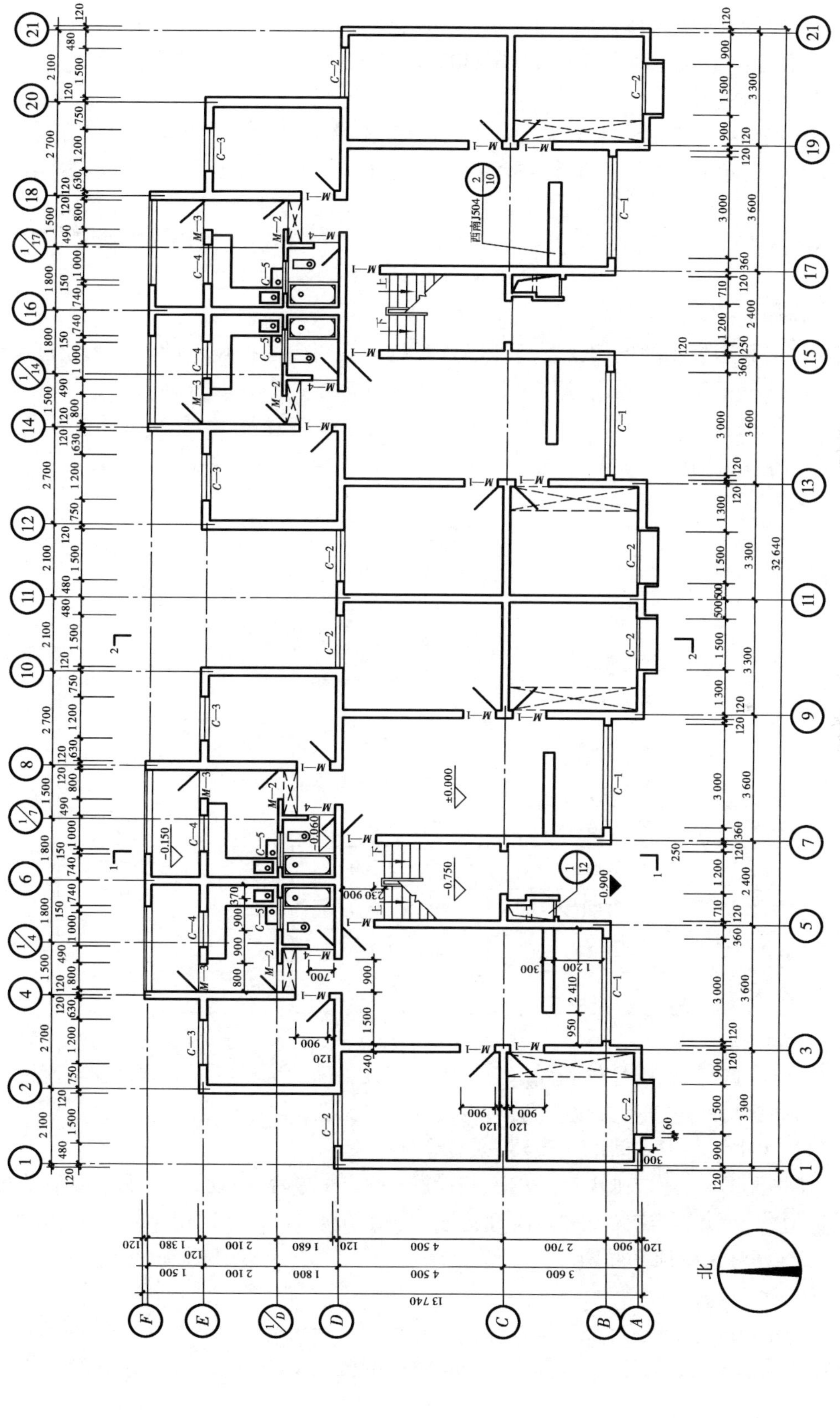

底层平面图 1:100

图9-5 某单位职工住宅底层平面图

分母表示前一轴线的编号，分子表示附加轴线编号，分子用阿拉伯数字顺序编写。

如图9-5中的$\frac{1}{4}$表示④号轴线后附加的第一根轴线，$\frac{1}{D}$表示Ⓓ轴线后附加的第一根轴线。本住宅的墙体除厨房、卫生间隔墙外，墙厚均为240 mm，定位轴线与墙体中心线重合。

4. 房屋内部的平面布置

平面图反映房屋内部的平面布置情况，如房间、走廊、楼梯、厨房、卫生间等的位置及大小。本例住宅分两个对称的单元，每个单元每层有两户，彼此对称。每户有三个卧室、一个客厅、一个厨房、一个卫生间。厨房、卫生间和北边的卧室共由一个过道与客厅联系。客厅内设置一装饰木隔断（见西南J504），把客厅分成一大一小两个空间。每户北边有一内阳台。单元的出入口和楼梯间在南边。

5. 门、窗、其他构配件和固定设施

由于平面图一般采用较小的比例绘制，所以门、窗在平面图中均按规定的图例来绘制，其中用两条平行细实线表示窗框和窗扇，用45°倾斜的中实线表示门扇及其开启方向，并注明门窗的代号或型号，门、窗的代号分别为M、C。门窗型号、数量、门窗洞尺寸及其所选标准图集的编号等可见门窗表，至于门窗的具体构造做法，则要看门窗详图。本例住宅的门窗表见表9-6。

表9-6　门窗表

序号	类型	编　号	型　号	洞口尺寸 宽×高	数　量	备　注
1	窗	C—1	银色蓝玻铝合金	3 000×1 800	20	定　做
2		C—2	B·1518	1 500×1 800	40	详西南J701
3		C—3	B·1218	1 200×1 800	20	
4		C—4	B·1018	1 000×1 800	20	
5		C—5	F·0907	900×700	20	
6	门	M—1	J—0920	900×2 000	84	详西南J601
7		M—2	J—0820	800×2 000	20	
8		M—3	J—0827	800×2 700	20	
9		M—4	YJ—0720	700×2 000	20	

在平面图中还应画出其他构配件和固定设施的图例或平面轮廓形状。如本例住宅南边的卧室有搁板，在通向厨房的过道上方也有搁板，均用虚线画出；在本例平面图中，还画出了厨房内的灶台、洗涤盆、污水池和卫生间的大便器、浴盆等。

此外，在底层平面图中，还应画出室外的一些设施，如室外台阶、花池、散水和雨水管等的位置和平面轮廓形状。本例住宅无室外台阶和花池。散水在本例图中未画出，可见设计说明。雨水管的位置（未画出）见屋顶平面图。

6. 尺寸标注

在建筑平面图中，外墙一般应标注三道尺寸。最外面的一道尺寸是房屋两端外墙面的总尺寸。中间一道尺寸是轴线间距尺寸，也就是表示房间的开间或进深的尺寸，例如该住宅南边的卧

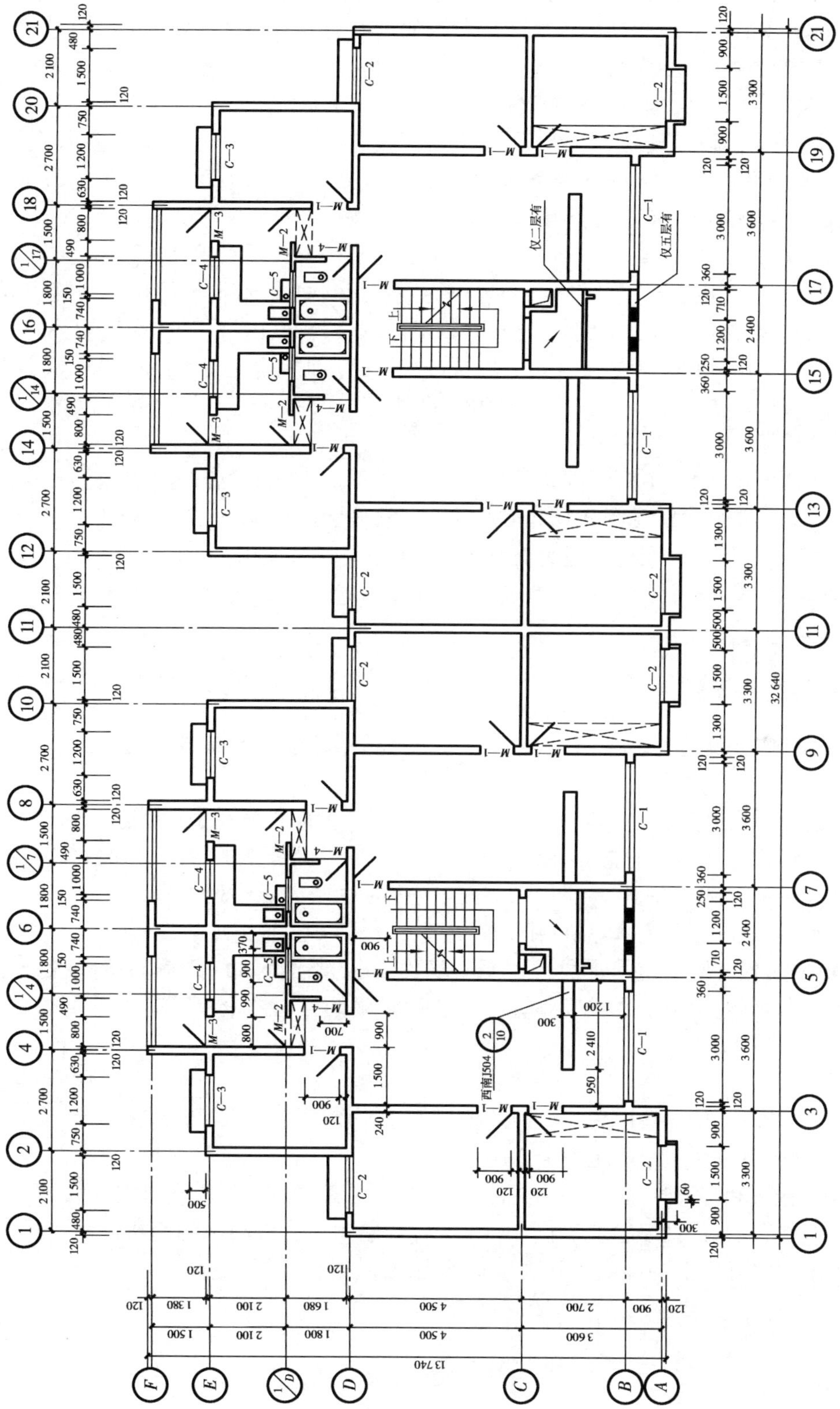

标准层平面图 1:100

图9-6　某住宅标准层平面图

室,开间为3.3 m,进深为3.6 m。最里面一道尺寸为外墙门窗洞口宽度及其定位等细部尺寸。

此外还应注出必要的内部尺寸和某些局部尺寸。如内墙上门窗洞口宽度尺寸及其定位尺寸,墙体厚度和柱子的断面尺寸,底层楼梯起步定位尺寸,以及某些主要固定设施和构配件的定形定位尺寸。所有上述尺寸,均不包括粉刷厚度。

平面图中还应注出楼地面、楼梯、阳台、平台、台阶以及室外地坪等处完成面(包括面层在内)的标高。在不同标高地面的分界处,应画出分界线。该住宅底层地面标高 ±0.000,卫生间标高为 -0.060,阳台标高为 -0.150,楼梯间标高为 -0.750,室外地坪标高为 -0.900。

7. 有关符号

在底层平面图中,除了应画出指北针外,必须在需要绘制剖面图的部位,画出剖切符号;在需要另画详图的局部或构件处,应画出索引符号。剖面的剖切符号,由剖切位置线和剖视方向线组成,均为粗实线段,剖切位置线长为 6 ~ 10 mm,剖视方向线垂直于剖切位置线,长为 4 ~6 mm。剖切符号不宜与图面上的图线相接触。剖切符号的编号应注写在剖视方向的一侧。索引符号的规定见 9-1。

在本例底层平面图中,画出了两个剖切位置 1—1 和 2—2,剖切后均向左(西)边投影,相应的 1—1 剖面图和 2—2 剖面图见图 9-10 和图 9-11。底层平面图中还画出了两个索引符号。一个是垃圾道的索引符号$\frac{1}{12}$,表明垃圾道另有详图 1,画在第 12 页图纸上(本书即见图 9-12)。另一个是客厅的装饰木隔断的索引符号 西南J504 $\frac{2}{10}$,表明这个隔断的做法见西南地区标准图集 J504 的第 10 页第 2 号详图。

二、楼层(标准层)平面图

图 9-6 所示的标准层平面图,为职工住宅二层 ~ 五层共用的楼层平面图,各层局部不同处已用文字说明。

楼层平面图的图示内容和方法与底层平面图基本相同。不同之处在于:在楼层平面图中,不必再画出底层平面图中已显示的指北针、剖切符号,以及室外地面上的台阶、花池、散水或明沟等。但还应按投影关系画出在下一层平面图中未表达的室外构配件和设施,如下一层窗顶的可见遮阳板,出入口上方的雨篷,本层的阳台等。

在楼层平面图中,楼梯间上行的梯段被水平剖切面剖断,绘图时用 45°倾斜折断线分界,画出上行梯段的部分踏步,下行的梯段完整存在,且有部分踏步与上行的部分踏步投影重合。

三、屋顶平面图

图 9-7 所示的屋顶平面图,是将高于屋顶的楼梯间水平剖切后(剖切平面高于屋顶),用 1∶100 比例绘出的屋顶俯视图。在屋顶平面图中,一般表明突出屋顶的楼梯间、电梯机房、水箱、管道、烟囱等的位置和屋面排水方向(用箭头表示)及坡度、女儿墙、雨水口的位置等。本例住宅楼梯间通向屋顶后,经两步台阶和门 M—1 上行到屋面。屋面雨水从南排向北,再分别经②、⑩、⑫和⑳轴线的外墙上的雨水口和雨水管排到地面。

四、平面图的画法步骤

(1)画定位轴线。

(2)画墙、柱断面。

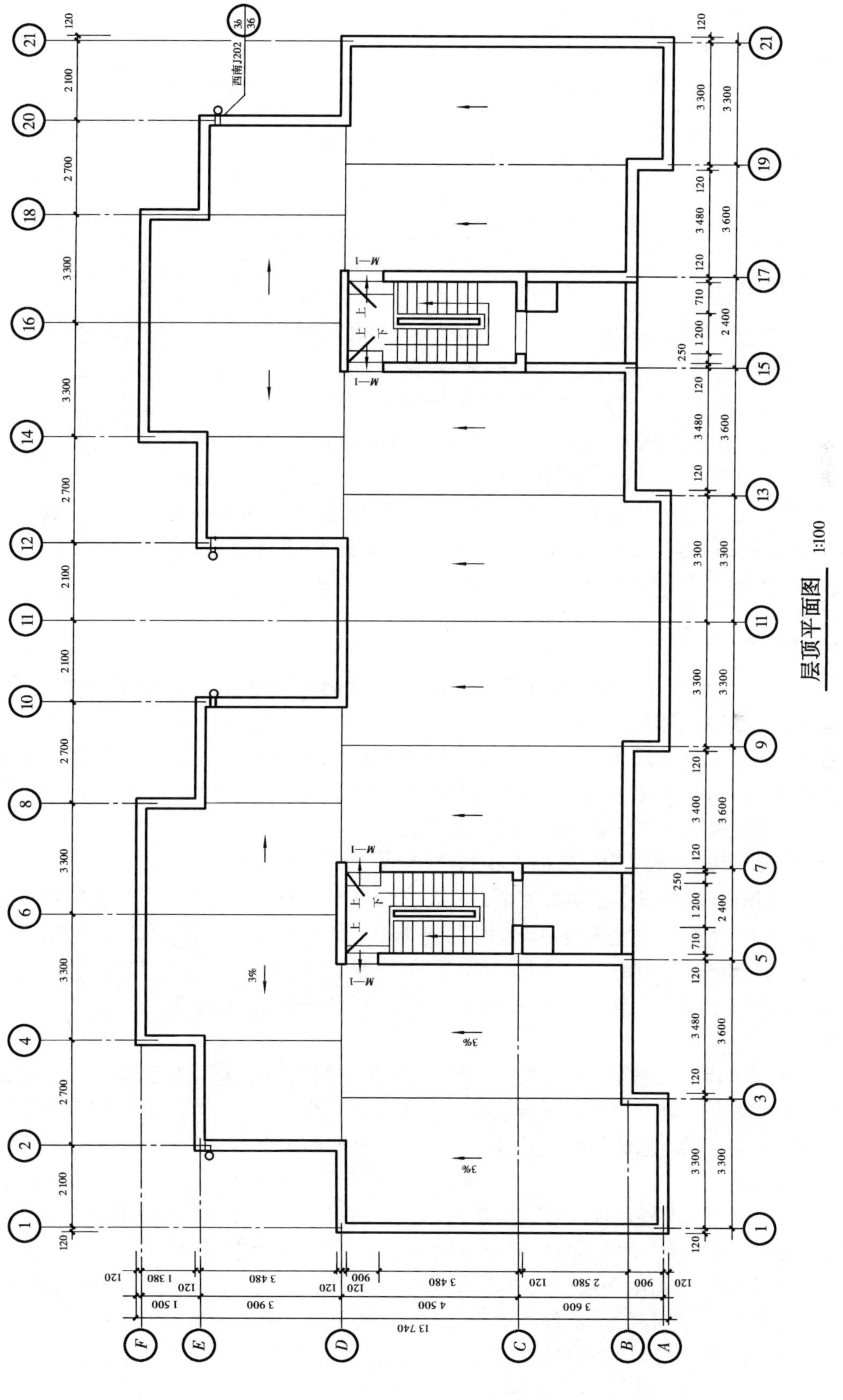

图9-7 某住宅屋顶平面图

(3)画门窗与细部。

(4)画尺寸线和符号。

(5)检查无误后,按要求加深各种图线,并标注尺寸、编号、书写文字说明。

9-4 建筑立面图

一、立面图的表达

在与房屋主要墙面平行的投影面上所作出的房屋正投影图,称为建筑立面图,简称立面图。立面图主要反映房屋的外貌、高度和立面装饰等。其中把主要出入口所在或反映房屋外貌主要特征的立面图称为正立面图,其余相应地称为背立面图、左侧立面图、右侧立面图。现在一般以房屋两端墙(或柱)的定位轴线编号来定立面图的名称,如①~㉑立面图、㉑~①立面图等。也有按房屋立面的朝向来命名的,如南立面图、北立面图、东立面图等。

为了加强图面效果,使外形清晰、重点突出和层次分明,通常用粗实线表示外墙的最外轮廓线;雨篷、阳台、窗台、台阶、花台以及门窗洞的轮廓用中实线;地坪线用加粗实线(1.4b),其余如门窗扇及其分格、栏杆、墙面分格线、说明引出线等均用细实线。

二、立面图的图示内容及读图方法

现以图9-8所示的职工住宅①~㉑立面图为例,说明立面图的图示内容与读图方法。

1. 图名、比例、两端定位轴线及其编号

对照底层平面图(图9-5),可看出①~㉑立面图所表达的是朝南的立面,可称为南立面图,也就是将这幢住宅由南向北投影所得的正投影图。该立面图所采用的比例是1∶100,与平面图的比例相同。两端的定位轴线编号为①和㉑。

2. 房屋的外貌、门窗和其他构配件的形状和位置

将①~㉑立面图与平面图相互对照可看出,该立面图显示的是Ⓐ轴线墙面、Ⓑ轴线墙面和Ⓒ轴线部分墙面的形状。住宅两个单元相同,每个单元左右对称。从图中还可看到:卧室的小窗子(带窗套)、客厅的大窗子。在楼梯间部位可以看到:住宅出入口、垃圾道及其出口、楼梯部分踏步及扶手、雨篷、装饰花格、屋顶楼梯间护栏以及楼梯间高出屋顶的墙体等。

3. 外部装修做法

外墙面各部位(如墙面、雨篷、阳台、窗台、勒脚等)的装修做法(包括用料和颜色),在立面图中常用指引线作文字说明。例如①~㉑立面图中用文字说明了雨篷、窗套和楼梯间外墙装饰花格的表面装饰均为暗红色贴面砖。其余的均为乳白色贴面砖。

4. 尺寸标注

建筑立面图宜标注室内外地坪、楼地面、阳台、平台、檐口、门、窗、台阶等处的标高,也可标注相应的高度尺寸。楼地面、楼梯、阳台、平台、台阶等在立面图中,应注写完成面的标高及高度方向的尺寸,其余部位注写毛面尺寸及标高,如门窗洞口、雨篷底面等。在①~㉑立面图中,除了标高而外,还标注了三道尺寸,最外一道为住宅的高度尺寸,中间一道为层高尺寸,里面一道尺寸为窗洞口等的细部尺寸。图中的虚线分别表示底层地面、楼面、屋面的高度位置。

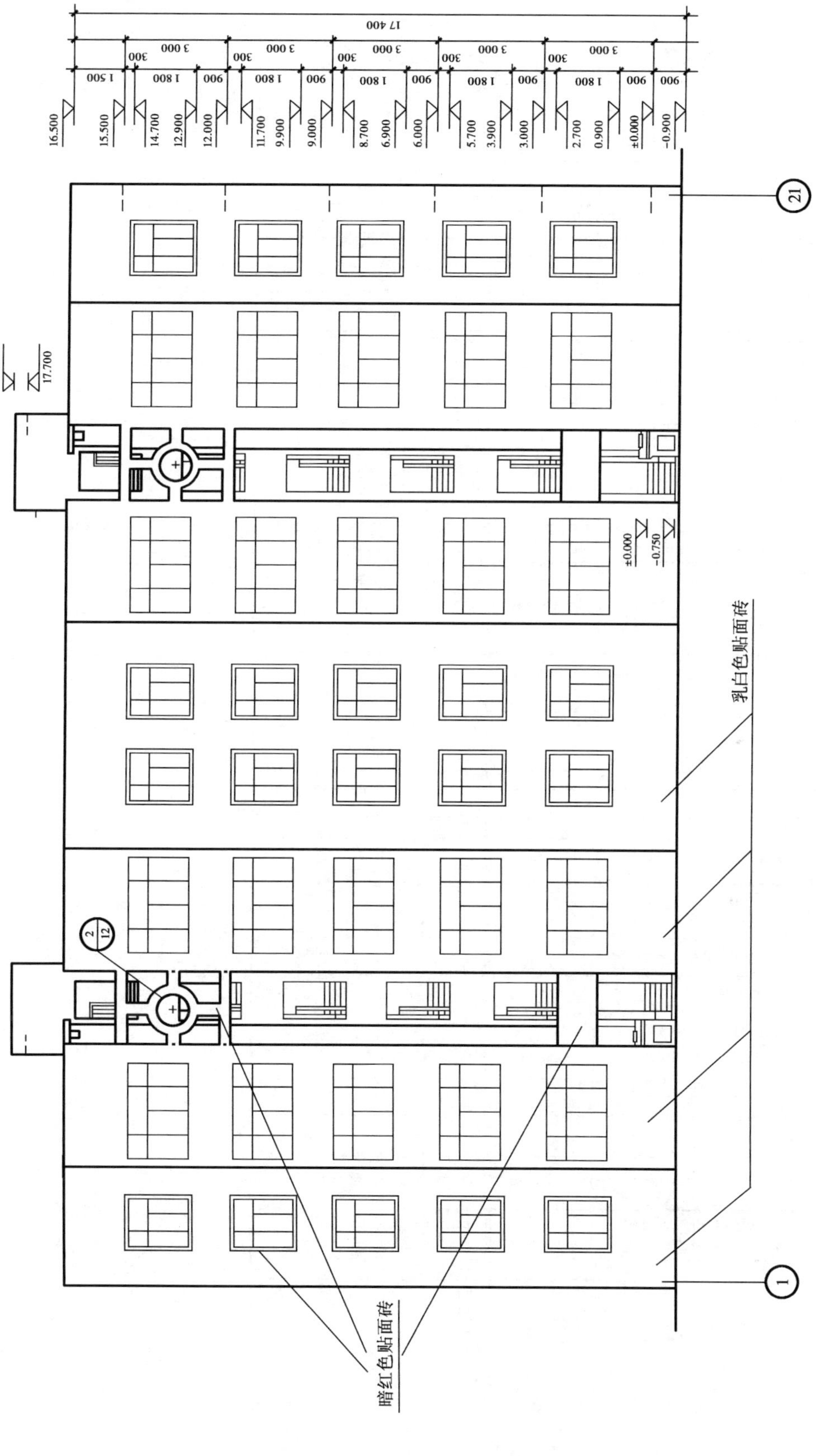

①~㉑立面图 1:100

图9-8 某住宅①~㉑立面图

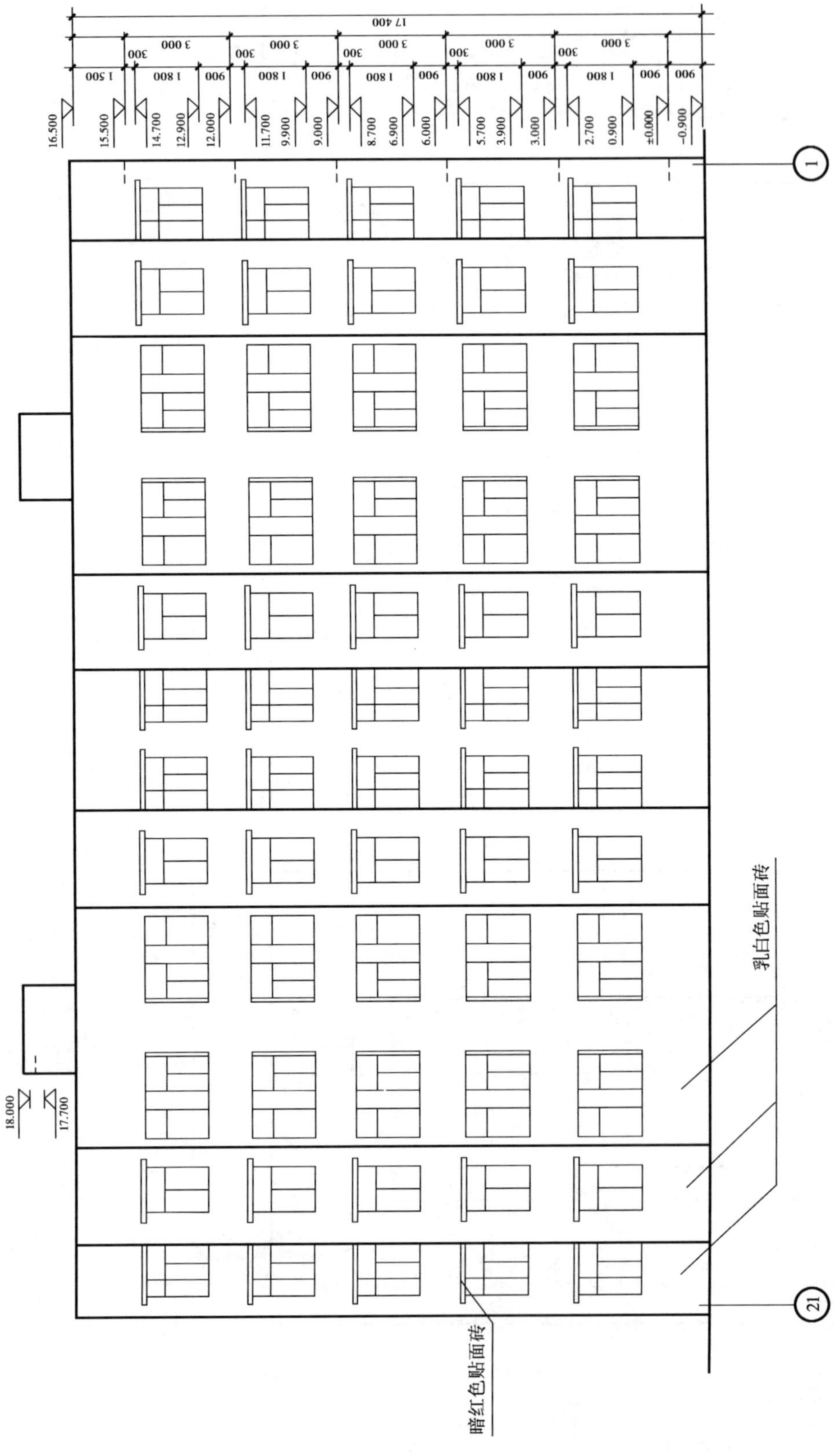

㉑~①立面图 1:100

图9-9 某住宅㉑~①立面图

5. 索引符号

如① ~ ㉑立面图中楼梯间外墙的装饰花格的索引符号为$\left(\frac{2}{12}\right)$。

图 9-9 所示的㉑ ~ ①立面图，是该住宅的北立面图，即从北向南投影所得到的正投影图。请读者自行阅读。由于该住宅东、西立面无门窗，较简单，故不画出。

三、立面图的画法步骤

（1）画室外地坪线、两端墙体定位轴线、层高线和房屋外轮廓线。

（2）画凸凹墙面、门窗和其他细部轮廓。

（3）画高度尺寸线、标高符号等。

（4）检查、加深、注写标高、尺寸和文字说明等。

9-5　建筑剖面图

一、剖面图的表达

假想用竖直平面将房屋剖开，移去靠近观察者的部分，将余下部分向平行于剖切平面的投影面作正投影所得到的图样，称为建筑剖面图，简称剖面图。

剖面图用来表达房屋的内部结构形式、分层情况、上下交通及各部位高度等。剖面图的数量视房屋的复杂程度和实际情况而定。

剖切位置应选择在房屋内部结构和构造比较复杂或有代表性的部位。一般应通过门窗和楼梯间。如果用一个剖切平面不能满足要求时，可将剖切平面转折。剖切符号应标注在底层平面图相应的位置上。

在剖面图中，被剖切到的断面轮廓线用粗实线画出，地坪线用加粗实线表示，其余可见轮廓线和尺寸线均画细实线。

大于 1∶50 的剖面图，在断面中应画出材料图例；比例为 1∶100 ~ 1∶200 的剖面图，可简化材料图例，如砖墙断面涂红，钢筋混凝土断面涂黑等。

建筑剖面图一般不画出基础，基础部分由结构施工图中的基础图来表达。

二、剖面图的图示内容及阅读

1. 图名、比例、定位轴线

图 9-10 和图 9-11 是职工住宅的 1—1 剖面图和 2—2 剖面图，在图名之后注有比例 1∶100，与平、立面图比例相同。通过图名的编号，在底层平面图中可找到对应的剖切位置和剖视方向。本例 1—1 剖面图是在⑥ ~ ⑦轴线之间剖切后向西边投影所得到的横剖面图，2—2 剖面图是在⑩ ~ ⑪轴线之间剖切后也是向西边投影而得到的横剖面图。在剖面图中应绘注出被剖切到的墙或柱的定位轴线及其编号，以便与平面图对照识读。

2. 剖切到的部位和构配件

在剖面图中应画出房屋室内外地坪以上被剖切到的部位和构配件的断面轮廓线。与平、立面图对照阅读可知，本例 1—1 剖面图所表达的被剖切到的部位有：楼梯间、卫生间、厨房和阳台等，被剖切到的构配件有雨篷，Ⓒ、Ⓓ、$\frac{1}{D}$、Ⓔ和Ⓕ轴线的墙体及其窗、梁、楼梯段与楼梯平台，Ⓑ墙面上的花格以及室内外地面、楼面和屋顶等。其中楼板、屋面板、楼梯段与楼梯平台板和梁等钢筋混凝土构件的断面在剖面图中涂黑表示。从图中还可看出，该住宅为五层。除楼梯间外，屋顶上还采用了架空隔热板，起通风隔热作用。

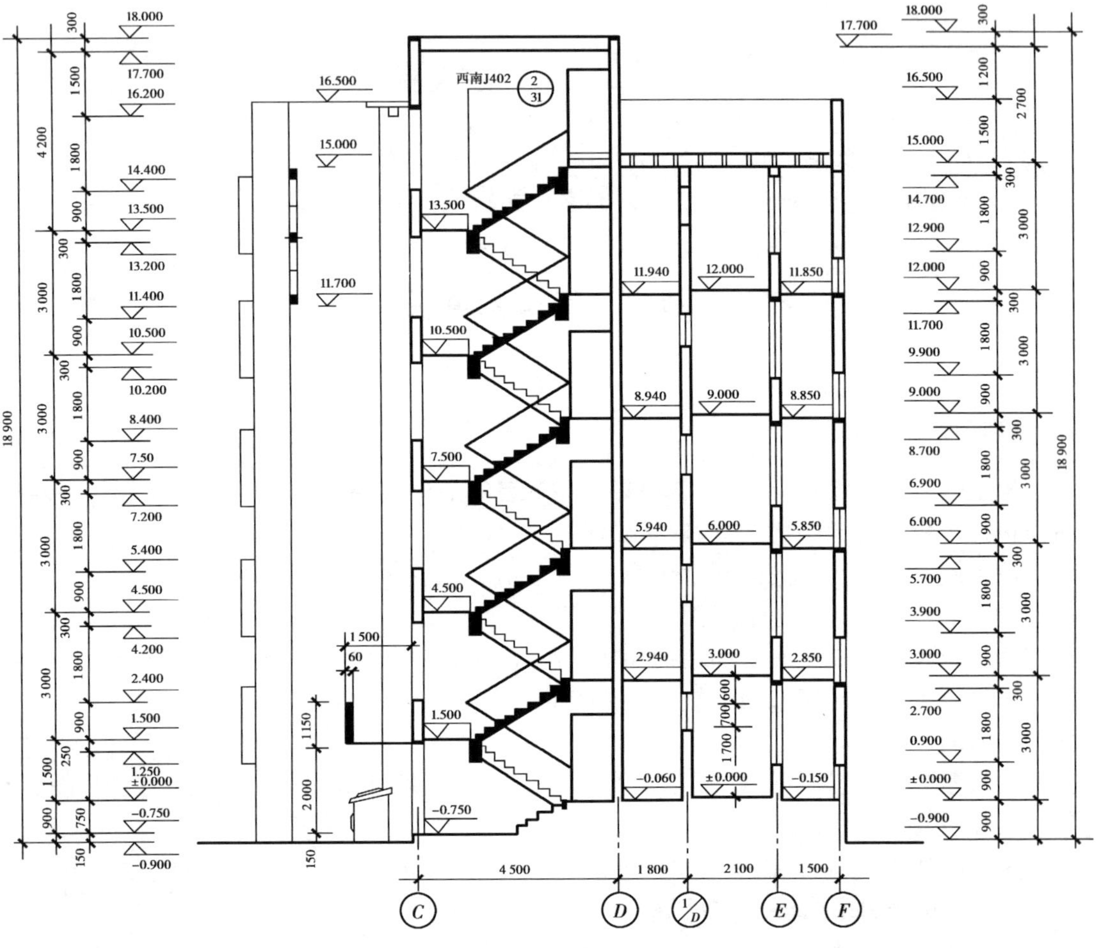

1—1 剖面图 1:100

图 9-10　某住宅 1—1 剖面图

3. 未剖切到的可见部分

在剖面图中，除了应画出被剖切到的部位和构配件断面外，还应画出未剖切到的有关投影方向可见的部分。在本例 1—1 剖面图中未剖切到的可见部分（与平、立面图对照阅读）有：Ⓐ轴线墙面上突出的窗套，③、⑤轴线外墙面，垃圾道及垃圾箱，下一层到上一层楼面的第一段梯段及其楼梯扶手（栏杆未画出），进户门和上屋顶的两步台阶和门，西边的女儿墙，以及⑤、⑥轴线的内墙面等。门窗洞被剖开后，剖切平面后面的墙体轮廓线和门框、窗框轮廓线按门窗图例的画法，用细实线画出。

4. 尺寸和标高

在剖面图中，一般应标注出剖切到部分的一些必要尺寸和标高。外墙竖向尺寸一般也标注三道。

例如在1—1剖面图中，两边外墙分别标注了三道竖向尺寸。最外边一道尺寸表明总高，中间一道尺寸表明各层层高，最里一道尺寸表明窗洞及窗洞之间墙、屋顶、室外地坪高差等细部尺寸。同时还注了轴线间、雨篷、室内高窗等必要的其他尺寸。

此外，剖面图中还应标注室内外地面、楼面、阳台、平台、檐口、门、窗、台阶等处的标高。

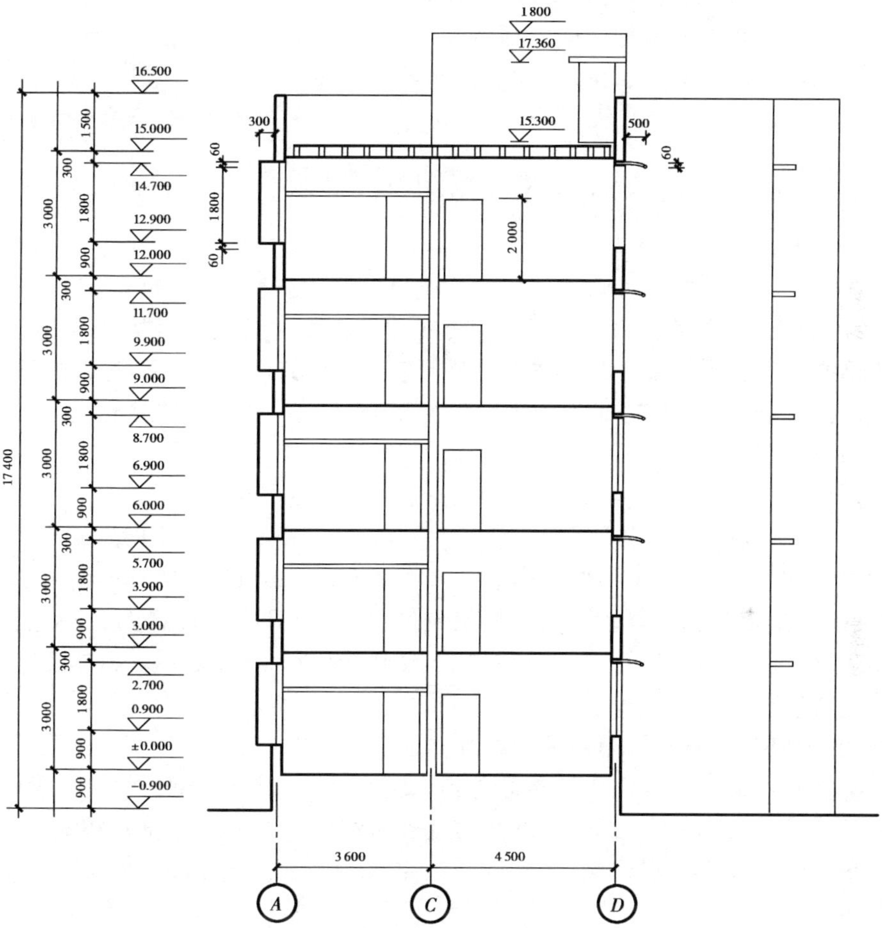

2—2 剖面图 1:100

图9-11　某住宅2—2剖面图

对楼地面、阳台、楼梯、平台、台阶等处的标高和高度尺寸，应注写完成面的标高（即建筑标高）和高度尺寸，其余部位注写毛面尺寸和标高（即结构标高）。

5. 索引符号和某些构造说明

在剖面图中，需要另见详图的部位，应画出索引符号。如本例1—1剖面图中楼梯栏杆扶手的构造做法的索引符号西南J402 (2/31)。

对于地面、楼面、屋顶等的构造与材料、做法，可在剖面图中用指引线从所指的部位引出，按其多层构造的层次顺序，逐层用文字说明。若另有详图（含标准详图）或在总说明中已阐述清楚，则在剖面图中可不必注明。

图 9-11 所示的 2—2 剖面图,其图示方法和读图方法与 1—1 剖面图相同,这里不再叙述,请读者自行阅读分析。

三、剖面图的画法步骤

(1)画定位轴线、室外地坪线、层高线。

(2)画墙身、地面、楼面、屋面、楼梯间、门窗洞及可见的主要轮廓线。

(3)画窗套、遮阳板、雨篷、架空隔热板以及各部位的细部、尺寸线、符号、图例等。

(4)加深图线、注写标高、尺寸以及文字说明等。

9-6　建筑详图

前面所述的平、立、剖面图反映了房屋内外整体形状,是施工图中的基本图样。但由于平、立、剖面图的比例较小,房屋上的一些细部和构配件无法表达清楚。因此,在实际工作中,还需用较大的比例绘制出若干局部性的详尽的图样,使之便于施工,这种图样称为建筑详图或大样图。由此可见,建筑详图是建筑细部的施工图,是建筑平、立、剖面图的补充或是平、立、剖面图中某一局部的放大图样。

详图的特点是:比例较大、表达清晰、尺寸齐全、文字说明详尽。

详图所采用的比例以能将该细部表达清晰为宜。视具体情况按表 9-2 选用。

详图的数量和表示方法,视细部的构造复杂程度而定。例如:外墙身详图通常只需一个剖面详图(必要时加节点详图)就能表达清楚。楼梯间则需要几个平面详图、一个剖面详图和几个节点详图表达。门窗则需要立面详图和若干个剖面或断面详图表达。有的还需要另加一轴测图作为补充说明。

建筑详图应画出详图符号,与被索引的图样上的索引符号相对应(见 9-1、图 9-3),在详图符号的右下侧注写比例。在详图中如再需另画详图时,则在其相应部位绘注出索引符号;如需表明定位轴线或补充剖面详图或断面详图时,则也应注出它们的有关符号和编号,并在剖面详图或断面详图下方注写图名和比例,如本例职工住宅的厨房、卫生间的 *B—B* 剖面详图和*A—A* 剖面详图所示。

对于套用标准图集或通用详图的建筑构配件和节点,只要注明所套用图集的名称、编号和页次,就可不必再画详图。

下面就本例职工住宅的几个建筑详图进行介绍。

图 9-12 中的①号详图是底层楼梯间的垃圾箱水平剖面图,它表达了垃圾箱水平断面形状、墙体、垃圾道与垃圾箱壁的用料(砖)、墙厚、壁厚及相互联接关系以及垃圾箱出口的门等。图中虚线表示上方垃圾道的位置及壁厚。

图 9-12 中的②号详图是从① ~ ㉑立面图中索引出来的局部放大图,它表明装饰花格的形状、大小和高度位置(见标高)。

图 9-12 中厨房、卫生间大样(平面图)、*A—A* 和,*B—B* 剖面图是职工住宅的厨房、卫生间详图。其中平面详图实际上是建筑平面图的局部平面放大图,它表达出厨房与卫生间的墙体厚度、门窗的位置,以及固定设施和卫生器具的平面布置、形状及大小。

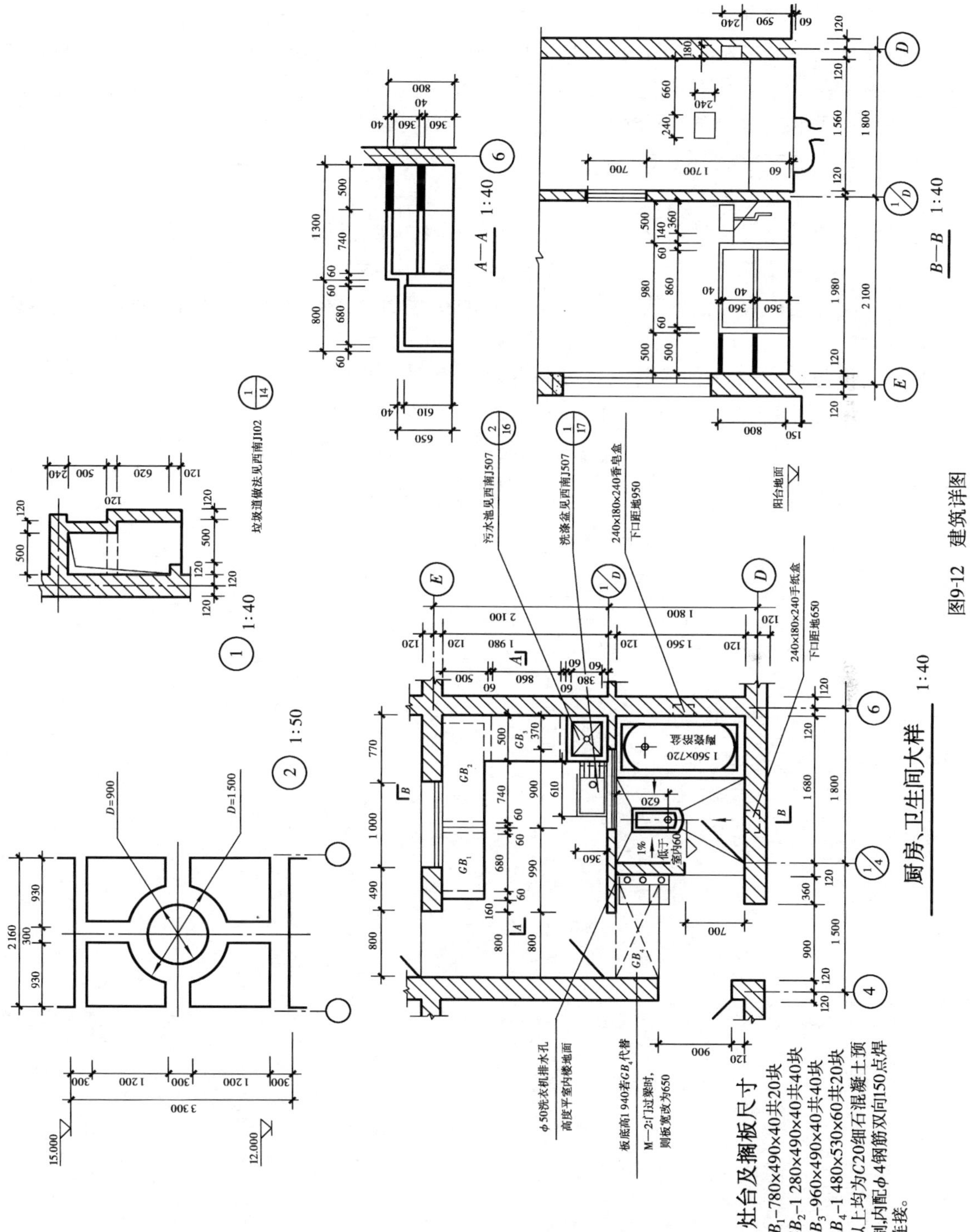
厨房、卫生间大样 1:40
A—A 1:40
B—B 1:40
① 1:40
② 1:50
垃圾道做法见西南J102
污水池见西南J507
洗涤盆见西南J507
240×180×240香皂盒 下口距地950
240×180×240手纸盒 下口距地650
φ50洗衣机排水孔 高度平室内楼地面
板底高1 940若GB4代替 M—2:门过梁时,则板宽改为650
阳台地面
灶台及搁板尺寸
1.GB1-780×490×40共20块
2.GB2-1 280×490×40共40块
3.GB3-960×490×40共40块
4.GB4-1 480×530×60共20块
以上均为C20细石混凝土预制,内配φ4钢筋双向150点焊连接。

图9-12 建筑详图

从图 9-12 的平面详图中可看出:卫生间有大便器、浴盆,⑥轴线和Ⓓ轴线墙上各有一个 240 mm×180 mm×240 mm 的孔洞,放香皂盒和手纸盒用。卫生间与厨房和走道的隔墙厚为 120 mm。在卫生间与走道的墙角处有一 $\phi50$ 的洗衣机排水孔,高度与室内楼地面平齐,便于走道上的洗衣机的水排入卫生间内,并从大便器中流走。在进入厨房的门洞外边、走道的上方设置了一块搁板 GB_4,在图中用虚线表示。在厨房内有灶台、搁板、洗涤盒与污水池等设施。其中洗涤盆和污水池的用料、安装做法等见西南地区建筑配件标准图集 J507。各种搁板的用料及规格见旁边的文字说明。厨房、卫生间地面和内墙面的用料做法见设计说明(本书末列出)。

与平面详图对照阅读可知;B—B 剖面图是采用阶梯剖(即剖切平面转折)得到的。它依次表达了Ⓔ轴线墙及其窗子、灶台搁板 GB_2、洗涤盆、(1/D)轴线墙及其高窗,大便器、Ⓓ轴线墙及其手纸盒孔洞等的垂直断面形状和厨房、卫生间的楼地面。还表达了从剖切位置向右边投影所看到的设施、孔洞、墙面,还画出了窗洞上方过梁的横断面。

A—A 剖面详图主要表达了灶台搁板的情况。将 A—A 剖面详图与平面详图对照阅读可知:GB_1 板为一层,离地高度为 650 mm,GB_2、GB_3 均为两层,面上一层高度为 800 mm。

平面详图、A—A 和 B—B 剖面详图上都标注了墙体轴线编号,标注了必要的定形、定位尺寸。

第十章　结构施工图

10-1　概　述

房屋的建筑施工图表达了房屋的外形、内部布局、建筑构造和内外装修等内容，而房屋的各承重构件（如基础、梁、板、柱以及其他构件等）的布置，结构构造等内容则要用结构施工图来表达。

一、结构施工图的用途和内容

结构施工图主要表达结构的内容，表明房屋的骨架构造。它还要反映出建筑、给排水、暖通、电气等对结构的要求。在施工中，结构施工图是放灰线、挖基槽、支模板、配钢筋、设置预埋件、浇灌混凝土和安装梁、板、柱等构件的依据，也是编制预算和施工进度计划的依据。

结构施工图通常应包括下列内容：结构设计说明、基础平面图及基础详图、楼层和屋面结构平面图、构件（如梁、板、柱、楼梯、屋架等）及节点详图。其中结构设计说明用文字表达，内容一般包括：主要设计依据、统一的构造做法，对材料和施工的要求，所遵照的规范以及所采用的标准图集等。

二、钢筋混凝土结构的基本知识

钢筋混凝土由钢筋和混凝土组合而成。混凝土是由水泥、砂、石子和水按一定比例配合搅拌而成。混凝土硬化后，抗压强度较高，但抗拉强度较低，容易受拉而断裂。为了提高混凝土构件的抗拉能力，常在混凝土构件的受拉区配置一定数量的钢筋。由混凝土和钢筋两种材料构成整体的构件，称为钢筋混凝土构件。钢筋混凝土构件有现浇和预制两种。现浇指在建筑工地现场浇制；预制指在预制品厂预先浇制好，然后运到工地进行安装。有的预制构件也可在工地上预制，然后吊装。有的构件在制作时通过张拉钢筋对混凝土预加一定的压力，以提高构件的抗拉和抗裂性能，这种构件叫做预应力钢筋混凝土构件。

1. 混凝土的强度等级

混凝土按其抗压的强度分为十个等级，分别用 C10、C15、C20、C25、C30、C35、C40、C45、C50 及 C60 表示，单位为 N/mm^2，数字越大，表示混凝土抗压强度越高。

2. 钢筋的等级和符号

钢筋按其强度和品种分成不同的等级，并分别用不同的直径符号表示：

Ⅰ级钢筋（即 3 号光圆钢筋）——ϕ

Ⅱ级钢筋（如 16 锰人字纹钢筋）——Φ

Ⅲ级钢筋（如 25 锰硅人字纹钢筋）——Φ

Ⅳ级钢筋（圆和螺纹钢筋）——Φ

Ⅴ级钢筋(螺纹钢筋)——Φ^t

冷拔低碳钢丝——ϕ^b

3. 构件中的钢筋名称及作用

如图 10-1 所示,配置在钢筋混凝土构件中的钢筋,按其所起的作用可分为以下几种:

(1)受力筋,在构件中起主要受力作用(受拉或受压)的钢筋。用于梁、板、柱等各种钢筋混凝土构件中。

(2)箍筋,主要用来固定受力筋的位置,并承受一部分扭、剪、斜拉应力,多用于梁、柱中。

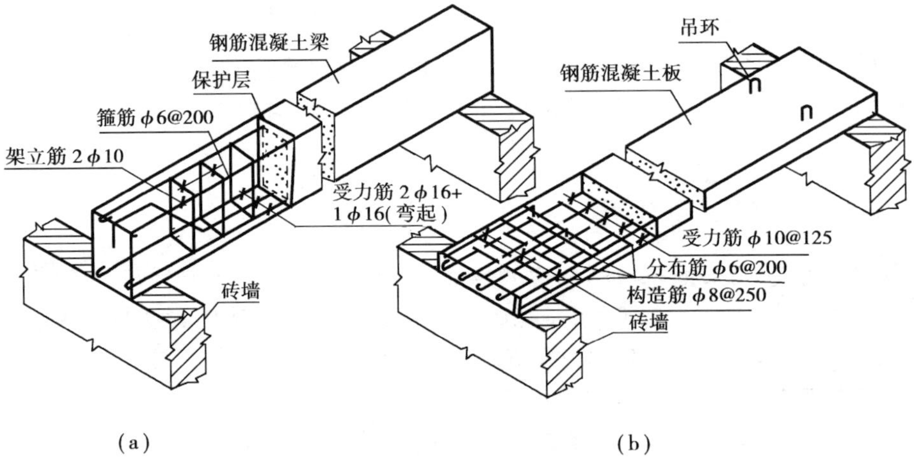

图 10-1　钢筋混凝土构件的配筋构造

(a)钢筋混凝土梁;(b)钢筋混凝土板

(3)架立筋,用于梁中、固定箍筋的位置、并与受力筋和箍筋一起构成钢筋骨架。

(4)分布筋,一般用于板内,与板内受力筋垂直布置,固定受力筋位置,与受力筋一起构成钢筋网,使力均匀分布给受力筋,并抵抗热胀冷缩在垂直于板跨方向所产生的变形。

(5)构造筋,因构件在构造上的要求或施工安装需要而配置的钢筋。如图 10-1(b)中的板在支座处板的顶部所加的构造筋,属于前者,两端的吊环则属于后者。

4. 钢筋弯钩和保护层

构件中若采用光滑圆钢筋,则钢筋两端要做成半圆弯钩或直弯钩,以增强钢筋与混凝土的粘结力。带纹钢筋与混凝土的粘结力强,两端不必做弯钩。

为了防止构件中的钢筋外露锈蚀,加强钢筋与混凝土的粘结力,钢筋外边缘到构件表面要有一定厚度的混凝土层,这层混凝土称为保护层。保护层的厚度因构件不同和钢筋作用不同而异。一般情况下,梁和柱内受力筋保护层厚为 25 mm,板内受力筋保护层厚为10 ~ 15 mm。

5. 钢筋的标注

构件中钢筋的直径、符号、根数或相邻钢筋间距在图中一般采用引出线方式标注,其形式和含义如下所示:

（1）

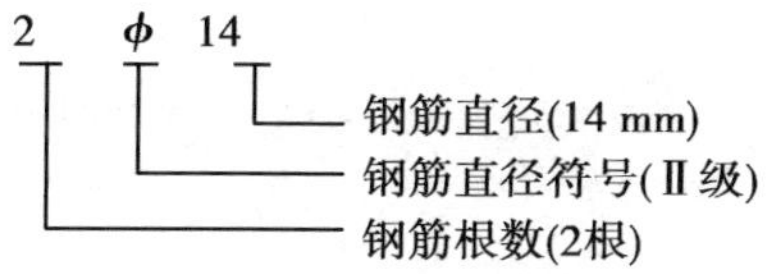

（2）

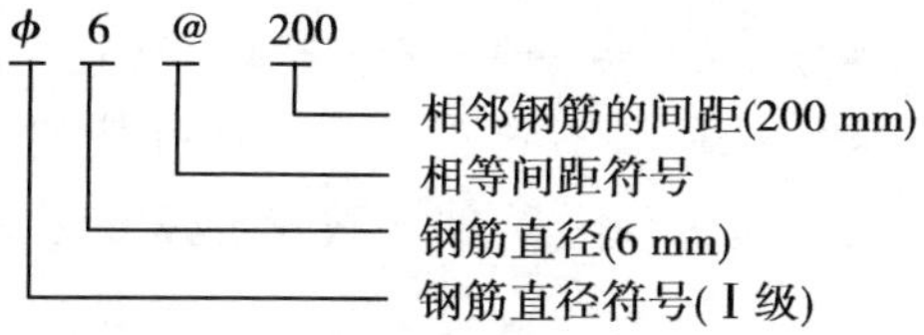

第(1)种形式用于标注梁、柱内纵向钢筋,第(2)种形式用于标注等距离布置的钢筋,如梁、柱内箍筋和板内钢筋。

三、常用构件代号

结构构件种类繁多,为了图示简明扼要,在结构施工图中常用代号来表示构件的名称。构件代号一般用该构件名称的汉语拼音第一个大写字母表示,常用构件的名称代号见表10-1。预应力钢筋混凝土构件应在代号前加注"*Y*—"。在代号后面可用阿拉伯数字标注构件的型号或编号。

表10-1　常用构件代号

序号	名　　称	代号	序号	名　　称	代号
1	板	B	22	屋架	WJ
2	屋面板	WB	23	托架	TJ
3	空心板	KB	24	天窗架	CJ
4	槽形板	CB	25	框架	KJ
5	折板	ZB	26	刚架	GJ
6	密肋板	MB	27	支架	ZJ
7	楼梯板	TB	28	柱	Z
8	盖板或沟盖板	GB	29	基础	J
9	挡雨板或檐口板	YB	30	设备基础	SJ
10	吊车安全走道板	DB	31	桩	ZH
11	墙板	QB	32	柱间支撑	ZC
12	天沟板	TGB	33	垂直支撑	CC
13	梁	L	34	水平支撑	SC
14	屋面梁	WL	35	梯	T
15	吊车梁	DL	36	雨篷	YP
16	圈梁	QL	37	阳台	YT
17	过梁	GL	38	梁垫	LD
18	连系梁	LL	39	预埋件	M
19	基础梁	JL	40	天窗端壁	TD
20	楼梯梁	TL	41	钢筋网	W
21	檩条	LT	42	钢筋骨架	G

10-2　基础平面图和基础详图

基础是位于建筑物室内地面以下的承重构件，它承受房屋的全部荷载，并传给地基。基础常见的形式是条形基础和独立基础，见图10-2。砖墙的基础一般采用条形基础，柱的基础采用独立基础。如果按基础所采用的材料不同又可分为砖石基础、混凝土基础、毛石混凝土基础、钢筋混凝土基础等。混凝土基础和砖石基础常做成阶梯形，阶梯形部分称为“大放脚”。

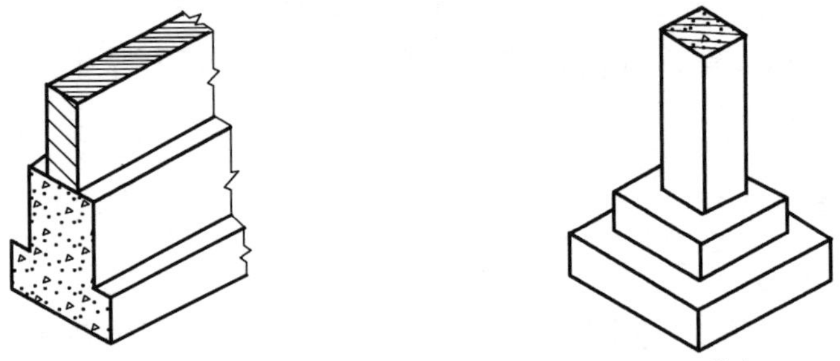

(a)　　(b)

图10-2　基础
(a)墙下条形基础；(b)柱下独立基础

在房屋施工过程中，首先要放灰线，然后根据灰线挖基槽(坑)，随后砌筑或浇灌基础。这些工作都要根据基础平面图和基础详图来进行。

一、基础平面图

基础平面图是假想用一水平面沿房屋的室内地面将整幢房屋剖开后，移去剖切平面以上的房屋和基槽的回填土后所作出的水平投影。它主要表示基础的平面布置，以及基础与墙、柱轴线的相对关系等。

在基础平面图中，只要画出墙、柱以及基础底面的轮廓线，而基础和细部(如大放脚)轮廓线都省略不画。基础墙的轮廓线用中实线，基础的底面轮廓线用细实线，管沟、孔洞等轮廓线用虚线表示。材料图例的表示方法与建筑平面图相同。剖到的钢筋混凝土柱可涂黑表示。

图10-3所示为第九章中所讲述的那幢职工住宅的基础平面图。从图中可看出有以下主要内容：

1. 图名、比例　比例1∶100，与建筑平面图相同。

2. 定位轴线及其编号　与底层建筑平面图一致。

3. 基底和墙体轮廓线　图中墙体用粗实线。基底轮廓线用细实线表示。从基底的轮廓线形状可看出该住宅采用的是条形基础。

4. 轴线尺寸，基础大小尺寸和定位尺寸

图中只注了轴线的间距尺寸，基础的大小尺寸和基础墙的定位尺寸见基础详图。

5. 剖切符号　由于房屋各处有不同的荷载和不同的地基承载力，因此，在房屋的不同部位，基础的断面形状、大小与埋置深度就可能不同，需要分别画出它们的断面图。在基础平面图中，应相应地画出剖切符号，并编号，如图中的1—1、2—2、3—3等。编号相同，表明断面相同。

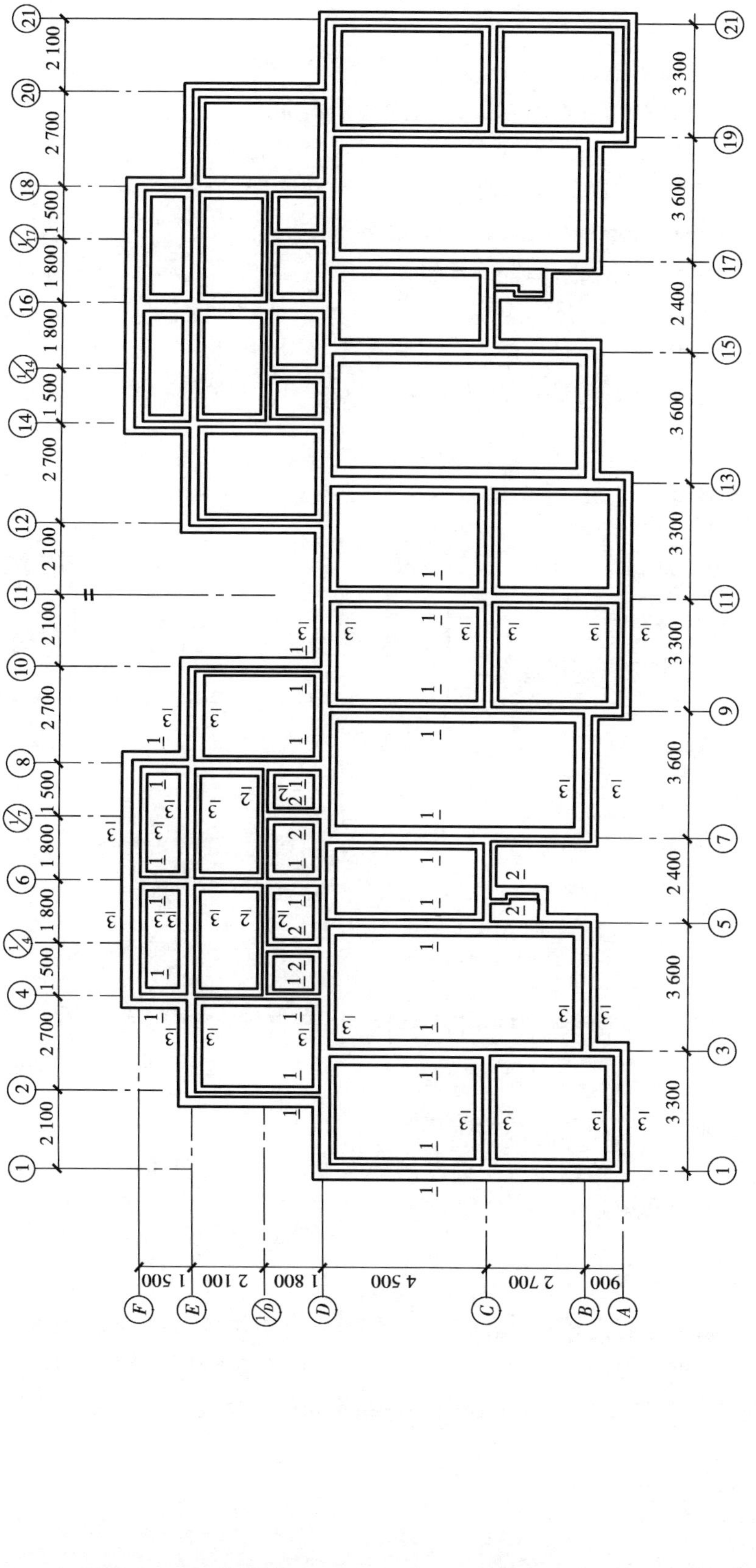

基础平面图 1:100

图 10-3　某住宅基础平面图

二、基础详图

基础详图是基础不同部位的垂直断面图。主要用来表示基础断面形状、大小、材料和做法。其内容一般包括：

1. 图名或编号、比例。常用的比例为 1 : 10、1 : 20 或 1 : 50。
2. 与基础平面图对应的定位轴线及其编号、若为通用断面图、则轴线圆圈内不予编号。
3. 基础垫层、大放脚、基础墙或柱、基础梁等的形状及材料。
4. 室内外地坪线及防潮层位置。有基础圈梁时，基础圈梁即代替防潮层。
5. 基础的详细尺寸，室内外地坪和基础底面的标高。

例如，从图 10-4 中的 1—1 基础断面详图中可以看出，该基础为 C10 素混凝土基础，底面宽 840 mm，顶面宽 440（100 + 240 + 100）mm，高为 600 mm。基础埋置深度根据现场地质情况确定，基底应放置在除去风化层的基岩顶面上。基础墙厚 240 mm，沿高度方向仅画出基础墙的一部分。2—2 和 3—3 基础断面详图的内容和图示方法与 1—1 基本相同。

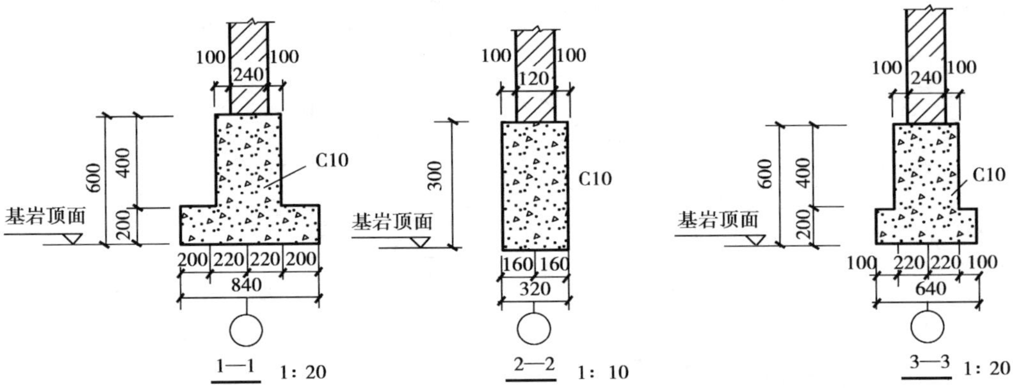

图 10-4　基础详图

10-3　楼层和屋顶结构布置平面图

结构布置平面图也称结构平面图或结构布置图。

楼层结构布置平面图和屋顶结构布置平面图的内容和图示方法基本相同。因此，现以楼层结构布置平面图为例进行介绍。

一、图示方法

楼层结构布置平面图是假想沿楼板面将房屋水平剖开后所作的水平投影，用来表示楼板及其下面的墙、梁、柱等承重构件的布置情况。如果各层结构布置相同，则只需画出一个楼层结构布置平面图，并称为标准层结构布置平面图。在结构布置平面图中，剖切到的可见墙身线

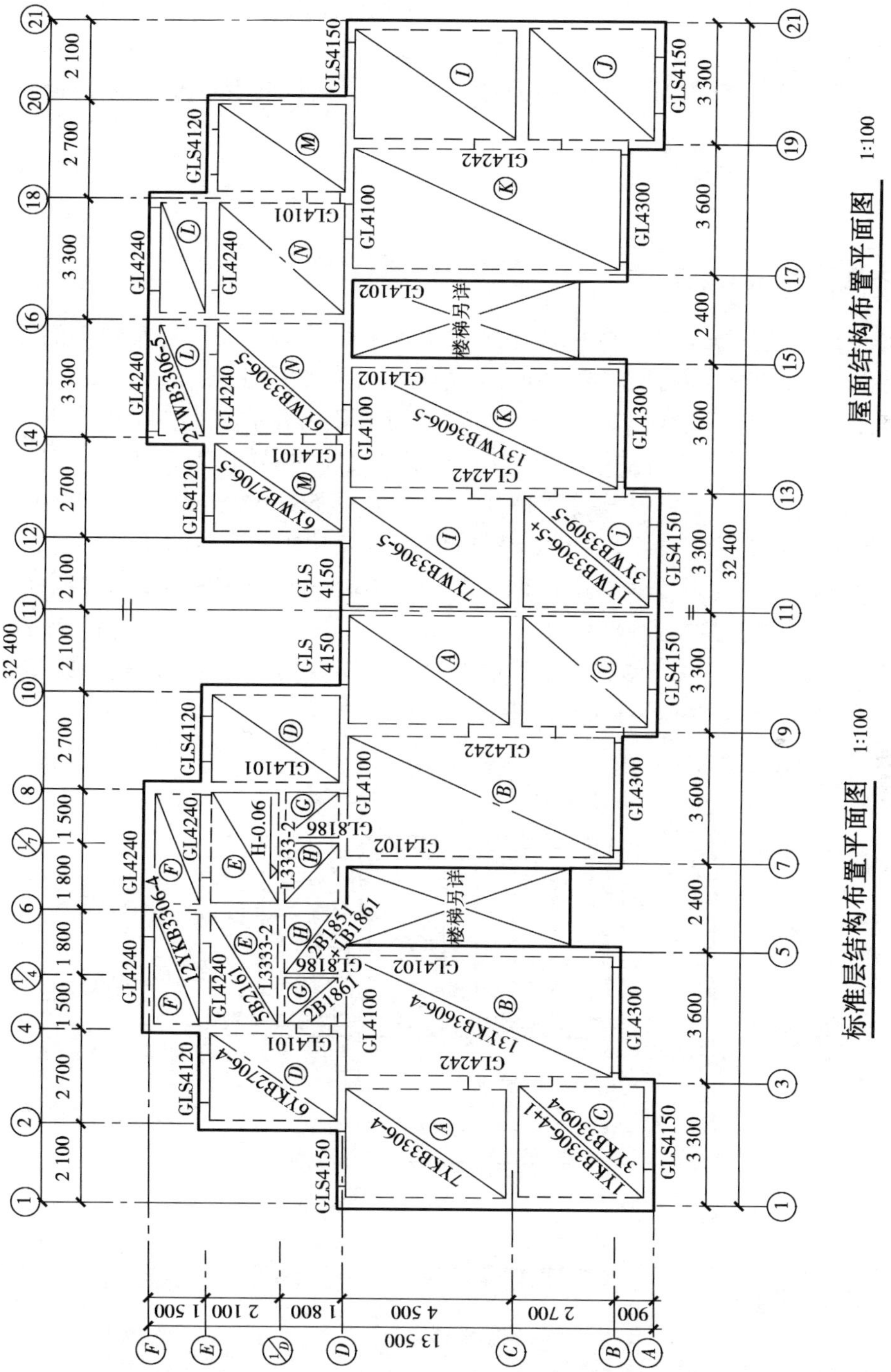

图 10-5 某住宅楼层和屋面结构布置平面图

用中实线画，把被楼板遮住的墙身线画成中虚线，各种梁（如楼面梁、下层门窗过梁、圈梁等）用粗虚线表示它们的中心线位置，并注明它们的型号，被剖切到的钢筋混凝土柱涂黑表示。为了画图简便，预制楼板的布置可不必按实际投影分块画出，而用一条对角线（细实线）来表示楼板的布置范围，并沿着对角线方向注写出预制楼板的数量和型号。在其他布置相同的地方，只要用对角线表示布置范围，并标注相同的编号即可。现浇楼板的表示方法类似，但应表明钢筋的配置情况。

结构布置平面图中的定位轴线及其编号，以及轴线间距尺寸，必须与相应的建筑平面图一致。

二、结构布置平面图的识读

图 10-5 是前面所述的职工住宅的标准层结构布置平面图和屋顶结构布置平面图。由于该住宅左右对称，故以⑪轴线为界，左单元画出标准层结构布置平面图，右单元画出屋顶结构布置平面图。在图示方法上，楼板和屋面板的布置采用了简化表示法。在图中注出了各种构件的代号和型号，并注明了各部位的结构布置编号，编号相同的部位，其结构布置相同。

例如在①～③轴线与 Ⓒ ～ Ⓓ 轴线的房间，画出了一条对角线，表示楼板的布置范围。在对角线旁边注写“7YKB3306—4”，表示该房间的楼板是 7 块预应力空心板，板的轴线跨度为 3.3 m，板宽为 0.6 m，能承受 4 级荷载。板的两端分别搁置在①、③轴线墙上。门窗洞口处靠过梁承重。该房屋下层的门窗过梁代号分别为 GL4242、GLS4150。该房间的结构布置编号为 Ⓐ，⑨～⑪轴线与 Ⓒ ～ Ⓓ 轴线的房间编号也为 Ⓐ，表明这两个房间的结构布置相同。

同样，可分析其他房间和部位的结构布置。

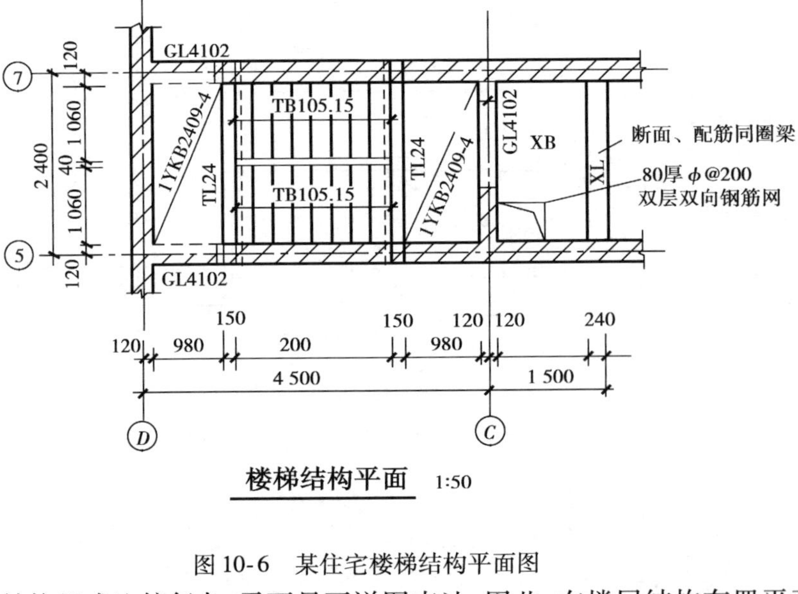

图 10-6　某住宅楼梯结构平面图

由于楼梯的结构组成比较复杂，需要另画详图表达，因此，在楼层结构布置平面图中的楼梯间部位，只需用细实线画出两条对角线，并注明“楼梯另详”即可。本住宅的楼梯为钢筋混凝土板式楼梯，其结构平面图见图 10-6。

顺便指出，预制构件的型号标注方法目前全国尚未统一，各地区、各省市的标注有所不同。

本住宅空心楼板、屋面板采用 1994 年西南 G221 图集所规定的型号，平板、过梁、梁、楼梯板和横梯梁均采用四川省建筑标准设计图集（图集号分别为“川 91G304、310、312、306”）所规定的型号。

图 10-5、图 10-6 中构件型号的含义举例说明如下：

（1）空心板

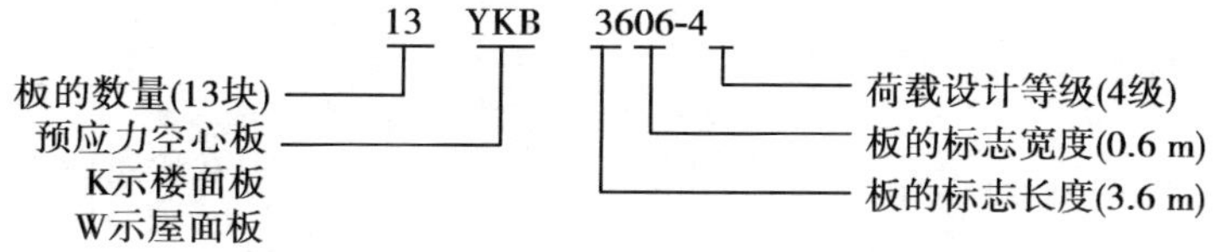

（2）平板

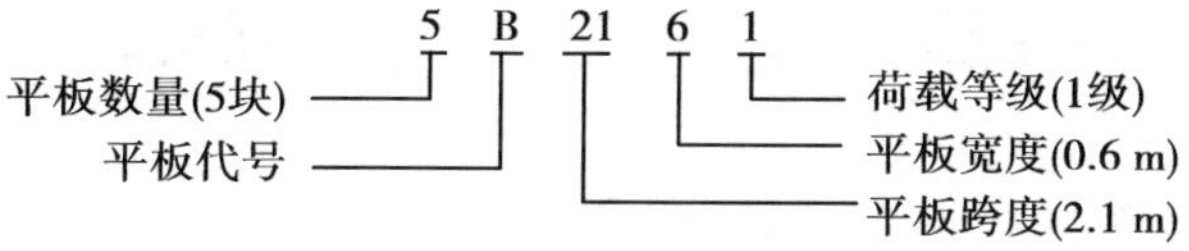

（3）过梁

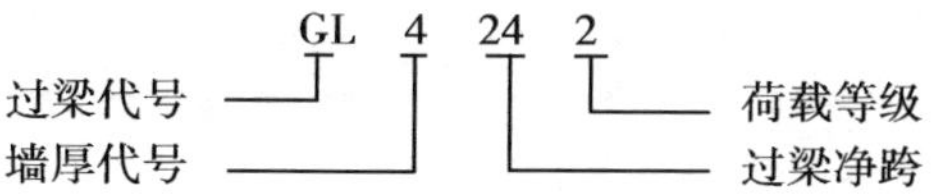

其中过梁代号 GL 表示矩形截面过梁，GLS 表示带遮阳板过梁；墙厚代号以墙厚最末数字表示，如 4 为 24 cm 厚墙；过梁净跨即洞宽，24 表示洞宽 2.4 m；荷载等级为 0 时，只承受 $\frac{1}{3}$ 净跨高度墙体重量和过梁自重，1～6 级除了承受 0 级荷载外，还要承受相应负荷宽度的楼面永久荷载和可变荷载。

（4）楼梯板

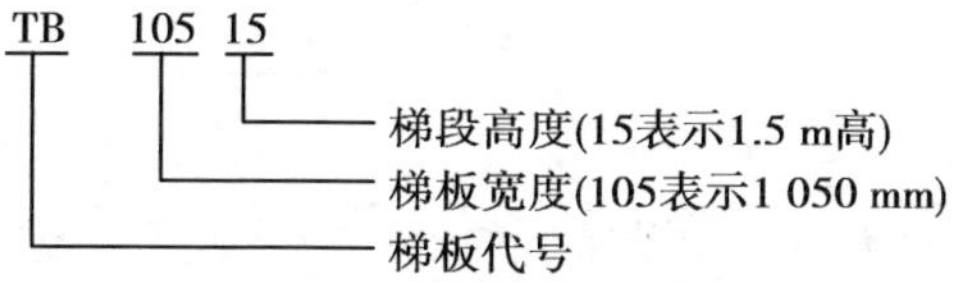

在图 10-6 中还有 TL24、XB、XL 等代号。TL 是楼梯横梁代号，24 表示楼梯开间 2 400 mm。XB 表示现浇板，XL 表示现浇梁。

与建筑平面图对照可知，标注 XB 和 XL 处即是出入口上方的雨篷，板上有垃圾道通孔。

三、圈梁布置的表示法

为了增加墙身的稳定性，保证房屋的整体刚度，防止由于地基不均匀沉降而引起墙体开裂，提高抗震能力，混合结构房屋应按规定设置圈梁。圈梁是沿外墙四周和部分内墙设置的连续封闭的梁，位置一般在楼板、屋面板之下，基础上部。在基础平面图、楼层和屋顶结构布置平面图中，可用粗虚线（单线）表示圈梁的布置。为了清晰起见，圈梁布置也可用粗实线（单线）用较小的比例单独画出，在适当位置标注剖切符号，并画出相应的断面详图，如图 10-7 所示。圈梁的代号为 QL。

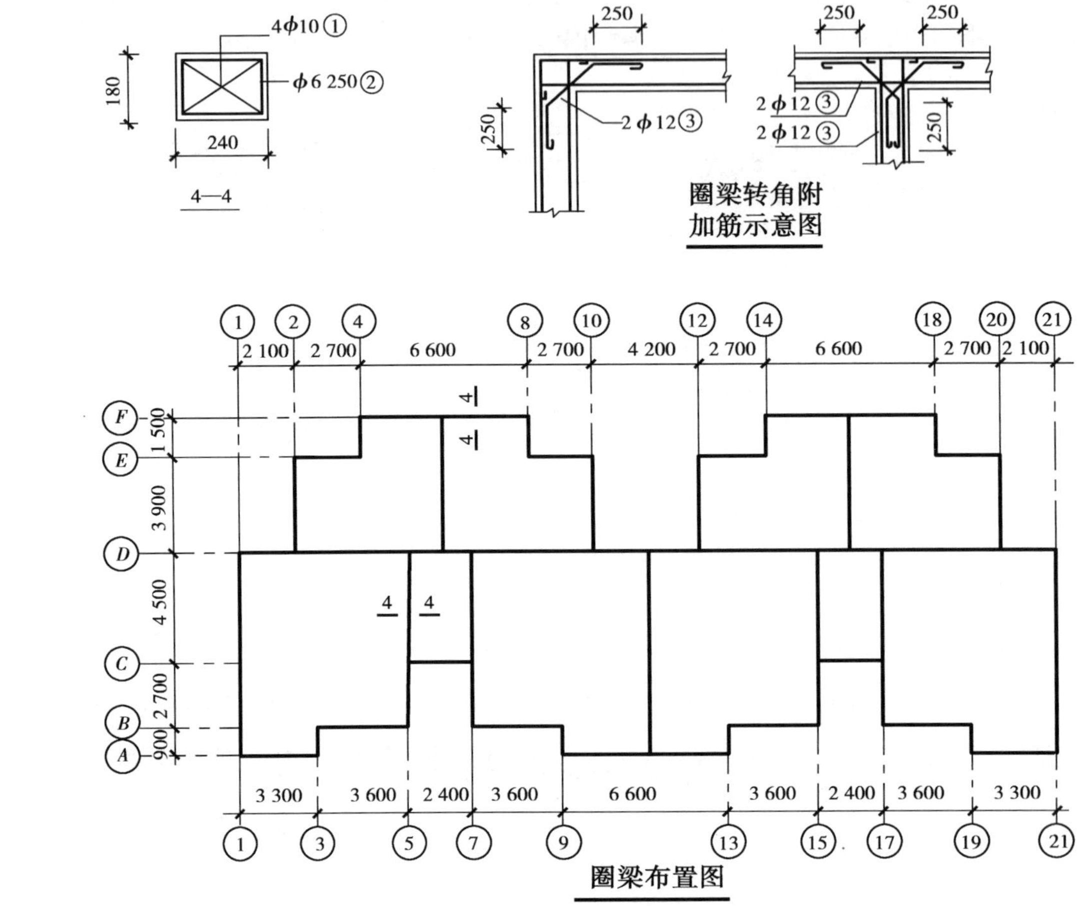

图 10-7　某住宅圈梁平面布置图

10-4　钢筋混凝土构件详图

构件详图包括配筋图、模板图及钢筋明细表等。配筋图主要用来表示构件内部的钢筋配置，以及钢筋的形状、数量和规格等，是构件详图的主要图样。模板图只用于表达较复杂的构件外形和预埋件位置，以便于制作构件模板和安放预埋件。对于外形简单的构件，只需在配筋图中注出构件的外形尺寸，不必单独画模板图。对于直接引用标准图或本地区通用图的构件，只要在图纸上注明选用构件所在的标准图集或通用图集的名称、代号，便可查到相应的构件详图，因而不必重复绘制。自行设计的构件，则必须画出构件详图。

一、钢筋混凝土梁的配筋图

图 10-8 为图 10-1 所示的钢筋混凝土梁的配筋图，它包括配筋立面图、配筋断面图。还列出了钢筋表。

在构件配筋图中，为了显示构件内部钢筋的配置情况，可假定混凝土为透明体，用细实线画出构件的外形轮廓，钢筋用粗实线表示，钢筋断面用黑圆点表示，并标注出钢筋种类(等级)的符号、直径大小、根数或间距、编号等。编号用的圆圈应为直径为 6 mm 的细实线圆。形状和规格完全相同的钢筋，用同一编号。

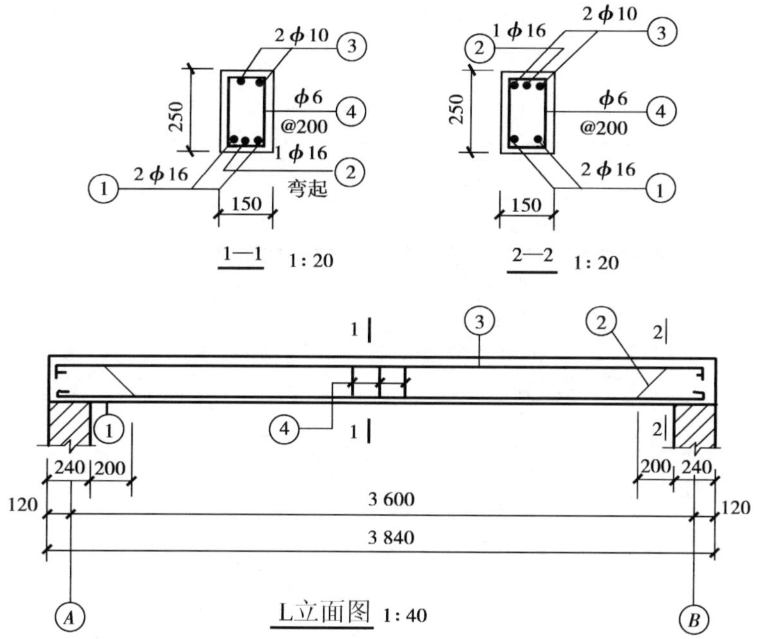

钢筋表

编号	简　图	直径	长度	根数	备注
①	75　3 790	ϕ16	3 940	2	
②	200　215　282　2 960	ϕ16	4 354	1	
③	3 790　63	ϕ10	3 916	2	
④	150　250　200　100	ϕ6	700	20	

图 10-8　钢筋混凝土梁

配筋立面图的比例常用 1∶50 或 1∶40，断面图常用 1∶20。在断面图上画出钢筋时，规定不画材料图例。等距离配置的箍筋，一般只在立面图中部象征性地画出两三道，并注明其间距即可。钢筋与构件轮廓线之间应有适当距离，以表示混凝土保护层厚度。

从图 10-8 中的配筋立面图和断面图可看出，该梁是一根矩形梁，梁长 3 840 mm，宽 150 mm，高 250 mm。在 1—1 断面图下部有三个黑圆点，表明梁的底部配置了三根受力钢筋，均为 Ⅰ 级钢筋，直径为 16 mm，其中两根编号为①，中间一根编号为②。从配筋立面图和钢筋表简图中可看出：①号钢筋两端带半圆弯钩。②号钢筋在梁的两端距支座 200 mm 处，弯起

45°后水平伸入梁的端部上边,叫弯起钢筋。弯起钢筋两端直弯钩向下。在梁的顶部有两根架立筋,是直径为 10 mm 的Ⅰ级钢筋,编号为③。由于弯起钢筋在梁的两端弯起到梁的顶部,所以在 2—2 断面图中的上部就有三个黑圆点。④号钢筋是箍筋,是直径为 6 mm 的Ⅰ级钢筋,等距布置,间距为 200 mm,在立面图中只示意性地画出了三道。

钢筋表是为了便于钢筋下料、加工、统计用量和编制预算而列出的。其内容包括构件代号、钢筋编号、钢筋简图、规格直径、长度、数量等。

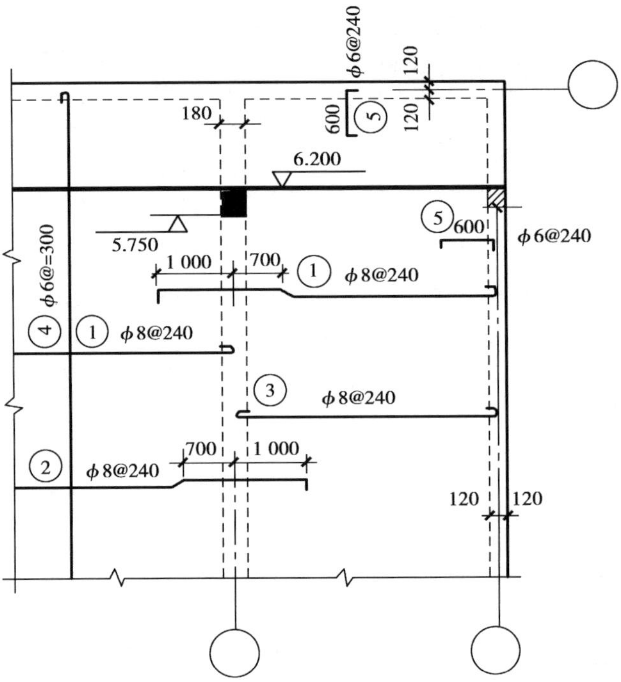

图 10-9　现浇楼板配筋图

二、现浇楼板的配筋图

钢筋混凝土现浇楼板的钢筋布置常用平面图来表达,如图 10-9 所示。图中除画出楼层梁、柱、墙的轮廓线外,主要应画出板中受力筋、分布筋及其他构造筋的布置,并注明钢筋的规格、间距和编号。需要注意的是,板中的各种钢筋都是按其立面形状画在平面图上的。板中配置双层钢筋时,在平面图中,底层钢筋弯钩应向上或向左,顶层钢弯钩则向下或向右。由于板中钢筋大多是等间距布置,因此,每种类型的钢筋在同一范围只画一根即可。

在现浇板的平面图中还应注出必要的尺寸和轴线编号,有时还应画出板梁的重合断面(断面部分涂黑)并注明楼面和梁底的标高,见图 10-9。

配筋相同的楼板,只需将其中一块的配筋画出,其余的可在该楼板范围内画一对角线,并注明相同的编号即可。

配筋较复杂时,应列出钢筋表及作必要的文字说明。

第十一章　给水排水工程图

11-1　概　述

一、给水排水工程图及一般绘制要求

给水排水工程包括城镇给水排水工程、建筑给水排水工程。

城镇给水排水工程是指整个城镇为解决生活、生产、消防用水的给水管网和排除、处理污水、废水的排水管网，属市政建设工程。给水管网一般包括水源取水、给水处理、输配水三部分。排水管网主要包括污水收集、输送、污水处理、污水排放三部分。

建筑给水排水工程是指从城镇给水管网引水到建筑物内部各用水点的给水管网和将建筑物内各用水点污(废)水和屋面雨水排入城镇排水管网的排水管网，是建筑物的有机组成部分，属建筑安装工程。建筑给水排水主要包括建筑内部给水排水(含消防)和建筑小区给水排水。建筑小区给水排水介于建筑内部给水排水和城镇给水排水之间，它将城镇配水管网的水经建筑小区引入建筑内部，供用户使用；并将建筑内部的污(废)水经建筑小区排入城镇污水管网。

建筑给水排水和城镇给水排水之间的界线范围可用图 11-1 示意。

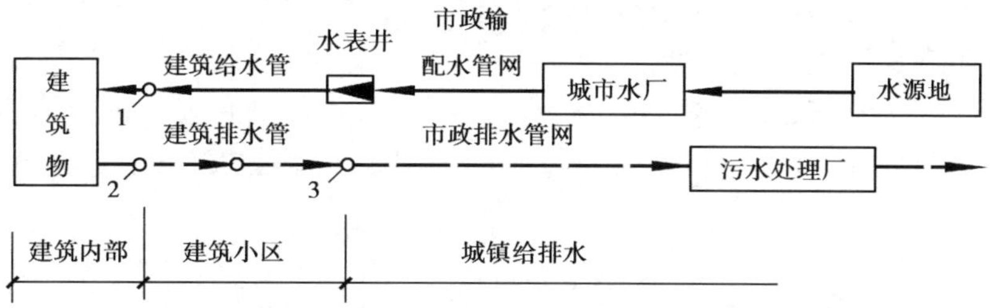

图 11-1　建筑给水排水与市政给水排水的界线范围示意图

1—建筑物水表井或阀门井；2—建筑物外第一个检查井；3—碰头井

给水排水工程图是表达城镇给水排水和建筑给水排水工程设施的结构形状、大小、位置、材料及某些技术上的要求等的图纸，以供交流设计和施工人员按图施工。本章主要通过学习建筑给水排水工程图的图示方法和特点，使读者掌握建筑给水排水工程图的阅读和绘制方法。

绘制给水排水工程图，必须遵循《房屋建筑制图统一标准》GBJ 1—86 和《给水排水制图标准》GBJ 106—87 等相关的国家制图标准，要求国标图例选用正确，投影关系正确，表达方法适当，尺寸齐全完整，图线清晰分明，图面布置合理，字体工整等。

二、建筑内部给水排水系统的组成

按目前情况，建筑给水排水包括建筑内部给水排水、建筑消防给水、建筑小区给水排水、建

筑水处理、特殊建筑给水排水等五个部分,其中建筑内部(以下简称"室内")给水排水是建筑给水排水的主体与基础。室内给水排水包括室内给水、室内排水、热水供应、屋面排水。

室内给水系统一般由下列各部分组成:

1. 引入管　它是指建筑小区给水管网与室内给水管网之间的联络管段,也称进户管。

2. 水表节点　是指引入管上装设的水表及其前后设置阀门,泄水装置的总称。阀门用以关闭管网,以便修理和拆换水表;泄水装置作为检修时放空管网,校测水表精度之用。

3. 管道系统　它是指由室内给水水平干管或垂直干管、立管、支管等组成的系统。

4. 给水附件　它是指管路上的截止阀、闸阀、止回阀及各式配水龙头等。

5. 用水设备　它是指卫生器具、消防设备和生产用水设备等。

6. 升压和贮水设备　当建筑小区给水管网压力不足或室内对安全供水、水压稳定有要求时,需设置各种附属设备,如水箱、水泵、气压装置、水池等增压和贮水设备。

室内排水系统一般由下列各部分组成:

1. 卫生器具或生产设备受水器。

2. 排水系统　它由器具排水管、具有一定坡度的横支管、立管、埋设在室内地下的总横干管和排出到室外的排出管等组成。

3. 通气系统　当建筑物层数不多、卫生器具组数不多时,在排水立管上延伸出屋顶的一段管道(自最高层立管检查口算起),作通气管。当建筑物层数较多,卫生器具组数较多时,在排水系统中应设辅助通气管及专用通气管。

4. 清通设备　一般是指作为疏通排水之用的检查口、清扫口、检查井以及带有清通门的90°弯头或三通接头等设备。

5. 抽升设备　某些建筑的地下室、半地下室、人防工程、地下铁道等地下建筑中的污水不能自流排至室外,必须设置水泵和集水池等局部抽升设备,将污水抽送到室外排水管网中去,以保护环境卫生和保证生产正常进行。

6. 污水局部处理构筑物　室内污(废)水不符合排放要求时,必须进行局部处理。如沉淀池用以去除固体物质;除油池用以回收油脂;中和池用以中和酸碱性;消毒池用以消毒灭菌等。

11-2　建筑内部给水排水工程图

一、室内给水排水工程图的识读

室内给水排水工程图是在已设计好的建筑图上绘制的给水排水设备工程图。它由室内给水排水平面图、给水系统图、排水系统图及详图等组成。

室内给水排水平面图是工程图纸中最基本和最重要的图样。它主要表明建筑内部给水排水管道、卫生设备、用水设备等的平面布置。

室内给水排水系统图是按斜轴测投影按系统编号分别绘制的基本图样。它表明每个管道系统的空间位置、走向及相互关系。

详图是指表示某些设备或管道节点的详细构造与安装要求的图样。

下面讨论识读这些图纸的基本方法。

1. 识图方法

按图纸种类，先读平面图，然后对照平面图读系统图，最后详图。读平面图时，先读底层平面图，然后读各楼层平面图；读底层平面图时，先读给水进户管、排水排出管，然后读立管和卫生器具。读给水排水系统图时，先找平面图和系统图相同编号的给水引入管、排水排出管，然后找相同编号的立管，最后分系统对照平面图识读。

按介质流向，分别识读平面图和系统图。

识读给水系统图时，一般从给水引入管开始，依次按水流方向：引入管⟶水平干管⟶立管⟶支管⟶配水器具的顺序进行识读。当给水系统设有高位水箱时，则需找出水箱的进水管，再由水箱出水管⟶水平干管⟶立管⟶支管⟶配水器具的顺序进行识读。

识读排水系统图时，则依次按卫生器具、地漏及其他泄水口⟶连接短管⟶横支管⟶排出管⟶检查井的顺序进行识读。

另外，还应结合图纸说明来识读平面图、系统图，以了解设备管道材料、安装要求及所需的详图（标准图）。

通过图纸识读，应掌握下列主要内容：给水引入管和排水排出管的平面布置、走向、管径、定位尺寸、系统编号以及与建筑小区给水排水管网的连接方式；给水排水干管、立管、支管的管径、平面位置以及立管编号；卫生器具，用水设备、升压设备、消防设备的平面位置、型号规格；该图纸所需的标准图等。

2. 识图举例

按上述识图方法，识读图 11-2 至图 11-4 所示的某住宅给水排水工程图（图中未绘出图标、图框等）。该图纸中的施工说明于下：

（1）给水管道采用低压流体输送用镀锌焊接钢管，螺纹连接；排水管道采用承插排水铸铁管，石棉水泥接口。

（2）水表采用旋翼式湿式水表 LXS—20 型，阀门一律采用截止阀 J11T—1.0 型。

（3）大便器、洗面盆、浴盆安装分别见 90S342—64、90S342—29、90S342—83。

（4）底层污（废）水单独排出。各层地坪地漏均为 50 的铸铁地漏。

（5）埋地铸铁管刷冷底子油一遍，沥青漆一遍。明露排水管道除锈后刷防锈漆两遍，银粉漆两遍。明露给水管道刷白色调合漆一遍。

识图过程如下，首先识读住宅给水排水平面图。

由平面图 11-2 看出，该住宅有七层，每层厨厕盥洗间的管道布置和卫生设备布置均相同，每层楼梯间左右两户厨厕盥洗间管道与设备布置是以楼梯间为对称的。底层给水排水单独绘出，设有屋顶水箱的给水排水也单独绘出，故有一层给水排水平面图、二至七层给水排水平面图、屋面给水排水平面图。

一般情况下，在多层建筑中，当各楼层的建筑平面布置、卫生器具和管道的布置、数量、规格不同时，应分层绘制；当各楼层的建筑平面布置、卫生器具和管道的布置、数量、规格相同时，可绘一个楼层即标准层的给水排水平面图，对与此相同的楼层须注明即可，但底层给水排水平面图须单独绘出，因底层给水排水平面图上，除需表明底层的给水排水管道与卫生器具外，还应表明给水引入管和排水排出管，甚至还绘出与此相关的阀门井和检查井。

由平面图 11-2（a）看出，在③轴与④轴间、⑤轴与⑥轴间，住宅的北侧自西至东依次标有 $\frac{P}{1}$、$\frac{J}{1}$、$\frac{J}{2}$、$\frac{P}{2}$ 符号，即表示建筑物的给水排水进、出口编号。圆圈内分子为管道类别代号、其代号通常采用管道类别的第一个汉语拼音字母表示，"*J*"即给水，"*P*"即排水。圆圈内分母阿拉伯数字为建筑物给水排水进口、出口数量多于一个时的编号。则$\frac{P}{1}$表示 1 号排出管（或 1 号排水出口）。便知该住宅有两个给水进口，有两个排水出口。1 号和 2 号给水进口分别距④轴、⑤轴之距均为 200 mm，管径均为 DN32。1 号和 2 号排水出口均各为两根排出管，其管径和平面位置尺寸也可同样方法识得。还看出，在卫生间墙角处和在厨房墙角处的小圆圈均标注有 PL—1 和 PL—2、JL—1 和 JL—2 符号，它表示建筑物内穿过一层或多于一层楼层的立管的"管道类别代号——编号"，代号"JL"、"PL"分别表示为给水立管、排水立管，如 PL—1表示 1 号排水立管。且看出给水立管和排水立管的管径分别为 DN32、DN100。

楼梯间西侧的一层给水系统，引入管，平行于④轴，且距④轴 200 mm，由此往南进入室内，与 JL—1 立管相接。JL—1 立管上接一支管，经水表、三通分支后，分别接至厨房水池、厕所浴盆、大便器、盥洗间洗面盆等用水点。楼梯间西侧一层排水系统，盥洗间洗脸盆、地坪地漏、厕所浴盆、大便器、厨房水池及地坪地漏等的污水流入排水横管，由排出管$\frac{P}{1}$单独排出。

由二至七层给水排水平面图 11-2(b)可知，二至七层厨房、厕所、盥洗间的管道与设备的布置均同一层，仅是各层污水排入 1 号排水立管，再由一层排水横管、1 号排出管排出。

由屋顶给水排水平面图 11-2(c)看出，屋顶水箱的水由 2 号给水立号送来，经三通分支，由两处进入水箱；水箱的水在与水箱进水同侧且标高较低处出来流入 1 号给水立管；水箱西侧壁处装有溢流管与排污管，且排污管上还装一闸阀。且看出屋面标高为 21.000 m。

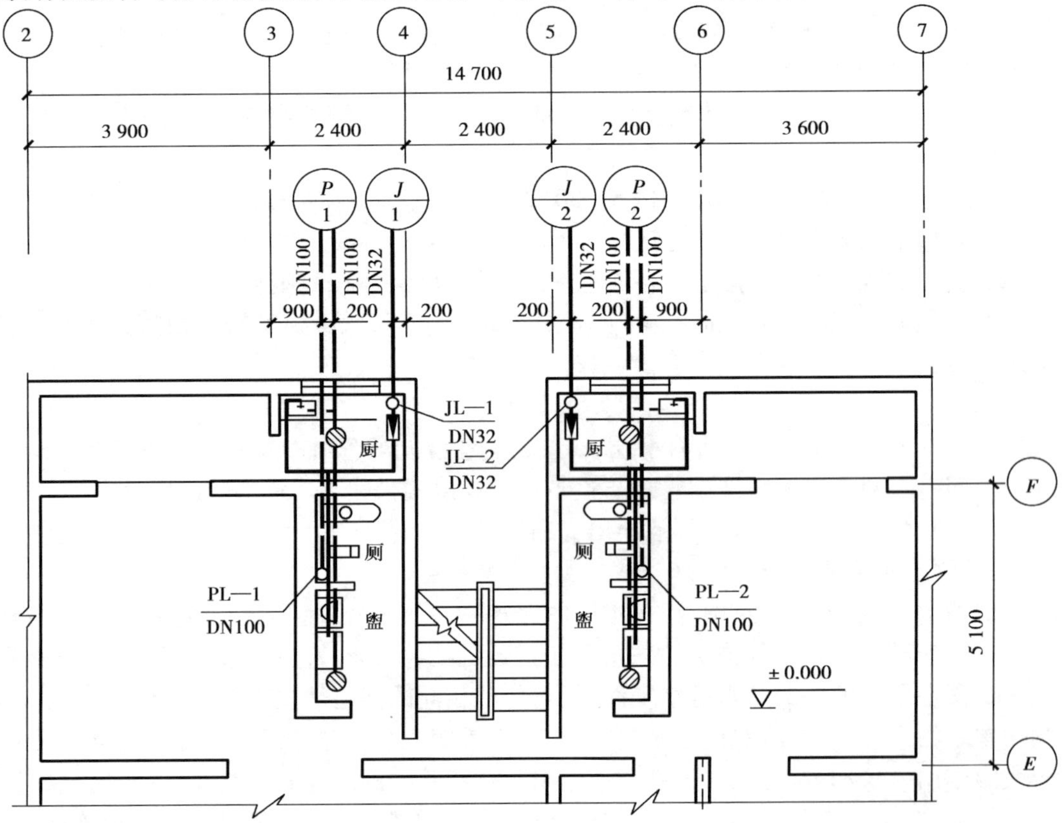

(a)　一层给排水平面图　1:100

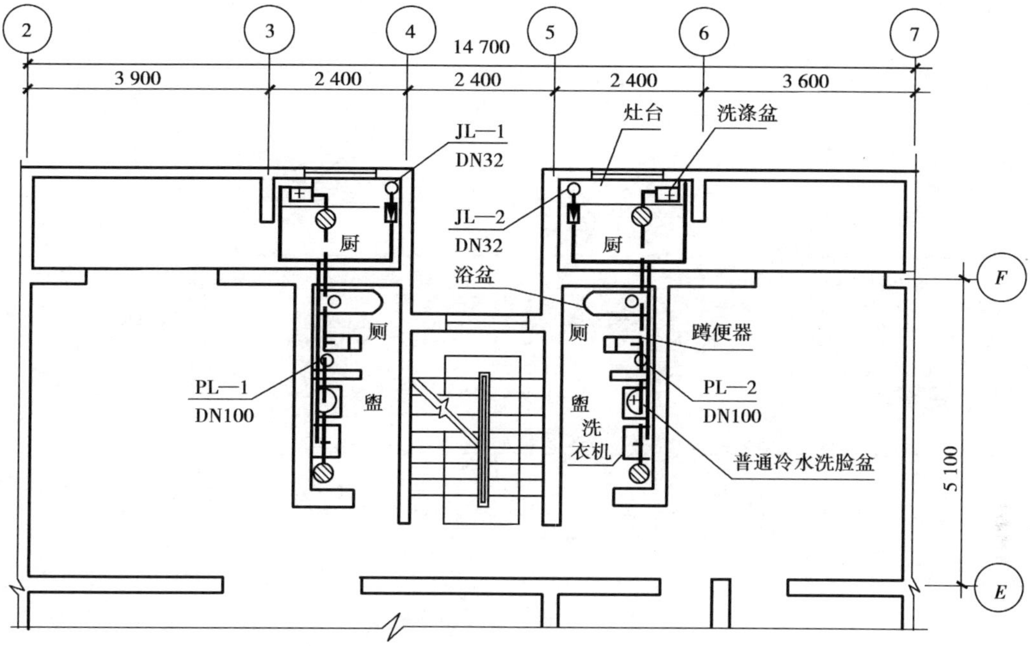

（b）　二~七层给排水平面图　1:100

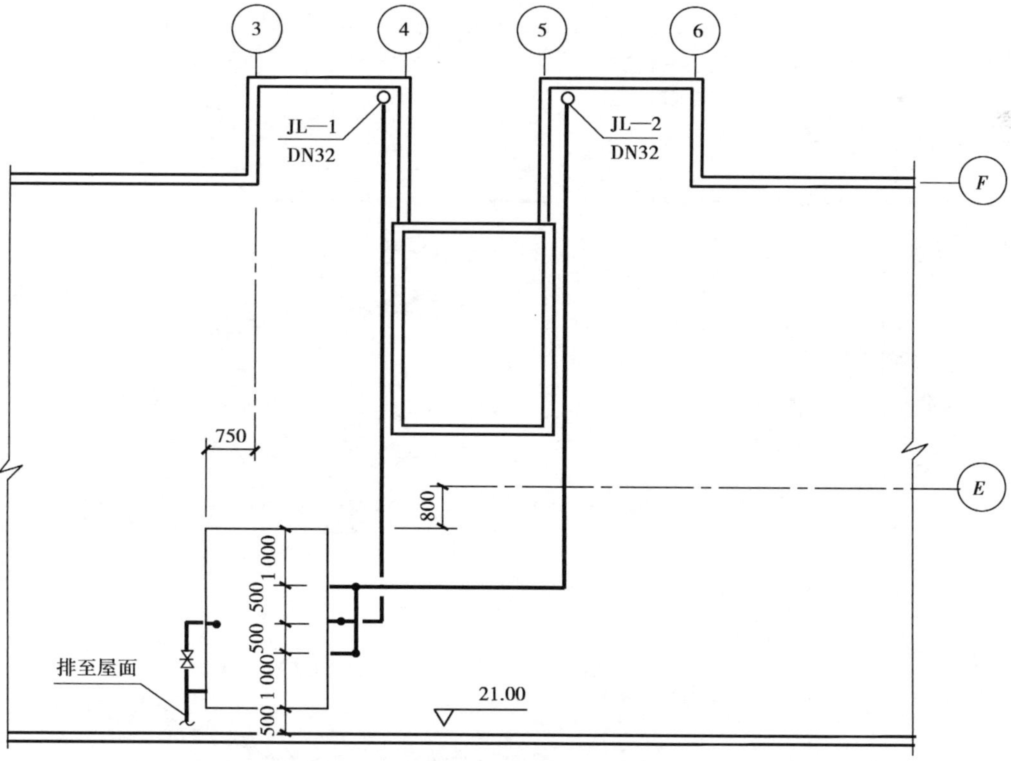

（c）　屋顶给排水平面图　1:100

图 11-2　某住宅给水排水平面图

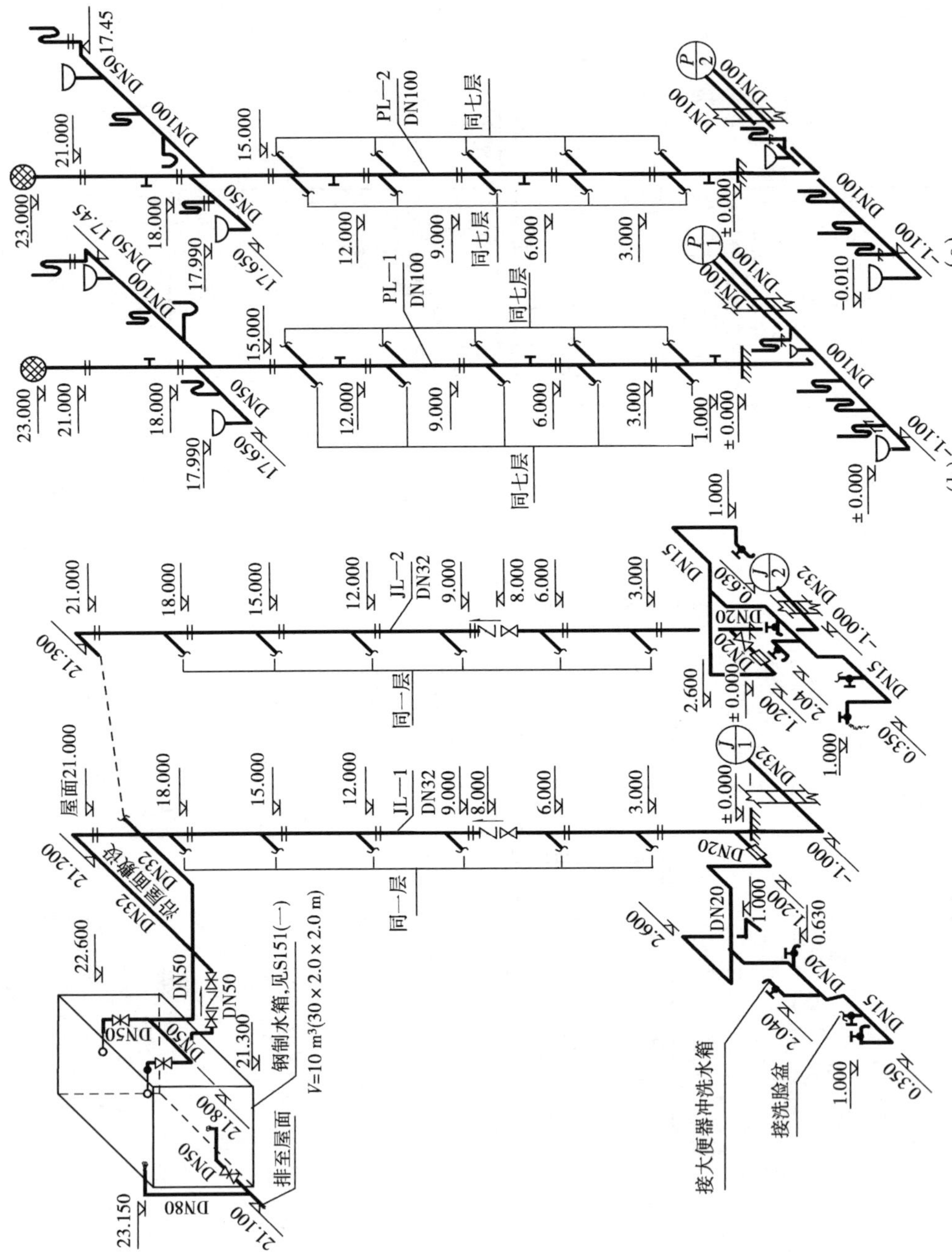

图11-3 某住宅给水排水系统图

(a) 给水系统图；(b) (P/1)系统图；(c) (P/2)系统图

一至七层楼梯间东侧厨厕盥洗间给水排水管道系统与其西侧对称，请读者练习识读。

然后对照平面图（图 11-2）分别识读给水系统图和排水系统图（图 11-3）。

给水系统

将一层给水排水平面图 11-2（a）与给水系统图 11-3（a）对照识读，找到编号分别为 $\frac{J}{1}$ 、$\frac{J}{2}$ 的 DN32 给水引入管。先识读 $\frac{J}{1}$ 系统，管径 DN32 的标高为 -1.000 m 的给水引入管 $\frac{J}{1}$ 从北到南敷设，穿墙进入厨房内，与给水立管 JL—1 相接。立管管径为 DN32。JL—1 立管上绘出各层楼地面，并注有标高，各层层高均为 3 m。在 JL—1 立管上，在标高 8.000 m 处，装有截止阀和止回阀，以防止 4 层以上的水流入 4 层以下。在立管 JL—1 标高 1.200 m 处接一 DN20 的支管自北向南敷设，且装一 DN20 的截止阀和水表。支管经水表后，转弯向上，标高升至 2.600 m，再转弯水平往南走。在④轴与Ⓕ轴相交处又转折向西。在③轴与Ⓕ轴的相交附近经三通分两路：一路（DN15）去厨房水池，水池处水龙头标高为 1.000 m；另一路（DN20）向南，穿过Ⓕ轴墙后，标高由 2.600 m 降至 0.63 m，再继续往南敷设，依次接至厕所的浴盆、大便器、盥洗间的洗脸盆、皮带水龙头。可见，给水管道与卫生器具的连接，只绘至卫生器具的水龙头与进水阀门为止，卫生器具不绘出。二至七层的给水支管未绘出，但已注明“同一层”。$\frac{J}{2}$、JL—2 系统的识读方法与此相同，不再赘述。

对屋顶水箱配管，JL—2 立管顶端穿出屋顶在标高 21.300 m 处向南转折，沿屋面敷设，管径为 DN32。为避免重叠、密集，已将此管段断开引出绘制。经过Ⓔ轴 1.8 m 折向西，沿屋面敷设至水箱东侧，标高升至 21.800 m 分两路进入水箱，进水由 DN50 的浮球阀控制，浮球阀标高为 22.600 m。浮球阀前面还各装一 DN50 的闸阀。水箱东侧标高为 21.400 m 处接一水箱出水管 DN50，接出后标高降至 21.200 m 沿屋面敷设至立管 JL—1 顶端。在此出水管段上装 DN50 的止回阀及其前后的闸阀。水箱西侧装有溢流管（DN80）和排污管（DN50），溢流管和排污管标高分别为 23.150 m、21.100 m，污水或溢水排至屋面。

钢板水箱（$V = 10\ m^3$）制作安装见国标图 S151（一）。

排水系统

首先在一层给水排水平面图（图 11-2（a））上找到排水排出管 $\frac{P}{1}$、$\frac{P}{2}$，再在排水系统图（图 11-3（b）、（c））上找到相同的编号，然后分别识读排水系统 $\frac{P}{1}$ 和 $\frac{P}{2}$。

识读 $\frac{P}{1}$ 组：$\frac{P}{1}$ 组有两根排出管 DN100，均平行于④轴由北向南敷设，一根排出管为排除一层厨厕污水之用，另一根排出管为排除二层及其以上污水之用，两根排出管标高均为 -1.100 m。对照平面图，一根排出管穿墙入室内在厨房墙角处与立管 PL—1 相接。立管 PL—1 管径为 DN100。立管 PL—1 伸出屋顶 2.0 m 装一透气球。在每层楼板下均从立管 PL—1 南北两侧各接一支管，各层支管的作法均同七层。对照平面图，看七层的排水支管：向南敷设的支管（DN50）标高为 17.65 m，分别接盥洗间的洗脸盆和地坪地漏；向北敷设的支管（DN100）分别接厕所的大便器、地漏和厨房的地坪地漏和水池，支管（DN100）的标高为 17.45 m，支管（DN100）经地漏处分支变径为 DN50，接厨房地坪地漏和水池的支管管径为 DN50。并看出接厨房水池、厕所浴盆、盥洗间洗脸盆支管上装 S 型存水弯，接大便器支管（DN100）上装 P 型存水弯。在立管 PL—1 上，一、三、五、七层距地面 1 m 高处各装一检查口。

$\frac{P}{2}$ 组的识读方法同 $\frac{P}{1}$，读者自行练习。

最后识读详图

室内给水排水工程图的详图一般均有标准图可供选用，不必再绘安装详图。由该例图纸说明可知，该住宅洗脸盆、大便器、浴盆安装分别选用90S342—29、90S342—64、90S342—83国家标准图。由系统图可知，屋顶水箱制作安装详图选用S151(一)标准图。为减少篇幅，在此仅列出高水箱蹲式大便器安装图(一台阶)90S342—64(图11-4)为例说明识读详图的方法。识读时，应结合给水排水平面图、给水系统图、排水系统图对照进行。由图11-4可知，详图是按正投影法绘制的，有平面图、1—1剖面图、2—2剖面图，还有一个设备的主要材料表和说明。对照系统图(图11-3)看详图(图11-4)，该例大便器安装为乙型。由图11-3(a)对照图11-4可知，高水箱进水是由标高0.630 m处接一立管升至标高2.040 m后与高水箱进水支管相接而来(不是图11-4所示的由高水箱上方水平管接来)。高水箱底面距台阶表面1 800 mm。高水箱底接一冲洗管至蹲式大便器。大便器台阶表面距地坪为200 mm。蹲式大便器的污水经P型存水弯排入排水横管(对底层，大便器污水经S型存水弯排入排水横管)。在图11-4中，由平、剖面图对照主要材料表看，可知一组高水箱蹲式大便器安装所需设备零件的名称、规格、材料、数量；并由说明可知高水箱蹲式大便器的安装要求，如胶皮碗大小两头均采用喉箍箍紧，胶皮碗及冲洗管四周填干砂或干焦渣。

阅读其他卫生设备安装详图时，均应将给水排水平面图、给水系统图、排水系统图与卫生设备安装详图对照进行，以便明确给水管道、排水管道与卫生设备的连接方式。卫生设备安装的位置尺寸、配件名称规格等由卫生设备安装标准图确定。

二、室内给水排水工程图的图示特点

建筑给水排水工程是房屋建筑的一种设备工程，所以给水排水管道及设备都与房屋建筑有着密切的联系。但在表达方法上，有些也与房屋建筑的表达方法不同。因而它具有下列主要图示特点。

1. 比例

室内给水排水工程图一般采用与该建筑物的建筑平面图相同的比例，常用1∶100。必要时，亦可采用1∶50等常用比例。在系统图中，当局部管道按比例不易表示清楚时，可不按比例。

2. 布置方向

室内给水排水平面图在图纸上的布置方向应与相应的建筑平面图一致。室内给水系统图和室内排水系统图的布置方向应与相应的给水排水平面图一致。

3. 平面图

室内给水排水平面图应按直接正投影法绘制，建筑物轮廓线应与建筑专业一致。

平面图线型：建筑物轮廓线(建筑细部不必绘)，用细实线表示；卫生器具用细实线表示；给水排水管道用粗实线表示。各种线型应符合《给水排水制图标准》GBJ 106—87的规定。

特殊画法：对将安装于下层空间而为本层使用的管道，用粗实线常绘于本层平面图上；对某些不可见的管道(对穿墙管段、暗装管道、埋地管道等)不用虚线而用粗实线表示；对某些局部管道往往未按比例而是示意性地表示其安装位置，不表示其具体平面位置尺寸，如水平干管和立管的距墙尺寸、多根平行管道之间的间距、给水排水管道与卫生设备的连接等(这些有关尺寸应由规范、标准图确定)。

各种管道和设备须按《给水排水制图标准》GBJ 106—87中规定的图例绘制(见表11-1)。

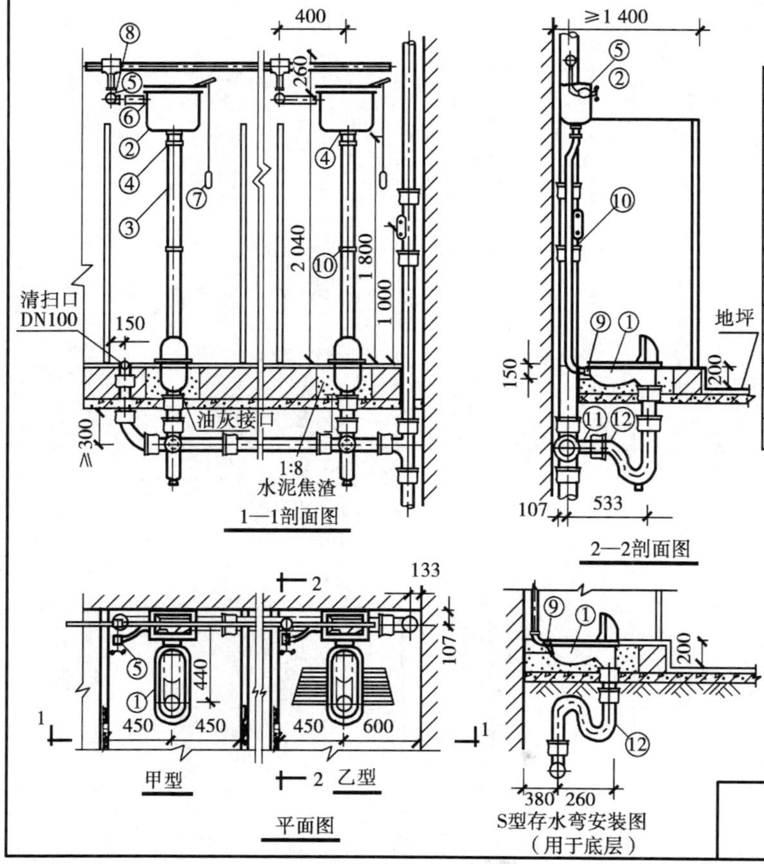

一个设备的主要材料表

编号	名称	规格	材料	单位	数量
1	蹲式大便器		陶瓷	个	1
2	高水箱				1
3	冲洗管	DN32	铜或塑料	根	1
4	冲洗管配件	DN32		套	1
5	角式截止阀	DN15	铜	个	1
6	浮球阀配件	DN15		套	1
7	拉链		钢链或尼龙绳	条	1
8	弯头	DN15	锻铁	个	1
9	胶皮碗		橡胶		1
10	单管立式支架		A_3		1
11	90° 三通	100×100	铸铁		1
12	存水弯	DN100			1

说明:

1.进水箱的冷水管可暗装在墙内,由设计决定。
2.清扫口见S220图。
3.胶皮碗大小两头均采用喉箍箍紧。
4.胶皮碗及冲洗管四周填干砂或干焦渣。
5.本图蹲式大便器上边缘的埋设深度用两种形式表示，根据需要由项目设计决定。

高水箱蹲式 大便器安装图(一台阶)	图集号	90S342
	页	64

图11-4　高水箱蹲式大便器安装图

在平面图中，当给水管与排水管交叉时，应连续绘出给水管，断开排水管。

4. 系统图

给水排水系统图宜按45°正面斜轴测法绘制。给水管道系统图一般按每根给水引入管分组绘制；排水管道系统图一般按每根排水排出管分组绘制。

在系统图中，给水管道只绘至水龙头，排水管道只绘至卫生器具出口处的存水弯，而不绘出卫生器具。

5. 编号

系统图中的给水进口和排水出口，穿过一层及多于一层楼层的立管的编号应与平面图一致。其编号应按图11-5和图11-6所示方法绘制。

表11-1　给水排水工程常用图例

序号	名　称	图　例	说　明	序号	名　称	图　例	说　明
1	交叉管	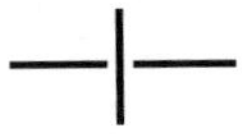		13	圆形地漏		
2	三通管	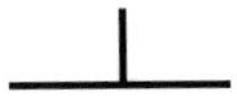		14	阀　　门		用于一张图内只有一种阀门
3	四通管	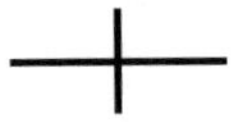		15	闸　　阀		
4	流　向			16	截止阀		
5	坡　向			17	止回阀		
6	管道固定支架			18	浮球阀		
7	弯折管		表示管道向后弯90°	19	延时自闭冲洗阀		
8	弯折管	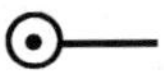	表示管道向前向弯90°	20	放水龙头	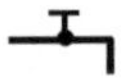	
9	检查口			21	室外消火栓		
10	存水弯			22	室内消火栓（单口）	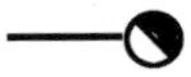	
11	清扫口			23	室内消火栓（双口）		
12	通气帽			24	水泵接合器	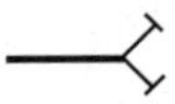	

续表

序号	名　称	图　例	说　明	序号	名　称	图　例	说　明
25	立式小便器	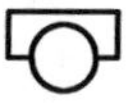		40	矩形化粪池	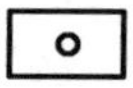 HC	
26	挂式小便器			41	雨水口		
27	蹲式大便器	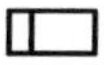		42	中和池	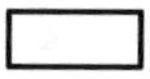 ZC	
28	坐式大便器			43	阀门井、检查井、		
29	水池、水盆	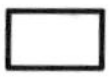	用于一张图内只有一种水池或水盆	44	圆形化粪池	 HC	
30	大便槽			45	水表井		
31	除油池	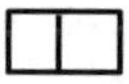 YC		46	泵		
32	洗脸盆			47	离心泵		
33	立式洗脸盆			48	水-水热交换器	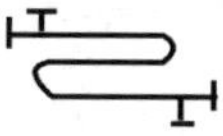	
34	浴　　盆	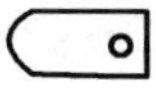		49	热交换器	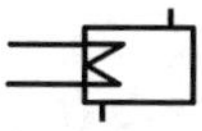	
35	化验盆洗涤盆	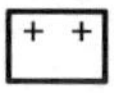		50	过滤器		
36	带篦洗涤盆	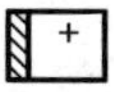		51	温度计		
37	盥洗槽	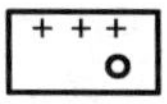		52	压力表		
38	污水池			53	水流指示器	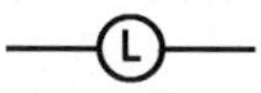	
39	淋浴喷头			54	减压孔板	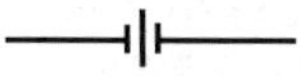	

6. 标注

(1)管径标注

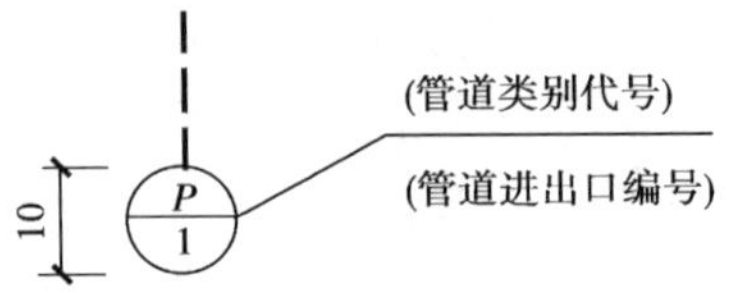

图 11-5　给水排水进出口编号表示法

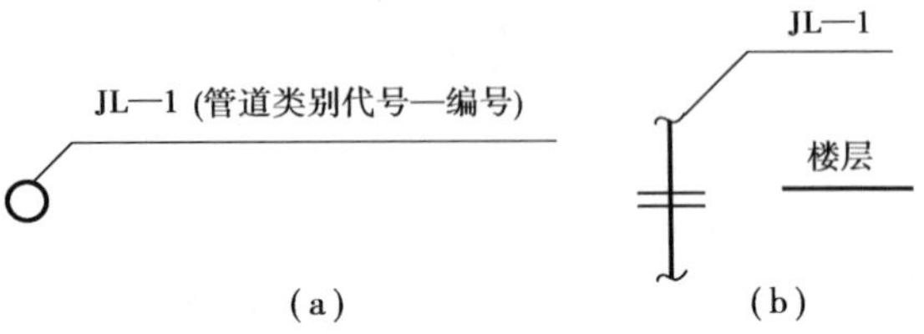

图 11-6　给水排水立管编号表示法

管道尺寸应以“毫米”为单位。对不同材质的管道，标注应符合表 11-2 所列的规定要求，并按图 11-7 所示方式标注。

表 11-2　管径标注

管道名称	管径标注	标注示例
低压流体输送用镀锌焊接钢管、不镀锌焊接钢管、铸铁管、硬聚氯乙烯管、聚丙烯管等	用公称直径 DN 表示	DN25、DN80
耐酸陶瓷管、混凝土管、钢筋混凝土管、陶土管(缸瓦管)等	以内径 d 表示	d380、d230
直缝或螺旋缝电焊钢管、无缝钢管等	以管外径 × 壁厚表示	D108 ×4、D219 ×5

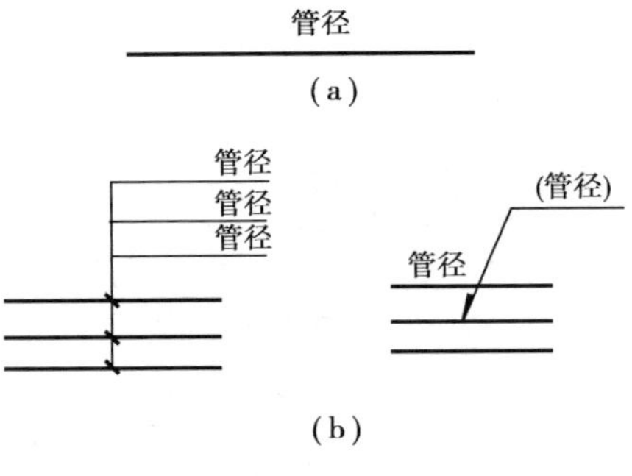

图 11-7　管径标注方式

(2)尺寸标注

建筑物的平面尺寸一般仅在底层给水排水平面图中标注轴间尺寸，对卫生器具和管道的布置尺寸及管道长度一般均不标注。

(3)标高标注

在平面图、系统图中，应标注各楼层地面的相对标高。在底层给水排水平面图中，还应表明室外地面相对标高。在平面图、系统图中，对管道标高应按图 11-8 所示方式标注。标高应以“米”为单位，宜注写到小数点后第 3 位。

此外，应注明必要的文字(如注“男厕”、“盥洗室”等)。

三、室内给水排水工程图的绘制

绘制室内给水排水工程图，一般是先绘其平面图，然后绘系统图，最后绘详图。

1. 室内给水排水平面图的绘制步骤

绘制室内给水排水平面图，一般是先绘底层给水排水平面图，后绘其余各楼层给水排水平面图，最后绘屋顶给水排水平面图。每一楼层给水排水平面图的绘制步骤如下：

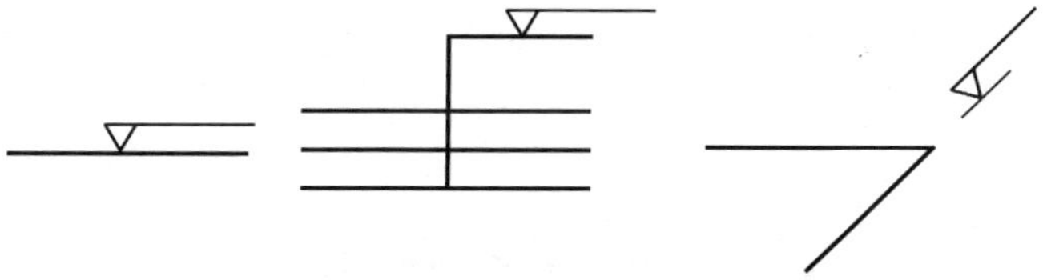

图 11-8　平面图、系统图中管道标高标注法

(1)绘建筑平面图

绘制时,先绘定位轴线,然后绘墙身、柱、门窗、洞、楼梯及台阶等轮廓线。

(2)绘卫生器具的平面布置

(3)绘给水排水管的平面布置

绘制顺序:立管──→给水引入管、排水排出管──→干管──→支管──→管道附件

(4)绘制有关图例

(5)标注尺寸、标高、编号及其必要的文字说明。

2. 室内给水排水系统图的绘制步骤

室内给水排水系统图是依其平面图绘制。绘制时,按给水系统和排水系统分别绘制。给水系统按每根给水引入管分组绘制;排水系统又按每根排水排出管分组绘制。其步骤如下:

(1)确定轴测轴

(2)绘立管或引入管、排出管

在一般情况下,当一条引入管或排出管服务于一根立管时,常先绘立管,后绘引入管或排出管,如图 11-3 所示的情况;当一条引入管或排出管服务几根立管时,则宜先绘引入管或排出管,后绘立管。

(3)绘立管上的一层地面和各楼层地面(屋面)

(4)绘各层平面上的横管

绘制时,先绘与轴线相平行的横管,后绘与轴线不平行的横管。

(5)绘管道系统上的附件

给水管道系统图上的阀门、水表、水龙头等,排水管道系统图上的检查口、通气帽、地漏等附件均应按规定图例符号绘制。

(6)绘各管道穿墙、梁的断面图例。

(7)标注管径、标高、坡度、编号及其必要的文字说明。

11-3　建筑小区给水排水工程图

一、图纸组成

建筑小区给水排水工程图主要由给水排水平面图、给水排水管道断面图及其详图(节点图、大样图等)等组成。

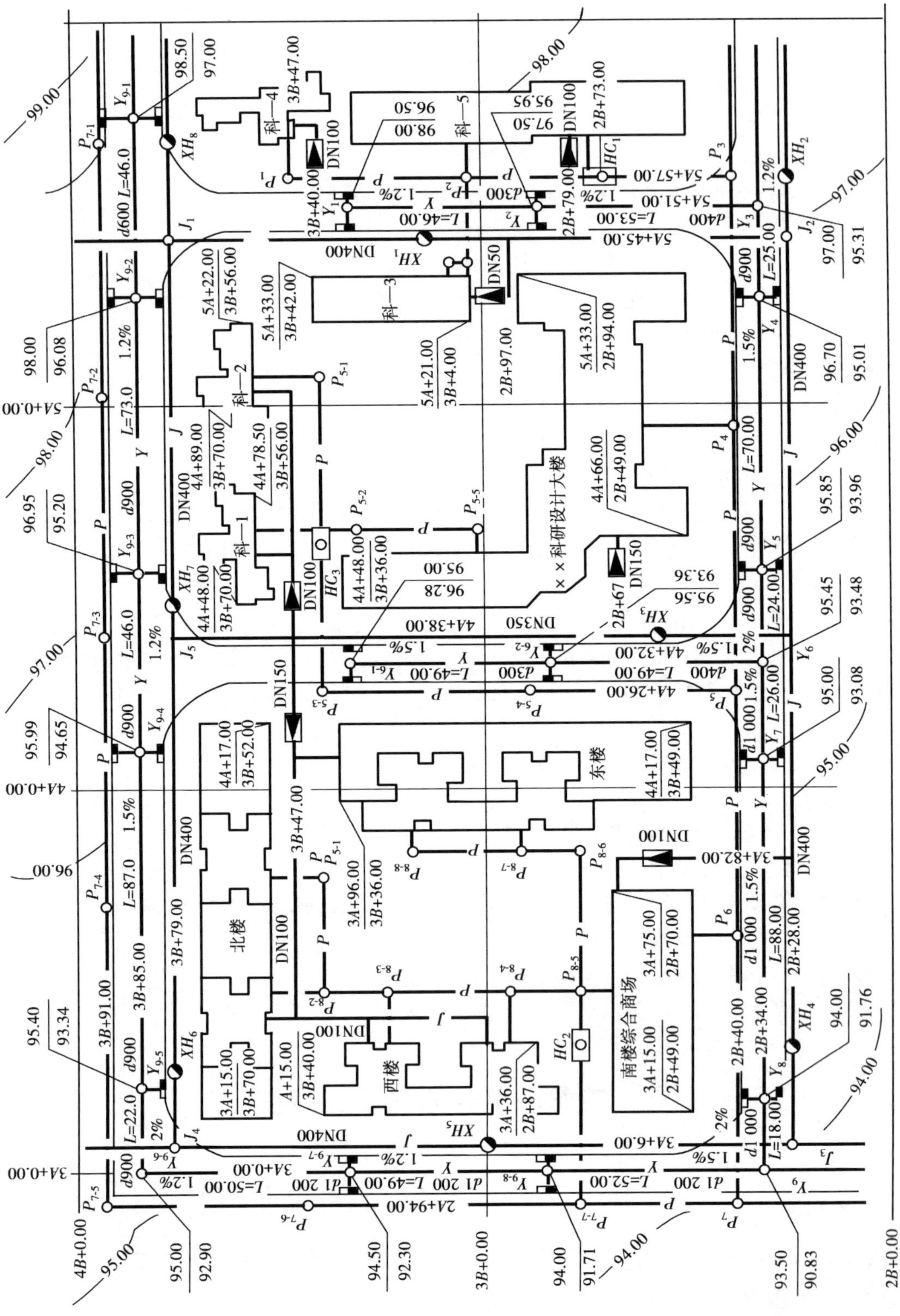

图11-9(a)
给水排水平面图

二、平面图

1. 图纸识读

建筑小区给水排水平面图是表示建筑小区内给水排水管道的平面布置情况。通过平面图的识读，以便帮助了解小区给水排水平面图的表示方法与绘制方法。现以图 11-9 表示的某小区给水排水管道平面图为例说明。

由图 11-9(a)可知，施工坐标是用方格网坐标表示的，纵向格线编号为 3A、4A、5A、6A，横向格线编号为 2B、3B、4B，线格间距为 100 m，故该小区东西长(设图纸右为东，左为西)为 300 m，南北长为 200 m。又由图中的等高线看出，东北角地坪比西南角高 5 m，则设计重力流的管道亦由东北坡向西南。

根据图例符号可知该小区内有给水管、排水管、雨水管三种管道。对此分别识读。

(1)给水管道

先读干管。可按照干管上阀门井的编号，从东北角 J_1 井开始依次读至东南角 J_2、西南角 J_3、西北角 J_4、北部中间 J_5，往东回到 J_1，从而使该区给水管形成环状管网，见图 11-10。这几根干管的坐标位置为：东部南北干管(DN400)是 $5A+45.00$；中部南北干管(DN350)是 $4A+38.00$；西部南北干管(DN400)是 $3A+6.00$；北部东西干管(DN400)是 $3B+79.00$；南部东西干管(DN400)是 $2B+28.00$。从室外消火栓编号可知，这几根给水干管上，装有 8 个室外消火栓(XH_1、XH_2、……、XH_8)。

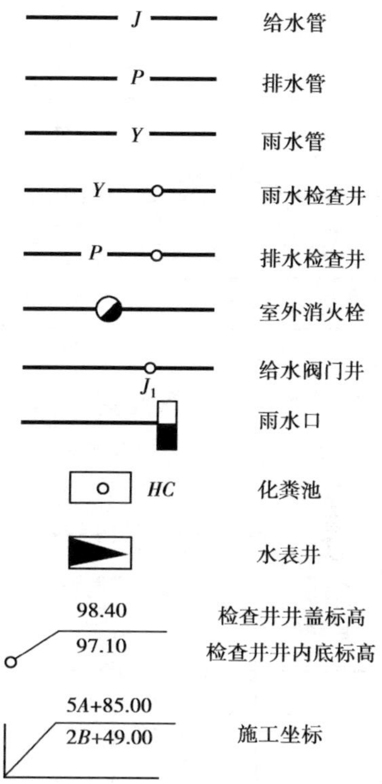

图 11-9(b)
某建筑小区给水排水平面图

表 11-3　排水管设计计算表(见图 11-3)

管段编号	起	P_{7-1}	P_{7-2}	P_{7-3}	P_{7-4}	P_{7-5}	P_{7-6}	P_{7-7}	P_1	P_2	HC_1	P_3	P_4	P_5
	末	P_{7-2}	P_{7-3}	P_{7-4}	P_{7-5}	P_{7-6}	P_{7-7}	P_7	P_2	HC_1	P_3	P_4	P_5	P_6
管径	毫米	1 200	1 200	1 200	1 200	1 400	1 400	1 400	300	300	400	1 200	1 200	1 200
管长	(米)	65.0	65.0	70.0	76.0	48.0	68.0	35.0	42.0	28.0	27.0	65.0	66.0	63.0
坡度	(%)	0.70	0.70	1.40	1.40	1.40	1.7	2.0	1.00	1.00	1.30	1.50	1.50	2.00
井顶标高	(米)	98.69	98.03	96.97	95.88	98.09	94.80	94.40	98.30	97.80	97.31	97.01	96.41	95.61
地面标高(米)	起端	98.66	98.00	96.94	95.85	95.06	94.77	94.43	98.30	97.80	97.56	97.00	96.40	95.60
	末端	98.00	96.94	95.85	95.06	94.77	94.43	94.00	97.80	97.60	97.00	96.40	95.60	94.65

续表

管段编号	起	P_{7-1}	P_{7-2}	P_{7-3}	P_{7-4}	P_{7-5}	P_{7-6}	P_{7-7}	P_1	P_2	HC_1	P_3	P_4	P_5
	末	P_{7-2}	P_{7-3}	P_{7-4}	P_{7-5}	P_{7-6}	P_{7-7}	P_7	P_2	HC_1	P_3	P_4	P_5	P_6
管内底标高（米）	起端	96.24	95.78	95.32	94.34	92.28	91.61	90.55	96.70	96.28	95.95	94.70	93.72	92.73
	末端	95.78	95.32	94.34	92.28	91.61	90.55	89.80	96.28	96.00	95.60	93.72	92.73	91.47
管底埋深（米）	起端	2.52	2.32	1.72	1.61	2.88	2.90	3.13	1.60	1.52	1.61	2.30	2.68	2.87
	末端	2.32	1.72	1.61	2.88	2.90	3.13	3.54	1.52	1.60	1.40	2.68	3.07	3.08

然后读给水支管。东部南北干管（DN400）上，于 $5A+45.00,2B+97.00$ 处、$5A+45.00,3B+40.00$ 处，$5A+45.00,2B+79.00$ 处分别接支管与科—3、科—4、科—5 楼引入管相接，支管管径分别为 DN50、DN100、DN100。

南部东西干管（DN400）上，于 $3A+82.00,2B+28.00$ 处引支管（DN100）与南楼综合商场引入管相接。

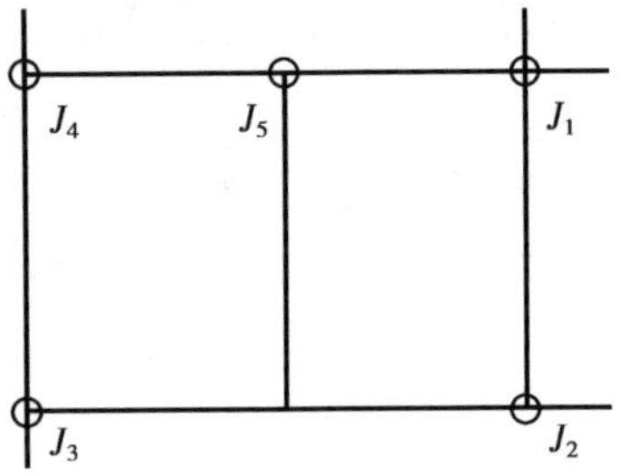

图 11-10　小区给水干管布置示意图

同样方法可看出，中部南北干管（DN350）服务于某科研设计大楼、科—1、科—2、东楼、西楼和北楼的管道连接情况。读者自己练习。

（2）排水管道

识读时，先干管、后支管，按排水检查井的编号顺序依次进行。

从东北角科—4 楼附近的检查井 P_1 开始（检查井的编号一般从最长管线的上游管线开始），由北到南，经过 P_2、化粪池 HC_1 读至检查井 P_3，再由东向西，经 P_4、P_5、P_6 井读至检查井 P_7。又从东北角检查井 P_{7-1} 开始，由东向西，经 P_{7-2}、P_{7-3}、P_{7-4} 读至检查井 P_{7-5}；再由北到南，经 P_{7-6}、P_{7-7} 读至检查井 P_7。各检查井的坐标位置图中已标注，如检查井 P_7 处于 $2A+94.00,2B+40.00$ 位置。

检查井 P_{7-7} 所接的支管：北楼南部出来，从 P_{8-1} 井开始，经 P_{8-2}、P_{8-3}、P_{8-4} 到 P_{8-5} 井；东楼西部出来，从 P_{8-8} 井开始，经 P_{8-7}、P_{8-6} 到 P_{8-5} 井，再到 P_{7-7} 井。

检查井 P_5 所接的支管：从科—2 楼南部出来的 P_{5-1} 井开始，经 HC_3、P_{5-3}、P_{5-4} 至检查井 P_5。

其余支管也同样方法识读。这样，小区排水干管、支管的布置情况如图 11-11 示意。

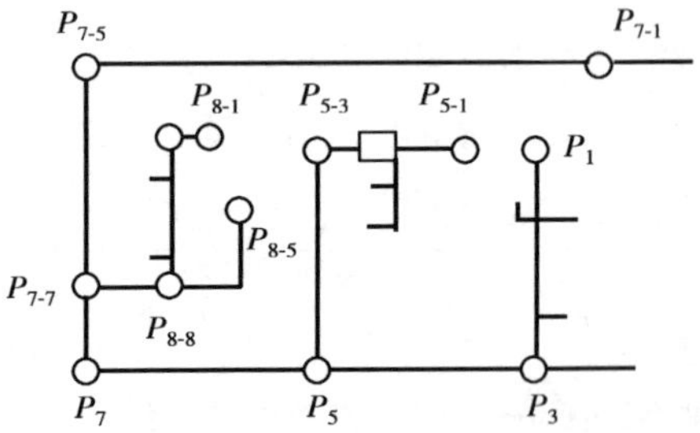

图 11-11　小区排水干管、支管布置示意图

小区排水干管管径及相应管段的管长等设计数据，一般均由“排水管设计计算表”（表 12-3）确定。

（3）雨水管道

识读顺序：先干管后支管，按雨水检查井编号进行。

从科—3 楼东面的检查井 Y_1 开始，由北到南经 Y_2 读至 Y_3，然后由东向西经 Y_4、Y_5、Y_6、Y_7、

Y_8 读至 Y_9。又从东北角 $Y_{9\text{-}1}$ 开始向西，经 $Y_{9\text{-}2}$、$Y_{9\text{-}3}$、$Y_{9\text{-}4}$、$Y_{9\text{-}5}$ 读至 $Y_{9\text{-}6}$ 井，再向南经 $Y_{9\text{-}7}$、$Y_{9\text{-}8}$ 读至 Y_9 井。又从中部 $Y_{6\text{-}1}$ 开始，经 $Y_{6\text{-}2}$ 读至 Y_6 检查井。这样，小区的雨水干管就形成如图 11-12 所示的管网。各检查井的标高和多数检查井的坐标均已标注定位。

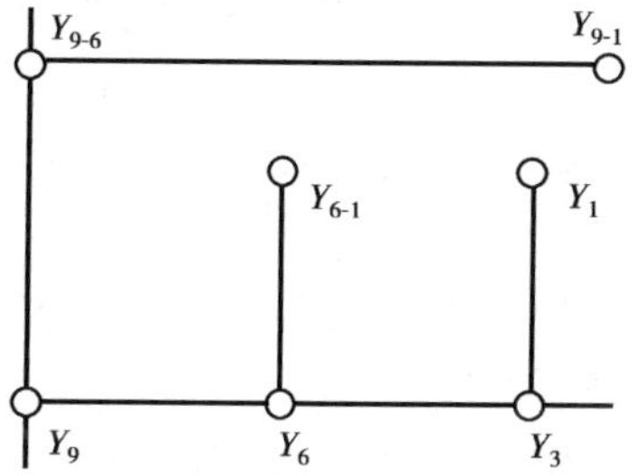

图 11-12 小区雨水干管布置示意图

雨水管设于道路中央，道路两侧的雨水口与雨水检查井相接。全区雨水检查井共 19 个，雨水口共 30 个。

2. 表示方法

绘制小区给水排水平面图时，应用以下表示方法（见图 11-9）。

（1）绘制小区给水排水平面图的比例，一般采用与相应小区建筑平面图相同的比例。小区给水排水平面图在图纸上的布置方向与相应小区建筑平面图一致。

（2）绘制小区给水排水平面图时，应绘出该小区内新建的和原有的建筑物和构筑物、施工坐标、等高线、道路、指北针及风玫瑰等。

（3）小区内的给水管、排水管、雨水管（包括阀门井、检查井、化粪池、雨水口等）绘于同一张图上。

同一张图上的给水管、排水管、雨水管应用符号“*J*”、“*P*”、“*Y*”注明。

同一张图上的同类附属构筑物多于 1 个时，应用构筑物代号（采用汉语拼音字头）加阿拉伯数字进行编号，如 HC_1 即 1 号化粪池。其编号顺序为：对给水阀门井，从干管到支管，再到用户；对排水（雨水）检查井，应从上游到下游，先干管后支管。为清楚起见，支管上的附属构筑物编号可采用下列形式：$X_{m\text{-}n}$（X 为附属构筑物代号，m 为构筑物在干管上的编号，n 为构筑物在支管上的编号）。例如 $P_{2\text{-}1}$ 表示干管上的编号为 2 的支管上的 1 号检查井。

绘制小区给水排水平面图时，若遇给水管与排水管、雨水管交叉，应断开排水管和雨水管；若遇排水管与雨水管交叉，应断排水管。

（4）坐标标注

对建筑物、构筑物，宜注其 3 个角坐标。如建筑物、构筑物与施工坐标轴线平行，可注其对角坐标。

对附属构筑物（如检查井），可注其中心坐标。

对管道，应注管中心线坐标，建筑物和构筑物的管道进出口位置的坐标。

（5）尺寸标注

个别管道（沟）及附属构筑物不便标注坐标时，应注其控制尺寸以定位。

给水排水管道的有关尺寸，可在纵断面图和设计计算表中表明。当无纵断面图时，应注明管道的规格、坡度及附属建筑物的规格、标高等。

（6）其他

为便于识图，应列出必要的图例符号。在平面图中，不易表示的内容，可在说明中统一说明。图 11-9 的施工说明略。

3. 绘图步骤

建筑小区给水排水平面图的绘制步骤一般是：

（1）抄绘建筑小区建筑平面图。已知拟建和原有建筑、构筑物、道路、施工坐标、等高线、指北针、风玫瑰等。

(2)绘出小区内各建筑物、构筑物的给水引入管和排水排出管。

(3)绘小区的给水排水管线(包括其与市政给水排水管线连接点)。

(4)绘给水排水管线上的附属构筑物、消防设备等。如给水管道上的消火栓、水表井、阀门井等;排水管道上的检查井和化粪池等;雨水管道上的雨水检查井和雨水口等。

(5)绘连接管段和相应支管。如连接各建筑物给水引入管与小区给水管网的管段,连接各建筑物排水排出管与小区排水管网的管段。

(6)布置标注,编写说明等。

最后应绘管道节点图。在小区给水排水平面图中,各种阀门井、检查井、消火栓等均不易反映清楚。为此,应绘节点图以详细表明。

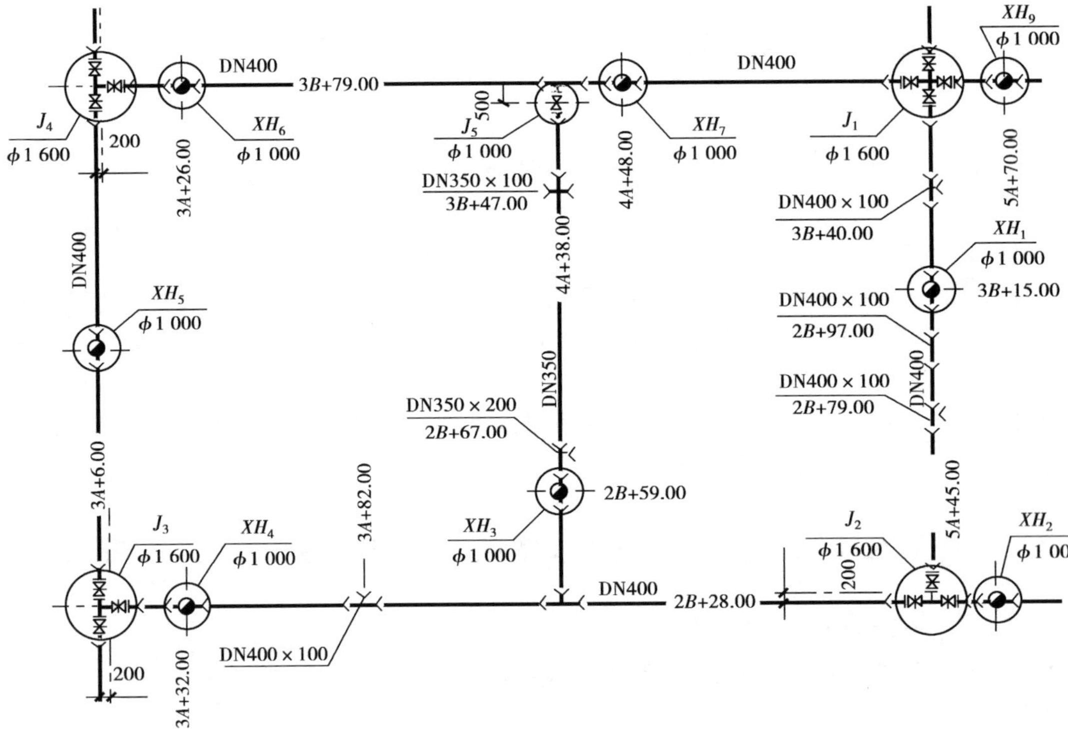

图 11-13　给水管道节点图

图 11-13 为图 11-9 给水管道的节点图。节点图有以下主要图示特点:

(1)节点图的布图方向、各节点的平面位置均与相应给水排水平面图一致。

(2)线型:直管采用粗实线、节点和阀门采用细实线绘制。

管道、附属构筑物应标注施工坐标以定位;附属构筑物应标注其代号、编号、规格(如井内径);管道、管件应标注规格(如图中“DN350 × 200”、“DN400 × 100”等是管件四通、三通的管径标注,前面数字为干管管径(350,400),后面数字为支管管径(200,100))。

在封闭循环回水管道节点图中,检查井宜用平、剖面图表示,当管道连接高差较大时,宜用双线表示。

三、断面图

断面图分横断面图和纵断面图。纵断面图是用来清楚地反映设计管道沿线标高方向的变化及所处地面起伏情况,该设计管道与其他管道交叉情况以及该管道的管径、坡度和管基情况等。这里仅说明其纵断面图的识读与绘制方法。

1. 图纸识读

识读管道纵断面图时,首先根据纵断面图中的节点(如阀门井、检查井)编号,在相应的给水排水平面图中,查找所识读的管道纵断面图是平面图中反映的哪条管道,其平面位置和走向怎样?然后对照相应的给水排水平面图识读管道纵断面图。

例如,试读图 11-14 所示排水管道纵断面图。

图 11-14 为图 11-9 某建筑小区给水排水平面图中的一部分排水管道纵断面图。

根据图 11-14 中的检查井编号 $P_1 \sim P_5$,在图 11-9 中查检查井 $P_1 \sim P_5$,得知,纵断面图(图 11-14)中的排水管道为平面图(图 11-9)中以东北角 P_1 开始向南,途径 P_2、HC_1 到 P_3,再折向西,经 P_4 到 P_5 所组成的排水管道。

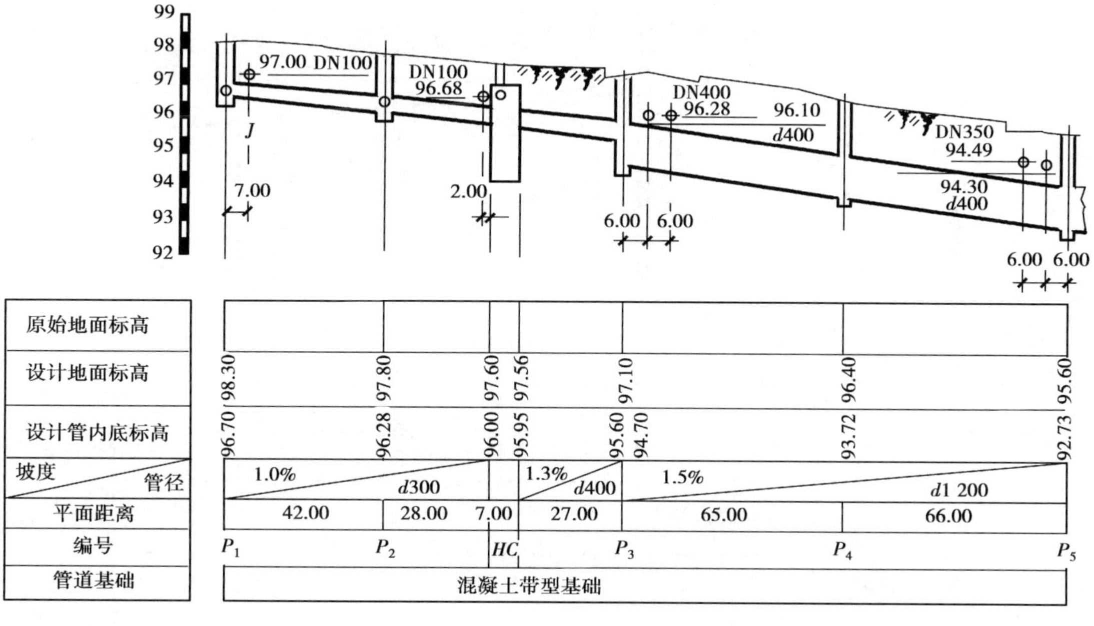

图 11-14 排水管道纵断面图

由图 11-14 可见,图上部为埋地铺设的排水管道纵断面,其左部为标高塔尺,下部为该管道的有关设计数据表格。据此,可直接查出该排水管道每一节点处的原始地面标高、设计地面标高、设计管内底标高、管道埋设深度、坡度、管径、节点编号、节点间距、管道基础等。例如 P_4 井处的设计地面标高、管内底标高分别为 96.40 m、93.72 m,便知埋设深度为 2.68 m(96.40 - 93.72)。对照平面图(图 11-9),还看出该排水管与其他管道的交叉情况,如在 P_3 与 P_4 两检查井之间,该排水管分别于距 P_3 中心线右(西北)12.00 m 和 6.00 m 处与给水管、雨水管交叉，给水管中心标高 96.28 m、管径 DN400，雨水管内底标高 96.10 m，管径 DN400。可见，图 11-14 与图 11-9 一起反映出在 P_3 交错的给水干管、雨水干管的平面位置、标高及其各自的走向。

2. 表示方法

(1)管道纵断面图应由该管道纵断面、标高塔尺和列有该管道的有关设计数据的表格组成。并按图 11-15 所示方式布置图面。

上部图形如图 11-15 所示，起始井(检查井或阀门井)置于图形左边，自左至右为该管中水流的方向。图形的纵(垂直)横(水平)方向通常采用不同的比例绘制，纵横之比一般 1∶5。于图形的下方应标注与该管道交叉的各地下管道、地沟及电缆沟等的相对距离和各自的标高及其相应的代号。

标高塔尺应置于起始井(检查井或阀门井)的左侧，并注相应的绝对标高(若缺绝对标高资料时，可注相对标高)，且与相应的总图一致。

下部表格置于管道纵断面图的下部，其格式应按图 11-15 所示绘制。

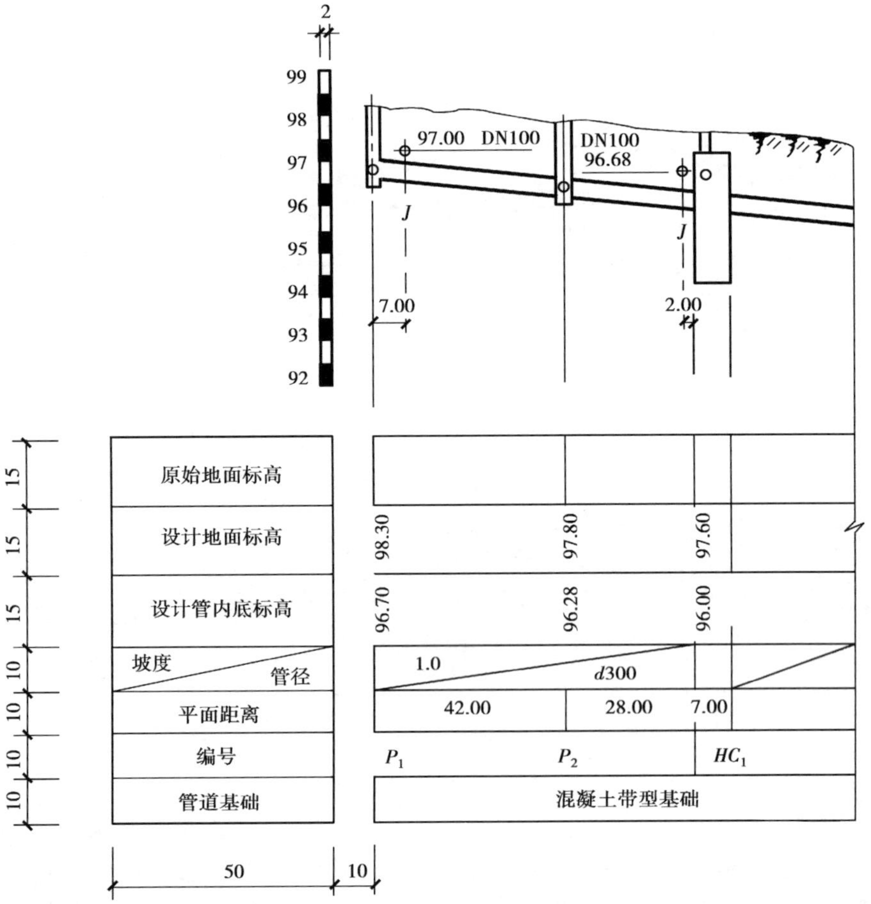

图 11-15 管道纵断面图画法示例

(2)图线：一般压力管道(如给水管)宜用单粗实线绘制，见图 11-16 某小区给水管道纵断面图。重力管道(如排水管、雨水管)宜用双粗实线绘制，见图 11-14。被割切的阀门井或检查

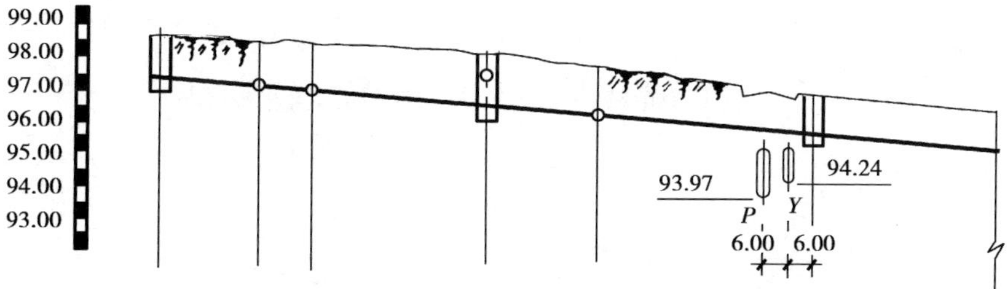

原始地面标高(米)							
设计地面标高(米)	98.50	98.25	98.20	98.05	97.80	96.70	96.38
设计管中心标高(米)	97.50	97.39	96.84	96.72	96.55	95.72	95.18
管径(毫米)	DN350					DN400	
平面距离(米)	23.65	12.0	37.35	25.0	50.0	101.20	
编号	J_1	三通	三通	XH_1	三通	J_2	
管道基础	素土夯实						

图 11-16　给水管道纵断面图

井、消火栓井、非纵剖的管道等的内轮廓线常用中实线绘制。其余均用细实线绘制。

3. 绘图步骤

绘制管道纵断面图的一般步骤如下：

（1）选择合适的纵、横向比例，以使图示管道在铅垂方向的高程随水平距离的变化能清楚地显示出来。

（2）按图 11-15 布置图面。

（3）根据各管段的水平距离，按已确定的横向比例绘垂直分格线。根据各管段标高、地面标高、按已确定的纵向比例绘标高塔尺。

（4）根据管道直径、管道标高、设计地面标高绘制该管道的纵断面图、地面线和检查井（或阀门井）、消火栓井的剖面图。

（5）绘制交叉管线的横断面等。

（6）绘制表格，标注数据，完成全图。

第十二章　采暖工程图

12-1　概　述

采暖工程是指冬季为了维持室内和生产需要的空气温度而将热能从热源输送到用户，向房间供热的工程设施。它是一种房屋设备工程，是房屋建筑工程的组成部分。采暖工程图是表达采暖工程设施的结构形状、大小、位置以及有关技术要求等的图样。本章将讨论采暖工程图和小区供热管网工程图，通过学习以掌握采暖工程图的识读和绘制方法。

一、采暖系统的分类与组成

按采暖的范围可分为：局部采暖系统、集中采暖系统和区域采暖系统。

按采暖所用的热媒可分为：热水采暖系统、蒸汽采暖系统、热风采暖和烟风采暖。

目前应用最广的是以热水和蒸汽作为热媒的集中采暖系统。这种系统如图 12-1 所示，它主要由热源、输热管道和散热设备三大部分组成。热源是指使燃料燃烧产生热，将热媒加热成热水或蒸汽的锅炉房。输热管道是指将热媒由热源输送至热用户的热水或蒸汽供热管网。散热设备是指将管道系统送来热媒的热量散至房间的设备。

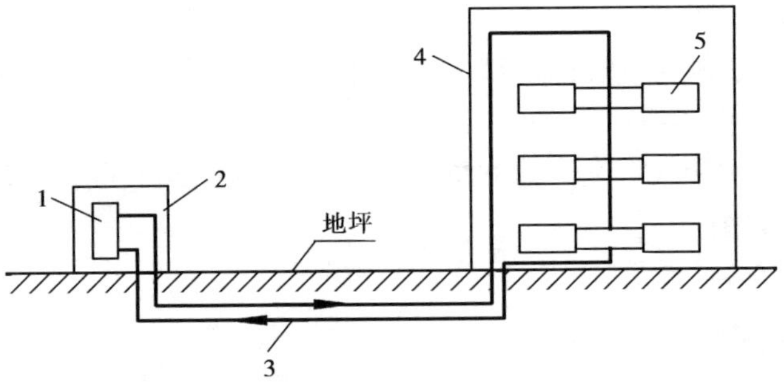

图 12-1　集中采暖系统示意图

1—锅炉；2—锅炉房；3—输热管道；4—采暖建筑物；5—散热设备

二、采暖系统的基本形式

为使识读和绘制采暖工程图有一定基础，在此应对常见采暖系统管道布置形式作一些简单了解。

1. 机械循环热水采暖系统

(1) 上供下回双管热水采暖系统

该系统的管道布置形式如图 12-2 所示，在此系统中，热水主要依靠水泵所产生的动力促使热水在管道系统内循环。水在锅炉中被加热后，沿总立管向上流动，经供水干管、供水立管、散热器供水支管，流入散热器。热水经散热器放热后，沿散热器回水支管、回水立管、回水干管，被水泵送回锅炉。在这种系统中，有两根立管（供水立管、回水立管），立管上连接的散热器均为并联，故称双管系统；且供水干管位于顶层采暖房间的上部，回水干管位于底层采暖房间的下部，故又称“上供下回”。在这种系统中，供水干管应按水流方向有向上的坡度，并在供水干管的最高点设置集气罐，以便顺利排除系统中的空气。在此系统中，水泵设于回水管上，水泵入口处接膨胀水箱，膨胀水箱位于系统最高点（膨胀水箱的主要作用是容纳水因受热膨胀而增加的体积；膨胀水箱接于水泵入口的目的是使整个系统处于正压下工作）。这种系统仅适用于三层以下的建筑。

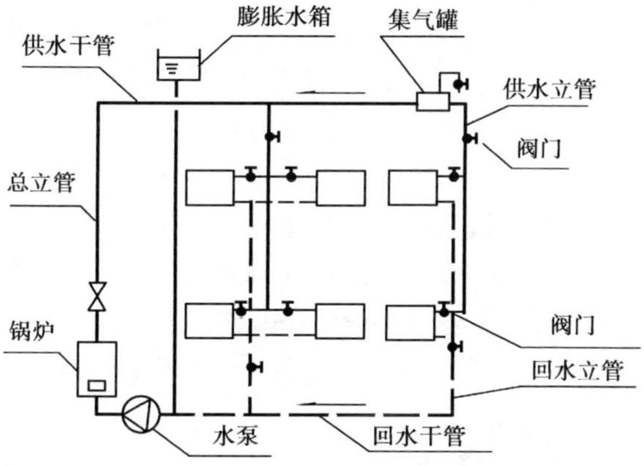

图 12-2　上供下回双管热水采暖系统

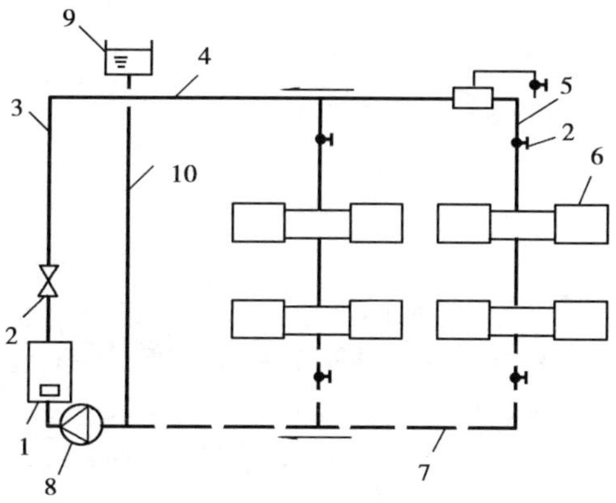

图 12-3　上供下回单管垂直串联热水采暖系统

1—锅炉；2—阀门；3—总立管；4—供水干管；5—立管；6—散热器；7—回水干管；8—水泵；9—膨胀水箱；10—膨胀管

（2）上供下回单管垂直系统

这种系统的布置形式如图 12-3 所示。

该系统除立管及其连接散热器外，其余布置形式均与上供下回双管系统相同。这种系统立管仅有一根，图中左侧立管为单管顺流式，热水由上向下按先后顺序流入各层散热器，图 12-3 中右侧立管为单管跨越式，可通过设在跨越管上的阀门调节进入散热器的流量和散热量。这种系统普遍用于住宅和公共建筑中。

（3）单管水平串联式热水系统

此系统的管道布置形式如图 12-4 所示。它是用一条水平管道将同一层楼的各组散热器串联在一起，热水按先后顺序依次流经各组散热器，然后

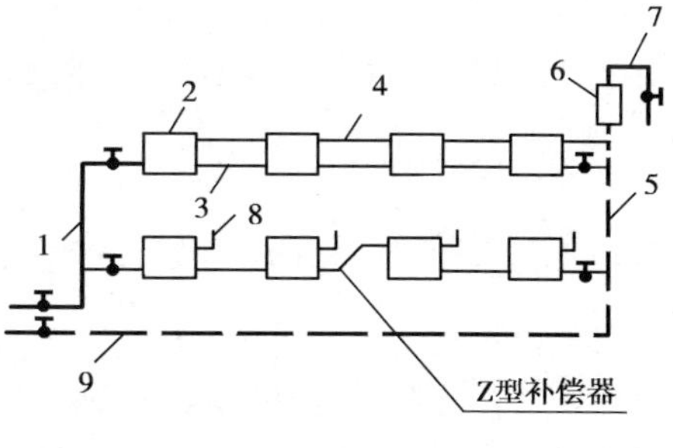

图 12-4　单管水平串联式热水供暖系统

1—供水总立管；2—散热器；3—供水管；4—空气管；5—回水立管；6—集气罐；7—放空气管；8—跑风门；9—回水总管

经回水立管、回水干管流回锅炉房。图中下层水平管道连接的各组散热器的上方设有手动跑风门,用以排除空气。图中上层水平水管道连接的各组散热器的上方设有一根公共排气(空气)管,系统中的空气经此公共排气管排至集气罐,然后由集气罐上方的放气管排走。

(4)分区热水采暖系统

由于高层建筑采暖系统的水静压力较大,则往往采用上下分区设置独立的采暖系统。例如:上区和下区单独设锅炉,分别形成完全独立的两个系统(一般均为上供下回单管垂直系统);又如上区由集中锅炉房内专设锅炉单独供应热水,下区与室外热网直接连接供应热水,以形成上下区的独立系统。

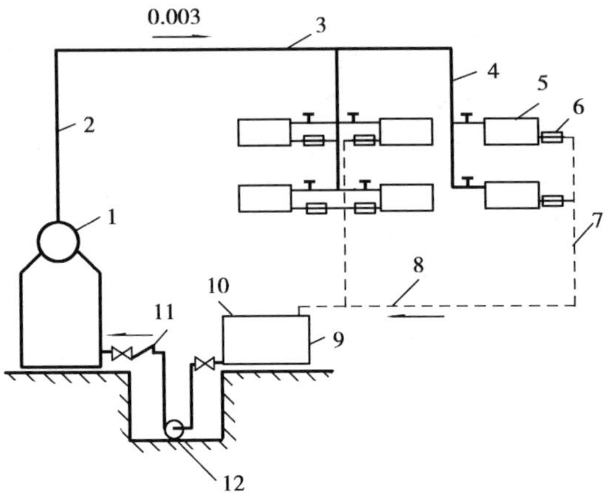

图 12-5　机械回水上供下回低压蒸汽采暖系统

1—锅炉;2—总立管;3—蒸汽干管;4—蒸汽立管;5—散热器;6—疏水器;7—凝水立管;8—凝水干管;9—凝结水箱;10—通大气;11—止回阀;12—水泵

2. 蒸汽采暖系统

图 12-5 为机械回水双管上供下回式低压蒸汽采暖系统示意图。可见,锅炉产生的蒸汽经蒸汽总立管、蒸汽干管、蒸汽立管进入散热器,放热后,凝结水沿凝水立管、凝水干管流入凝结水箱,然后由水泵将凝结水送回锅炉。这种系统与前述的上供下回热水采暖系统比较,蒸汽干管上不设集气罐,凝结水管始端须设疏水器;凝结水管末端应设凝结水箱;散热器与立管仅能并联;蒸汽采暖温度比低温热水高,为补偿管道的热胀冷缩,在较长的直管上应设伸缩器。

12-2　采暖工程图

采暖工程图主要由基本图(平面图、系统图)和详图组成。本节将讨论采暖工程图的识读、图示特点及其绘法。

一、图纸识读

现以图 12-6 至图 12-11 所示的某办公楼采暖工程图为例,介绍识读的方法。该工程图的说明有:采暖管道采用低压流体输送用焊接钢管;散热器选用 150 × 80 钢制闭式散热器;供回水干管坡度分别为 $i=0.003$、$i=0.002$;每根立管上下端均须设置截止阀;建筑物层高3. 450 m。

识读时,先粗看,弄清该工程的图纸数量,弄清热入口、供水总立管、供水干管、立管、回水干管、散热器的布置位置,弄清该采暖管道系统属何种布置形式。然后按热介质流向,以热入口──→供水总立管──→供水干管──→各立管──→回水干管──→热入口的顺序深入地进行识读。识读时,先读平面图,后将系统图结合平面图对照识读,以弄清各部分的布置尺寸、构造尺寸及其相互关系。

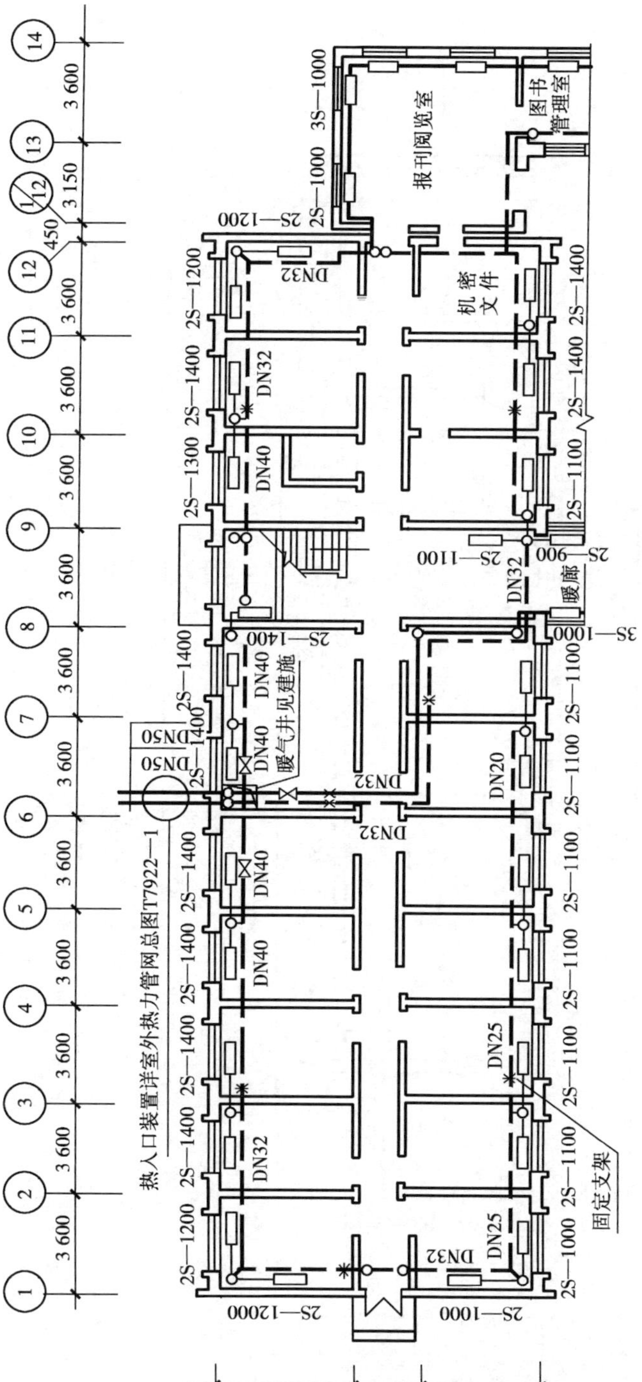

图12-6 某办公楼供暖一层平面图（a）

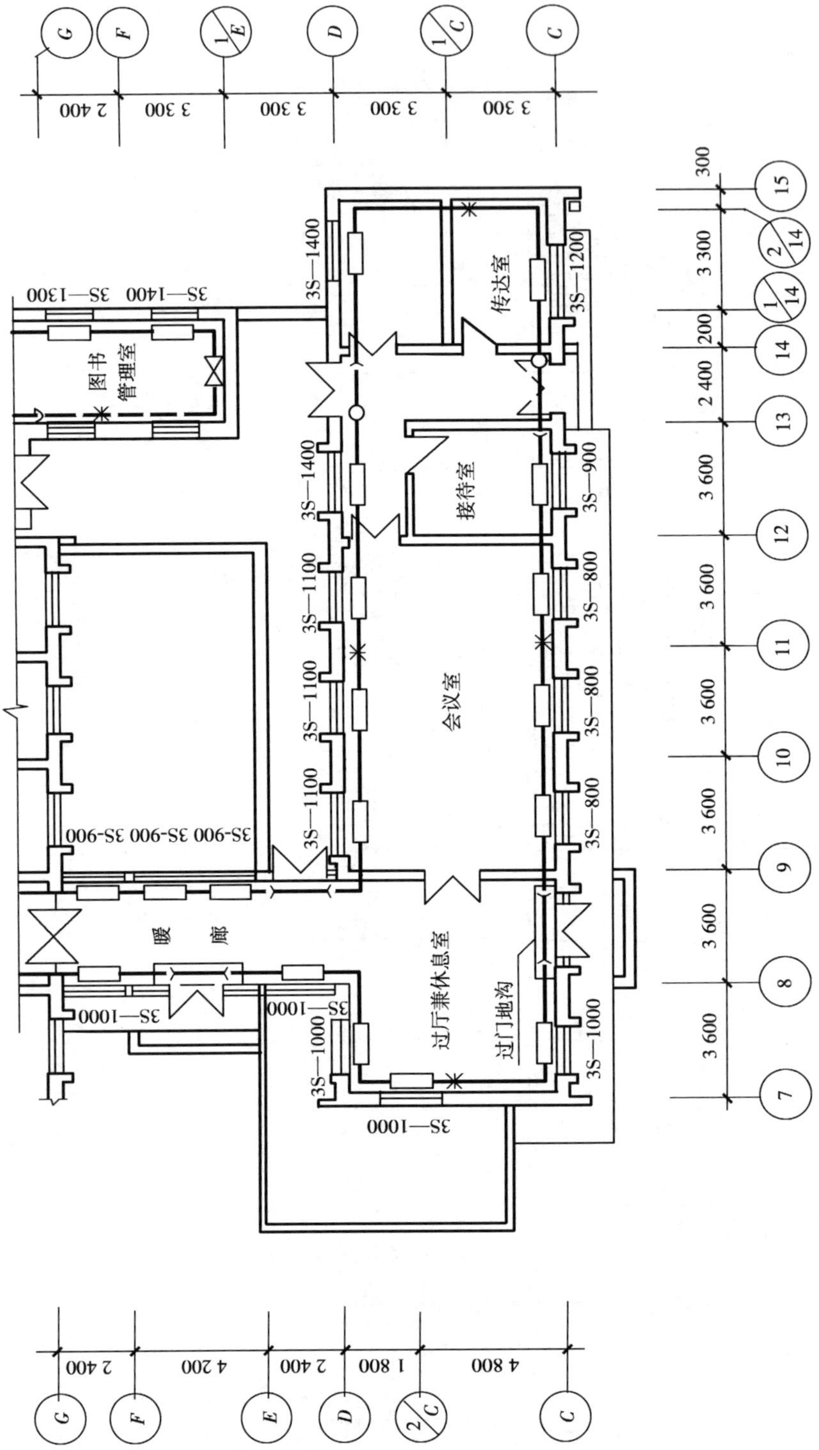

图12-7 某办公楼供暖一层平面图（b）

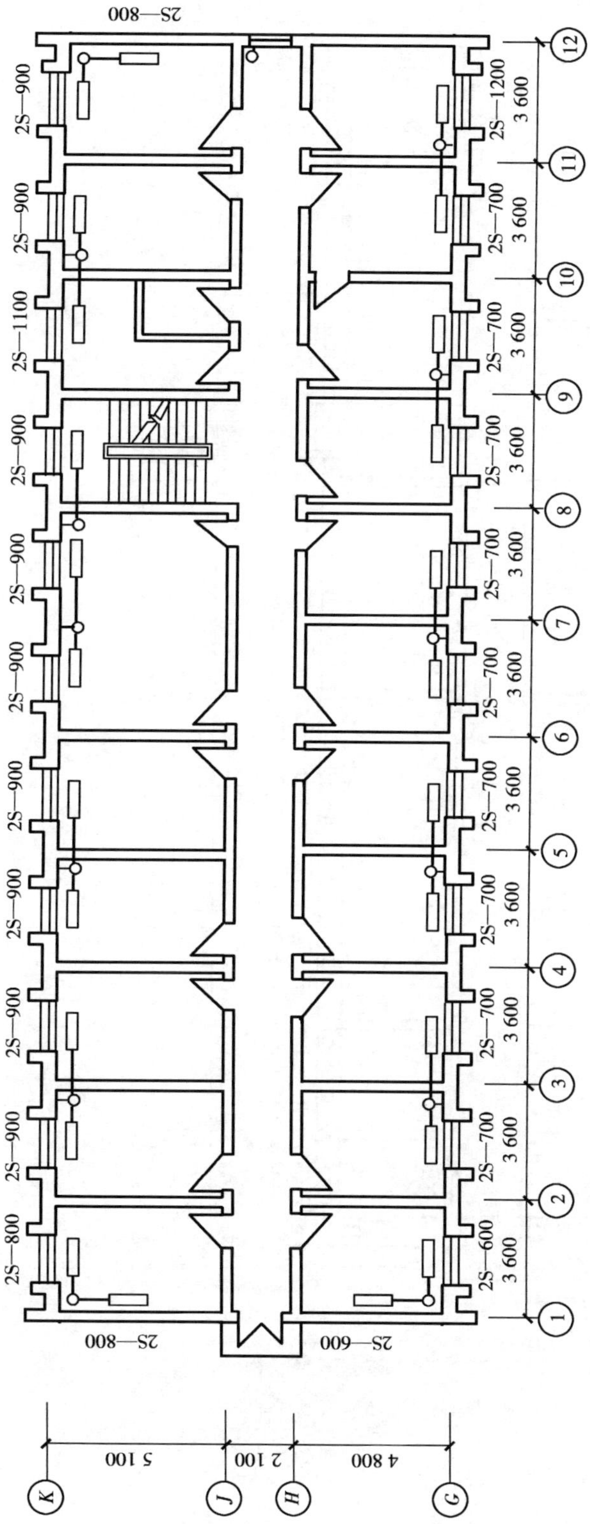
2S—800
2S—900
2S—1100
2S—1200
2S—700
2S—600
3 600
5 100
2 100
4 800
K
J
H
G
1
2
3
4
5
6
7
8
9
10
11
12

图12-8　二层平面图

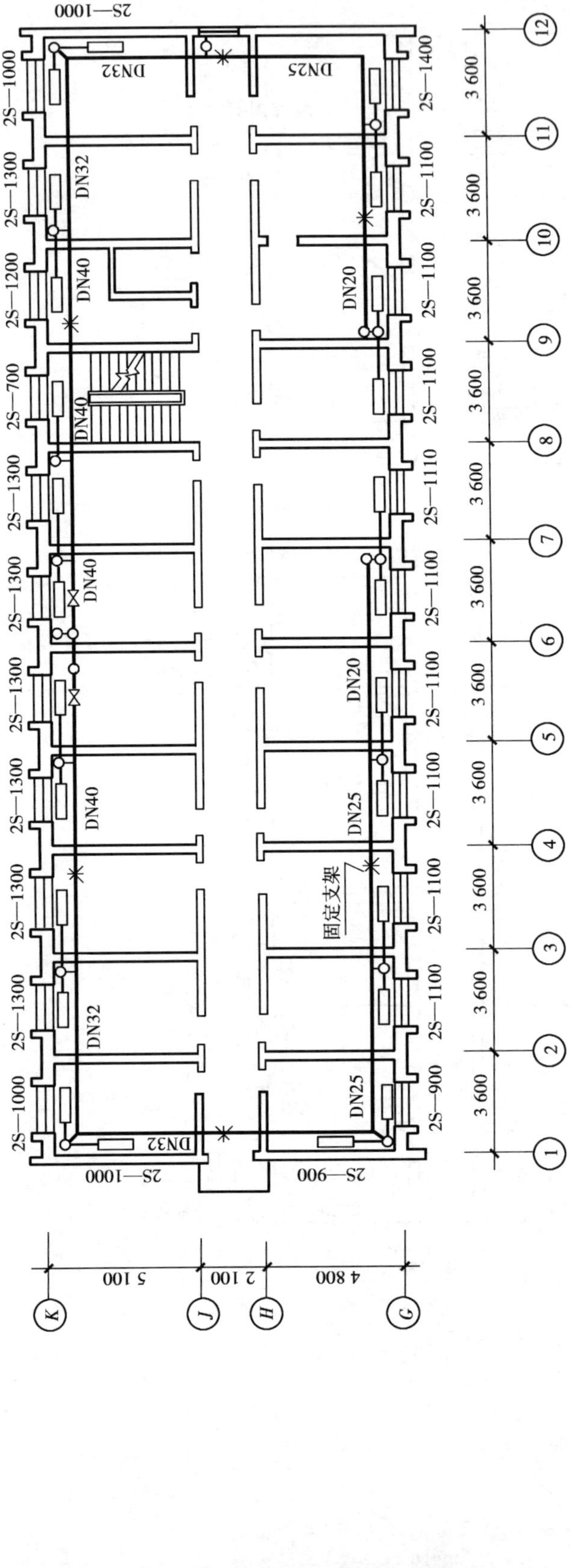
2S—1000
2S—1000
2S—1300
2S—1200
2S—700
2S—1300
2S—1300
2S—1300
2S—1300
2S—1300
2S—1300
2S—1000
2S—1000
2S—900
2S—1400
2S—1100
2S—1100
2S—1100
2S—1110
2S—1100
2S—1100
2S—1100
2S—1100
2S—1100
2S—900
2S—900
DN32
DN32
DN40
DN40
DN40
DN40
DN32
DN32
DN25
DN20
DN20
DN25
DN25
固定支架
3 600
5 100
2 100
4 800
1
2
3
4
5
6
7
8
9
10
11
12
K
J
H
G

图12-9　三层平面图

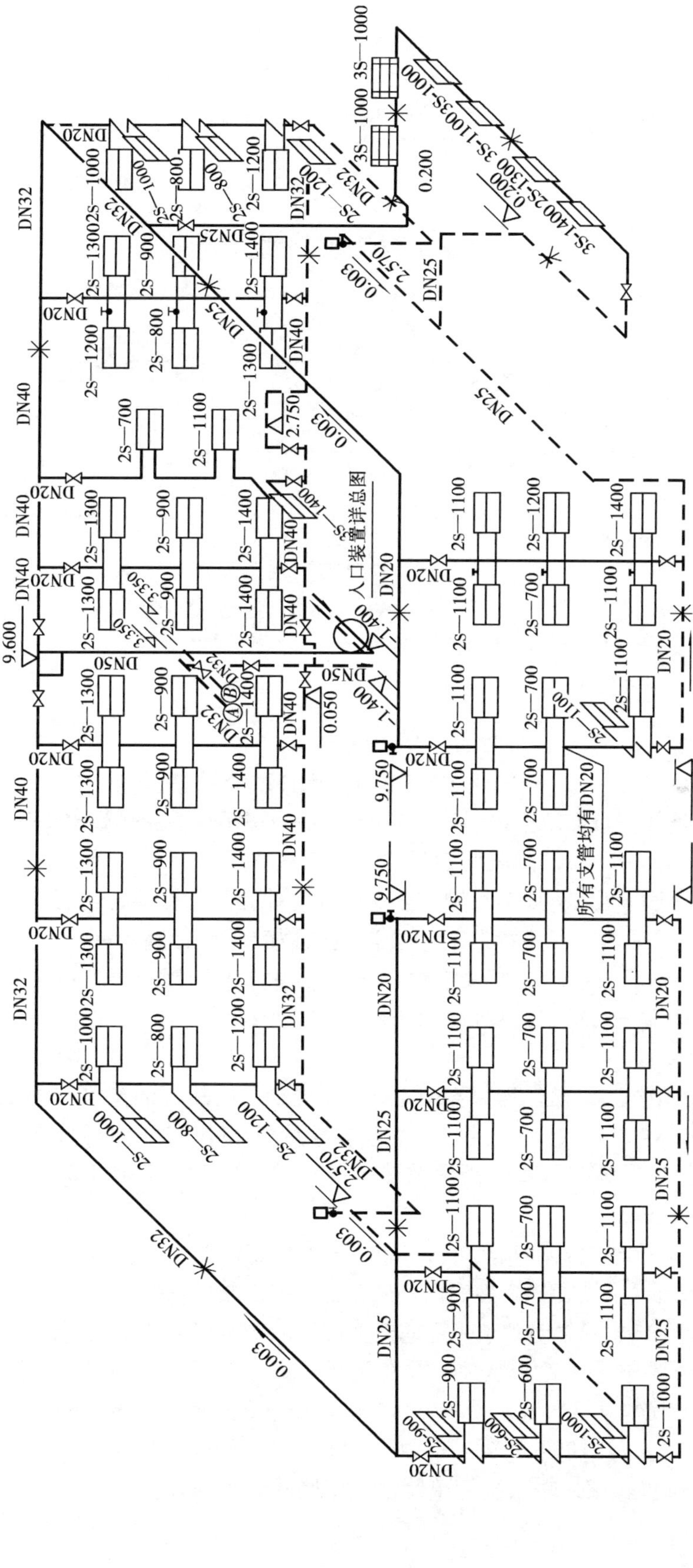

图12-10　供暖系统图（a）

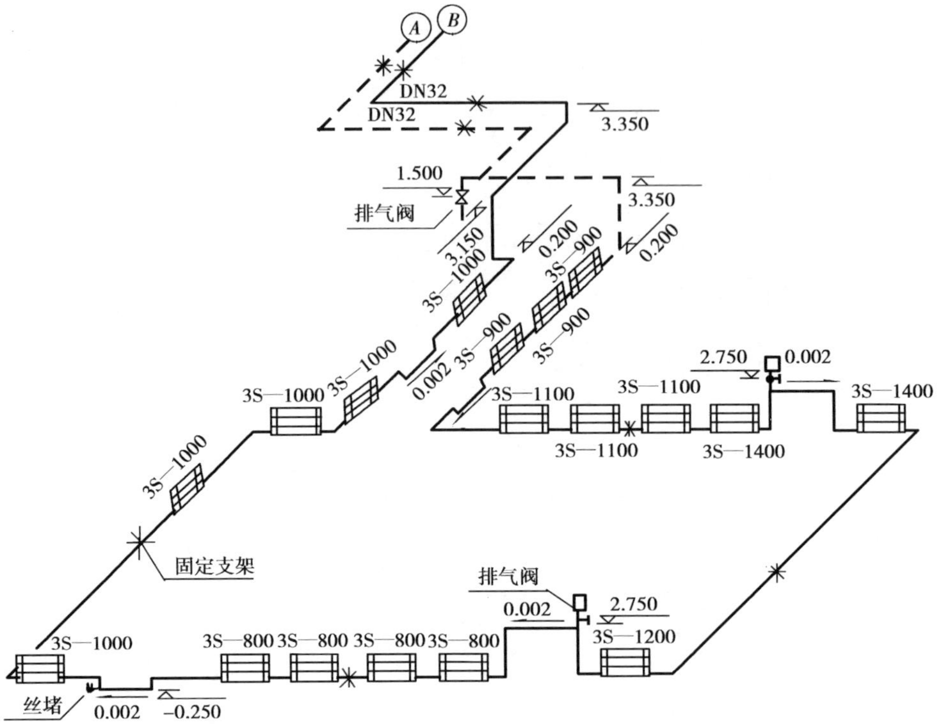

图 12-11　供暖系统图(b)

该工程图纸有一层平面图、二层平面图、三层平面图、系统图;所需的详图(选用图)有钢串片散热器双排竖放连接图(CN17—1),钢串片散热器水平串联安装图(暖 101—6 ~8),闭式散热器墙上安装支架(暖 102—3),采暖管道过门安装(CN14)等。

由一、二、三层平面图看出,①轴至⑫轴、Ⓖ 轴至 Ⓚ 轴间为三层楼,其余为一层。由一层平面图和系统图可知,采暖热入口装置设于⑥轴与 Ⓚ 轴相交处,标高为 -1. 400 m 的引入管由北往南沿⑥轴穿 Ⓚ 轴引入室内。引入室内后与供水总立管相接。热入口装置的做法,在一层平面图和系统图中均已注明:详室外热力管网总图 T7922—1,引入管道穿 Ⓚ 轴墙有一暖气井,其作法见建施图。

由一、二、三层平面图可知,散热器是布置在外墙窗台下,散热器的型号与数量,注于散热器相应外窗外面,如一层机密文件间,散热器的型号从外墙外窗外面标注的数字看出为 2S—1400,其中 2 表示 2 排,S 表示双排竖放散热器的连接形式为“S”形,1400 表示每排闭式散热器的长度为 1 400 mm。

供水总立管布置在 Ⓚ 轴与⑥轴相交处(一层平面图)。对 Ⓖ ~ Ⓚ 轴、① ~ ⑫轴间一、二、三层楼采暖的供水干管沿 Ⓚ 轴、①轴、⑫轴、Ⓖ 轴暗敷于三层楼的顶棚内(三层平面图)。回水干管也沿 Ⓖ 轴、①轴、Ⓚ 轴、⑫轴明敷于一层地面上(距地 0. 15 m)(一层平面图)。各立管置于外墙与内墙交角处和外墙与外墙交角处(一、二、三层平面图)。由系统图可知,每根立管连接一、二、三层的散热器均为串联。可见,该采暖系统为上供下回单管垂直串联异程式系统。

⑦轴 ~ ⑮轴、Ⓒ 轴 ~ Ⓖ 轴间,⑫轴 ~ ⑭轴、Ⓖ 轴 ~ Ⓙ 轴间的单层建筑采暖,供水干管和散热器沿外墙四周布置。该采暖系统为单管水平串联式热水采暖系统。

下面将平面图、系统图、详图结合起来,沿热水流向对照细读。

供水总立管在暖气井处,从 -1.400 m 起,由下往上沿墙明敷至标高 9.600 m,其管径为 DN50。在总立管上,标高 3.35 m 处向南接一水平支管(DN32)。总立管上分别向东、向西各接一支水平供水干管(DN40)。

在此,先看供水总立管以西的各环路。

供水干管始端装一截止阀(DN40),以便调节流量。供水干管由东往西沿Ⓚ轴墙敷设,至①轴墙处折向南沿①敷设,至Ⓖ轴墙又折向东沿Ⓖ轴敷设,至⑦轴墙止(见三层平面图),供水干管管径依次为 DN40、DN32、DN25、DN20,其中 DN20 为供水干管末端的管径(热水采暖系统供水干管末端的管径一般不应小于 20 mm)。供水干管坡度为 0.003,坡向总立管。供水干管末端最高且装一自动排气罐,以排除系统中的空气。

供水干管距外墙饰面之距,在顶层平面图中仅为示意性绘出,其距离与楼层数、管径有关,见国标图。供水干管与立管的连接,在平面图和系统图中也为示意地表示,其作法见国标图。

供水干管上一段直管道的中间部位设一固定支架,其作用是:均匀分配补偿器间管道的热变形,保证补偿器均匀工作,防止管道因受过大的热应力而引起管道破坏与过大的变形。

供水干管上依次连接七根立管,管径均为 DN20,立管上下端均设有截止阀。在立管中,热水依次流经三层、二层、一层散热器到回水干管。各立管连接的散热器均为两排竖放。其连接形式如图 12-12(a)所示,图 12-12(b)用于双管热水采暖系统中。

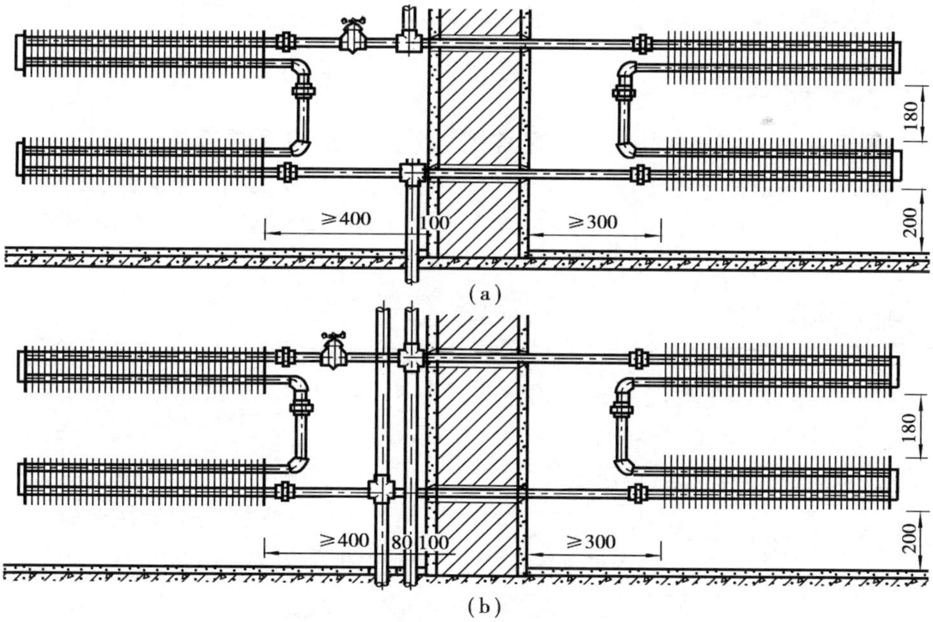

图 12-12 钢串片双排竖放连接图

(a)热水单管双排竖放串联连接立面;(b)热水双管双排竖放串联连接立面

回水干管从Ⓖ轴与⑦轴相交的墙角处起,在散热器下面自东往西沿Ⓖ轴墙明敷,至①轴墙处折向北沿①轴墙敷设,至Ⓚ轴墙又转向东沿Ⓚ轴墙敷设,至总回水管止。回水干管至墙饰面之距也是示意性表示的。回水干管沿地面敷设至①轴大门时,采取沿大门上边绕过的作法,且在最高处设有自动排气阀,以便排除系统中的空气(系统图)。

供水总立管以东的各环路的识读方法与上述相同。

一层报刊阅览室、图书管理室采暖系统的识读：在⑫轴与Ⓙ轴相交处，从供水干管(DN32)上向下接一立管(DN25)，其立管始端设一截止阀，该立管底端转向东穿过⑫、(1/12)轴进入报刊阅览室，其标高为0.2 m。在报刊阅览室内又转弯依次沿(1/12)轴、Ⓙ轴、(1/14)轴、(1/E)轴、⑬轴、Ⓖ轴墙敷设，在标高2.75 m位置与回水干管相接。报刊阅览室和图书管理室的散热器均为三排竖放串联。

一层暖廊、过厅兼休息室、会议室、接待室、传达室采暖系统的识读：供水总立管上标高为3.350 m处接出两根水平管(供水管、回水管)，供水管(DN32)沿⑥轴墙向南敷设，穿过Ⓙ轴、Ⓗ轴墙后折向东，沿Ⓗ轴墙敷设至⑧轴墙，再折向南，至Ⓖ轴处标高由3.150 m降至0.200 m，穿Ⓖ轴墙后继续往南走，依次沿⑧轴、Ⓓ轴、⑦轴、⑮轴、Ⓓ轴、⑨轴、Ⓖ轴、⑧轴、Ⓗ轴、⑥轴敷设，最后与回水总立管相接。管道经过门时，采用管道绕过门的方法，其中Ⓒ轴上，⑧轴至⑨轴间的大门处，采用从门下面绕过的作法，其余两个门，是采用管道从门上边绕过的作法。在过门处的最高点装设自动排气阀，最低点装设丝堵或排水阀。

二、图纸内容与表示方法

采暖工程图由首页、平面图、系统图、详图(标准图与非标准图等)组成。

1. 首页

首页包括图纸目录、主要设计说明、施工说明及不统一的图例等。

2. 平面图

(1)建筑平面图

采暖平面图的布置应与相应的建筑平面图一致。只绘与采暖设施有关联的建筑，不必绘建筑细部，以便在平面图中突出表达采暖设施。如在平面图中，绘出建筑围护结构、轴线、开间尺寸、总尺寸、楼梯、卫生间、门窗、柱子、管沟的位置，并按建筑平面图注明房间的名称、编号，各层有关部位相对标高等。

(2)采暖平面图数量

在多层建筑中，若为上供下回的采暖系统，则需绘出一层平面图和顶层平面图；对中间楼层，当散热器和采暖管道系统的布置及相应位置散热器的型号、规格相同时，可绘一个楼层即标准层采暖平面图。

(3)散热器、供回水干管的表示法

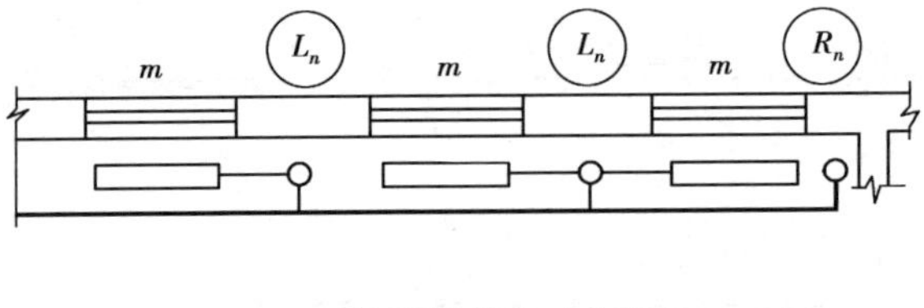

图12-13 散热器的绘法与标注

L—采暖立管代号；*R*—采暖入口代号；

n—编号，以阿拉伯数字表示；*m*—散热器数量

平面图中的散热器、供水(汽)干管、回水(凝结水)干管应采用图12-6至图12-9所示方式绘制。沿墙敷设的水平干管、立管距墙距离，可不按比例绘，干管绘于散热器外即可。

平面图中必须表示散热器的位置、片数或尺寸；片数或尺寸应相对注写于外墙皮外，如图12-13所示。对各种形式散热器的规格与数量，应按下列规定标注：柱型散热器应只标注片数；串片式散热

器应标注长度与排数(如 1.0×3,前面数字 1.0 表示长度为 1.0 m,后面数字 3 表示排数为 3);圆翼型散热器应标注根数与排数(如 3×2,前面数字 3 表示每排根数,后面数字 2 表示排数为 2;光管散热器应依次标注管径(mm)、管长(mm)及排数(如 D108×3000×4 表示管外径为 108 mm、管长 3 000 mm、4 排的光管散热器)。

(4)线型

绘制平面图时,管道系统宜用单线绘制。房屋建筑的轮廓线,全部用细实线绘出。采暖供水(汽)干管采用粗实线绘出,以突出采暖设施。散热器及散热器连接支管线采用中实线绘出。采暖回水(凝结水)管线采用粗虚线绘出。采暖地沟采用细虚线绘出。尺寸线、尺寸界线、引出线、标高符号等采用细实线绘出。

(5)标注

平面图中的水平干管的管径应逐段标注。低压流体输送用焊接钢管应用公称直径"DN"表示,如 DN25;无缝钢管应标注外径×壁厚,如 D108×4。

采暖入口,水平干管的起点或终点,管道抬头的前后,管道穿过基础、梁或预制砌块及壁板等处的管道相对标高,均须注明。

(6)编号

采暖立管和采暖入口编号应按图 12-13 所示方法绘制。采暖立管和采暖入口的编号应标注于它近旁的外墙外侧。注意,其编号应与建筑轴线编号有所区别。

图 12-14 管道中断与引来的表示法

(a)管道中断画法;(b)管道引来画法

(7)管道中断与引来

采暖管道在本图中断而转至其他图或由其他图上引来至本图时,应按图 12-14 所示方法绘制。

(8)附件

采暖平面图中,应绘阀门、集气罐、排水阀、固定支架、伸缩器、疏水器、入口装置等的位置。采暖管道上所有附件均按《采暖通风与空气调节制图标准》GBJ 114—88 中的图例绘制,见表 12-1。

3. 系统图

采暖系统图依据采暖平面图绘制,其布置方向应与采暖平面图一致。在采暖系统图中,用 X、Y、Z 轴分别表示左右、前后、上下方向,X 轴与 Y 轴的夹角一般为 45°(有时为方便起见,夹角可不按 45°,比例也不按平面图的比例绘制)。

采暖系统图宜按单线绘制。供水(汽)管道采用粗实线绘制;回水(凝结水)管道采用粗虚线绘制;散热器及散热器连接支管采用中实线绘制。

系统图中的散热器宜按图 12-15 所示方式绘制。当系统图中管线重叠,给识图造成困难时,可按图 12-16 所示方式断开移出绘制,并注明切断处的连接符号。

表 12-1　采暖工程常用图例

序号	名　称	图　例	说　明	序号	名　称	图　例	说　明
1	管道		用于一张图内只有一种管道	14	膨胀阀		
			用汉语拼音字头表示管道类别	15	散热器放风门	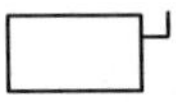	
		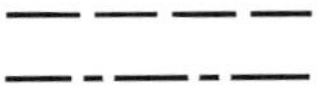	用图例表示管道类别	16	手动排气阀		
2	采暖供水（汽）管、回（凝结）水管	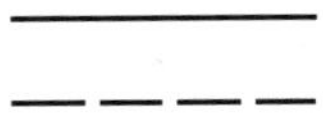		17	自动排气阀	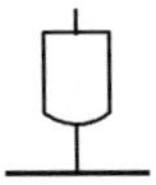	
3	保温管			18	疏水器		
4	方型伸缩器			19	散热器三通阀		
5	流向			20	球　阀		
6	丝堵			21	角　阀	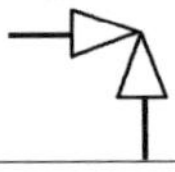	
7	滑动支架			22	管道泵	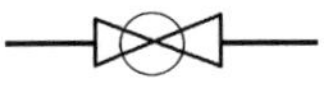	
8	固定支架	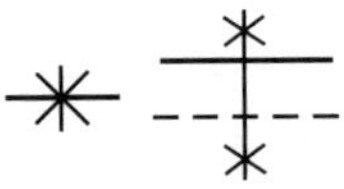	左图:单管 右图:多管	23	三通阀		
9	截止阀	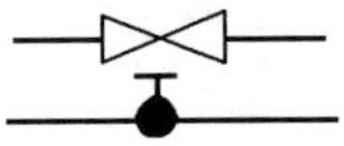		24	四通阀	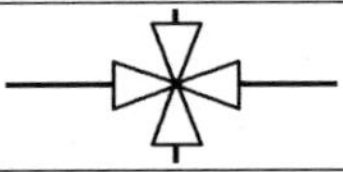	
10	闸阀			25	散热器	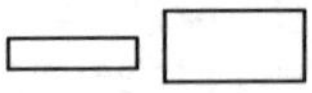	左图:平面 右图:立面
11	止回阀			26	集气罐	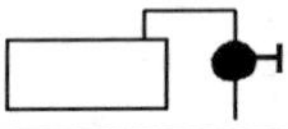	
12	安全阀	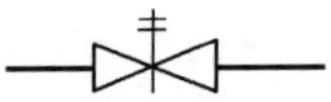		27	过滤器	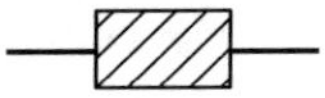	
13	减压阀	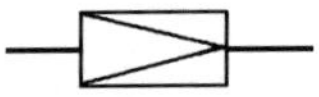	左侧:低压 右侧:高压	28	除污器	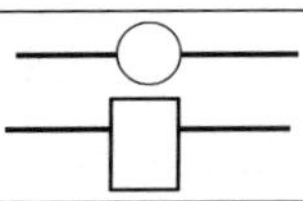	上图:平面 下图:立面

系统图中，应标出与平面图相对应的立管编号，注于立管的顶端，如图12-17所示。

管径标注位置如图12-18所示。水平管道的管径应注于管道的上方；斜管道的管径应注于管道的斜上方；竖管道的管径应注于管道的左侧；管道的变径处；当无法按上述位置标注管径时，可用引出线将管段管径引至适当位置标注（如图11-7）；同一种管径的管道较多时，可不在图上标注，但应在附注中说明。

管道应标注管中心的相对标高，并应注于管段的始端或末端。散热器应标注散热器底的相对标高，同一层同标高的散热器只标右端的一组。

散热器的规格、数量应按下列规定标注：柱型、圆翼型散热器的数量，应注于散热器内，见图12-15(a)；光管式、串片式散热器的规格、数量应注于散热器的上方，见图12-15(b)。

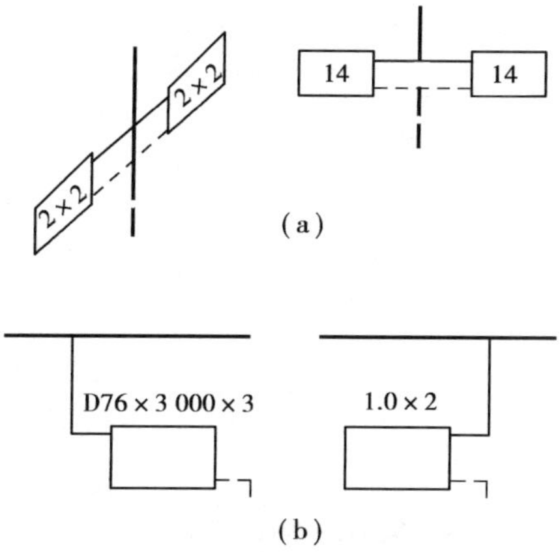

图12-15　轴测图中散热器的表示法
(a)柱式、圆翼形散热器表示法；
(b)光管式、串片式散热器表示法

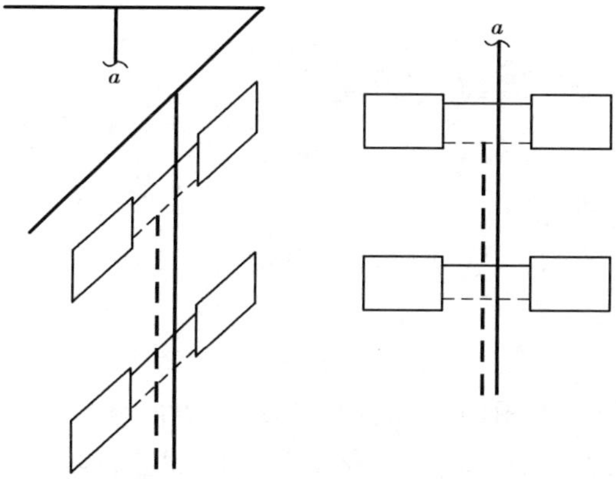

图12-16　轴测图中重叠、密集处的引出表示方法

系统图中，还应绘出阀门、排气、泄水、固定支架、疏水器、管道坡度等；还应标明楼层标高以及挂装散热器底标高。

三、绘图步骤

绘制采暖工程图，先绘平面图，后绘系统图，最后绘国标图中所缺的详图（局部节点图）。

1. 平面图绘制步骤

绘制采暖平面图，一般先绘一层采暖系统平面图，再绘顶层采暖系统平面图（对上分式而言），然后绘其余各层采暖系统平面图。

绘制每一层采暖系统平面图的步骤如下：

(1)绘建筑平面图　绘采暖系统平面图中的建筑轮廓应与建筑平面图一致。绘制时，先绘定位轴线，以便控制整个平面图的范围，然后根据定位轴线依次绘墙、门窗、楼梯等。

(2)绘散热设备的平面布置

(3)绘采暖管道系统　绘制时，可按热入口——→立管——→供水(汽)干管、回水(凝结水)干管——→散热器支管——→附件的顺序进行。

(4)编号、标注尺寸、编写说明

2. 系统图绘制步骤

根据平面图绘其系统图。一般采用与相对应的平面图的比例绘制。绘制时，可将系统图中的各立管所能穿过的地面、楼面相应地绘在同一水平线上，以便于绘图和识图。绘制步骤如下：

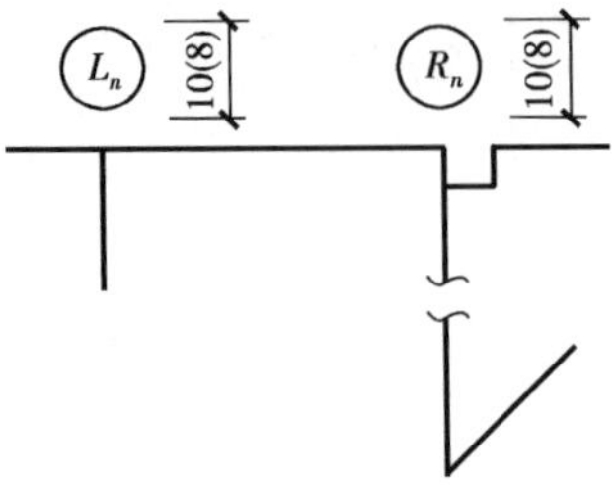

图 12-17　采暖入口与立管编号

L—采暖立管代号；*R*—采暖入口代号；

n—编号，以阿拉伯数字表示

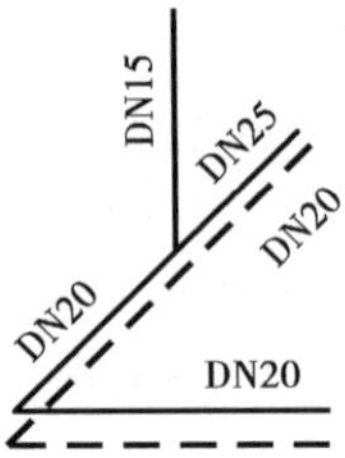

图 12-18　管径尺寸标注位置

（1）确定轴测图　一般采用三等轴测投影绘制。

（2）绘管道系统　对上分式系统，可按总立管──→供水（汽）干管──→立管──→回水（凝结水）干管──→热入口──→散热器支管──→散热器──→附件（管道上的阀门、集气罐、排气阀、放水阀、固定支架等）的顺序进行。

（3）标注尺寸、标高、采暖入口和立管编号及必要的文字说明。

12-3　建筑小区供热管网工程图

建筑小区供热管网工程图由平面图、纵断面图、横断面图、节点详图以及材料设备表、设计施工说明等组成。本节简介其平面图、纵断面图的识读、图示及绘制方法。

一、图纸识读

图 12-19 至图 12-20 为某建筑小区供热管网工程图的一部分（平面图、纵断面图）。识读时，先看平面图，以了解供热管网在建筑小区内的平面布置情况；然后识读断面图，以了解供热管网在铺设位置的埋深、坡度（坡向）以及与其他管道交叉等情况。

1. 平面图

由图 12-19 可知，供热管道布置在坐标 45000—Y 至 45200—Y、75600—X 至 75700—X 区域内的，较长线路是沿宾馆与商场之间的公路西侧南北方向布置的，较短线路是沿十街路北侧东西方向布置的。

识读时，按干管上的节点编号顺序依次进行。

在检查室 5 处，施工坐标为$\frac{\text{X—75667.5}}{\text{Y—45192.8}}$。有两根管道，一根是热源输送热介质来的管道，另一根是使用后的热介质回至热源的管道。干管上向西接出装有阀门的支管。分支管南侧干管上装有 GZ—5 号固定支架。GZ—5 号固定支架南侧和分支管北侧各装一波纹管补偿器，以补偿管道的热变形。

供热干管从检查室 5 起，由北往南直埋铺设至检查室 6。管径为 D426 ×8。在检查室 5 与检查室 6 之间有两处管道交叉。检查室 6 处接有向东的装有阀门的支管，有固定支架 GZ—6

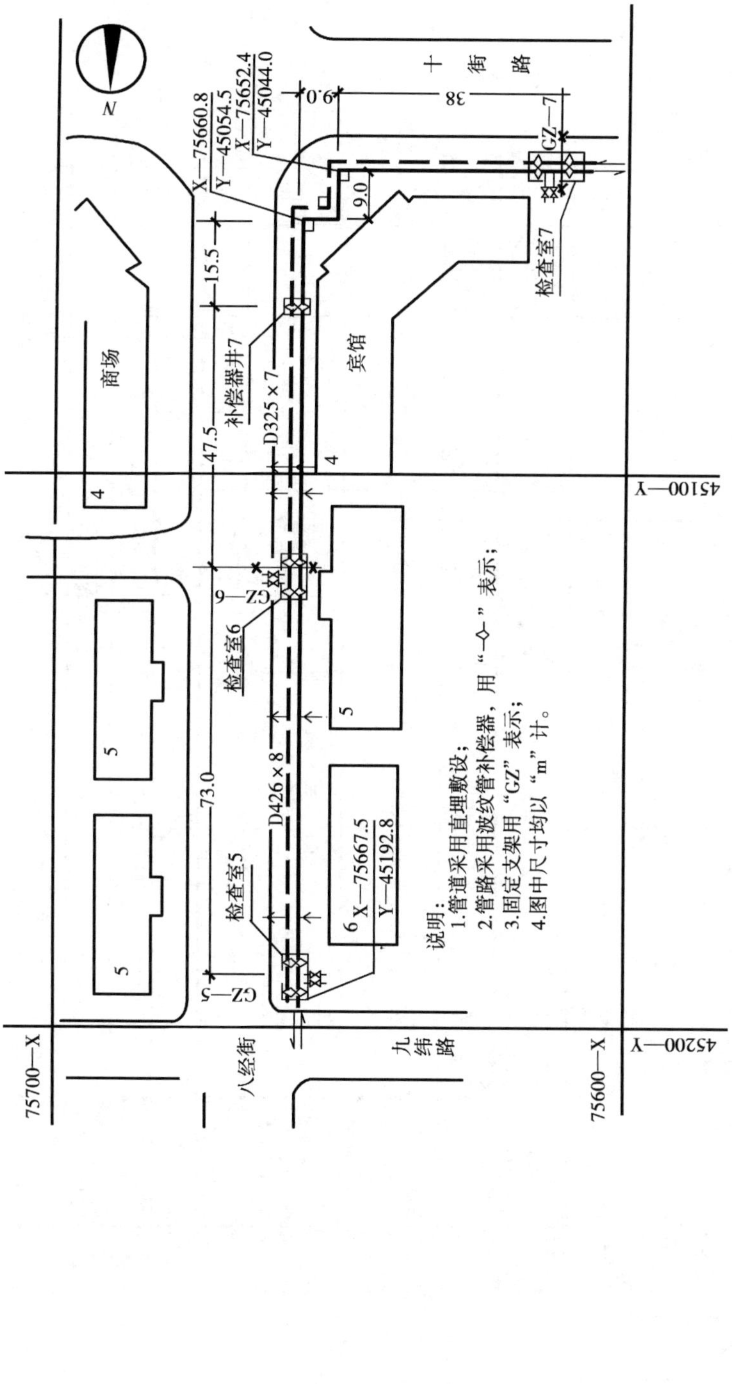

图12-19　供热管道平面布置图

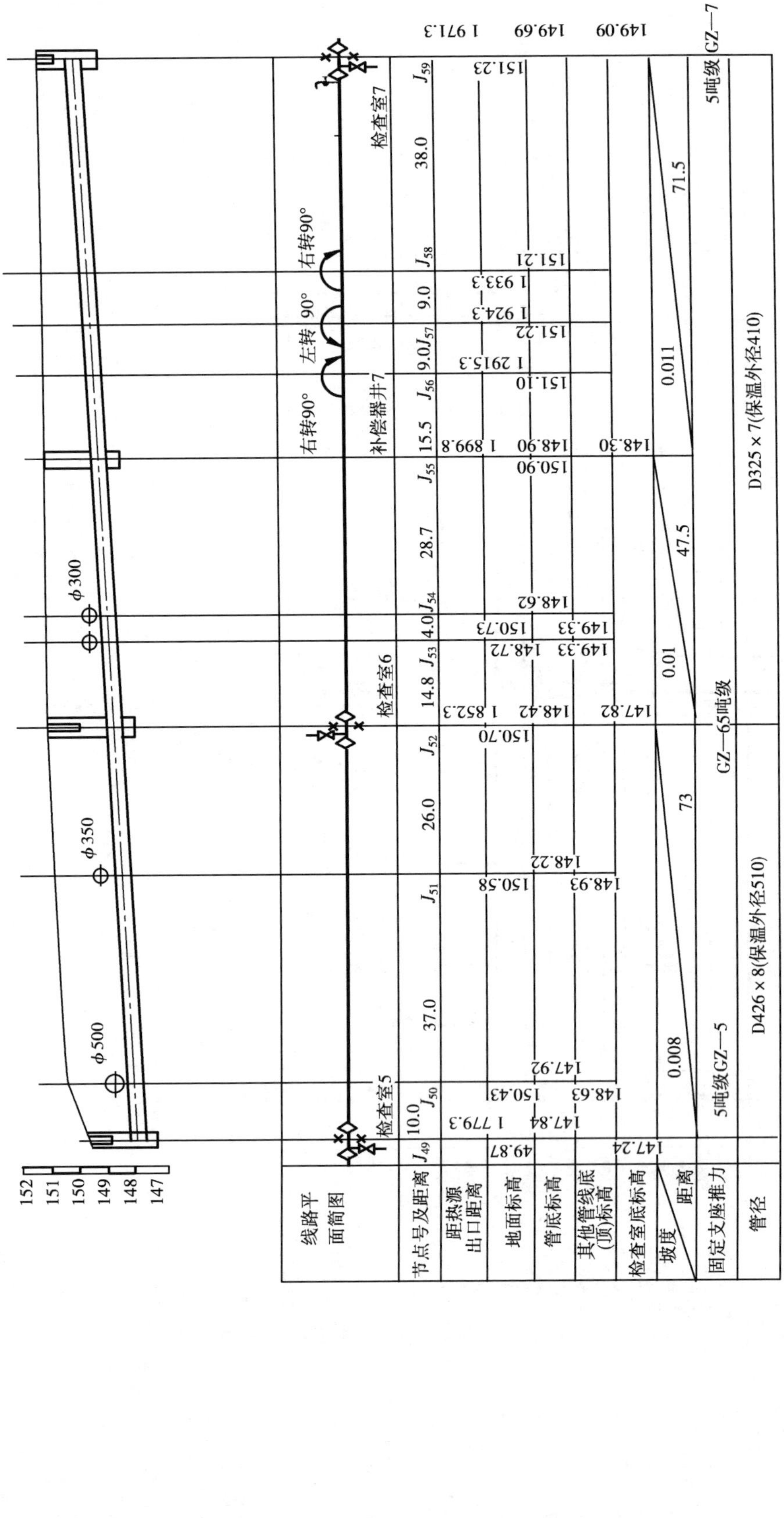

图12-20 供热管道纵断面图

和波纹管补偿器。

又从检查室6起，继续由北往南直埋铺设至补偿器井7，管径为D325×7，线路上也有两处管道交叉。补偿器井7内装有波纹管补偿器。同样方法可看出，供热管道经过三次转折后铺设至检查室7，再至用户。还可看出，各节点间的距离。

2. 纵断面图

识读时，对照平面图，按节点编号顺序依次进行。与11-3中排水管道纵断面图的识读方法相同。由图可查出：节点编号与距离、距热源出口的距离、地面标高、管底标高、交叉管线底（顶）标高、管道坡度（坡向）与距离、固定支座的推力、管径等。对照平面图可知，在 $\frac{\text{X—75660.8}}{\text{Y—45054.5}}$、$\frac{\text{X—75652.4}}{\text{Y—45044.0}}$处及其之间，管线有三次转折，依次右转90°、左转90°、右转90°（按管道前进方向）。

二、图示内容与要求

1. 平面图

平面图的主要内容有：管道的名称（采暖热水与回水管道或蒸气管道与凝结水管道）和规格、管道平面位置和连接形式、阀门和固定支架及补偿器等的位置、管道节点及横纵断面图的编号等。

为准确清晰地将供热管线表示于平面图上，绘制供热管网平面图时，应符合下列要求：

(1)热水管道或蒸气管道，应绘在热介质前进方向的右侧；回水管道或凝结水管道则应在热介质前进方向的左侧。

(2)热水管或蒸气管用粗实线表示；回水管或凝结水管用粗虚线表示。

(3)在平面图上应绘出施工坐标。一般情况下，东西方向用"*X*"坐标表示，南北方向用"*Y*"坐标表示。

(4)在管线分支点和转折点处，均应标出其坐标位置。

(5)应表明管线上阀门、补偿器、固定支架以及交叉管线等的确切位置。

(6)应标注各管段的平面尺寸、管道规格、管线转角的度数与转向，以及检查井、排气井、放水井、固定支架的编号。

(7)应标出与供热管线相关的建筑物名称。

(8)对局部改变敷设方式的管段应予说明。

2. 纵断面图

供热管道纵断面图是根据供热管网平面图所确定的管道线路，在建筑小区地形图基础上沿管线纵向剖切而绘制的竖向断面图。绘制时一般应反映下列主要内容：

(1)自然地面标高、设计地面标高、管道标高。

(2)节点编号与节点间距。

(3)管道的坡度、坡向及距离。

(4)节点（检查井、排气井、放水井等）的位置与标高。

(5)交叉管线的管径与标高。与管线交叉的铁路、公路、水沟、桥涵等。

(6)管线转折的方向与角度及其位置。

供热管道纵断面图绘制的基本要求如下：

(1)纵断面图的纵坐标与横坐标采用不同的比例绘制。通常横坐标的比例采用1∶500、1∶1 000,纵坐标的比例采用1∶50、1∶100、1∶200。

(2)起点节点应置于纵断面图的左边,从左至右即为该管中热介质的流动方向。起点节点的左边,应绘纵断面图的标高塔尺,并注明与纵断面图相对应的绝对标高值。纵断面图的下方绘制管线平面展开图和设计数据表格。

(3)纵断面图中的管线用粗实线绘制;被剖切的节点的轮廓线用中实线绘制;其余均采用细实线绘制。

三、绘图步骤

1. 平面图

绘制建筑小区供热管网平面图的一般步骤如下:

(1)绘建筑平面图

绘制时,先绘坐标网络,然后绘与供热管网有关的已建和拟建的建筑物、构筑物线框以及公路的边线。

(2)绘制供热管线及其管线上的节点、附件等。

(3)绘制分支线和供热管线的交叉管线。

(4)标注数字与编号。

2. 纵断面图

(1)确定纵向、横向比例。

(2)布置图面。

(3)根据节点间距,按横向比例绘制垂直分格线,再按纵向比例,根据地面标高、管道标高等绘出其纵断面图。

(4)绘制数据表格,标注数字。

第十三章　通风空调工程图

13-1　概　述

一、通风与空调工程的概念

人类生活在空气环境中，如果空气的成分和品质达不到一定要求，将会影响人们的身体健康。同样，在许多生产过程中，如果空气环境不满足生产过程的要求，产品质量无法保证，甚至生产过程无法进行。通风与空调就是创造一定空气环境的手段。

通风就是将室外的新鲜空气经过适当处理（如净化和加热等）后送入室内，将室内的废气经过处理（如消毒、除害等）达到排放标准后排至室外，从而保持室内空气的新鲜度和洁净度。通风工程包括一般送排风工程、除尘工程和排毒工程。

空调就是通过加热、冷却、加湿、去湿、过滤、除臭、施香及通风换气等多种技术手段，将某一特定建筑空间的空气环境维持在一定的温度、湿度、洁净度、气流速度（俗称"四度"），有时尚需满足必要的气压或气味等要求，从而保证人们享有舒适的生活和工作环境，保证生产、科学实验以及某些特殊操作的正常进行。空调工程包括舒适性、恒温恒湿和空气洁净工程。

二、通风与空调系统的组成

通风系统分送风系统与排风系统，均为空气管路系统。空调系统分全空气系统、水系统（如冷热水系统、冷却水系统）和冷剂系统。本章将介绍通风与空调全空气管路系统的工程图。

通风与全空气空调系统由空气处理设备、空气输送设备和空气分配设备所组成，见图 13-1。

空调处理设备称空调机。它包括新风口、一次回风混合段、空气过滤段、空气一次加热段、喷水室或表冷段、二次回风混合段、空气二次加热段等。

空气输送部分包括送风机、排（回）风机、风道和风量调节装置。其作用是将已处理过的符合要求的空气，由送风机通过风道有效地输送到空调房间，再将室内空气经回（排）风道用回（排）风机送回空气处理设备（排至室外）。

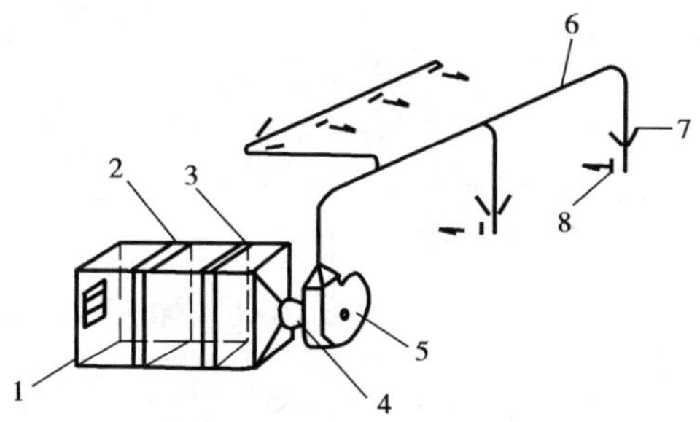

图 13-1　全面机械送风系统组成示意图

1—百叶窗与保温阀；2—过滤器；3—空气加热器；4—启动阀；5—风机；6—风道；7—调节阀；8—送风口

空气分配部分主要是指设于不同位置的各种类型的送风口、回风口。其作用是合理地组织室内气流，保证房间工作区的空气状态均匀。

13-2 通风空调工程图

通风空调工程图一般由平面图、剖面图、系统图、原理图、详图以及设计说明、主要设备材料表等组成。

一、通风空调工程图的识读

图 13-2 至图 13-5 为某高层建筑中第三层空调机房 7 及其相邻房间商场空调的工程图。图纸有空调机房 7 平面图、1—1 剖面图、2—2 剖面图、三层商场空调平面图及留洞图以及该图纸的设备材料表（表 13-1）、预留孔洞尺寸表（表 13-2）。

表 13-1　设备及主要材料表

序号	名　称	型　号	规　格　及　性　能	标准件号或图号	单位	数量	备　　注
1	变风量空调器	BFP10—L	冷量 52.34 kW，风量 10 000 m^3/n，余压 400 Pa，配风机 11—62NO3.5，2 台，电机功率 1.1×2 kW		台	2	上边出风，××厂
2	空气幕	FM—1509	风量 1 250 m^3/h，出口风速 8～9 m/s，功率 120 W，噪声 60 dB(A)		台	1	××厂
3	空气幕	FM—1512	风量 4 300 m^3/h，出口风速 10.2～10.6 m/s，功率 180 W，噪声 68 dB(A)		台	1	××厂
4	静压箱		长×宽×高＝1 500×1 000×1 500 mm		只	1	
5	静压箱		长×宽×高＝1 800×1 500×400 mm		只	1	
6	双层铝合金百叶送风口	HFK—4S	$A \times B = 630 \times 250$ mm		只	14	带调节阀，××厂
7	单层铝合金百叶回风口	HFK—3S	$A \times B = 700 \times 735$ mm		只	2	××厂
8	密闭式对开多叶调节阀		735×700 mm，361×361 mm 400×450 mm，250×735 mm		只 只	2,4 1,1	××厂 ××厂
9	三通调节阀						
10	防火调节阀	TF·M72	72°C 熔断，1 800×400 mm		只	1	××厂

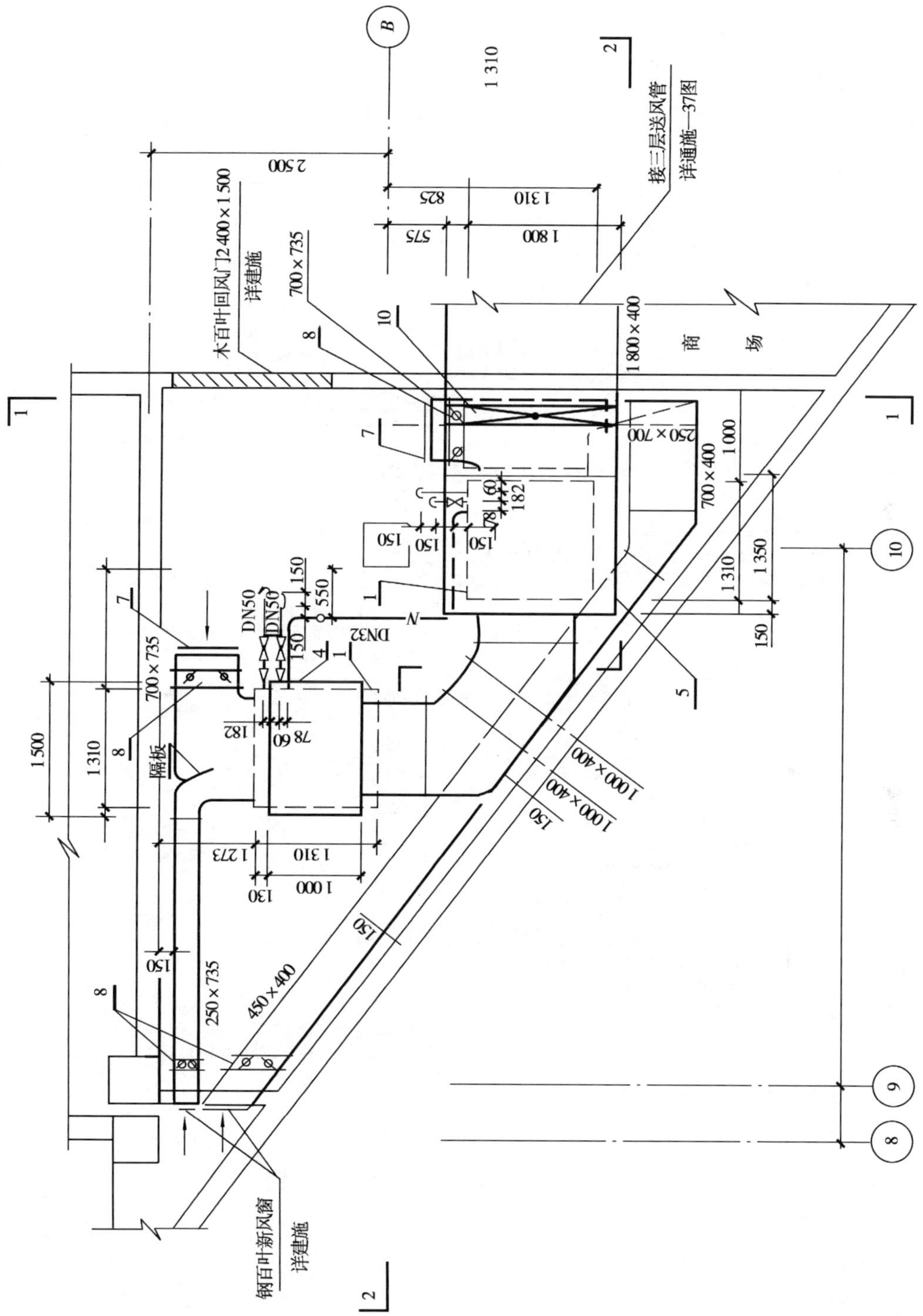

空调机房7平面图 1:50
(通施—43图)

图13-2

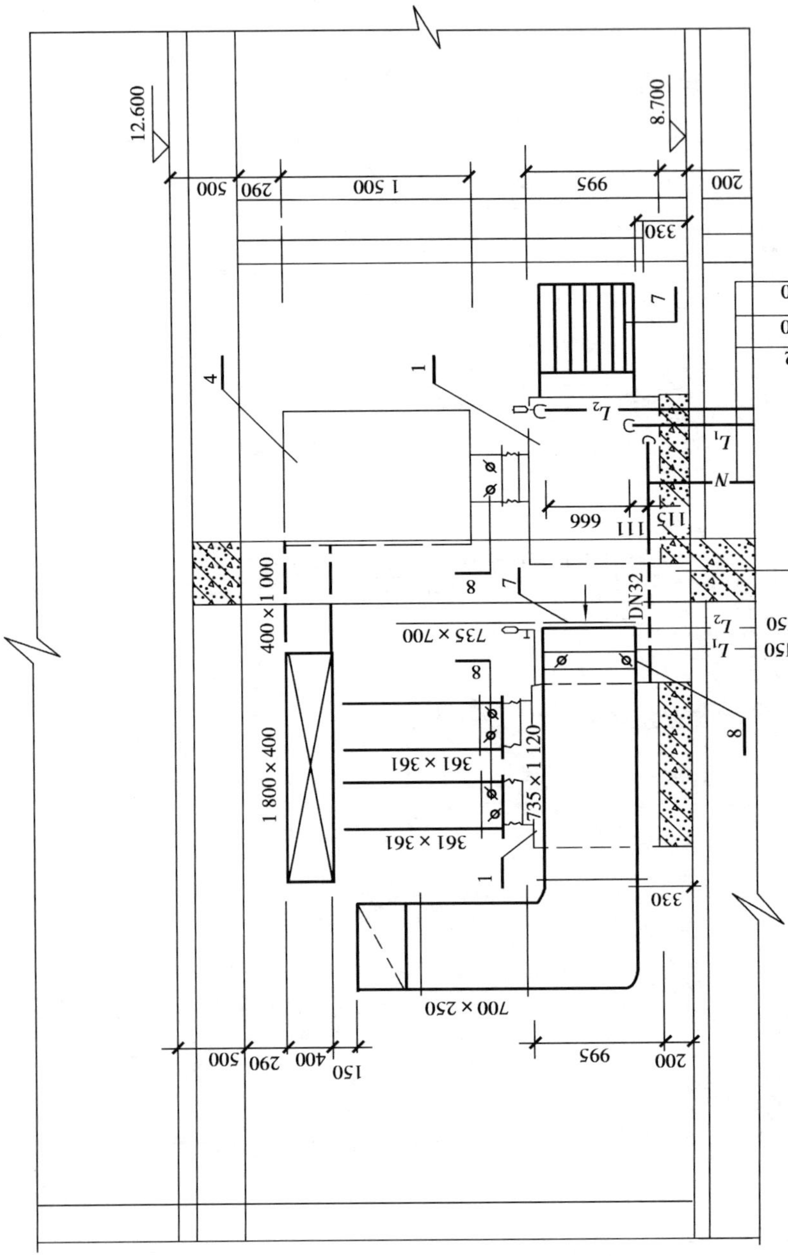

1—1剖面图 1:50

图13-3

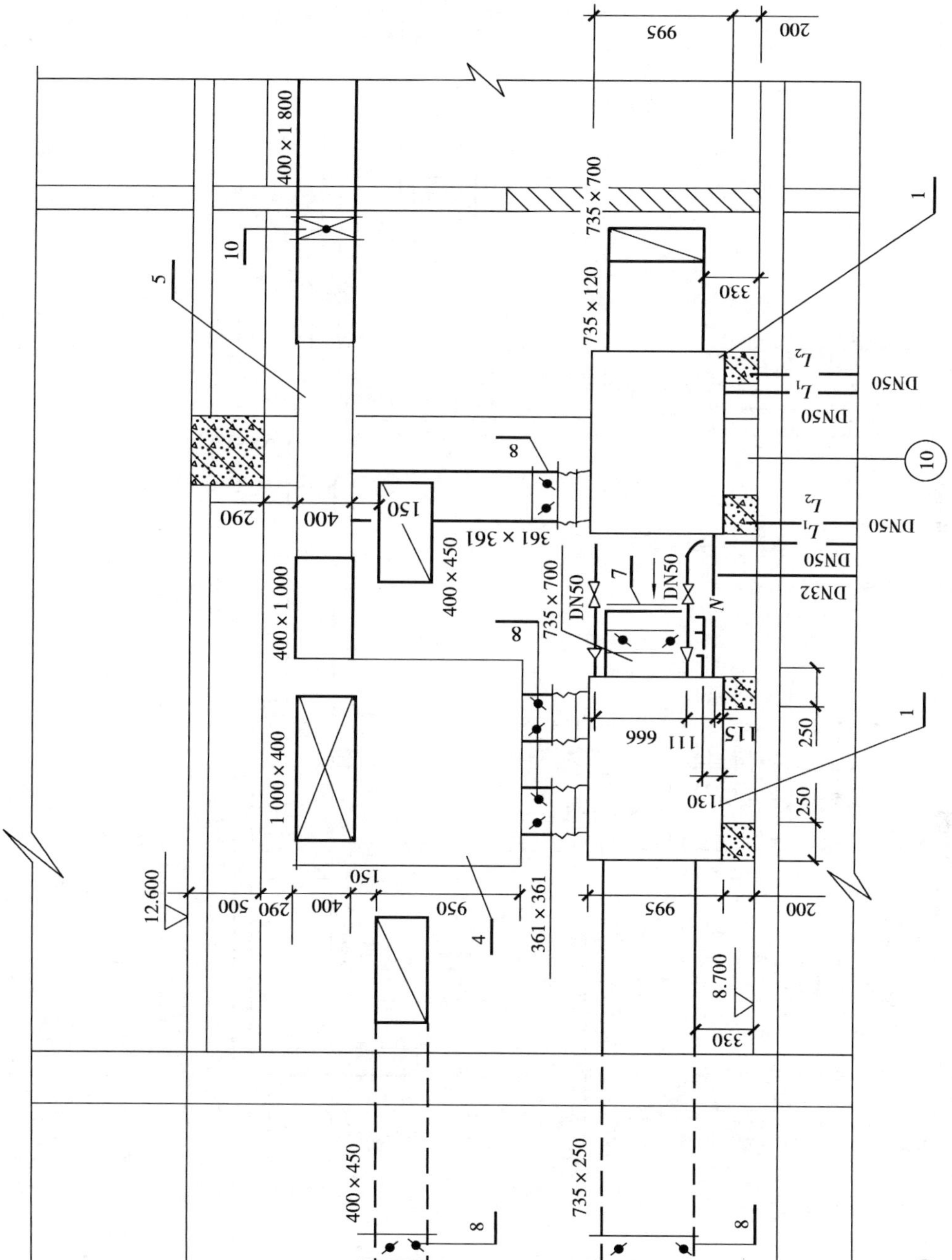

2—2剖面图 1:50

图13-4

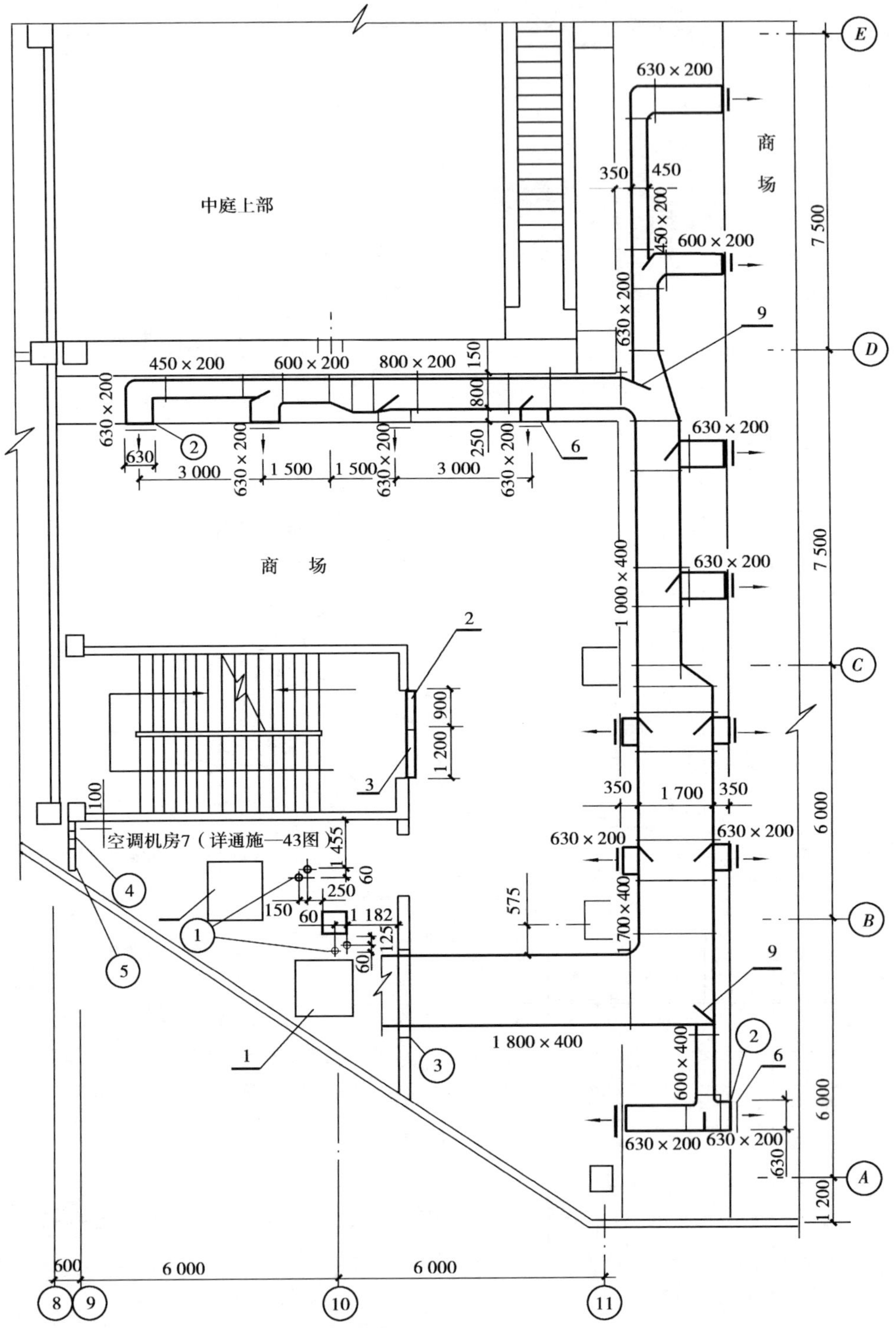

三层商场空调平面图　1:100

(通施—37图)

图13-5

表 13-2　预留孔洞尺寸表

编号	孔洞尺寸(mm)	洞底距地高度(mm)	数量(个)	备注
①	ϕ200	0	4	
②	630×200	2 550	14	
③	1 900×500	2 660	1	
④	350×385	280	1	
⑤	550×500	2. 51	1	

该图纸施工说明如下：

1. 空调风管采用镀锌钢板制作，板材厚度为：风管大边长 220~500 mm 时为 0. 75 mm；风管大边长 560~1 120 mm 时为 1. 0 mm；风管大边长 1 250~2 000 mm 时为1. 5 mm。

2. 风口材料全部采用铝合金。

3. 空调风管保温材料采用带铝箔的离心玻璃棉毡（容量为 40 kg/m^3），厚度为 50 mm。冷水供回水管保温材料采用带铝箔离心玻璃棉管壳（容重 40 kg/m^3），规格为 DN32、DN50 的管道保温厚度分别为 35 mm、40 mm。

识图基本方法如下：

识读顺序，对系统而言，可按空气流向进行。送风系统为：进风口——→进风管通——→通风机——→主干风管——→分支风管——→送风口；排风系统为：排气（尘）罩类——→吸气管道——→排风机——→立风管——→风帽；全空气空调系统为：新风口——→新风管道——→空气处理设备——→送风机——→送风干管——→送风支管——→送风口空调房间——→回风口——→回风机——→回风管道（同时读排风管道、排风口）——→一、二次回风管——→空气处理设备。对图纸而言一般为：平面图、剖面图、系统图、详图。

识读剖面图与系统图时，应与平面图对照进行。识读平面图以了解设备、管道的平面布置位置及定位尺寸；识读剖面图以了解设备、管道在高度方向的布置情况、标高尺寸以及管道在高度方向的走向；识读系统图以了解整个系统在空间上的概貌和走向；识读详图以了解设备、部件的具体构造、制作安装尺寸与要求等。图纸识读过程如下。

首先识读平面图。该空调建筑有空调房间（商场）平面图和空调机房平面图。识读时，将平、剖面图对照分析，可沿空气流向进行。

图 13-2 空调机房 7 平面图反映出机房建筑为一直角三角形。在⑧轴与⑨轴间布置有两个钢制百叶新风口，则有两根新风管道，该两根新风管道的始端均装有对开多叶调节阀 8。自西往东（设为：右东左西）敷设的新风管道，规格尺寸为 250×735 mm，距北侧墙饰面为 150 mm，风管底距地 330 mm。该新风管道敷设到一定距离后，与装有回风口 7、对开多叶调节阀 8 的规格尺寸为 700×735 mm 的回风管道相合并；然后由北往南敷设，进入变风量空调器 1。由图 13-2 和图 13-4 看出，该变风量空调器 1 的平面尺寸为 1 310×1 310 mm，高为 995 mm，空调器底距地 200 mm。空气经空调器处理后，由空调器上方两根装有软管和对开多叶调节阀 8 的且规格尺寸为 361×361 mm 的风管输送至静压箱 4。静压箱 4 的平面尺寸为 1 000×1 500 mm（图 13-2），高为 1 500 mm，静压箱 4 顶距梁下皮为 290 mm（图 13-4）。静压箱 4 顶侧向南接一 1 000 ×400 mm的风管，经过 Ⓑ 轴墙后水平折向东接入位于⑩轴线上的静压箱 5。

静压箱5的平面尺寸为1 800×1 500 mm(图13-2),高为400 mm(图13-4)。静压箱5东侧壁上向东接一400 ×1 800 mm的风管,风管顶距梁之距未变,仍为290 mm。风管经过机房与商场间的隔墙时,装一防火阀10。然后继续往东敷设,接三层商场送风管(详通施—37)。

空调机房7另一根新风管450×400 mm由西北往东南敷设。敷设至⑩轴时折向东且规格变为700×400 mm。临至空调机房与商场时折向下且规格变为250×700 mm。风管向下立至距地330 mm时又水平折向北,与回风管连接(其上装有回风口7、对开多叶调节阀8),然后由东向西地接入变风量空调器1。接入该空调器1的风管规格为735×1 120 mm。空气经变风量空调器1处理后,经空调器顶部接出两根361×361 mm的风管(图13-3),送至静压箱5。处理后的两部分空气经静压箱5增加静压后,一起由送风管道(经防火阀10)送至三层商场。

由图13-2至图13-4看出,代号为L_1的冷水供水分别送入二台空调器,冷水在空调器内冷却空气后,又从空调器出来(代号为L_2)回至制冷机房,供回水管(L_1、L_2)的管径均为DN50。空调器内产生的凝结水由凝结水管(代号N,管径为DN32)排走。

再看三层商场空调平面图。由图13-5看出,空调机房是楼梯间南侧(设图纸上方为北,下方为南)的三角形建筑。空调机房生产的冷空气在Ⓐ轴与Ⓑ轴间、⑩轴东侧处送出。1 800×400 mm的风管由西往东敷设。经过⑪轴后折向北,且向南接一支风管600×200 mm到两个风口6,分支点处装一三通调节阀9。折向北的风管沿⑪轴由南往北敷设。⑪轴东侧风管共接有10个风口。沿Ⓓ轴也接一支管,该支管上共接有4个风口。由图13-5看出,各段风管规格尺寸、距墙尺寸、风口间距,均可从标注查得;还看出,风管每个分支均装有三通调节阀9。

由平面图对照设备材料表,可知主要设备材料的型号规格及有关性能;由平面图对照预孔洞尺寸表,可知风管穿过建筑结构的预留孔洞尺寸及数量;由平剖面图对照图纸说明,可知该工程的安装要求。

二、通风空调工程图的图示方法

通过上述工程图的识读,可以掌握工程图的图示内容与图示方法。

1. 图示内容

(1)平面图

平面图有各层各系统平面图、空调机房平面图、制冷机房平面图等。

①系统平面图　它主要表明通风空调设备和系统风道的平面布置。其内容一般有:以双线绘出的风道、异径管、三通、四通、弯管、检查孔、测定孔、调节阀、防火阀、送风口、排风口的位置;空气处理设备轮廓尺寸、各种设备定位尺寸、设备基础的主要尺寸;注明系统编号,注明送、回风口的空气流动方向;注明风道及风口尺寸;注明弯头的曲率半径R值,应注明通用图、标准图索引号;注明各设备、部件的名称、型号、规格;对恒温恒湿房间,应注明各房间的基准温度和精度要求。

②空调机房平面图　空调机房平面图一般应反映下列内容:表明按标准图或产品样本要求所采用的空调器组合段代号,左式、右式、喷雾级别和排数、喷嘴孔径、加热器和表冷器的类别、型号、台数,并注出这些设备的定位尺寸;以双线表明一、二次回风管道、新风管道以及其定位尺寸;以单线表明给水排水管道、冷热媒管道以及其定位尺寸;注明消声设备和柔性短管的位置尺寸;注明各段风管的规格尺寸和长度尺寸等。

（2）剖面图

①通风空调系统剖面图　空调系统剖面图一般应表明下列内容：对应于平面图的风道、设备、零部件（其编号位与平面图一致）的位置尺寸和有关工艺设备的位置尺寸；注明风道直径（或截面尺寸）和风管标高；注明送、排风口的形式、尺寸、标高和空气流向；标注设备中心标高；标注风管穿出屋面的高度和风帽标高（风管穿出屋面超过 1.5 m 时，还应表明立风管的拉索固定高度尺寸）。

②通风空调机房剖面图　机房剖面图应表明的内容一般有：对应于平面图的通风机、电动机、过滤器、加热器、表冷器或喷水室、消声器、百叶窗、回风口及各种阀门、部件的竖向定位尺寸；注明设备中心标高和基础表面标高；注明风管、冷热管道、给排水管道的标高。

（3）系统图

主要表明风道在空间的曲折、交叉和走向以及部件的相对位置。风管系统图一般应反映下列内容：注明主要设备、部件的编号（编号应与通风空调系统平面图一致）；注明风管口径（或截面尺寸）、标高、坡度、坡向等；注明风口、调节阀、检查孔、测定孔、风帽及各异形部件的位置尺寸；注明各设备的名称及型号规格；注明风帽的型号规格。

（4）原理图

原理图有空调原理图和制冷原理图（在专业课中介绍）。

（5）详图

通风空调工程图所需详图较多。如空调器、过滤器、除尘器、通风机等设备的安装详图；各种阀门、检查孔、测定孔、消声器等设备部件的加工制作详图；风管与设备保温详图等。各种详图大多均有标准图可供选用。

2. 图示方法

（1）平、剖面图

①通风空调平面图中的建筑应与相应建筑平面图一致，且通风空调平面图应按本层天棚以下俯视绘制。如图 13-2 和图 13-5 所示风管系统均为天棚以下俯视投影绘出的。

②绘制通风空调平、剖面图的建筑，只绘与通风空调系统有关的建筑轮廓线（包括有关的门、窗、梁、柱、平台等建筑构配件的轮廓线），标出定位轴线编号、间距以及房间名称。见图 13-2至图 13-4。

③通风空调平面图应分层分系绘制，必要时也可分段绘制。

如图 13-5 为按高层建筑中第三层空调系统（一部分）绘制。

当通风空调系统分系统绘制时，通常用系统名称的汉语拼音字头加阿拉伯数字将各系统分别进行编号。如 S—1、S—2、P—1、PC—1、K—1、K—2 分别表示送风系统 1、送风系统 2、排风系统 1、排尘系统 1、空调系统 1、空调系统 2。它与室内给水排水工程图和采暖工程图中的立管编号、系统编号意义相似（图 13-2 中未注空调系统编号，仅注出空调机房编号“空调机房 7”）。

每层建筑平面较大，空调系统较大时，通风空调平面图可分段绘制，但分段部位仍应与相应建筑平面一致，并应绘制分段示意图。如图 13-2 和图 13-5 中的风管系统是分段绘制的。

④比例、线型、图例　通风空调平、剖面图常用 1∶50、1∶100 的比例绘制。

通风空调平、剖面图中的风管及其部件宜用双粗实线绘制（如图 13-2 至图 13-5）；风管法兰、通风空调设备的轮廓线应用单中实线绘制；建筑轮廓线、尺寸线、尺寸界线、引出线等均用

表 13-3　通风空调工程常用图例

序号	名　称	图　例	说　明	序号	名　称	图　例	说　明
1	风　管	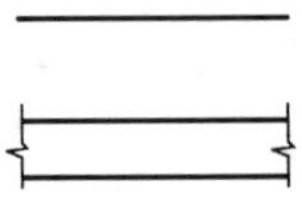		12	伞形风帽		
2	送风管	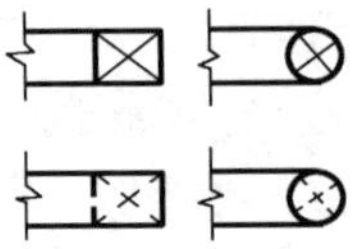	上图为可见剖面;下图为不可见剖面	13	送风口	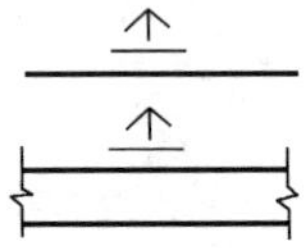	
3	排风管	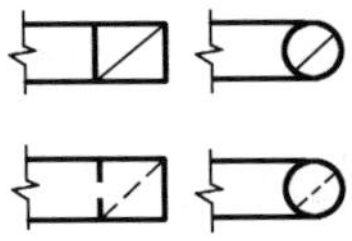	上图为可见剖面;下图为不可见剖面	14	回风口	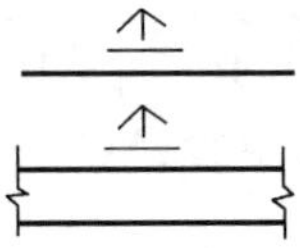	
4	异径管			15	圆形散流器	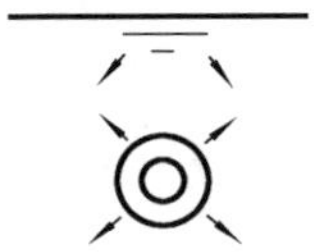	上图为剖面;下图为平面
5	异径管(天圆地方)			16	方形散流器	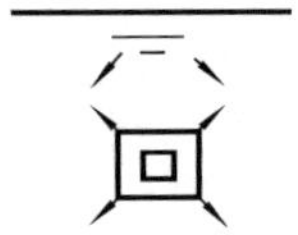	上图为剖面;下图为平面
6	带导流片弯头	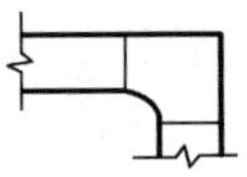		17	插板阀	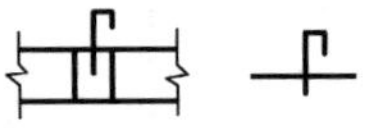	本图例也适用于斜插板
7	消声弯头	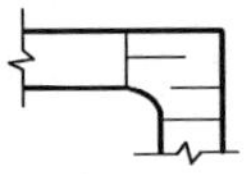		18	蝶　阀		
8	风管检查孔	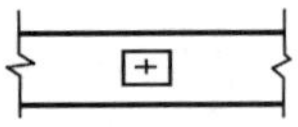		19	对开多叶调节阀	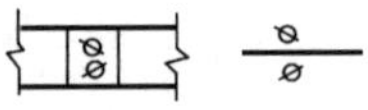	
9	风管测定孔	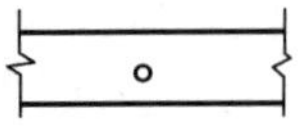		20	光圈式启动调节阀	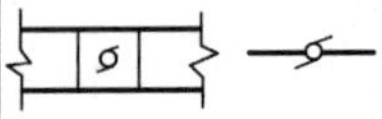	
10	柔性接头	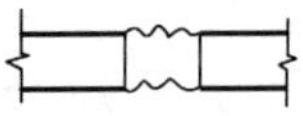	中间部分也适用于软风管	21	风管止回阀	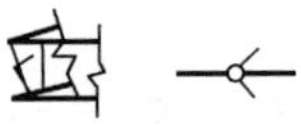	
11	弯头	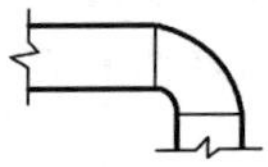		22	防火阀	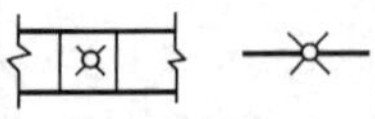	

续表

序号	名称	图例	说明	序号	名称	图例	说明
23	三通调节阀	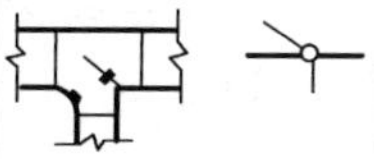		29	消声器		
24	电动对开多叶调节阀	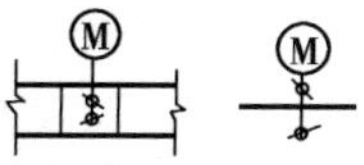		30	空气加热器		
25	通风空调设备		左图适用于带转动部分的设备；右图适用于不带转动部分的设备	31	空气冷却器		
26	空气过滤器			32	风机盘管		
27	加湿器			33	窗式空调器		
28	电加热器			34	风机		流向：自三角形底边至顶点

单细实线绘制；非金属风道（砖、混凝土风道）的内表面轮廓线应用粗虚线绘出；风管被遮挡的轮廓线应用中虚线表示（图 13-2 中，被遮风管的轮廓线应该用中虚线）；设备中心线、轴心线，风管及部件中心线，定位轴线均用细点划线表示。

通风空调平、剖面图中表示的设备、部件均须按《采暖通风与空气调节制图标准》GBJ 114—88中的图例绘制（见表 13-3）。

⑤标注

定位尺寸标注：平、剖 面图中应注出设备、管道中心线与建筑定位轴线间的间距尺寸。

风管规格标注：风管规格用管径或断面尺寸表示。风管管径或断面尺寸宜标注于风管上或风管法兰处延长的细实线上方。如图 13-4 中⑨轴与⑩轴间，变风量空调器 1 去静压箱 4 的两根风管上，风管规格 361 ×361 注于风管与帆布柔性短管连接法兰延长线的上方。圆形风管规格用其外径表示，如 $\phi 360$。矩形风管规格用断面尺寸“× × ×$_{\times}$ × × ×”表示，前面数字为该视图投影面尺寸。如图 13-2 中空调机房去商场的风管规格标注为 1 800 ×400，说明该风管水平方向宽为 1 800，高为 400（单位为 mm）；在图 13-4 中该段风管标注为 400 ×1 800。二图识读结果相同。

标高标注：圆形风管，注管中心标高；矩形风管，注管底标高；有时注出风管距该层地面尺寸以确定高度。图 13-3 至图 13-4 上，未注风管标高，仅注风管距地、距天棚的尺寸。

编号标注：平、剖面图中，各设备、部件等，均应标注编号。如图 13-2 至图 13-4 中注有 1、

4、5、6、……、10 等 8 个编号，根据此编号可在相应设备材料表中查得相应设备材料的名称、型号规格、技术性能及数量等（见表 13-1）。同样，平、剖面图中也应标注预留孔洞编号，以便组织施工，如图 13-5 中风管穿过隔墙时，注有①、②、……、⑤等 5 个预留孔编号，据此编号在相应的预留孔洞尺寸表上查出预留孔洞的尺寸、位置、数量（表 13-2）。

（2）系统图

①通风空调系统图的布置方向应与通风空调平面图一致。当系统图分段绘制时，其分段部分也应与平、剖面图分段一致。

②通风空调系统图的风管、冷热媒管，宜按比例以单粗实线绘制。

③当管线在系统图中投影重叠时，为清楚表示被遮挡部分的尺寸、走向、结构，可将前面或上面的管线断开绘制，但断开的接头处必须用细虚线连接或用文字注明。

④系统图的标注方法同平、剖面图。其编号应与平、剖面图一致。

三、通风空调工程图的绘制步骤

1. 平面图

绘制每一层通风空调工程图的一般步骤如下：

（1）用细实线描绘建筑平面图的主要轮廓　描绘建筑平面图的步骤是：首先绘定位轴线，然后绘与通风空调系统有关的墙身、柱子、门窗、楼梯等的轮廓线。

（2）布置通风空调设备的位置　布置通风空调设备位置时，按其外形轮廓线绘出。

（3）绘制管道系统　绘制管道系统时，先绘主管，后绘支管，最后绘风口。

（4）标注尺寸与编号

标注建筑定位轴线间距、外墙长宽总尺寸、墙厚、地面标高、主要通风空调设备的轮廓尺寸、通风空调设备和管道的定位尺寸等。

2. 剖面图

绘制剖面图的步骤一般是：

（1）绘制房屋建筑的有关轮廓线，其顺序是：地面线──→定位轴线──→墙身、楼层、屋面──→门、窗、楼梯等。

（2）绘制通风空调设备的外形轮廓线。

（3）绘制管道与部件。

（4）标注尺寸。

3. 系统图

绘制步骤一般为：确定轴测轴──→通风空调设备──→管道系统（先主管，后支管，最后风口等部件）──→标注尺寸。

第十四章　电气工程图

14-1　电气制图基础

一、电气制图的一般规定

电气制图属技术制图中的一种，其图幅、标题栏、字体等同第一章所述，现将电气制图中与第一章中的区别部分介绍如下。

1. 图线

电气图中图线的型式通常采用如表 14-1 所示的四种。图线的宽度（mm）可以从 0. 25、0. 35、0. 5、0. 7、1. 0、1. 4 这六种中选定，其公比为$\sqrt{2}$。应用时，可根据图的大小和复杂程度来选用，通常在同一张图纸上，只选用其中两种宽度的图线，并且粗实线为细实线的两倍。当确实需要两种以上宽度的图线时，线宽应以 2 的倍数递增。

表 14-1　图线型式及用途

图线名称	线型与画法	意　义
实线		基本线，简图主要内容（图形符号及连接）用线，可见轮廓线，可见导线 导线、导线组、电线、电缆、电路、传输、通路（如微波技术）、线路、母线（总线）等的一般符号
点划线	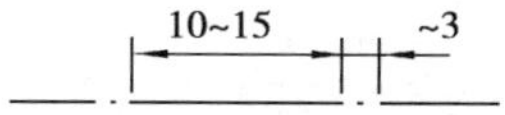	边界线、分界线（表示结构、功能分组用的）、围框线控制及信号线路（电力及照明用）
虚线	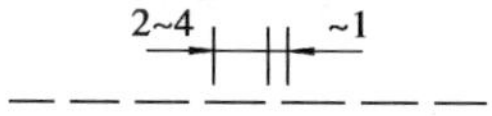	辅助线、不可见轮廓线、不可见导线、计划扩展内容用线 屏蔽线、护罩线、机械（液压、气动等）连接线，事故照明线
双点划线	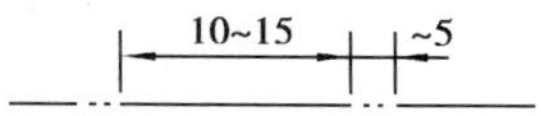	辅助围框线 50 V 及以下电力及照明线路

为确保图样缩微复制时的清晰度，平行图线的间距不应小于粗实线宽度的两倍，同时不小于 0. 7 mm。

2. 箭头和指引线

电气图中有三种形状的箭头，见表 14-2。

指引线用于将文字或符号引向被解释的部位，用细实线表示，并在其末端加注不同的标记，如图 14-1 所示。

表 14-2　箭头的型式及用途

箭头名称	箭头型式	意　　义
空心箭头		用于信号线、信息线、连接线，表示信号、信息、能量的传输方向
实心箭头		用于说明非电过程中材料或介质的流向
普通箭头		用于说明运动或力的方向 指引线和尺寸线的一种末端型式

3. 比例

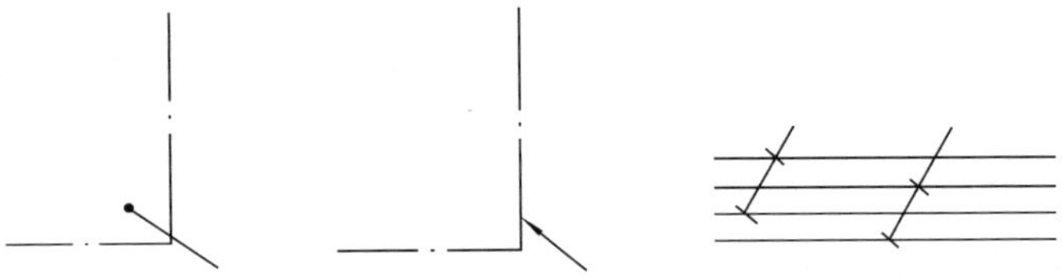

图 14-1　指引线的末端型式

大部分电气图都是示意性简图，所以不涉及电气设备与元、器件的尺寸，也不存在按比例绘图的问题。但位置图（平面图）等一般是需要按比例绘制的，且多用缩小比例，常采用的比例系列为：1∶10、1∶20、1∶50、1∶100、1∶200、1∶500。

标题栏内应将绘图时采用的比例填写在规定的位置。

二、电气图的画法规则

如前所述，电气图虽然只是一种示意图，但是为了正确地表达设计意图和技术思想，特别是为了使读图者能够清楚、正确、完整、迅速地理解图的全部内容，弄清电气系统或设备中各组成部分之间、各元器件以及它们相互的连接关系，从而进一步了解其原理、功能和动作顺序，要求电气图的画法必须遵照一定的规律，现将基本的通用部分介绍如下。

1. 电气图的布局

电气图的布局原则是“布局合理，排列均匀，图面清晰，便于看图”，其具体要求如下：

（1）电路图应突出信息流及各级之间的功能关系，例如在图 14-2 所示的无线电接收机框图中，信号从左边输入、右边输出，其流向及各级功能表达得十分清楚。

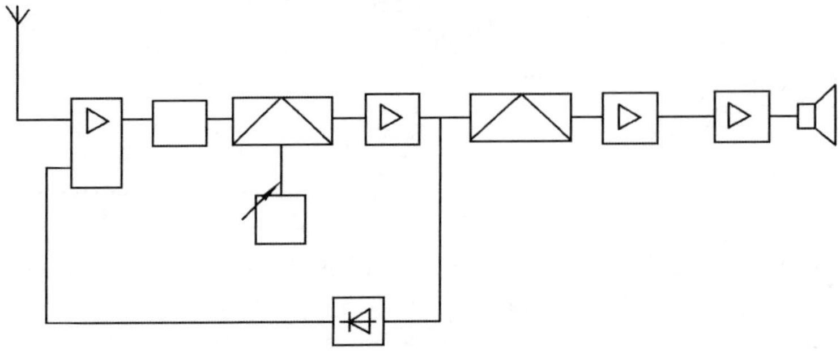

图 14-2　按信息流及各级功能关系的布图

（2）功能上相关的项目要靠近，以便关系表达得比较清晰，见图 14-3（a）；同等重要的并联通路，应按主电路对称布置，见图 14-3(b)；必要时，对于对称布局的元器件可以采用斜的交叉线，见图 14-3(c)；若电路中的几种可供选择的连接方式，则应分别用序号标注在连接线的中断处，如图 14-3(d)所示的电阻串联和短接两种接法。

(3)表示导线、信号通路、连接线等图线，应尽量减少交叉和折弯；图线可以按水平方式排列布置，此时各个类似项目应纵向对齐，也可按垂直方式排列布置，同时，各个类似项目应横向对齐，如图 14-4 所示。

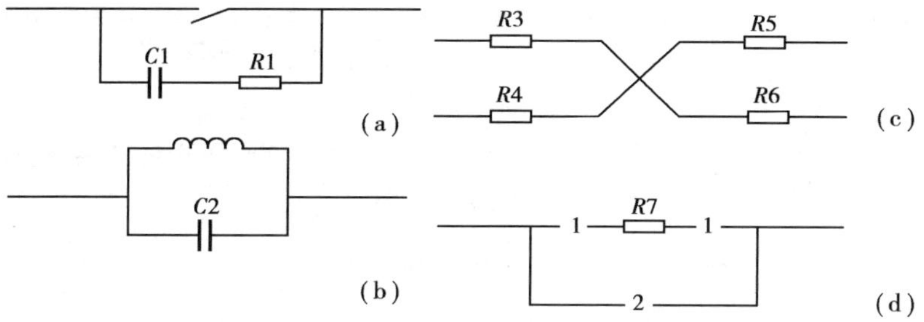

图 14-3　电路中的几种布局方式示例

(a)功能相交项目；(b)同等项目关系并联；(c)对称项目交叉；(d)有几种连接时的选择

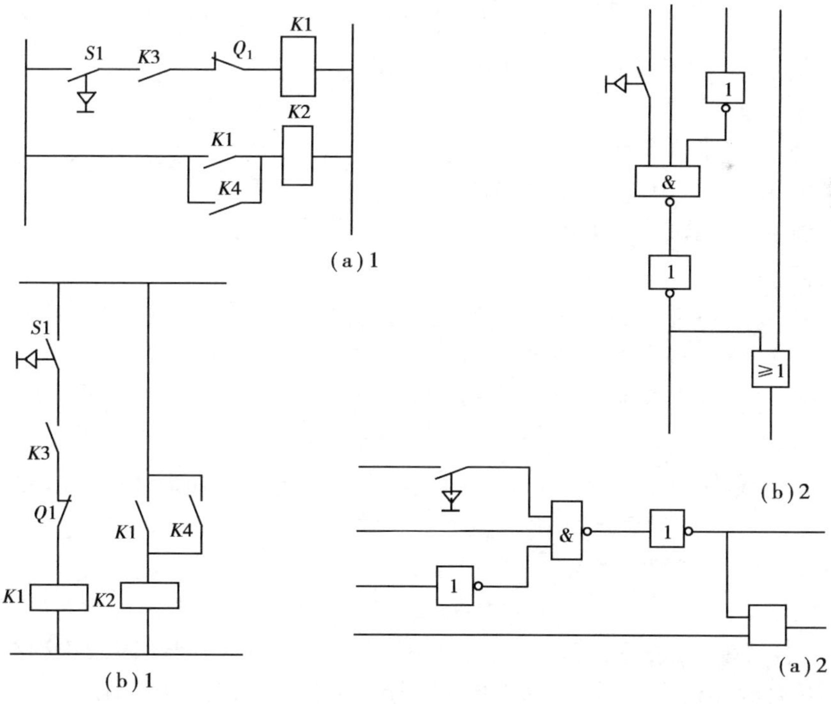

图 14-4　电路的布局方式

(a)水平布局方式；(b)垂直布局方式

(4)图中的电路式符号应分布均称，图纸上应避免出现大面积空白。

2. 连接线

连接线在电气图中使用最多，绘制连接线应注意以下几点：

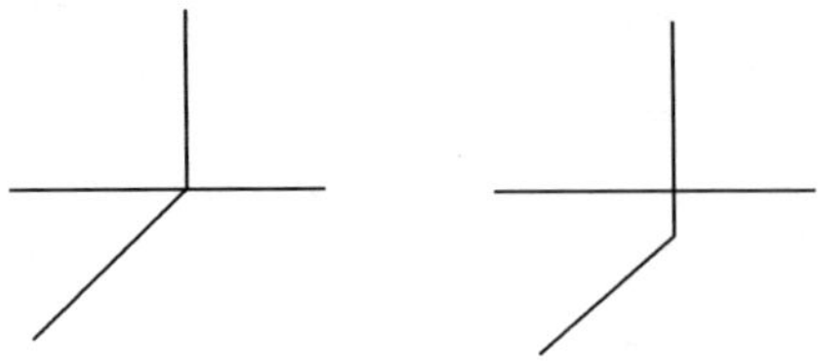

图 14-5　两根连接线交叉时改变方向的画法

图 14-6　连接线分组示例

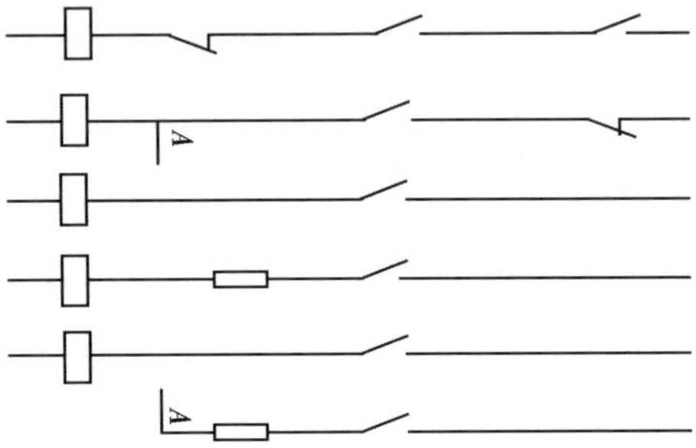

图 14-7　中断线的表示法

(1)连接线要用实线表示。只有看不见的导线或计划扩展的电路才用虚线。

(2)为了突出或区分某些电路,连接线可采用不同粗细的图线表示,如在图 14-2 中,特别强调了主信号通路的连接线。

(3)连接线应避免在与另一条连接线的交叉处改变方向,如图 14-5 所示,也应避免穿过与本身无连接关系的其他连接线的连接点。

(4)为了看图方便,可将多条平行导线按功能分组,如果按功能分组不可能,也可以任意分组,每组不多于三条,组间距离应大于线间距离,如图14-6所示。

3. 中断线表示法

为了防止连接线穿越图面稠密区域,使图面清晰,连接线可以中断,但中断处应加相应标记,如图 14-7中,在中断处两端标注相同字母 A。

4. 单线表示法

把多条平行线用一根线条表示叫单线表示法。采用单线表示法可以减少图中的平行线条,使图面保持清晰。在绘制电路图和接线图时,经常采用单线表示法,其具体应用如下:

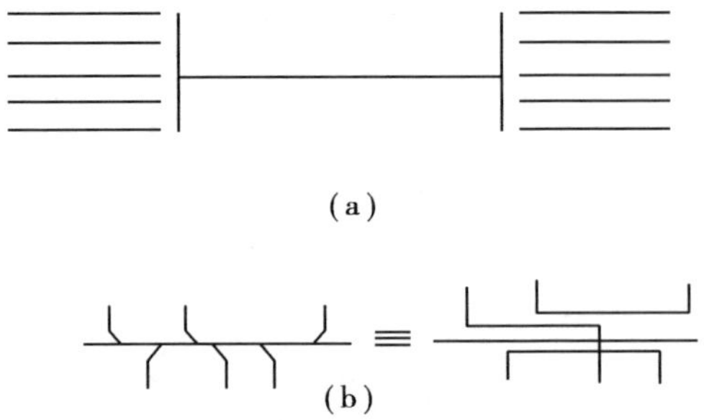

图 14-8　单线表示法

(1)在一组导线中,如导线两端处于不同位置时,应在导线两端实际位置标以相同的标记,如图 14-8(a)所示。

(2)当多根导线汇入一组导线时,汇接处要用斜线表示,其方向应能表示出汇入或离开汇总线的方向,并且每根导线的两端,还要标注相同的编号,以免引起误解,如图 14-8(b)所示。

(3)用单线表示多根导线时,往往还要标注导线的根数,如图 14-9 所示。

三、电气技术中的图形符号与项目代号

为了突出电路组成和减少绘图工作量,在电气图中普遍使用了图形符号。图形符号是用于电气图或其他技术元件中表示设备、元器件或某种含义的图形、标记或字符。对于图形符号,既要十分熟悉还要正确使用,也是看懂电气图、提高看图速度的一个基础。

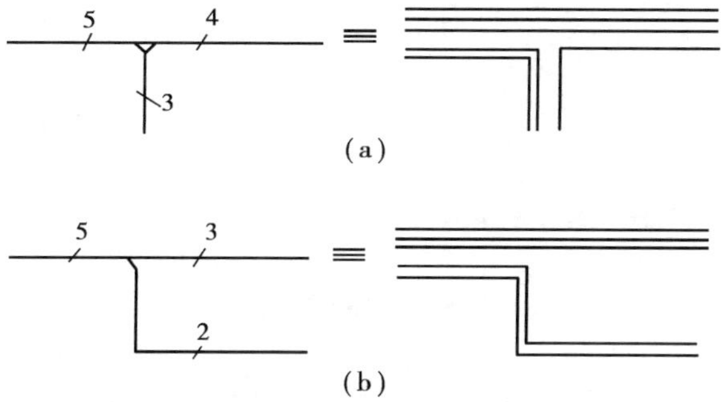

图 14-9　单线图中导线根数的表示法

为了便于查找、区分和描述图形符号所表示的对象，在图形符号旁，还须标明项目代号。项目代号是一种特殊的文字符号，它能表明元件、器件和设备的电器种类、安装地点、从属关系等信息。图形符号与项目代号是构成电气图的主要要素。

1. 电气图图形符号

电气图图形符号包括一般符号、符号要素、限定符号、方框符号四类。

(1)一般符号

一般符号是用以表示一类产品和此类产品特征的一种通用符号。如图 14-10(a)、(b)、(c)、(d)所示的一般符号。

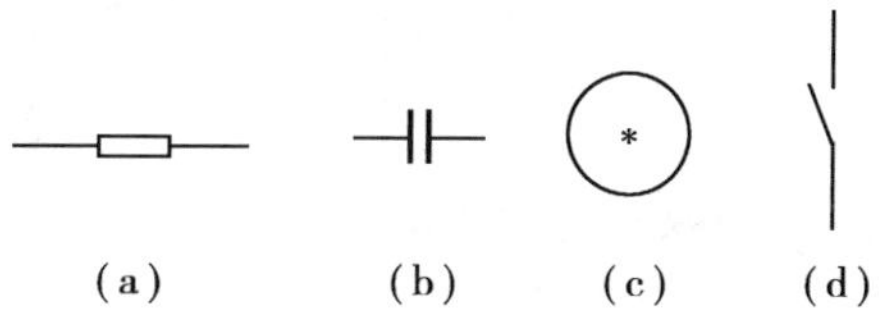

图 14-10　一般图形符号示例

(2)符号要素

符号要素是一种具有确定意义的简单图形，只有在同其他图形相组合时才能构成一个完整符号。例如图 15-11(a)是直热式阴极电子管的图形

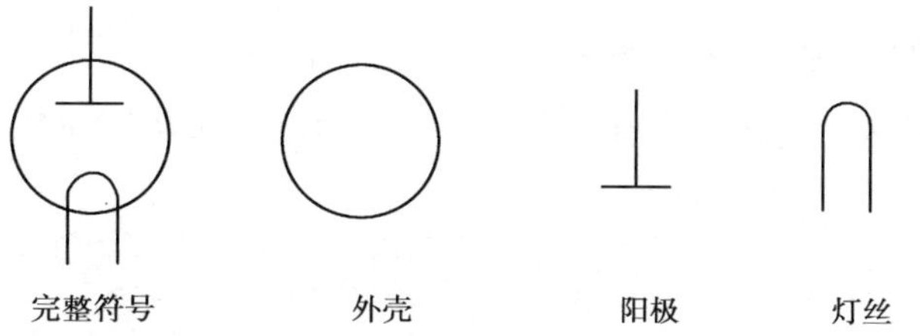

图 14-11　电子二极管的图形符号及符号要素

符号，它是由外壳、阳极、阴极(灯丝)三个符号要素组合而成的。符号要素不能单独使用，只有当这些符号要素以一定的方式与其他符号组合后，则又成为不同类型的电子管的符号。

(3)限定符号

用以提供附加信息的一种加在其他符号上的符号，称为限定符号。限定符号通常不能单独使用，但由于限定符号的应用，而大大扩展了图形符号的多样性。例如，电阻器的一般符号见图 14-12(a)。在此一般符号上分别附加上不同的限定符号，则可得到图 14-12(b) ~ (h)的各种电阻器的图形符号。又如图 14-13(a)为开关的一般符号，若在此一般符号上再分别附加上不同的限定符号，则可得到图 14-13(b) ~ (g)的各种开关的图形符号。常用符号要素及限定符号请参阅 GB 4728. 2—84。

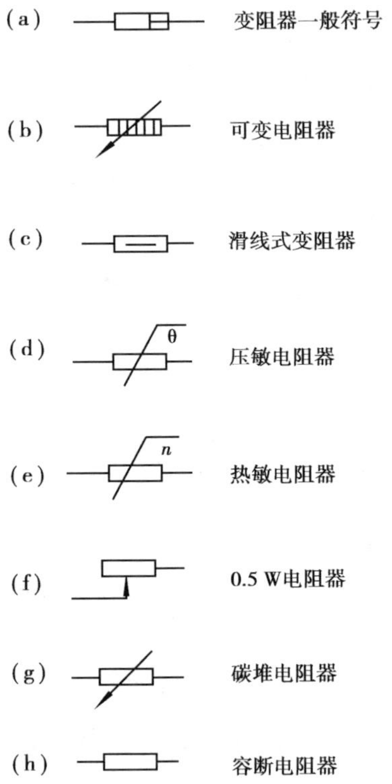

图 14-12　附加不同限定符号的电阻器符号

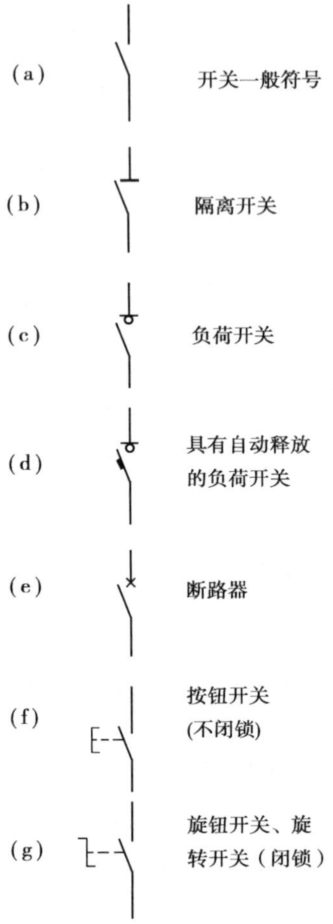

图 14-13　附加不同限定符号的开关符号

(4)方框符号

用以表示元件、设备等的组合及其功能,即不给出元件、设备的细节,也不考虑所有连接的一种简单的图形符号。

方框符号在框图中使用最多。电路图中的外购件,不可修理件也可用方框符号表示。

(5)图形符号及绘制

GB 4728《电气图用图形符号》的内容包括了 13 个部分,读者可根据需用的图形符号,查阅该标准。

电气图用图形符号应按功能,在未激励状态下按无电压、无外力的正常状态下绘制示出。既可用手工绘制,也可用计算机绘制,但都应执行 GB 4728 之规定,手工绘图时要求图形符号与国际公布的图形大体一致,其关键是符号的长度比例和角度的大小,通常情况下矩形的长边和圆的直径应为 5 mm 的倍数。

2. 项目代号

“项目”与“项目代号”是 GB 5094《电气技术中的项目代号》所提出的新概念。该标准的制定,使我国电气技术元件进一步国际通用化,不但图形符号能在国际间相互交流,文字符号也能相互交流。

(1)项目与项目代号

项目是指在电气技术元件中出现的各种实物,这些实物在图上通常用一个图形符号表示。项目可大可小,电容器、刀开关、电动机、开关设备,其一个系统都可称为项目。

项目代号是各个项目一种特定代码,其作用如下:

①用于识别项目的电器种类,项目的层次关系,项目的实际位置。

②在电气图中为各种图形符号提供文字标注,表达特定的内容。

③绘制某些表格时,项目代号是表格的重要组成部分。

(2)项目代号的构成

一个完整的项目代号包括四个代号段,即高层代号、位置代号、种类代号和端子代号。在每个代号段之前还有一个前缀符号,以作为代号段的特征标记。一般情况下,各代号段的注写顺序是固定的。项目代号的形式及符号举例如下:

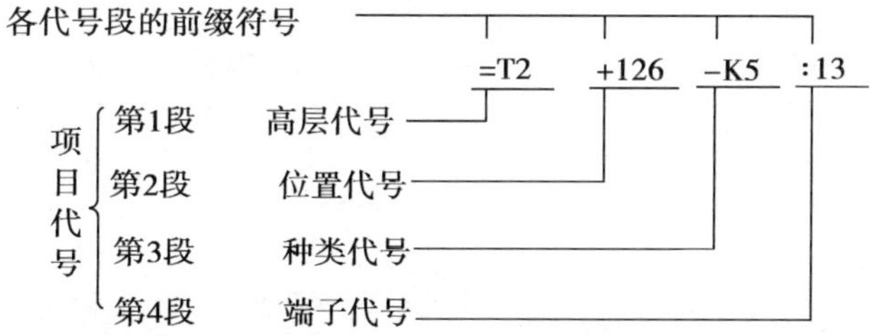

在大多数情况下,项目代号不必注写齐全,可以就项目本身情况省略注写其中某一段或某几段。例如,所指项目为继电器时,就可以省略注写第一、二、四段,即只注出种类代号;再如指项目为继电器的某个端子时,可以根据图的分类和表达需要,省略注写第一、二段,或者省略注写第一、二、三段,即端子代号为必注。省略注写后的某段或某几段代号方仍可统称为项目代号。

下面着重介绍项目代号的核心部分,第三段“种类代号”。

(3)种类代号

种类代号是用于识别所指项目属于什么种类的一种代号。通常一个电气装置一般由多种类型的电器元件所组成,如开关器件、保护器件,端子板等,为了明确这些器件(项目)所属的种类,特设置了种类代号。

种类代号的表达方法有三种。

第一种方法是由字母代码和数字组成,其表达格式如下:

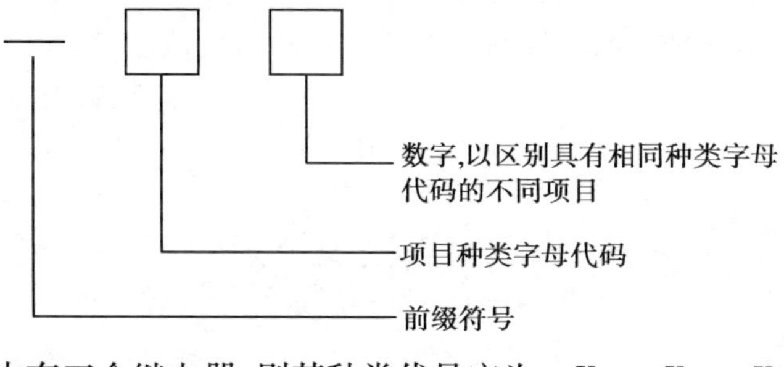

举例:某设备中有三个继电器,则其种类代号应为 $-K_1$、$-K_2$、$-K_3$。

第二种方法是采用数字顺序编号。

第三种方法是按不同种类的项目分组编号。

种类代号的字母代码的选取读者可查阅 GB 5094《电气技术中的项目代号》所提供的“项目种类的字母代号表”。

3. 辅助文字符号

在电气图中，除要求在图形符号旁标注项目代号外，有时还需标注辅助文字符号。辅助文字符号主要用于表示电气设备、装置和元件的名称、功能、状态和特征。例如，指示灯有红、绿、黄三种颜色，在电气图上除了要标注项目代号外，还应在图形符号旁分别标注 RD、GN、YE。

常用辅助文字符号见表 14-3。

表 14-3 常用辅助文字符号

序号	名称	文字符号	序号	名称	文字符号
1	电流	A	2	模拟	A
3	交流	AC	4	自动	A、AUT
5	异步	ASY	6	制动	B、BRK
7	黑	BK	8	蓝	BL
9	直流	DC	10	接地	E
11	紧急	EM	12	快速	F
13	反馈	FB	14	绿	GN
15	高	H	16	输入	IN
17	左	L	18	低	L
19	中间线	M	20	手动	M、MAN
21	中性线	N	22	断开	OFF
23	闭合	ON	24	输出	OUT
25	保护接地	PE	26	不接地保护	PU
27	右	R	28	红	RD
29	停止	STP	30	同步	SYN
31	温度	T	32	时间	T
33	速度	V	34	电压	V
35	白	WH	36	黄	YE

四、电气图的分类

电气图的种类很多，应该根据其用途进行分类，对不同的电气工程随其规模大小、图纸的种类，数量也有所不同。不同种类的电气图的表达方式和适用范围，国家标准 GB 6988《电气制图》经过综合统一将电气图分为 15 类，但并非每一个电气工程都必须具备这些图纸，应根据表达的需要而选取。

1. 系统图和框图

用图形符号或带注释的框，概略表示系统或分系统的基本组成、相互关系及其主要特征的一种简图。

2. 位置图或位置简图

表示成套设备、装配或装配中各个项目的位置的一种简图或一种图。

3. 接线图或接线表

表示成套装配、设备或装置的连接关系,用以进行接线和检查的一种简图。

4. 电路图

用图形符号并按工作顺序排列,详细表示电路、设备或成套装配的全部基本组成和连接关系,而不考虑其实际位置的一种简图。

5. 功能图

表示理论的或理想的电路而不涉及实现方法的一种简图。

6. 功能表图

表示控制系统(如一个供电过程或生产过程的控制系统)的作用和状态的一种表图。

7. 逻辑图

指主要用二进制逻辑单元符号绘制的一种简图。

其他还有等效电路图、端子功能图、程序图、设备元件表、数据单等等。

以上各种电气图的用途及画法,在进行专业学习时,再详细介绍。

14-2 建筑电气工程图

一、概述

在整个电气制图中,建筑电气工程图是非常重要的常用的工程图。在我们的日常生活中也随时可见它的存在。建筑电气工程图按其工程项目的类型不同分为:①变配电工程图;②配电线路工程图;③动力及照明工程图;④火灾自动报警自动消防工程图;⑤有线电视系统工程图;⑥通讯电话系统工程图;⑦有线广播系统工程图;⑧建筑防雷接地工程图等。

以上各种工程图同其他图纸一样,要遵守统一性、正确性和完整性的原则。统一性是指各类图纸要符号、文字和名称上前后一致;正确性是指图纸的绘制要正确无误,符合国家标准,并能正确指导施工;完整性是指各类技术元件齐全。一套完整的建筑电气工程图主要包括以下内容:①目录;②电气设计说明;③电气系统图;④电气平面图;⑤设备控制图;⑥设备安装大样图(详图);⑦安装接线图;⑧设备材料表等。对不同的建筑电气工程项目,在表达清楚的前提下,取舍以上内容。

二、动力及照明工程图

对于从事房屋设备安装工程的技术人员来说,有必要了解有关建筑电气的各类工程图。而其中的动力及照明工程图是建筑电气工程图中最基本的图纸之一,也因为动力及照明工程是现代建筑工程中最基本的电气工程。动力及照明工程图一般包括:动力及照明系统图、平面图(位置图),配电箱安装接线图等图纸。

动力及照明系统图是表示建筑物内的动力,照明及其日用电器等配电基本情况的图纸,在图纸中集中反映了动力及照明的安装容量、计算容量、计算电流、配电方式、导线和电缆的型号、规格、敷设方式及穿管管径,开关与熔断器的规格型号等。

动力及照明平面图是表示建筑物内配电设备、动力、照明设备等平面布置、线路走向的图纸。主要表示动力及照明线路的敷设位置、敷设方式、导线规格型号、导线根数、穿管管径等,同时还标出了各种用电设备(如照明灯、电动机、电风扇、插座等)及配电设备(配电箱,开关)的数量、型号和相对位置。

1. 动力及照明工程图的特点

(1)在工程图上,电气(动力及照明)设备是以一定的图形符号表示的,而电气设备的规格、型号、电气参数、安装方式、安装位置等信息是通过文字来表达的,所以,阅读和绘制动力及照明工程图,首先要明确和熟悉一些常用的图形符号和文字符号。

(2)任何电路都必须构成闭合回路。一个电路的组成,包括四个基本要素,即:电源、用电设备、导线和开关控制设备。

(3)动力及照明工程往往与土建工程及其他安装工程相互配合进行。例如,电气设备的布置与土建平面布置、立面布置有关;线路走向与建筑物结构的梁、柱、门窗、楼板的位置走向有关,还与管道的规格、用途、走向有关;安装方法与墙体结构有关;特别是一些暗敷线路、电气设备基础及各种电气预埋件更与土建工程密切相关。因此,阅读动力及照明工程图时应与有关的土建工程图、管道工程图等对应起来阅读。

(4)在读图时,应熟悉有关规范的要求。因为通过应用动力及照明工程图来编制工程预算和施工方案时,而一些安装、使用等方面的技术要求不能在图纸上完全地反映出来,而且也没有必要一一注清楚,而这些技术文件要求在有关国家标准和规范、规程中都有明确规定。有些工程图仅在说明栏内作说明,“参照”某规范。因此,要真正读懂图纸,应熟悉有关规范、规程的要求。

2. 动力及照明平面图的基本画法

动力及照明平面图是在房屋建筑平面图的基础上,加上所采用的图形符号和文字标注的方法绘制而成的,其绘制步骤大致如下:

(1)抄绘房屋建筑平面的有关内容(外墙、门窗、房间、楼梯等),其图线宽度为 $b/3$。

(2)画有关的电力设备、配电箱、开关等($b/2$)。

(3)画有关的照明灯具、插座等用电装置($b/2$)。

(4)画进户线及电气设备、有关灯具间的连接线(b)。

(5)对线路、设备等附加文字标注及必要文字说明。

3. 常用动力及照明的图形符号见表 14-4;常用的动力及照明设备的标注方法见表 14-5(一)、(二)。

4. 照明平面图与系统图的阅读

图 14-14、图 14-15、图 14-16、图 14-17 是一幢两层楼带地下室的平顶楼房的室内照明工程图,分别为配电系统图、一层和二层照明平面图、地下室照明平面图,并另附施工说明。

施工说明如下:

(1)电源为三相四线 380 V/220 V,进户导线采用 BLV—500—4 × 16 mm^2,自室外架空线路引来,室外埋设接地板,引出接地线作为 *PE* 线随电源引入室内。

(2)化学试验室、危险品仓库为 Q—2 级防爆,导线采用 BV—500—2.5 mm^2。

(3)一层配线:插座电源导线采用 BLV—500—4 × 2.5 mm^2,穿 ϕ20 mm 普通水煤气管埋地暗敷,化学试验室和危险品仓库为普通水煤气管明敷设,其余房间为电线管暗敷设。

表 14-4　常见动力及照明的图形符号

图形符号	说明	图形符号	说明
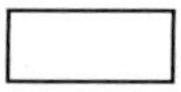	屏、台、箱、柜一般符号	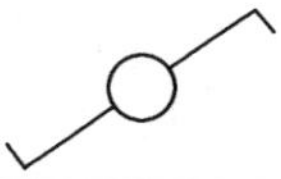	双控开关(单极三线)
	动力或动力-照明配电箱		单相插座(明装)
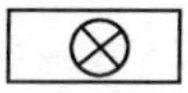	信号板、信号箱(屏)		单相插座(暗装)
	照明配电箱(屏)		带接地插孔的单相插座(明装)
	事故照明配电箱(屏)		带接地插孔的单相插座(暗装)
	多种电源配电箱(屏)		带接地插孔的三相插座(明装)
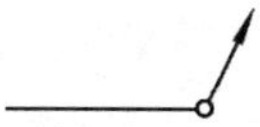	向上配线		带接地插孔的三相插座(暗装)
	向下配线		荧光灯
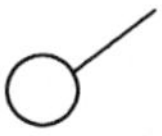	开关一般符号		防水防尘灯
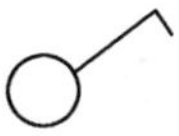	单极开关(明装)		球形灯
	单极开关(暗装)		花灯
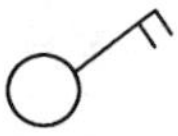	双极开关(明装)		天棚灯
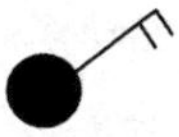	双极开关(暗装)		壁灯
	三极开关(明装)		弯灯
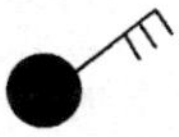	三极开关(暗装)	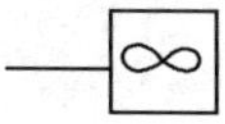	风扇
	单极拉线开关		
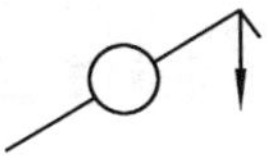	单极双控拉线开关		

续表

图　形　符　号	说　　明	图　形　符　号	说　　明
	熔断器一般符号		旋钮开关、旋钮开关（间锁）
	跃开式熔断器		位置开关、动合触点限位开关、动合触点
	熔断器式负荷开关	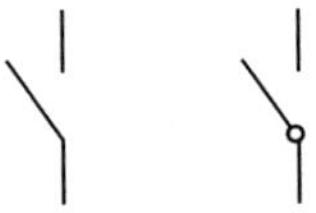	开关（机械式）
	熔断器式开关		多极开关一般符号单线表示
	熔断器式隔离开关	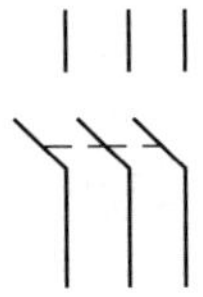	多线表示
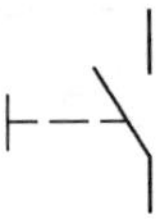	手动开关一般符号		接触器（在非动作位置触点断开）
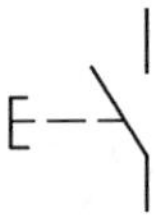	按钮开关（不闭锁）		具有自动释放的接触器
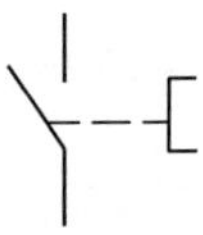	拉拨开关（不闭锁）		接触器（在非动作位置触点闭合）

表 14-5 常见动力及照明设备的标注方法(一)

名称	符号	说明
用电设备	$\frac{a}{b}$或$\frac{a}{b} \mid \frac{c}{d}$	a——设备编号 b——设备容量,kW c——熔断器电流,A d——标高,m
电力或照明 配电设备	$a\frac{b}{c}$或$a—b—c$ (一般标注方法) $a\frac{b—c}{d(e\times f)—g}$ (当需要标注引入线的规格时)	a——设备编号 b——设备型号 c——设备容量,kW d——导线型号 e——导线根数 f——导线截面积,mm^2 g——导线敷设方式及部位
开关及 熔断器	$a\frac{b}{c/i}$或$a—b—c/i$ (一般标注方法) $a\frac{b—c/i}{d(e\times f)—g}$	a——设备编号 b——设备型号 c——额定电流,A i——整定电流,A d——导线型号 e——导线根数 f——导线截面积,mm^2 g——导线敷设方式
照明变压器	$a/b—c$	a——一次电压,V b——二次电压,V c——额定容量,VA
照明灯具	$a—b\frac{c\times d\times L}{e}f$ (一般标注方法) $a—b\frac{c\times d\times L}{—}$ (吸顶安装)	a——灯数 b——型号或编号 c——每盏照明灯具的灯泡数 d——灯泡功率,W e——灯泡安装高度,m f——安装方式 L——光源种类 — ——吸顶安装
配电导线	$a(b\times c)d—e$	a——导线型号 b——导线根数 c——导线截面积,mm^2 d——穿管管径,mm e——敷设方式及部位
导线	BV BLV BVV BVR BLVV BX BLX RV	铜芯聚氯乙烯电线 铝芯聚氯乙烯电线 铜芯聚氯乙烯护套电线 铜芯聚氯乙烯屏蔽电线 铝芯聚氯乙烯护套电线 铜芯橡皮绝缘电线 铝芯橡皮绝缘电线 铜芯聚氯乙烯绝缘电线

表 14-5　常见动力及照明设备的标注方法(二)

名　称	旧 符 号	新 符 号	说　明
导线敷设方式	*A*	*C*	暗敷
	M	*E*	明敷
	QD	*AL*	铝皮线卡
	GG	*S*	钢管
		PR	塑料线槽
		PL	塑料线卡
	SG	*P*	塑料管
	DG	*T*	电线管
		MR	金属线槽
	S	*M*	钢索敷设
	CP	*K*	瓷绝缘子
	G	*G*	水煤气管
		F	金属软管
		CJ	电缆桥架
线路敷设部位	*L*	*B*	沿梁敷设
	P	*CE*	沿顶棚敷设
	Z	*C*	沿柱敷设
	D	*F*	沿地面(板)敷设
	Q	*W*	沿墙敷设
		SC	沿吊顶敷设
		R	沿构架敷设
灯具安装方式	*L*	*C*	链吊安装
	G	*P*	管吊安装
	B	*W*	吸壁安装
	X	*WP*	线吊安装
		R	嵌入式安装
光源种类	*B*	*IN*	白炽灯
	Y	*FL*	荧光灯
	G	*Hg*	汞灯
	N	*Na*	钠灯

(4)二层配线:接待室为塑料管暗敷及在多孔板内暗敷,导线采用 BLV—500—2.5 mm^2,其余房间为 BLVV—500—2×2.5 mm^2,护套线明敷。

(5)其他:地下室采用瓷柱明敷;楼梯均采用电线管暗敷。

(6)灯具代号说明:*G*—隔爆灯;*J*—乳白玻璃球型灯;W_W—无磨砂玻璃罩万能型灯;*H*—花灯;*F*—防水防尘灯;*Y*—荧光灯。

读图的顺序是:先读施工说明,然后按电流入户方向,即按进户点——配电箱——支路——支路上的用电设备的顺序阅读。

读图的方式是:照明平面图对照配电系统图交叉反复阅读。

(1)看各支路的走向

由施工说明、平面图和配电系统图就知道本大楼电源进线用四根 16 mm^2 铝芯聚氯乙烯绝缘导线(BLV—500—4×16 mm^2)自室外架空线路引至照明配电箱(XM(R)—7—12/1),该照明配电箱可引出 12 条线路,现使用 9 路(N_1 ~ N_9)。其 N_1、N_2、N_3 同时向一层三相插座供电；N_4 向一层③轴线西部的室内照明灯具、走廊灯供电；N_5 向一层③轴线东部的室内照明灯具供电；N_6 向一层③轴线东部和二层的走廊灯供电；N_7 引向干式变压器（220 V/30 V），变压器次级 36 V 出线引下穿过楼板为地下室内照明灯具和地下室楼梯灯供电；N_8、N_9 支路引向二楼，N_8 为二层西部的会议室、研究室、图书资料室内的照明灯具、吊扇、插座供电；N_9 为二层④轴线东部的接待室、办公室、值班室及女厕所内的照明灯具、吊扇、插座供电。

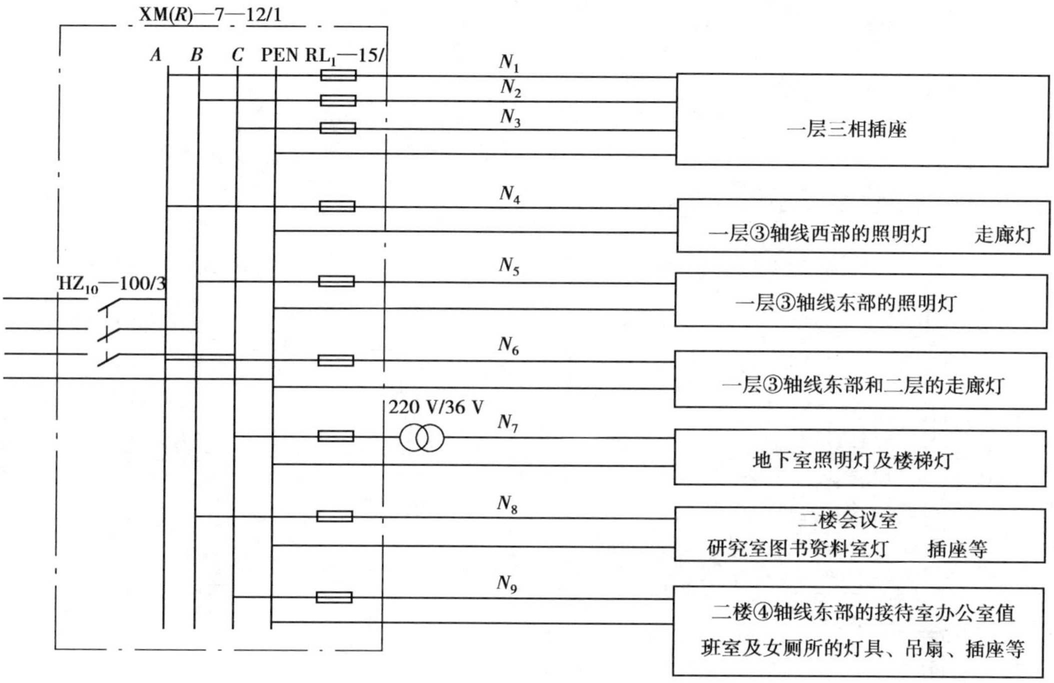

图 14-14　照明配电系统图

从配电系统图还可知 N_1、N_4、N_6 接在 A 相上；N_2、N_5、N_8 接在 B 相上；N_1、N_7、N_9 接在 C 相上，其目的是考虑到三相负载应均匀分配的原则。

（2）看各楼层的电气平面布置、型号、数量等

从图 14-15 中沿电源 N_5 支路的走向可知：物理实验室装有四盏无磨砂玻璃灯罩的万能型灯，每盏装有一只 100 W 白炽灯灯泡，采用管吊安装，安装高度 3.5 m$\left(4—W_W\dfrac{1\times100}{3.5}P\right)$，这四盏灯用两只暗装单极开关控制，另外装有两只暗装三相插座（本层楼插座电源均采自 $N_{1、2、3}$ 支路）。男厕所、男女更衣室③～⑥轴线走廊内都装有 60 W 的乳白色玻璃球形灯、吸顶安装，分别由各自的开关控制；浴室装有两盏 100 W 白炽灯泡的防水防尘灯，采用管吊式安装，安装高度 3.5 m$\left(2—F\dfrac{1\times100}{3.5}P\right)$，两盏灯用一个单极开关控制。

沿电源 N_4 支路可知：化学试验室装有四盏隔爆灯，每盏装有一只 150 W 白炽灯泡，管吊式安装，安装高度为 3.5 m$\left(4—G\dfrac{1\times150}{3.5}P\right)$灯用两只防爆式单级开关控制；密闭防爆三相插座两个。危险品仓库装有一盏隔爆灯，灯泡为 150 W，采用管吊式安装，安装高度为 3.5 m，四盏

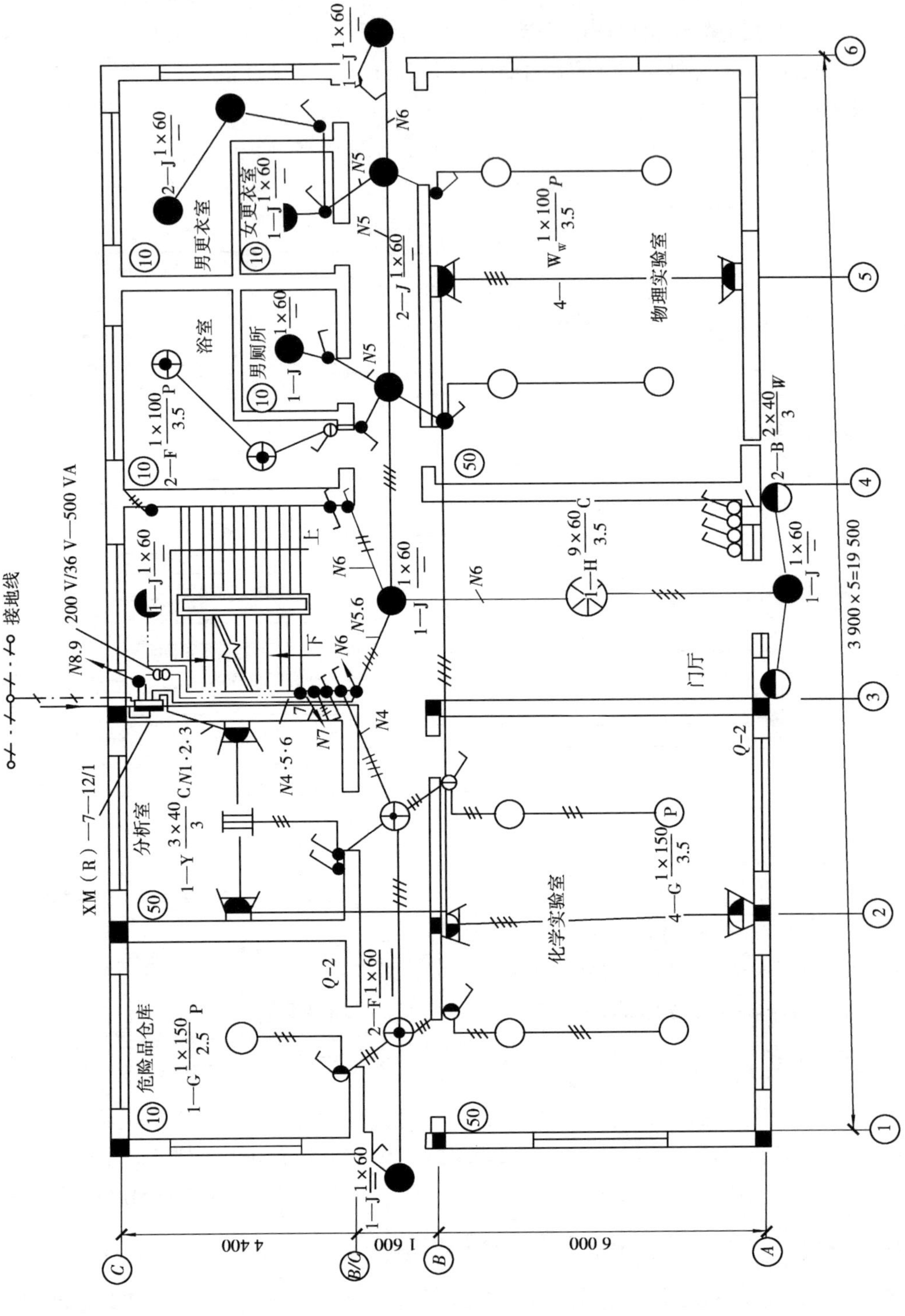

图14-15　一层照明平面图

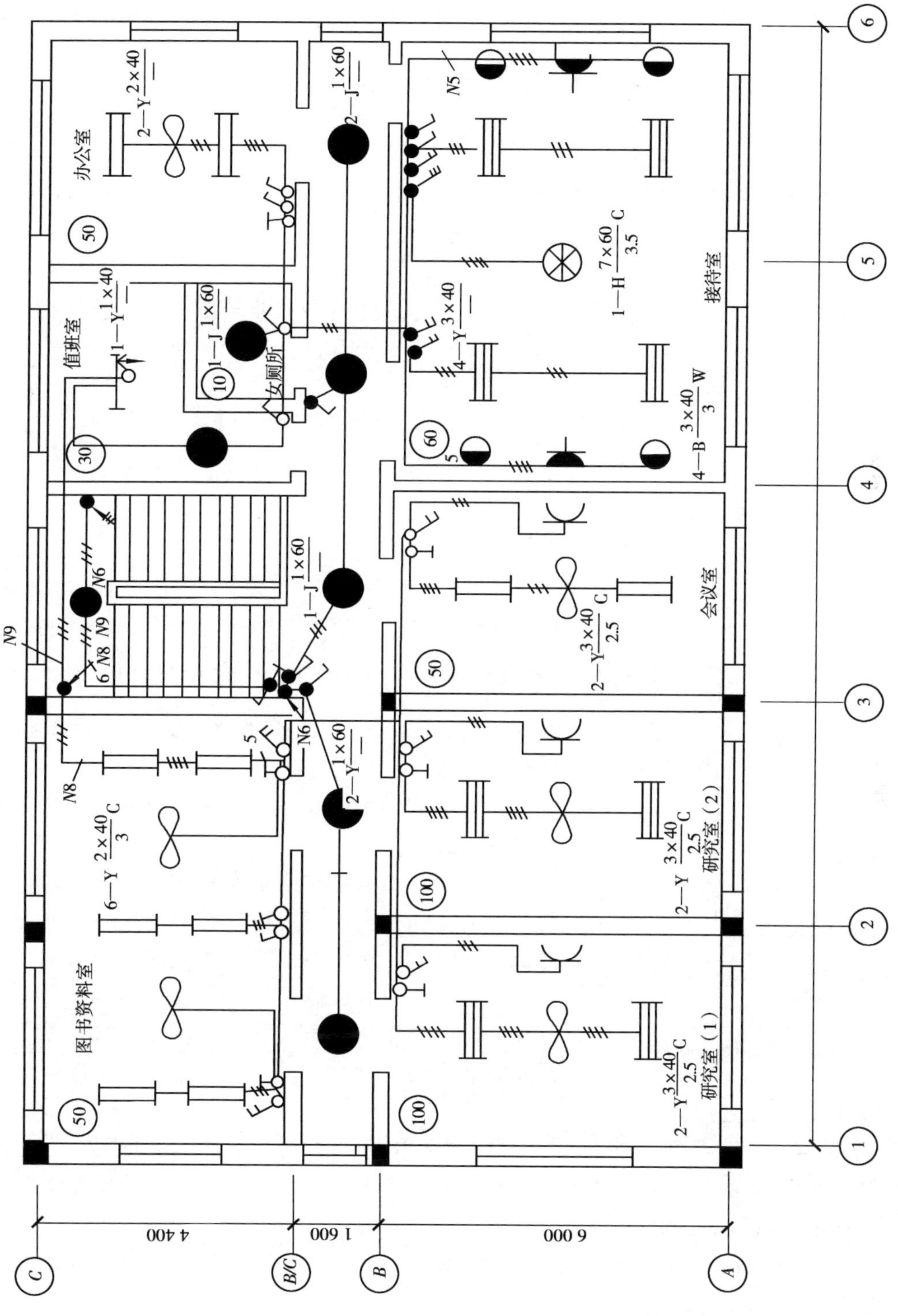

图 14-16　二层照明平面图

$\left(1—G\frac{1\times150}{3.5}P\right)$，由一只防爆单极开关控制。分析室装有一盏三管荧光灯，灯管功率为 40 W，采用链吊式安装，安装高度 3 m$\left(1—Y\frac{3\times40}{3}C\right)$，用两只暗装单极开关控制；暗装三相插座两个；化学试验室两门前走廊内装有两盏防水防尘灯，用 60 W 白炽灯泡，采用吸顶安装$\left(2—F\frac{1\times60}{—}\right)$，用一个单极开关控制，同时，轴线①走廊处还吸顶装有一盏乳白玻璃球形灯$\left(1—J\frac{1\times60}{—}\right)$。

沿电源 N_6 支路可知，N_6 支路又分为两支，一支走向二楼，一支在本楼层：在本楼层内的门厅装有一盏花灯，其内装有 9 个 60 W 白炽灯，采用链吊安装，安装高度 3.5 m$\left(1—H\frac{9\times60}{3.5}C\right)$，分别用两只开关控制花灯 3 只和 6 只灯泡，进门雨棚处吸顶安装一盏乳白玻璃球形灯，内装一个 60 W 灯泡$\left(1—J\frac{1\times60}{—}\right)$；进门两侧分别装有一盏壁灯，内装两个 40 W 白炽灯泡，安装高度 3 m$\left(2—B\frac{2\times40}{3}W\right)$，分别由各自单极开关控制。

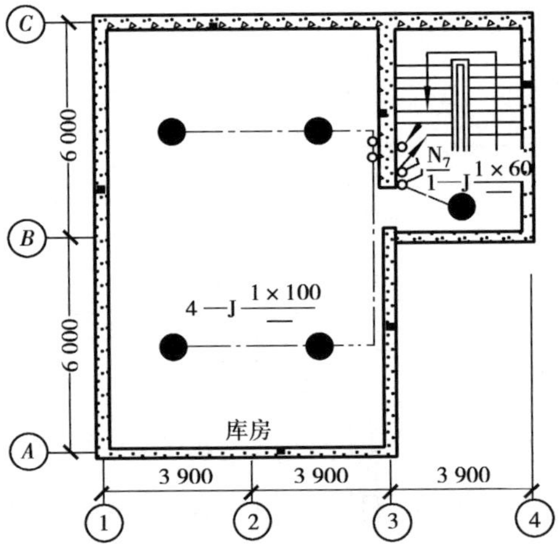

图 14-17　地下室照明平面图

从图 14-17 可知，其电源来自 N_7 支路，电压为 36 V，吸顶安装了四盏乳白玻璃球形灯，每个灯泡为 100 W$\left(4—J\frac{1\times100}{—}\right)$，由一个暗装单极开关控制；地下室门前装有一盏 60 W 乳白玻璃球形灯，亦为吸顶安装。

第二层照明的阅读方法与第一层相同，请读者自行分析阅读。

这里要注意的是在照明平面图上一般不标注照明开关高度和插座高度，这是因为照明开关和插座的高度已经规范化，如搬把开关距地面高度为 1.4 m，拉线开关装设位置：当层高低于 3 m 时，应距层顶0.2 m；高于 3 m 时，拉线下端须距地面 1.5 m；插座暗装高度距地面 0.3 m，如由层顶供给电源或是明装，可距地面 1.8 m 左右。

由于室内照明线路比较简单，因此照明平面图都用单线表示，对于经常从事照明施工的人员，不会带来施工困难，如表 14-6 示出了照明线路的实际接线图与配线图的对照实例，供参考。

5. 动力平面图与系统图的阅读

图 14-18、图 14-19、图 14-20 为一车间的动力平面图和配电系统图。看图的顺序与方法与照明工程图相同。

从图 14-18 中可看出，有两路电源从车间的东北方向进入：一路是动力电源，一路是照明电源（照明平面图省略），动力电源线为铝芯橡皮绝缘 3 根，最小截面积为 75 mm^2，用直径 70 mm 电线套钢管穿墙［BBL×—(3×75)G70］引入三相电源至动力配电箱（HD13—200），照明电源线为铜芯橡皮绝缘线四根，最小截面积为 4 mm^2，用直径 25 mm 线套钢管穿墙[BBX—(4×4)DG25]引入三相四线电源至照明配电箱。结合图 14-20，可以看到动力配电箱引出线为四个支路，其中三个支路分别接到一层 11 个分配电箱上去，作为机床的动力电源，另一个支路则送至车间二层动力开关箱，作为二层动力的电源。

表 14-6　照明线路实际接线与单线图表示对照实例

	一灯一处控制开关	二灯一处控制开关	
配线图		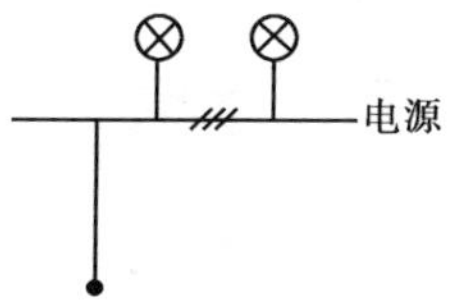	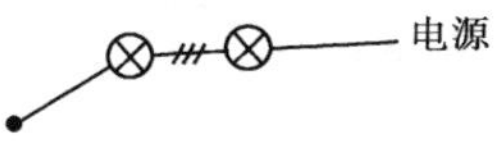
实际的接线图		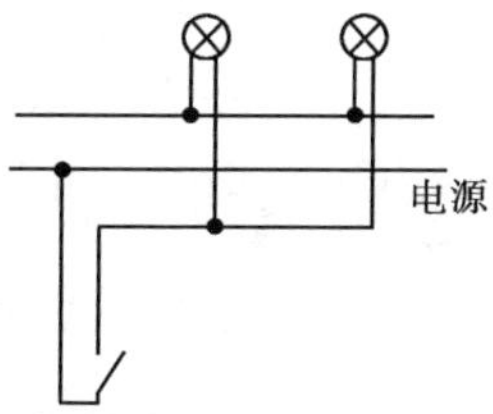	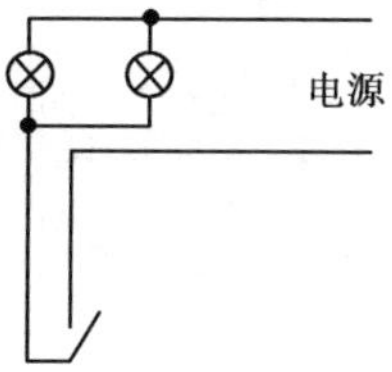
	二灯二处分别控制开关	一灯二处控制开关	二灯一处分别控制开关
配线图	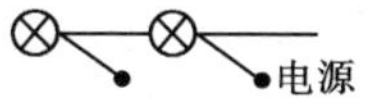	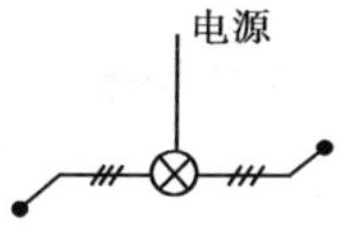	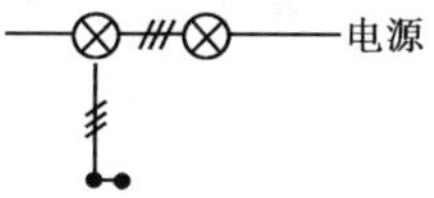
实际的接线图	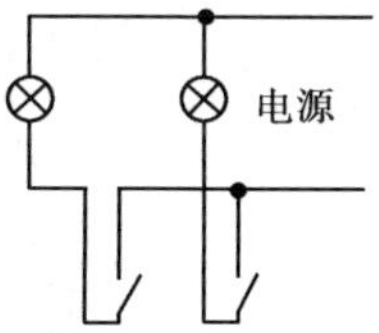	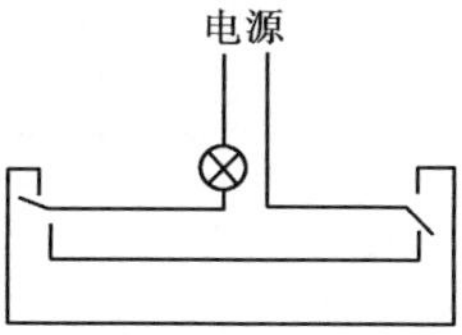	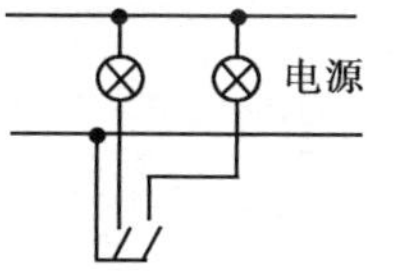

从图 14-18、图 14-20 可知车间一层的 11 个分动力配电箱的配电情况：1 号配电箱为三台设备编号为 1、2、3 的磨床供电（M7130、M7112、M115W）图中$\frac{1}{7.625}$表示为设备编号为 1 的设备，其电动机的容量为 7.625 kW（分子为设备编号，分母为该设备的功率）；2 号配电箱为 2 台编号为 4、5 的车床供电（C615、C616）；3 号配电箱为 2 台编号为 6、7 的车床供电（C616、C616）；4 号配电箱为编号为 8 的组合机床供电；5 号配电箱为编号为 9、10 的砂轮和砂轮抽风

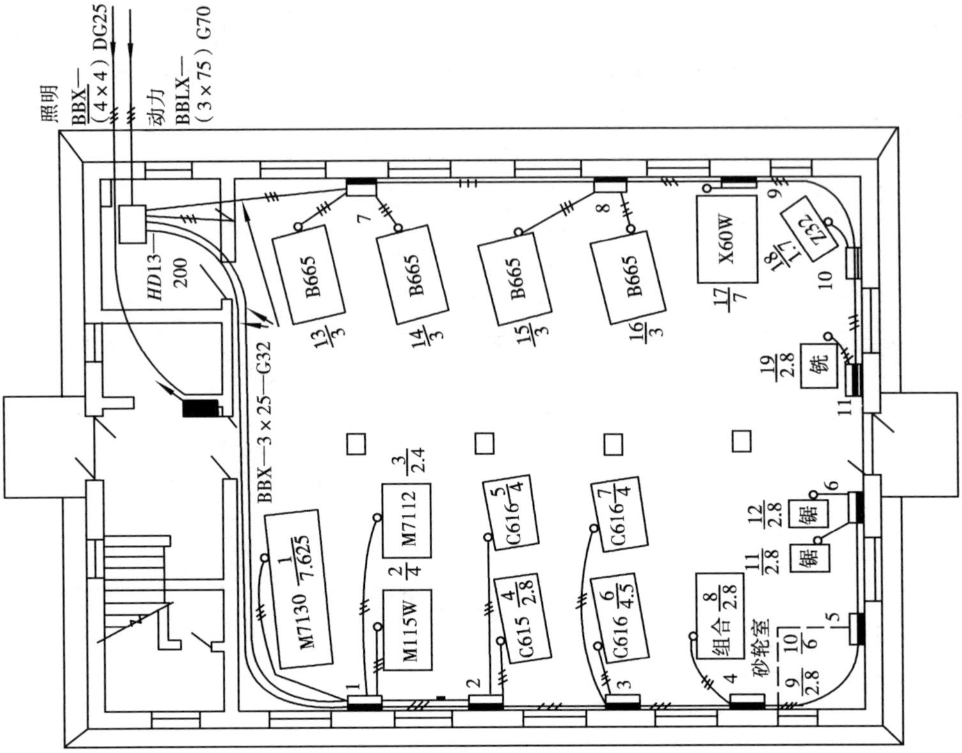

图14-19　车间二层动力平面图

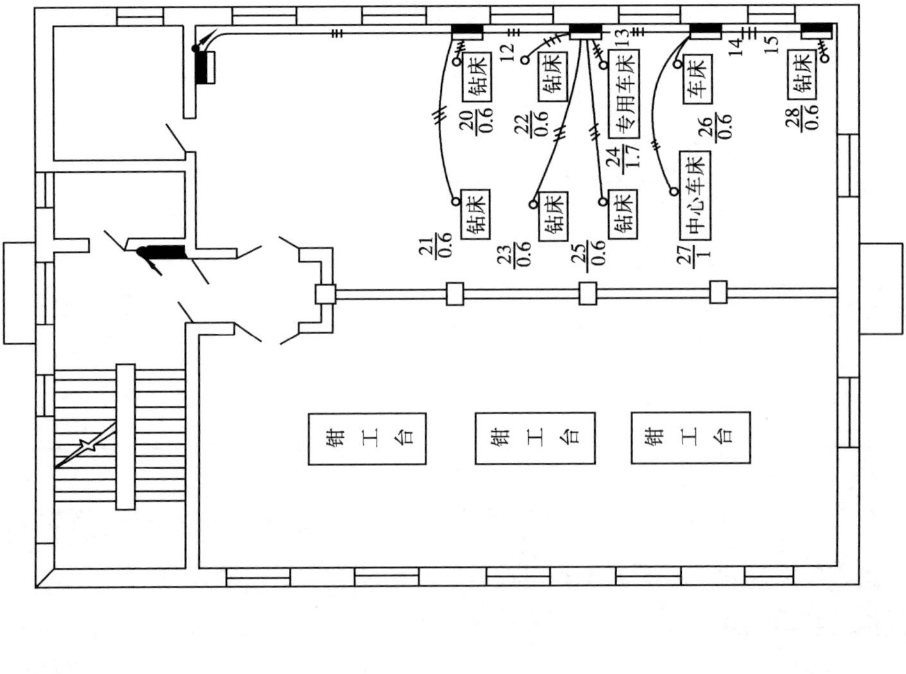

图14-18　车间首层动力平面图

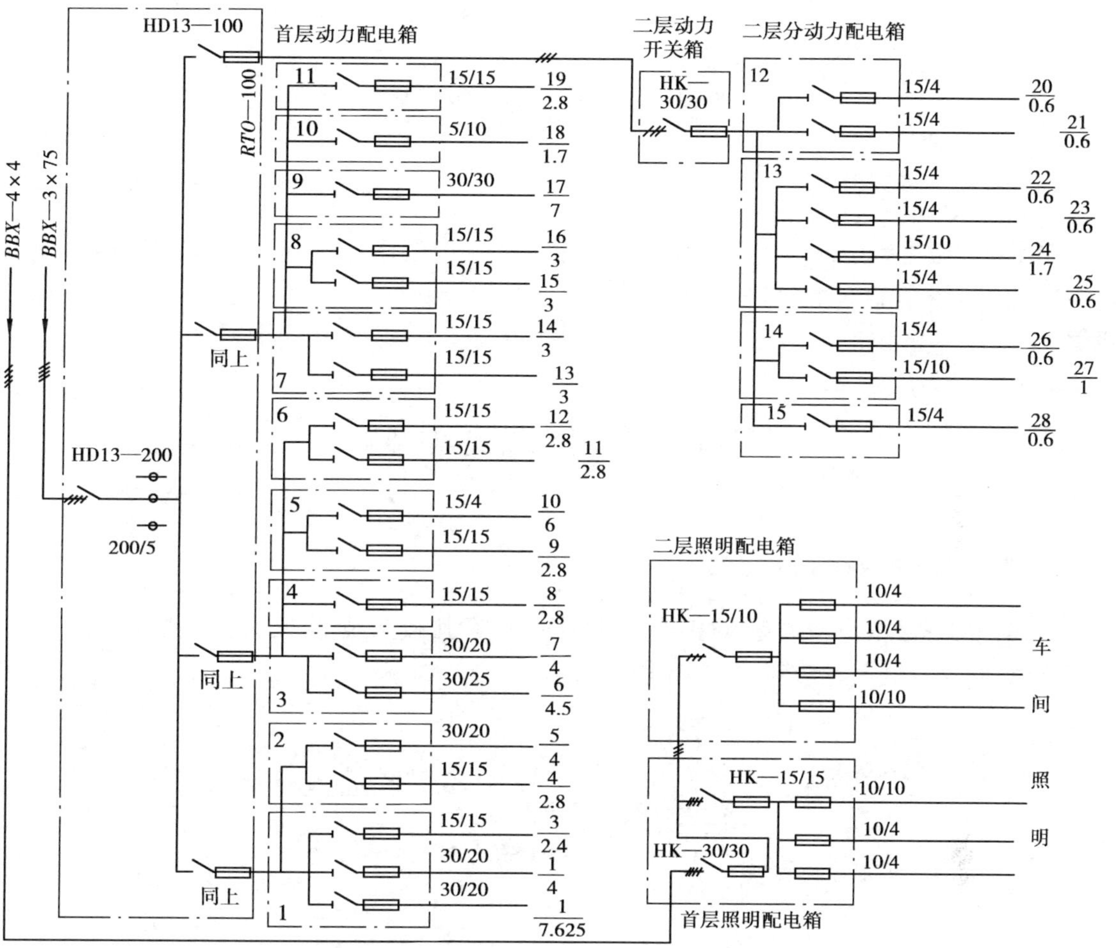

图 14-20　车间动力及照明配电系统图

机供电；6 号配电箱为编号为 11、12 的 2 台锯床供电；7 号配电箱为 2 台编号为 13、14 的刨床供电（B655、B665）；8 号配电箱为 2 台编号为 15、16 的刨床供电（B655、B665）；9 号配电箱为一台编号为 17 的铣床供电（X62W）；10 号配电箱为一台编号为 18 的钻床供电（Z23）；11 号配电箱为一台编号为 19 的卧式铣床供电。

图 14-20 为车间二层的动力平面图，它有一个总动力配电箱，电源从一层动力配电箱送来。车间二层共有四个分配电箱，分别为九台机床供电，设备编号为 20～28。

从动力配电系统图可以清楚地知道各支路的走向和各支路到配电箱的情况及配电箱再到各设备的情况；从动力平面图可明了各机床的大致位置。

系统图中 HD13—200 表示动力配电箱（低压刀开关）即额定电流为 200 A，中央正面杠杆操作机构式（13）的单投刀开关；RTO—100 表示额定电流为 100 A 的低压熔断器；HK—30/30 表示为额定电流为 30 A（分子）、熔体额定电流为 30 A（分母）的开启式负荷开关。

第十五章　焊 接 图

在建筑安装工程中，经常采用焊接的方法将金属件连接起来。焊接就是利用局部加热并填充熔化金属或用加压等方法将需要连接的金属件熔合而连接在一起，它是一种不可拆的连接形式。

15-1　常用焊缝及其符号

一、常见焊接接头和焊缝型式

金属件的焊接接头型式有：对接接头、T 形接头、角接接头、搭接接头等。焊缝的形式主要有对接焊缝、角焊缝和点焊缝等，如图 15-1 所示。

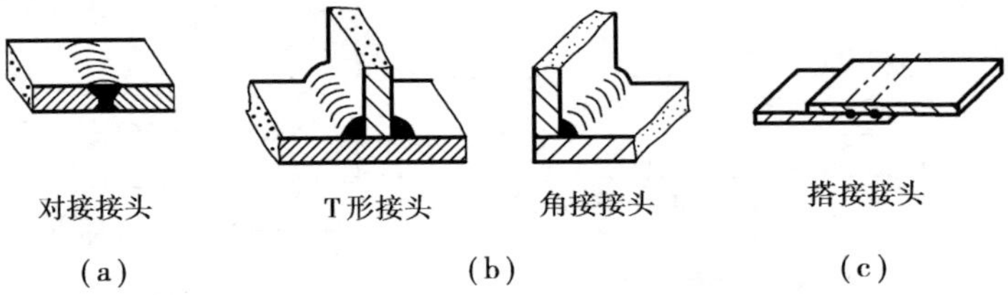

图 15-1　常见焊接接头及焊缝型式
(a) 对接焊缝；(b) 角焊缝；(c) 点焊缝

二、焊缝符号及其标注方法

国家标准 GB 324—88 规定焊缝符号一般由基本符号和指引线组成，必要时可加上辅助符号、补充符号和焊缝尺寸等。

1. 基本符号

基本符号是表示焊缝横截面形状的符号，它采用近似于焊缝横截面形状的符号表示，常用焊缝的基本符号及标注示例见表 15-1。

2. 辅助符号

辅助符号是表示焊缝表面形状特征的符号。不需要确切地说明焊缝的表面形状时，可以不用辅助符号。辅助符号及标注示例见表 15-2。

表 15-1 常用焊缝的基本符号及其标注示例

名　称	焊缝形式	基本符号	标注示例
I 形焊缝	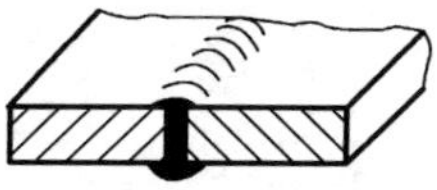		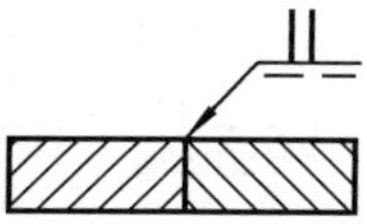
V 形焊缝			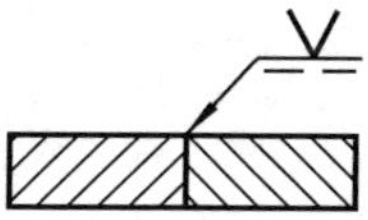
角焊缝	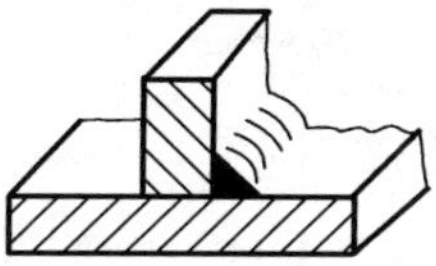		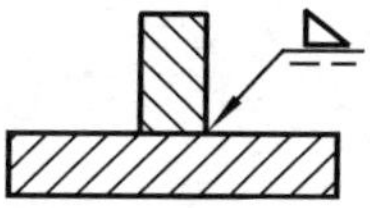
点焊缝	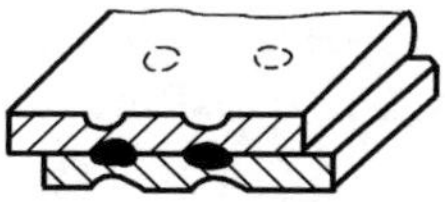		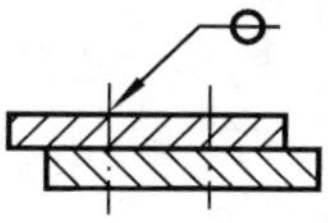

表 15-2 辅助符号及标注示例

名　称	符　号	型式及标注示例	说　明
平面符号	—	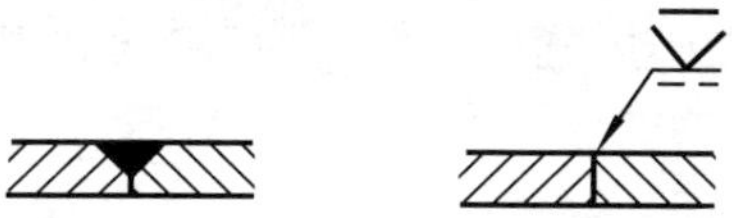	表示 V 型对接焊缝表面齐平(一般通过加工)
凹面符号	⌣		表示角接焊缝表面凹陷
凸面符号	⌢		表示 X 型对接焊缝表面凸起

3. 补充符号

补充符号是为了补充说明焊缝的某些特征而采用的符号,见表 15-3。

4. 指引线

指引线一般由箭头线和两条基准线(一条为细实线,另一条为细虚线)组成,如图 15-2 所示。

(1)箭头线上的箭头必须指到图样上的有关焊缝处,必要时,箭头线可弯折一次。

(2)基准线一般应水平,基准线的上面和下面用来标注焊缝符号和尺寸,必要时,可在基准线末端加一尾部符号,作为其他说明之用(如焊接方法,焊缝数量等),见表 15-3。

表 15-3　补充符号及标注示例

名　称	符　号	型式及标注示例	说　明
带垫板符号		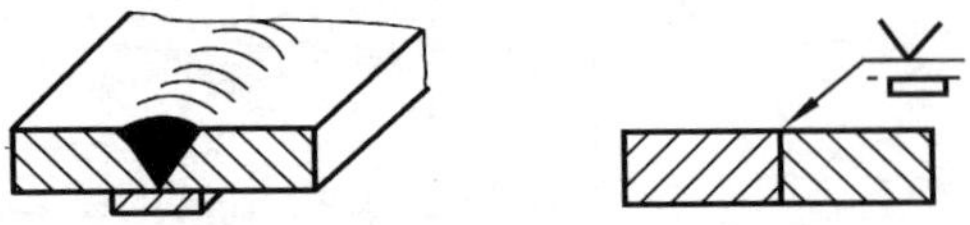	表示 V 形焊缝背面底部有垫板
三面焊缝符号		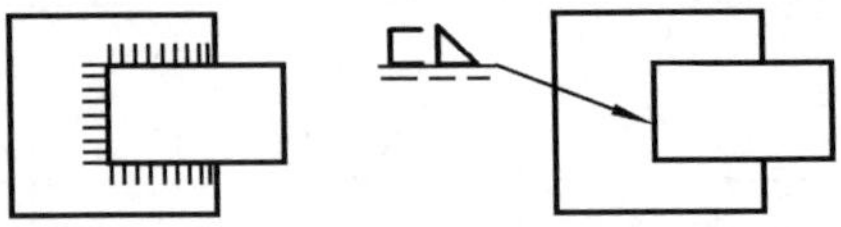	工件三面施焊、开口方向与实际方向一致
周围焊缝符号		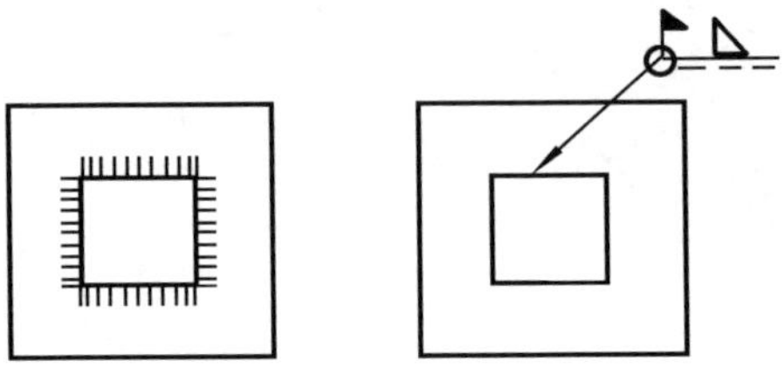	表示在现场沿工件周围施焊
现场符号			
尾部符号		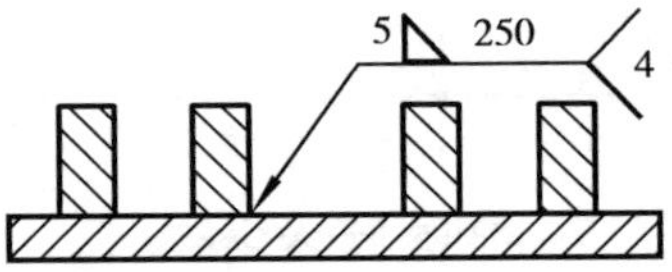	表示有 4 条相同的角焊缝

（3）标注焊缝符号时，如果箭头指向焊缝施焊面，则焊缝符号和尺寸标注在基准线的实线一侧，见图 15-3（a）；如果箭头指向焊缝的施焊背面，则将焊缝符号和尺寸标注在基准线的虚线一侧，见图 15-3（b）。

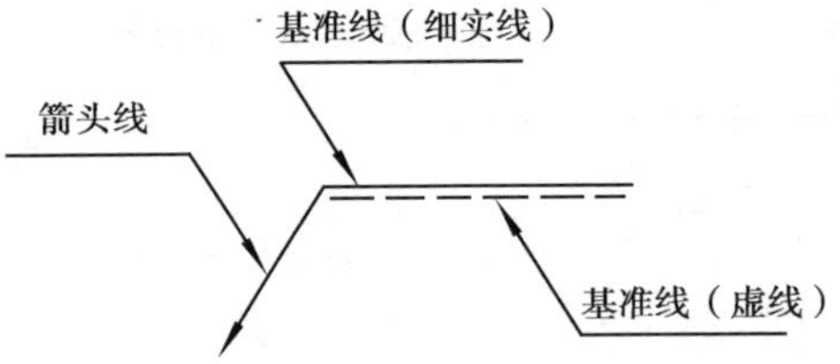

图 15-2　指引线

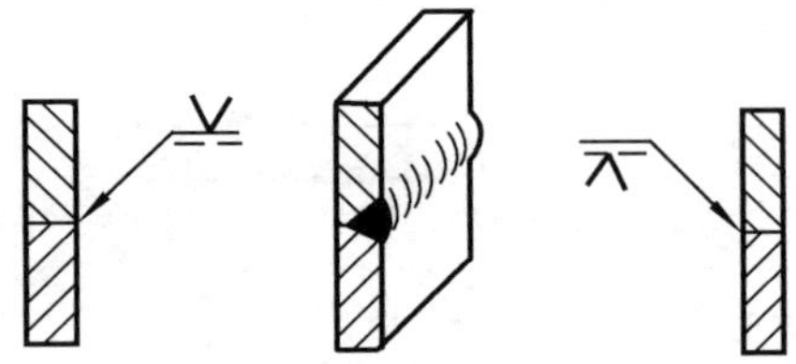

图 15-3　焊缝符号相对于基准线的位置

（4）标注对称焊缝或双面焊缝时，基准线的虚线可省略，如图 15-4。

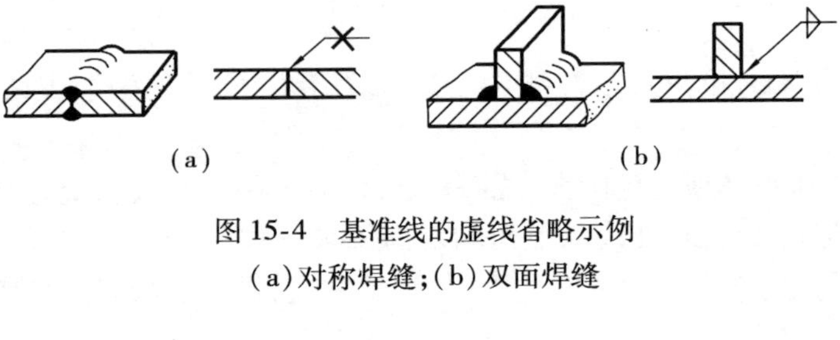

图 15-4　基准线的虚线省略示例

（a）对称焊缝；（b）双面焊缝

5. 焊缝尺寸符号

焊缝尺寸在需要时才标注。标注时，随基本符号标注在规定的位置上。常用的焊缝尺寸符号见表 15-4。

表 15-4　常用的焊缝尺寸符号

名称	符号	示意图及标注	名称	符号	示意图及标注
工件厚度	δ	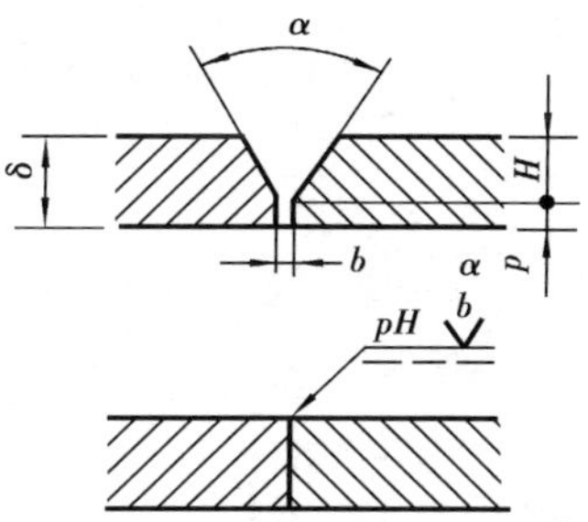	焊缝段数	n	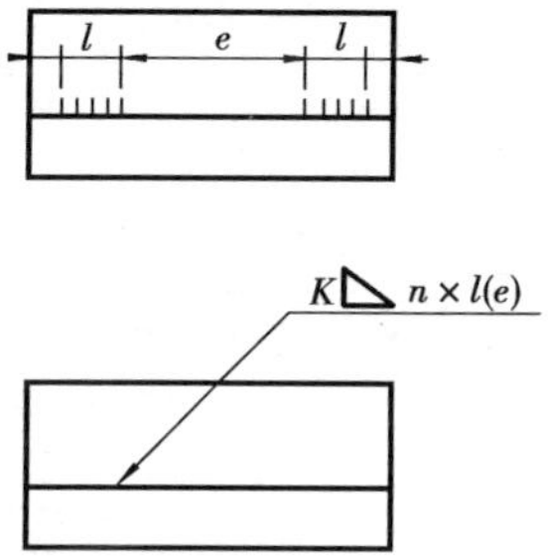
坡口角度	α		焊缝间距	e	
根部间隙	b		焊缝长度	l	
钝边高度	p		焊角尺寸	K	
坡口深度	H		相同焊缝数量符号	N	
熔核直径	d				

焊缝尺寸的标注位置规定：p、H、K、d 标注在基本符号左边，n、l、e 标注在基本符号右边，α、b 标注在基本符号上边，若基本符号在基准线的虚线一侧，则 α、b 标注在基本符号的下边，N 标注在基准线尾部。

三、焊缝的标注

常见焊缝的标注方法示例见表 15-5。

表 15-5　焊缝的标注示例

接头型式	焊缝型式	标注示例	说　明
对接接头	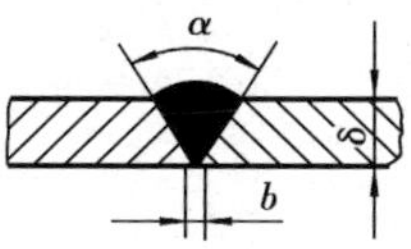	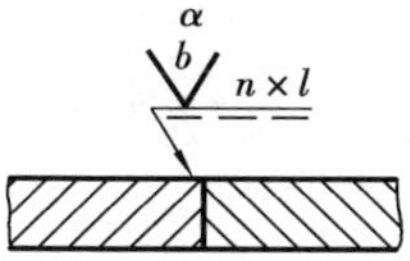	表示 V 形焊缝，坡口角度为 α，根部间隙为 b，有 n 条焊缝、焊缝长度为 l。
T 形接头	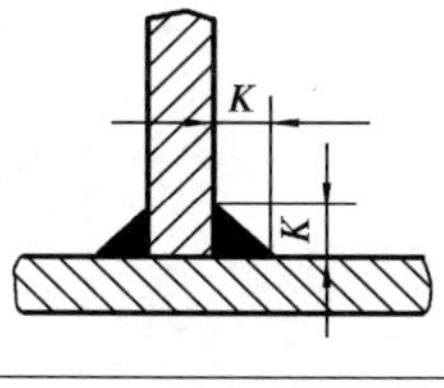	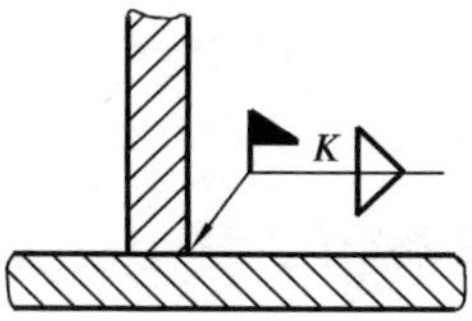	 表示在现场装配时焊接。 表示双面角焊缝，焊角高度为 K。
	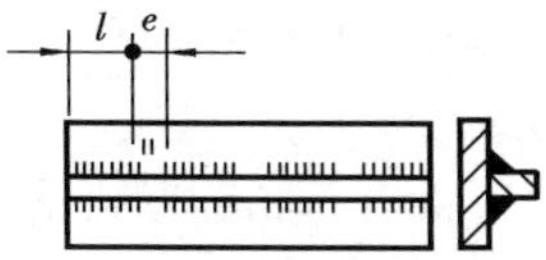	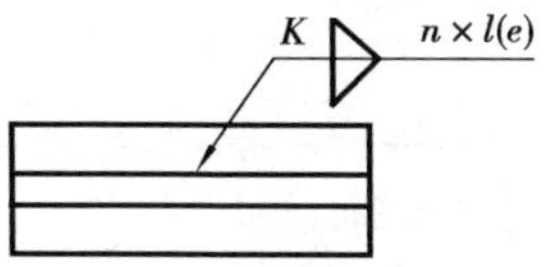	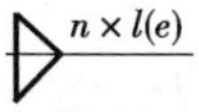 表示有 n 条断续双面链状角焊缝。l 表示焊缝的长度，e 表示断续焊缝的间距。

续表

接头型式	焊缝型式	标注示例	说　明
角接接头	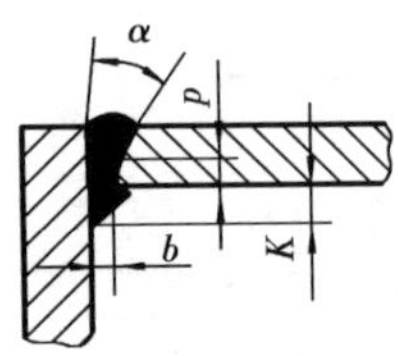	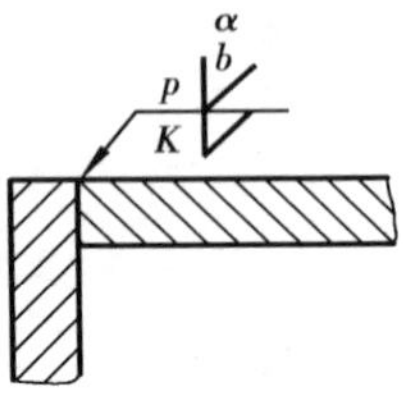	表示双面焊缝，上面为单边V形焊缝，坡口角度为 α，根部间隙为 b，钝边高度为 p。下边为角焊缝，焊角尺寸为 K。
搭接接头	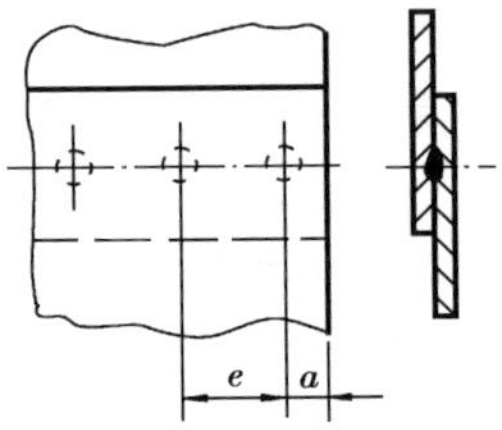	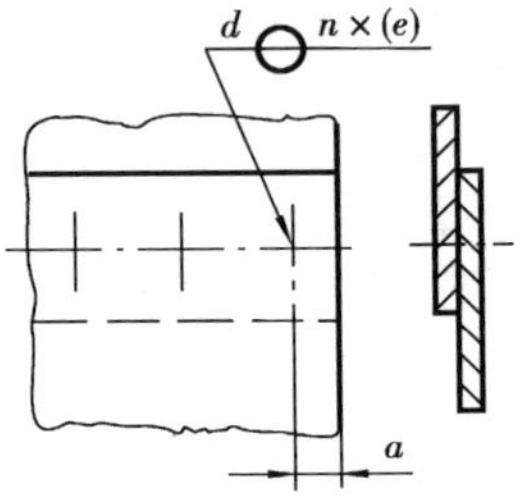	○表示点焊，d 表示熔核直径，e 为焊点间距，n 表示 n 个焊点，a 为焊点至板边的距离。

15-2　焊接图举例

焊接图是焊接加工所用的图样，它除了应把金属焊接件的形状、尺寸和一般要求表达清楚外，还必须把与焊接有关的内容表达清楚。焊缝在图样中通常用符号来标注，必要时也可用图示法画出。

图 15-5 所示弯头为管道工程中的一个焊接件，它由两个法兰盘和四节钢管焊接而成。钢管之间的焊缝标注为 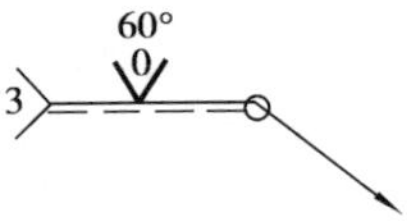 ，它表示V形焊缝，坡口角度为60°，根部间隙为0，环绕工件一周焊接，共3条同样的焊缝。钢管与法兰盘间的焊缝标注为 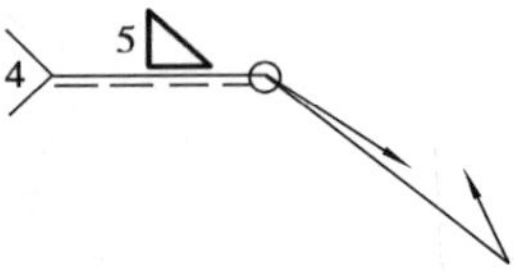 ，它表示角焊缝，焊角尺寸（高度）为5 mm，环绕工件一周焊接，共四条相同的焊缝（两端管口、管外表面各一条）。图中还注明了全部焊缝均采用手工电弧焊。

图 15-6 是轴承挂架焊接图。轴承挂架由立板1、横板2、肋板3和圆筒4焊接而成。立板与横板之间的焊缝标注为 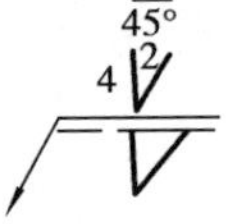 ，它表示上面为单边V形焊缝，坡口角度为45°，间隙为

2 mm，坡口深度为 4 mm，焊缝表面铲平；下面为角焊缝，焊角高度为 4 mm，见 1∶1 局部放大图。肋板与横板、肋板与圆筒之间的焊缝标注为 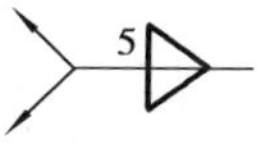

，它表示双面连续角焊缝，焊角高度为 5 mm。肋板与立板的两条焊缝标注为 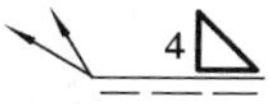

，它表示角焊缝，焊角高度为 4 mm。圆筒与立板的焊缝标注为 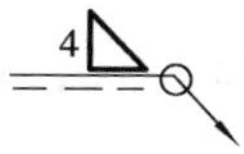

，它表示角焊缝，焊角高度为 4 mm，环绕圆筒焊接。在技术要求中提出了有关焊接的要求。

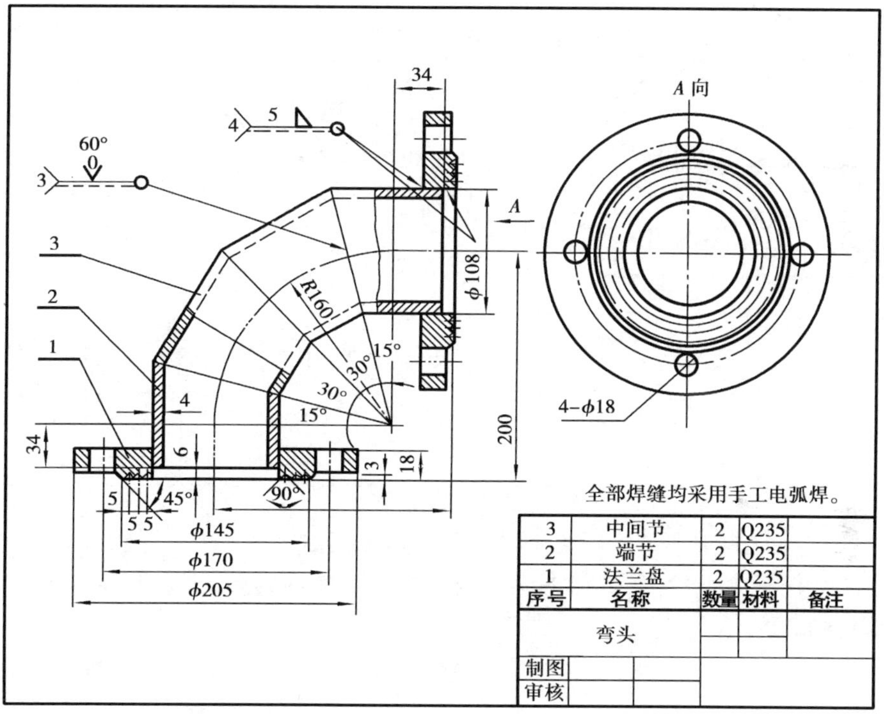

3	中间节	2	Q235	
2	端节	2	Q235	
1	法兰盘	2	Q235	
序号	名称	数量	材料	备注
弯头				
制图				
审核				

图 15-5 弯头焊接图

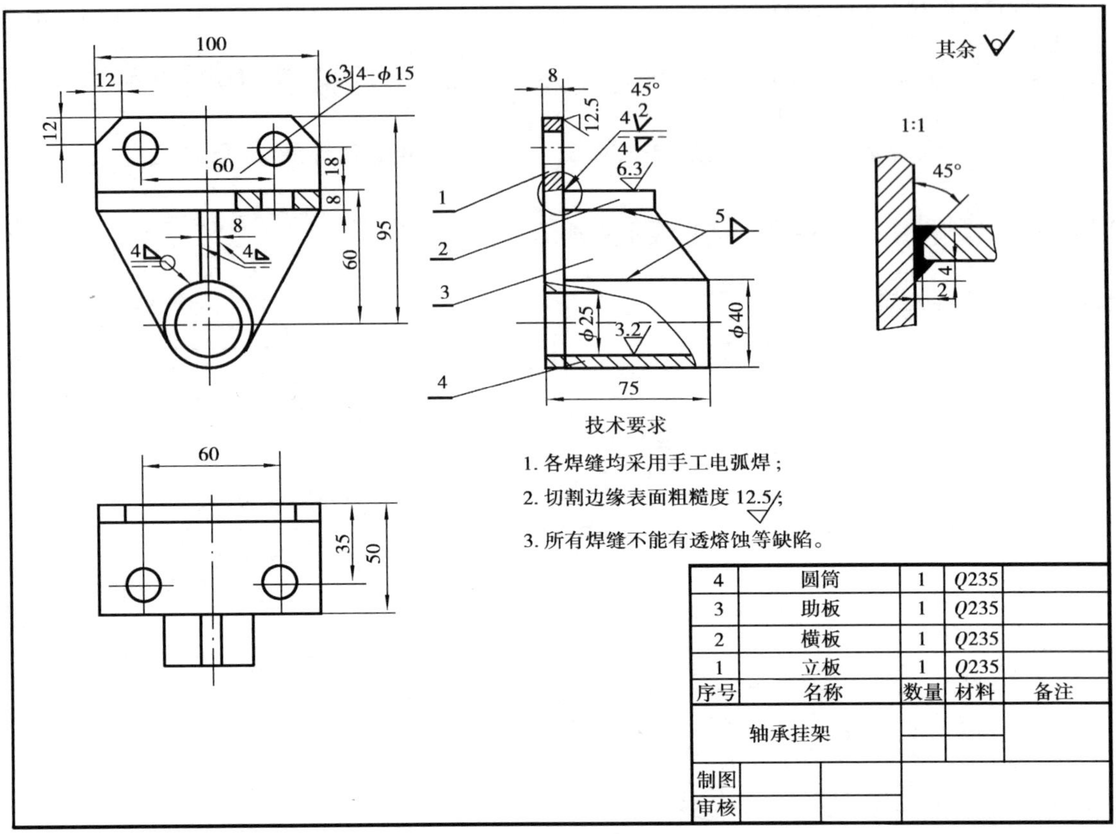

图 15-6　轴承挂架焊接图

从以上两个例子中可看出，焊接图除了与焊接有关的内容外，其余的表达方法与零件图或装配图基本相同。

主要参考书目

［1］ 同济大学，上海交通大学等院校编. 机械制图（第三版）. 北京：高等教育出版社，1988

［2］ 周鹏翔主编. 机械制图. 北京：高等教育出版社，1993

［3］ 李麟等编. 画法几何及机械制图. 重庆：重庆大学出版社，1987

［4］ 唐克中，朱同均主编. 画法几何及工程制图（第二版）. 北京：高等教育出版社，1989

［5］ 大连理工大学工程画教研室编. 机械制图（第四版）. 北京：高等教育出版社，1993

［6］ 何铭新等主编. 建筑制图. 北京：高等教育出版社，1994

［7］ 同济大学建筑制图教研室编. 建筑工程制图（第二版）. 上海：同济大学出版社，1986

［8］ 叶晓芹，林昌国编. 给水排水工程制图. 北京：高等教育出版社，1993

［9］ 杨光臣，马克忠主编. 安装工程识图. 重庆：重庆大学出版社，1996

［10］ 周平之主编. 电气工程制图. 北京：冶金工业出版社，1993